国家康居住宅示范工程方案精选

（第三集）

住房和城乡建设部住宅产业化促进中心　编

中国建筑工业出版社

图书在版编目（CIP）数据

国家康居住宅示范工程方案精选（第三集） / 住房和城乡建设部住宅产业化促进中心编. —北京 ：中国建筑工业出版社，2010.7

ISBN 978 - 7-112-12179-3

Ⅰ. ①国 … Ⅱ. ①住… Ⅲ. ①住宅-建筑设计-中国-图集 Ⅳ. ①TU241-64

中国版本图书馆CIP数据核字（2010）第116022号

责任编辑：李春敏　赵晓菲
责任设计：董建平
责任校对：刘　钰　王雪竹

国家康居住宅示范工程方案精选
（第三集）
住房和城乡建设部住宅产业化促进中心　编
*
中国建筑工业出版社 出版、发行（北京西郊百万庄）
各地新华书店、建筑书店经销
七星工作室制版
北京画中画印刷有限公司印刷
*
开本：880×1230毫米　1/16　印张：20¼　字数：648千字
2010年11月第一版　2010年11月第一次印刷
定价：198.00元
ISBN 978-7-112-12179-3
（19458）

编委会

主编单位：住房和城乡建设部住宅产业化促进中心

主　　编：梁小青　田灵江

参编人员：刘德涵　赵士绮　成志国　张树君　吴英凡
董少宇　秦　铮　杜有禄　王振清　郑义博
魏永祺　于青山　徐荫培　单立中　史福生
林建平　刘巍荣　王　庆　李浩杰　罗　洁
唐　亮

关于印发《国家康居示范工程实施大纲》的通知

各省、自治区、直辖市建委（建设厅），计划单列市建委：

为了推进住宅产业现代化，不断提高住宅建设水平和质量，创建二十一世纪文明的居住环境，我部决定实施“国家康居示范工程”。现将“国家康居示范工程实施大纲”印发给你们，请结合本地实际贯彻执行。

已批准的小区建设试点和小康住宅示范工程项目继续抓紧实施，在建项目应在2000年前基本完成。

中华人民共和国建设部

一九九九年四月一日

国家康居示范工程实施大纲

为了依靠科技进步，推进住宅产业现代化，进一步提高住宅质量，促进国民经济增长，建设部决定实施国家康居示范工程（以下简称“康居示范工程”）。

一、实施康居示范工程的指导思想及目标

（一）国家康居示范工程以住宅小区为载体，以推进住宅产业现代化为总体目标，通过示范工程小区引路，提高住宅建设总体水平，带动相关产业发展，拉动国民经济增长。

（二）以经济适用住房为重点，会面提高住宅质量，提供有效供给，满足不同层次的社会需求。

（三）以科技为先导，建立住宅产业技术创新机制，加速科技成果转化为生产力，提高住宅科技贡献率及住宅生产企业的劳动生产率，促进住宅产业由计划经济体制向社会主义市场经济体制的转变、由粗放型的增长方式向集约型的增长方式转变。

（四）开发、推广应用住宅新技术、新工艺、新产品、新设备，逐步形成符合市场需求及产业化发展方向的住宅建筑体系，推进住宅产品的系列化开发、集约化生产、商品化配套供应。

（五）在康居示范工程中，开展住宅性能认定，为全国推广实行住宅性能认定制度、建立和完善多层次住房供应体系创造经验。

（六）总结、推广小区建设试点、小康住宅示范工程的成功经验，进一步提高康居示范工程小区的规范设计及建设水平，做到有所创新，有所突破，实现社会、环境、经济效益的统一。

（七）康居示范工程的近期目标是：

1. 今后2～3年内，建设1至2个体现住宅产业化总体水平的综合、集成式示范小区。

2. 在今后4～5年内，在全国建设10个左右，以住宅产品生产企业集团（企业群）为实施主体，具有主导产品且重点突出的示范小区。

3. 在今后4～5年内，在具有条件的地方建成数十个符合地方住宅产业化发展方向，能带动地方经济发展，并能在地方起到先进示范作用的示范工程小区。

二、康居示范工程小区类型

康居示范工程小区分为部门型、企业集团型、地方型三种类型。

（一）部门型示范工程小区，由建设部组织实施，建设成为在住宅产业现代化方面具有集成技术、集成体系、集成产品、集成管理系统的综合式示范小区，达到国家各类科技项目指标的要求，在国内具有领先水平，起到引导下世纪我国实现住宅产业化的作用。

上海 水韵紫城

开发建设单位：上海舜日房地产开发有限公司
规划建筑设计单位：上海东方建筑设计研究院有限公司

专家评审意见

（一）规划设计评审意见

1. 小区选址恰当，与城市衔接较好，交通方便，规模适中。周围无污染源，大环境佳，是个宜人居住的地方。

2. 小区布局采用组团行列式的办法，布局较清晰，朝向好，通风好。

3. 小区道路交通系统规划中采用了一个外环的干道交通系统，由于规模不大，平常机动车只在环路行驶，机动车不进宅间庭院。小区停车以地下为主，在4个住宅组团下均设有一个地下车库。地面停车为辅，沿环路三面适当停车，充分保证了居住庭院的安静、安全和优美的环境空间，较好地解决了机动车对居民生活的干扰，居民既停车方便，又使用方便。

4. 小区商业服务设施集中设置，既形成规模，为居民服务提供方便，又不影响居民居住的安静与环境。

5. 小区规划了中心公共绿地及4个组团绿地，并与城市过境河道结合，分布均衡，居民休闲方便。

6. 问题与建议：

（1）城市过境河道，首先要搞清性质、明确功

能，并应充分考虑居民的使用安全。

（2）小区土地使用强度有不够充分的问题：①小区1梯2户的塔楼过多，2个单元组合的建筑占多数，建筑体量过小，很不利于土地的有效利用。②规划设计中有很多多层住宅的进深只有9m多，很不利于节约土地。③小区建筑小高层占一半以上，其余都是多层，又没有托幼、小学设施，容积率只有1.16，偏低了。现在国家特别强调节约土地，这样就可大大扩大绿化环境空间，也可适当增加建筑面积。

（3）道路网中的中间弧形防火通道必要性不大，又要架桥，又要穿越中心绿地，中间几幢建筑防火通道可从各组团就近解决。宅前路有过于曲折的问题，不方便使用。

（4）小区南面主入口广场过宽过大，建议适当缩小，居住区的大门要自然一些、亲切一些、生活气息浓一些。小区规模较小，设2个游泳池的必要性不大，建议取消室外游泳池。

（5）小区建筑布局过于行列、均衡、等距，又刻意追求东西建筑对称，使环境空间单调、缺乏变化，建议结合第2条意见进行适当调整。

（6）建议地下车库最好与住宅楼、电梯相连通，特别是小高层，以方便使用。

（二）建筑设计评审意见

1. 平面功能分区明确，布置紧凑有序，各居住空间尺度合理，面积利用充分，交通联系方便。

2. 住宅设计与结构布置结合紧密，有二次分隔的可能。

3. 设置一定的储藏空间，形式多样。有一定的入户过渡空间。

4. 主要房间通风、采光与视线条件良好。

5. 餐厨布置紧密，有独立就餐空间。

6. 空调室外机统一布置，整齐又隐蔽。

7. 进一步深化设计中尚需改进之处如下：（1）不同套型应有不同标准的配置。（2）南入口首层注意克服视线干扰。（3）小户型住宅要遵行住宅规范的有关规定。（4）部分南凹口过深，建议调整。（5）八角形卧室不便生活，建议修改。

（三）成套技术评审意见

水韵紫城项目以建设高品质大众住宅为目标，结合本地自然、经济、技术条件，按照《国家康居示范工程节能省地型住宅技术要点》的要求，积极采用节能、节地、节水、节材和环保新技术，其住宅产业技术可行性研究报告满足了国家康居示范工程的示范要求，具有一定的示范作用。具体意见如下。

1. 总体评价

（1）住宅节能体系较完整，外墙采用胶粉聚苯颗粒保温砂浆，屋面采用挤塑聚苯板，门窗采用中空双层玻璃节能产品，以及采用节能灯具、节能电梯、峰谷用电、节能型箱式变压器、太阳能照明和部分太阳能热水系统技术等节能设备，形成了外墙、屋面、门窗、设备及新能源利用等较完整的住宅节能技术体系，对提高住宅节能效率和居住舒适度具有重要的意义。

（2）节水技术适用可行，采用了节水龙头、节水型卫生器具，绿化微喷灌技术，以及中水回用、雨水收集等技术，从水资源的使用、回用和利用方面全面实施节水措施，具有一定的实用性。

（3）节材技术客观实用，采用了复合桩基础和多孔砖混合结构，短肢剪力墙结构和混凝土空心砌块围护体系、管线集中暗设系统技术、UPVC等新型管材、部分住宅一次装修等技术与产品，符合本地技术条件和产业发展方向。

（4）环保技术经济实惠，采用了管道纯净水供应系统技术、变频无负压管网自动增压供水系统技术、透气透水性铺装材料、有机垃圾系列化处理技术等，为创建环保、舒适的居住环境提供了技术支持。

（5）智能化技术适度领先，小区智能化管理方面配置了智能化计量收费系统，安全防范系统、设备集中监控管理系统、车辆管理系统、物业管理系统、家庭网络通信系统等，功能齐全，方便科学管理。

2. 几点建议

（1）进一步细化、深化技术方案，确保技术目标实施，注意进一步总结经验，以利于今后推广应用。

（2）适当增加全装修成品房比例，积极推广工业化装修技术。

（3）对采用中水回用、有机垃圾处理、太阳能利用等国家倡导的新技术，在经济政策上予以支持。

区域位置

水韵紫城位于金山新城区的西端，北邻金康西路，东临卫零路，西靠东平北路，南靠龙翔路，一条规划12m宽的景观河道南北向环地块中间穿过。小区用地北部有规划的小学和中学，南部规划为商业用地，配套设施齐全，交通便利。

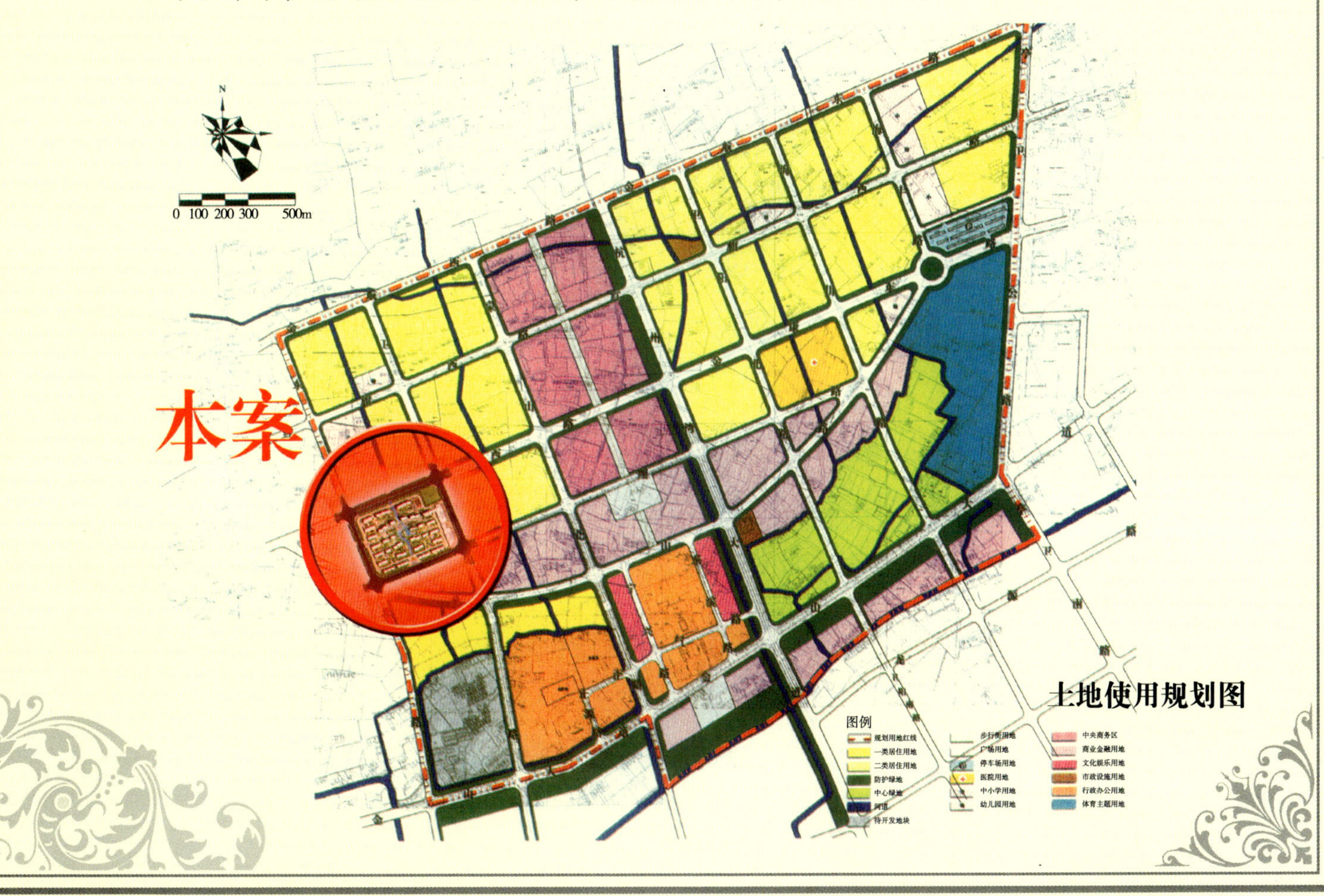

土地使用规划图

主要经济技术指标

项目		指标
基地总用地		99322m^2
基地净用地		95950m^2
景观河道面积		3372m^2
总建筑面积		140479m^2
A 总地上建筑面积		111300m^2
其中	1 住宅建筑面积	95473m^2
	多层住宅面积	45941m^2
	小高层住宅面积	49412m^2
	2 酒店式公寓及会所面积	5100m^2
	3 商业及物业管理面积	10227m^2
B 总地下建筑面积		29179m^2
其中	1 小高层住宅地下室面积	5407m^2（储藏间）
	2 多层住宅地下储藏面积	8474m^2（储藏间2.2m层高）
	3 独立地下车库面积	10610m^2（车库）
	4 商业建筑地下室面积	4688m^2（车库）
建筑占地面积		20150m^2
建筑密度		0.21
容积率		1.16
绿地率		40.5%
总户数		910户
停车位率		0.72辆/户（住宅）0.45/100m^2（商业）
停车位		704辆
地下		454辆

总平面图

鸟瞰图

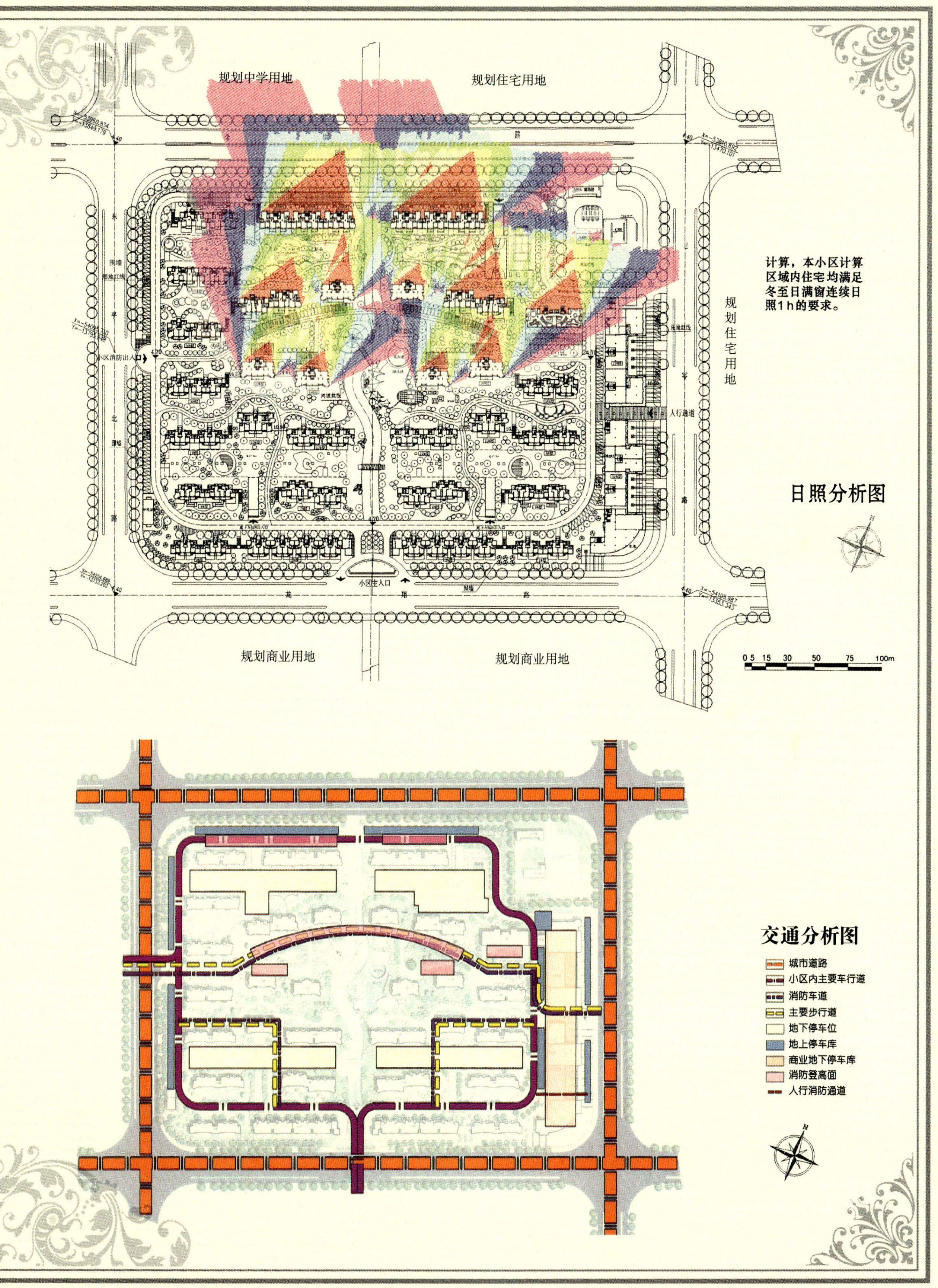
规划中学用地
规划住宅用地
计算，本小区计算区域内住宅均满足冬至日满窗连续日照1h的要求。
规划住宅用地
人行通道
小区消防出入口
小区主入口
规划商业用地
规划商业用地
日照分析图
0 5 15 30 50 75 100m
交通分析图
城市道路
小区内主要车行道
消防车道
主要步行道
地下停车位
地上停车库
商业地下停车库
消防登高面
人行消防通道

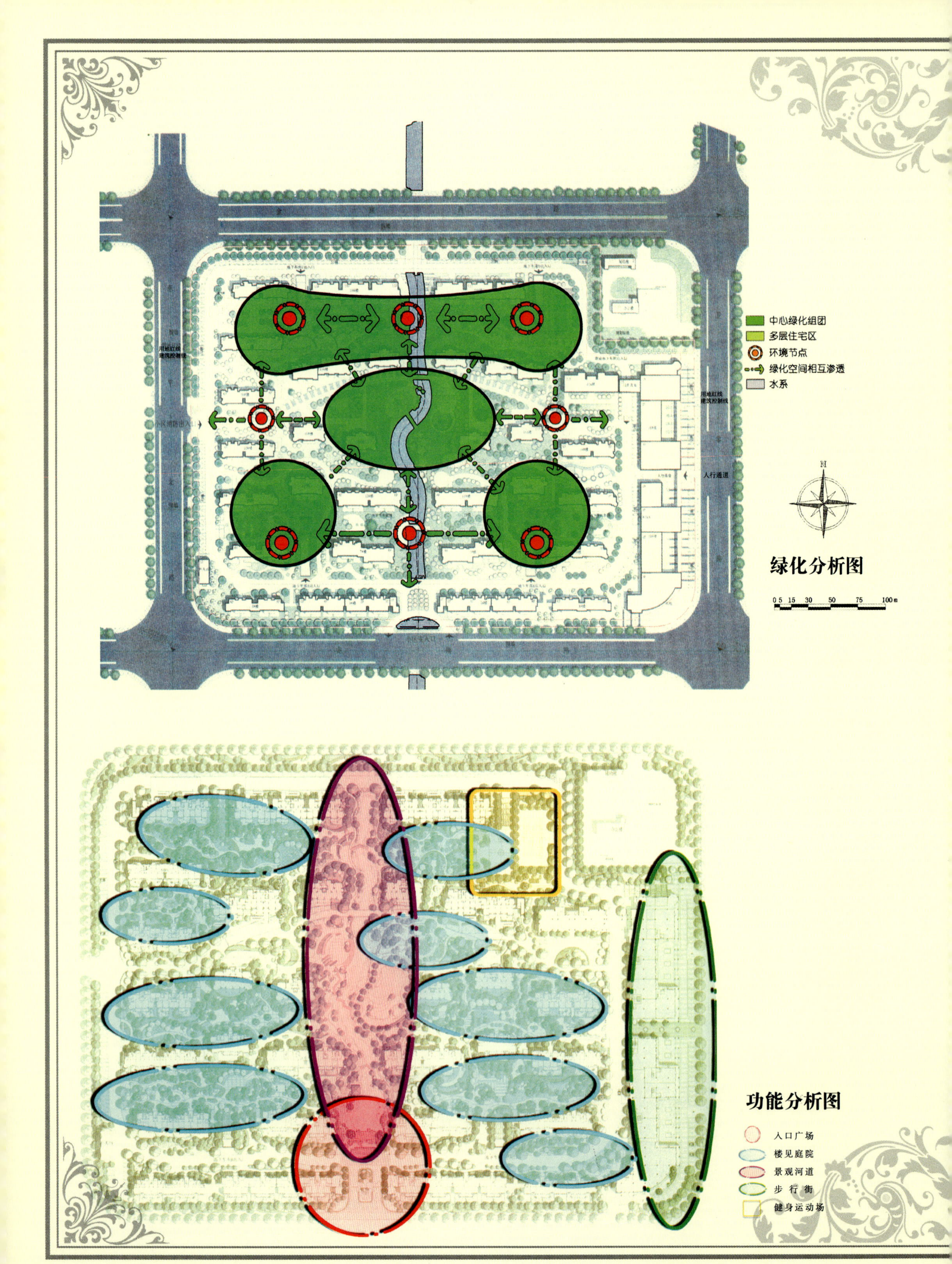
中心绿化组团
多层住宅区
环境节点
绿化空间相互渗透
水系
绿化分析图
功能分析图
入口广场
楼见庭院
景观河道
步 行 街
健身运动场

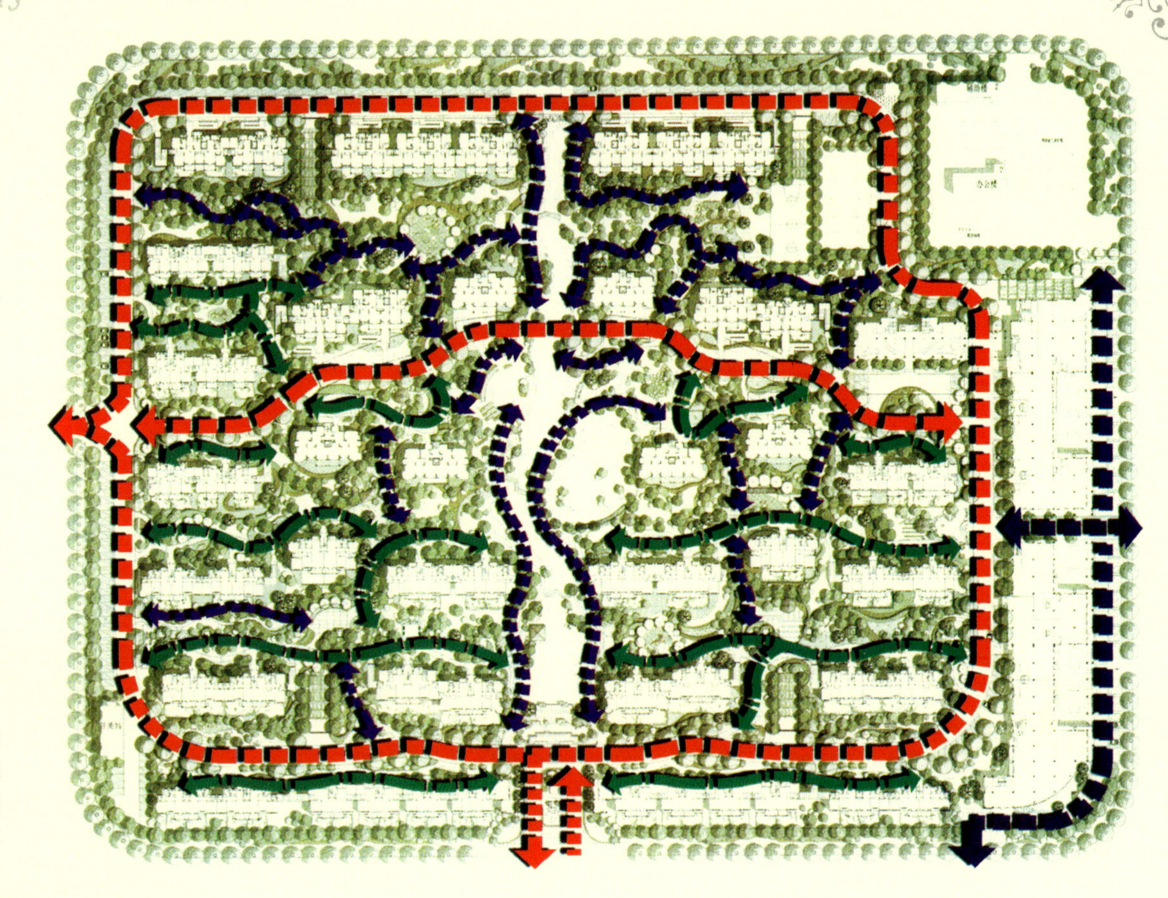

交通组织分析图

中心景观效果图

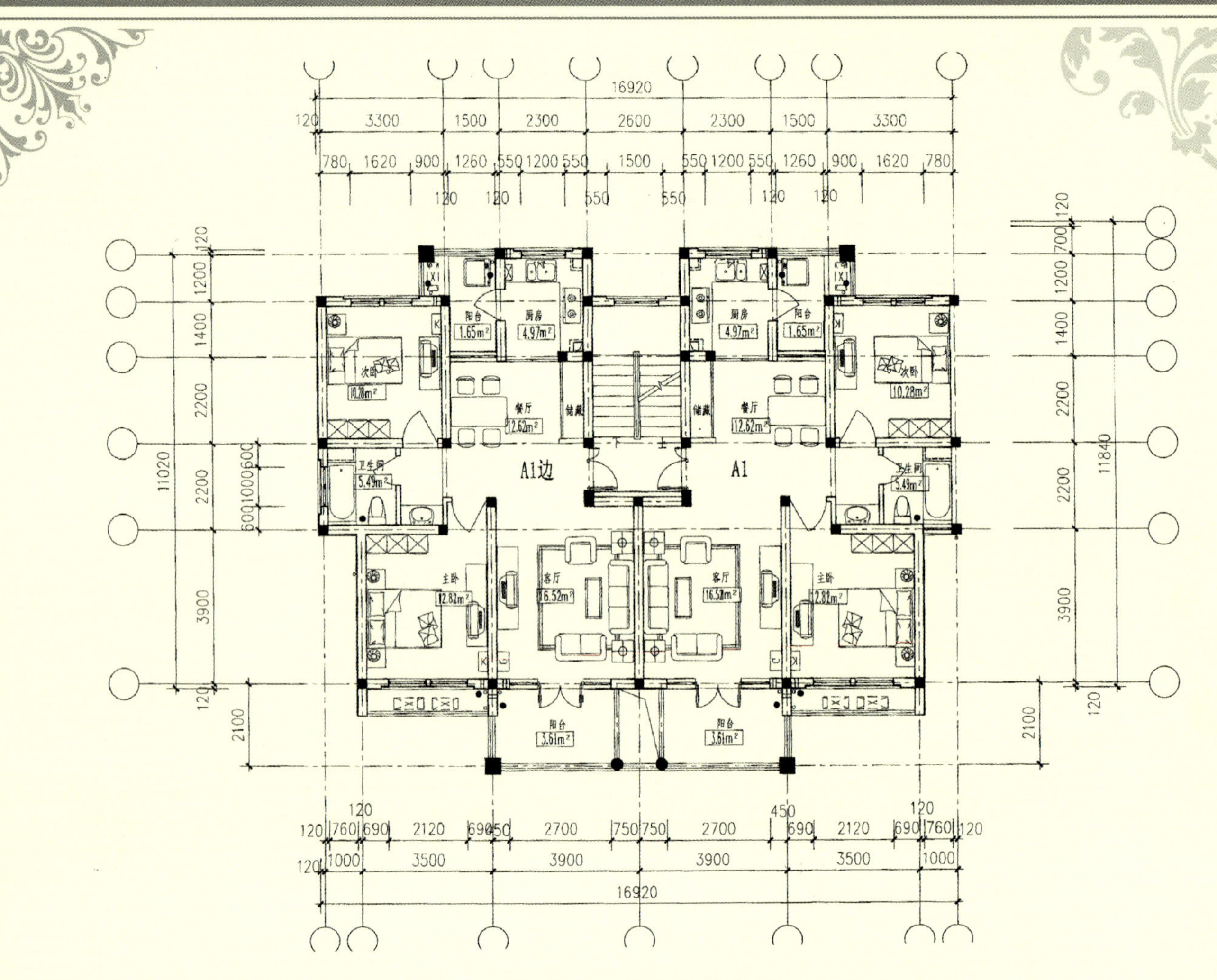

A单元2～6层平面图

户型	A1边	A1
套型	二室二厅一卫	二室二厅一卫
建筑面积	88.47m²	87.51m²
使用面积	67.96m²	67.96m²
使用面积系数	76.82%	77.66%

社区广场、游泳池景观效果图　　高层组团景观效果图

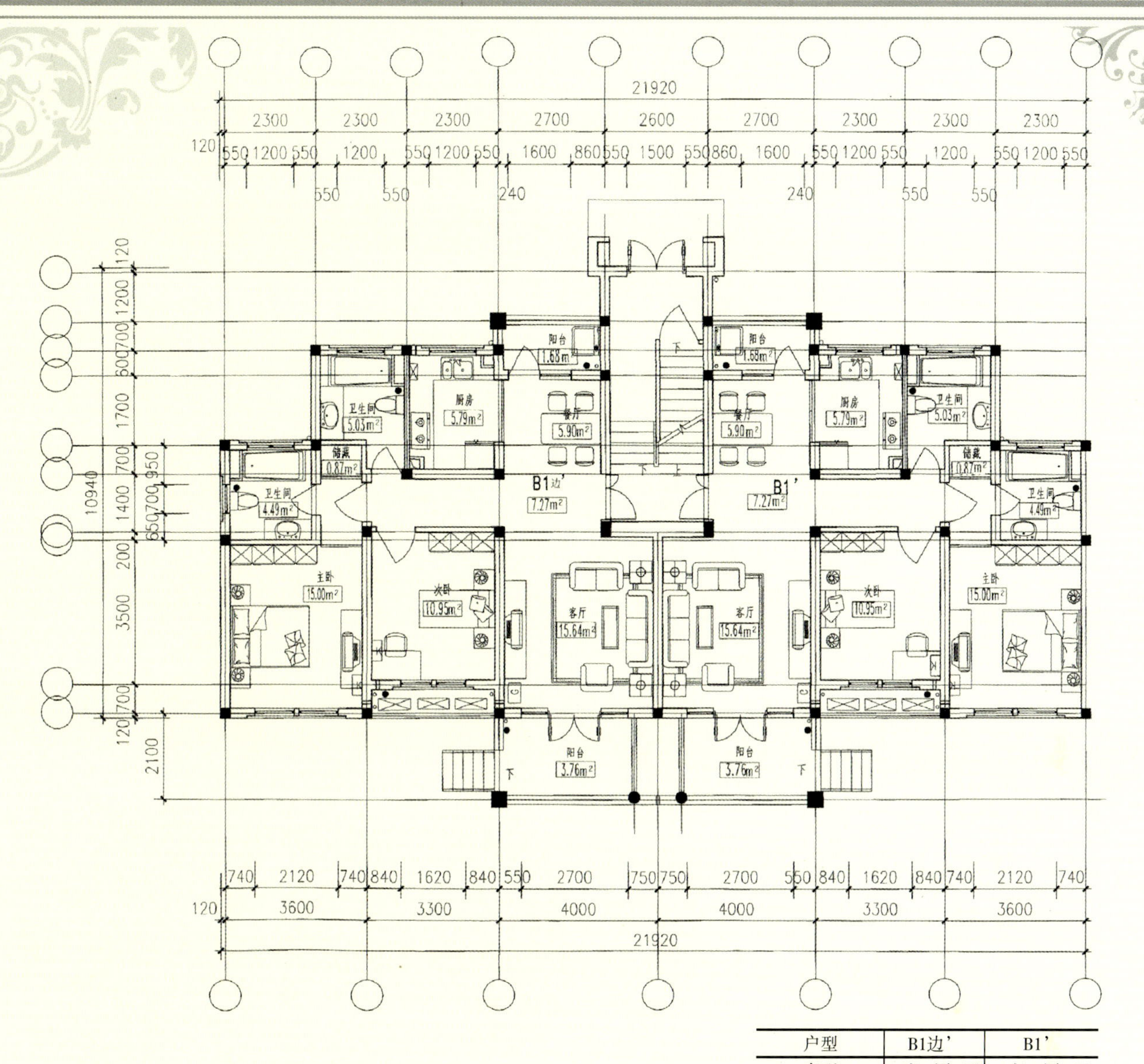

B1单元1层平面图

户型	B1边'	B1'
套型	二室二厅二卫	二室二厅二卫
建筑面积	97.42m²	96.56m²
使用面积	76.38m²	76.38m²
使用面积系数	78.4%	79.1%

入口景观效果图

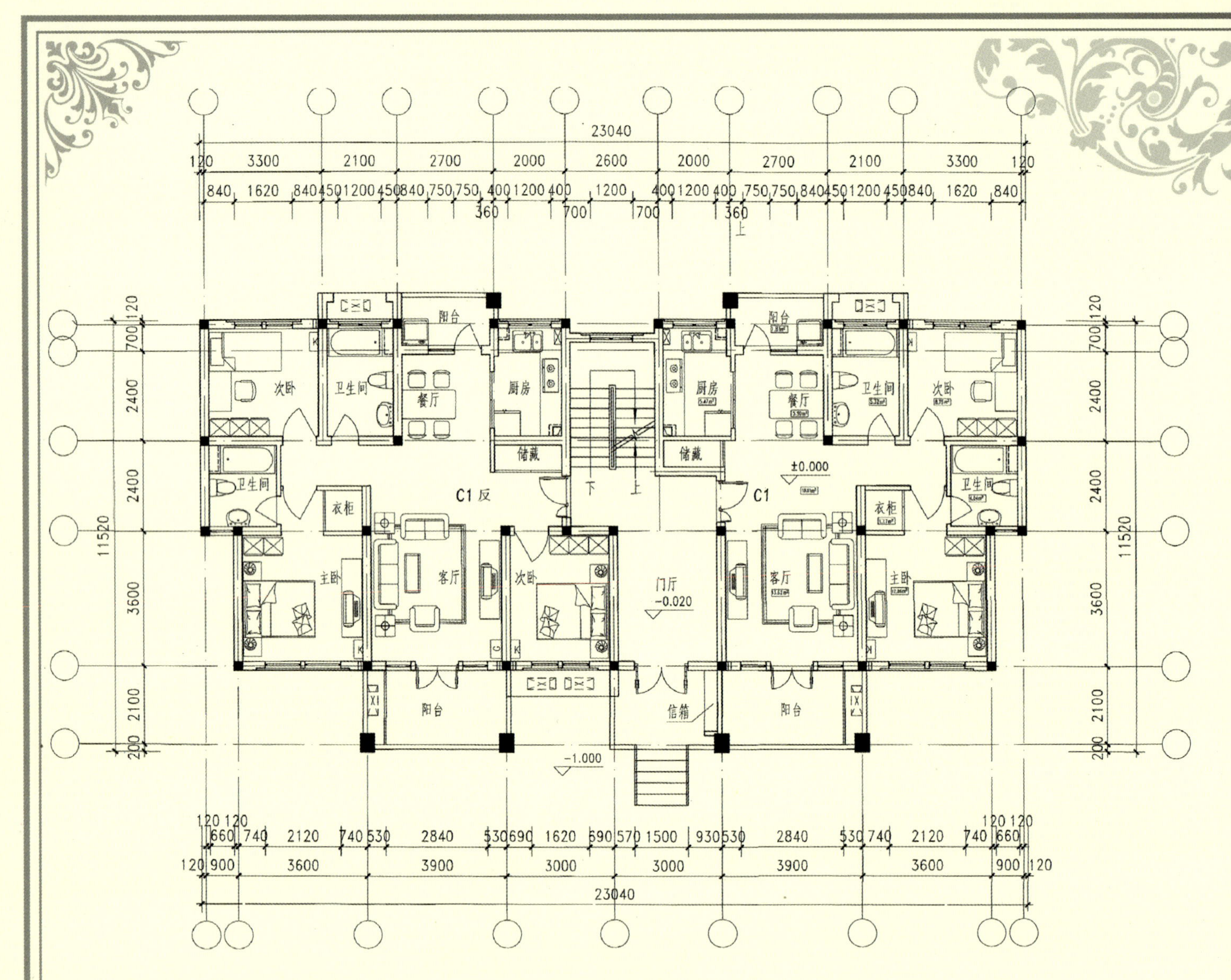

C单元1层平面图（南入口）

户型	C1反	C1
套型	三室二厅一卫	二室二厅一卫
建筑面积	108.2m^2	93.3m^2

主入口广场效果图

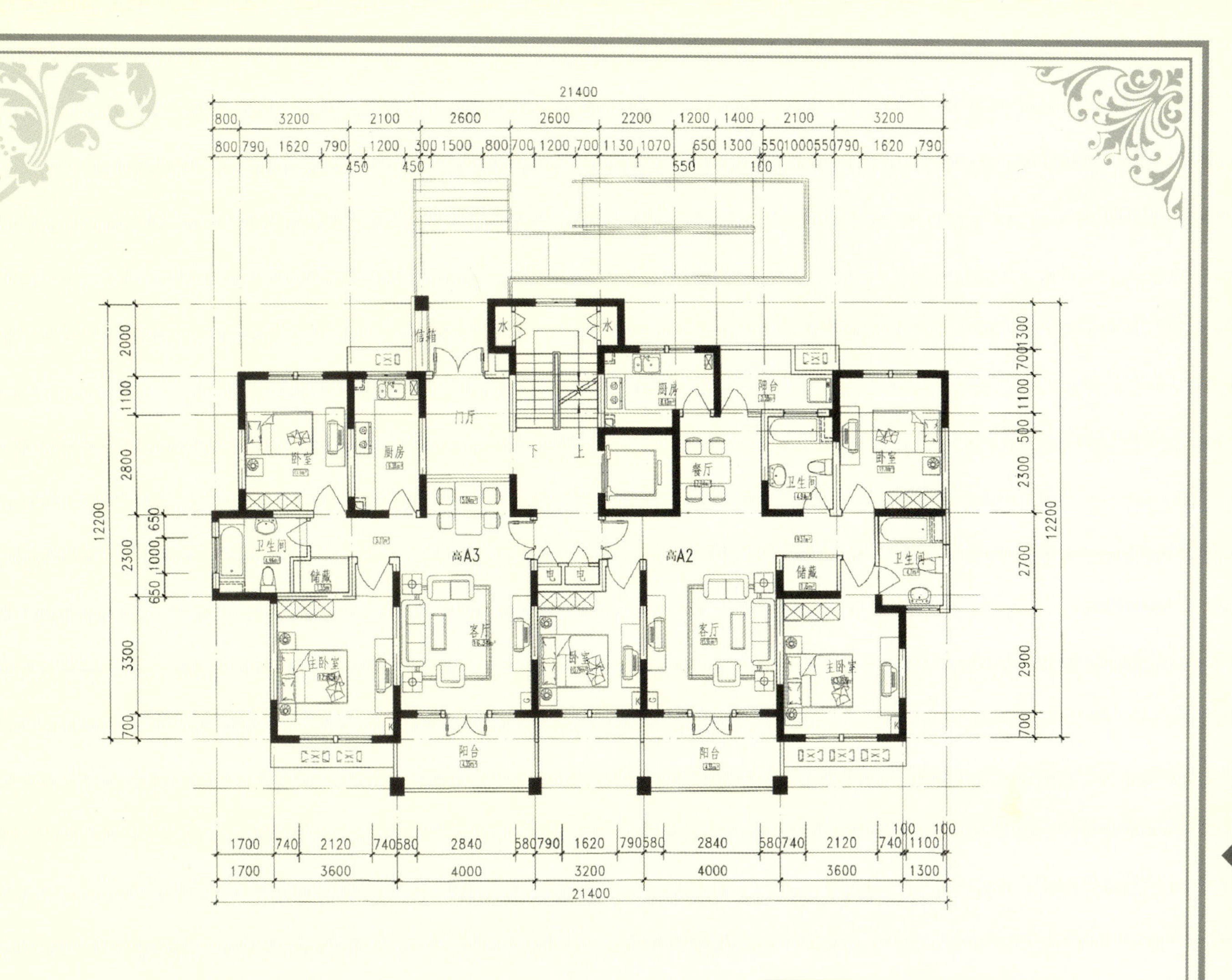

高层A型底层平面图（北入口）

户型	高A3	高A2
套型	二室二厅一卫	三室二厅一卫
建筑面积	$90.81m^2$	$121.15m^2$

步行次入口对景效果图

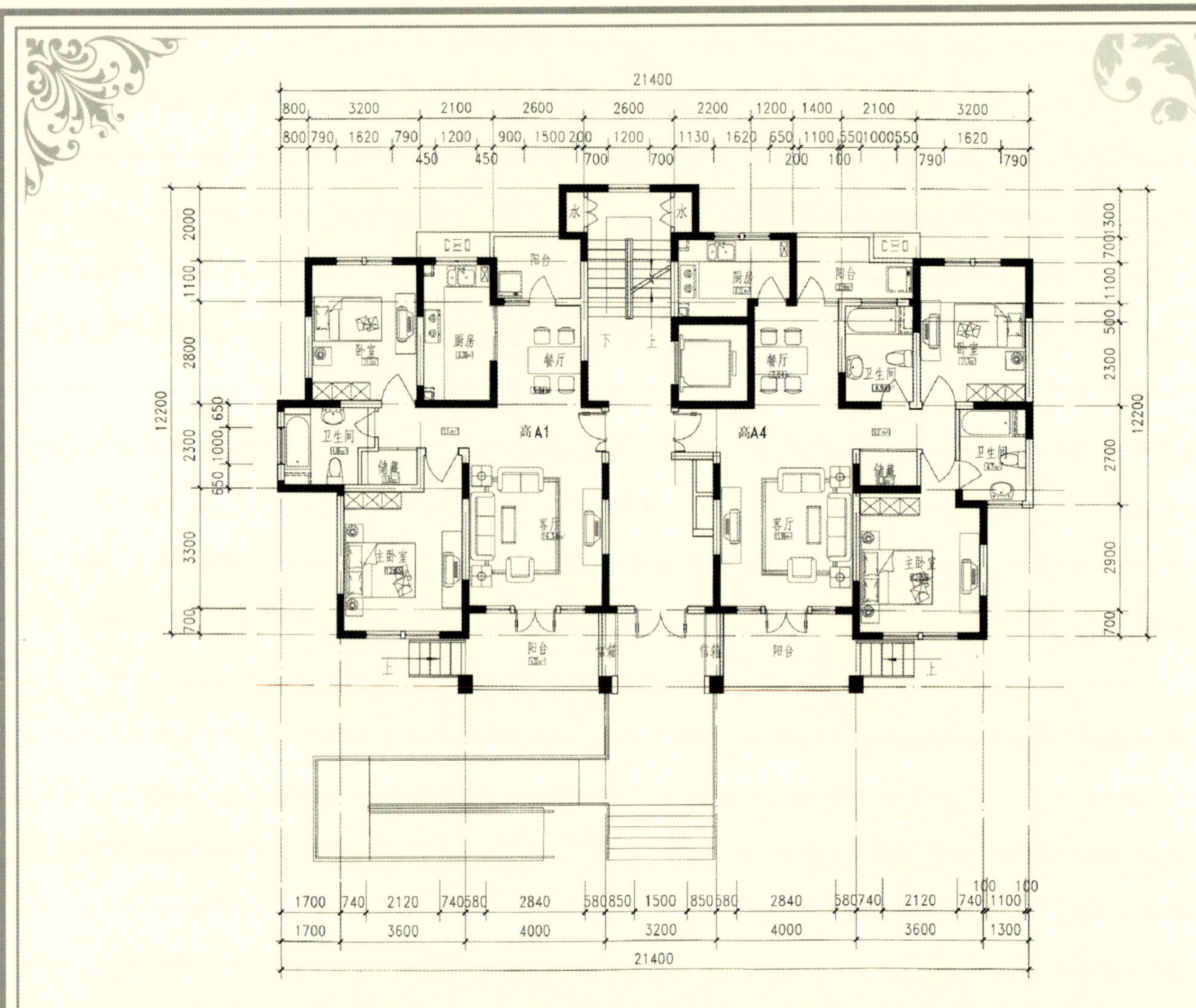

户型	高A1	高A4
套型	二室二厅一卫	二室二厅一卫
建筑面积	99.4m²	107.22m²

高层A型底层平面图（南入口）

步行次入口对景效果图

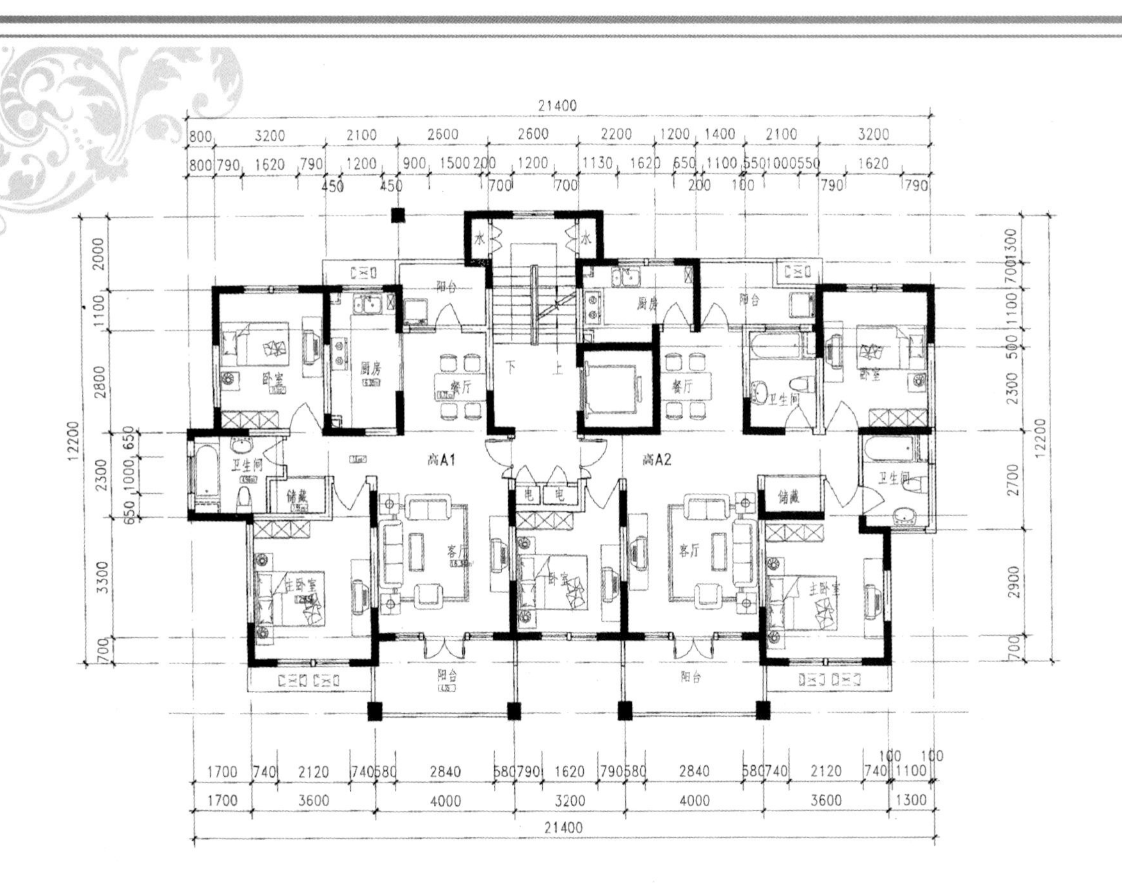

高层A型底层标准层平面图

户型	高A1	高A2
套型	二室二厅一卫	二室二厅一卫
建筑面积	87.51m²	88.47m²
使用面积	67.96m²	67.96m²
使用面积系数	77.66%	76.82%

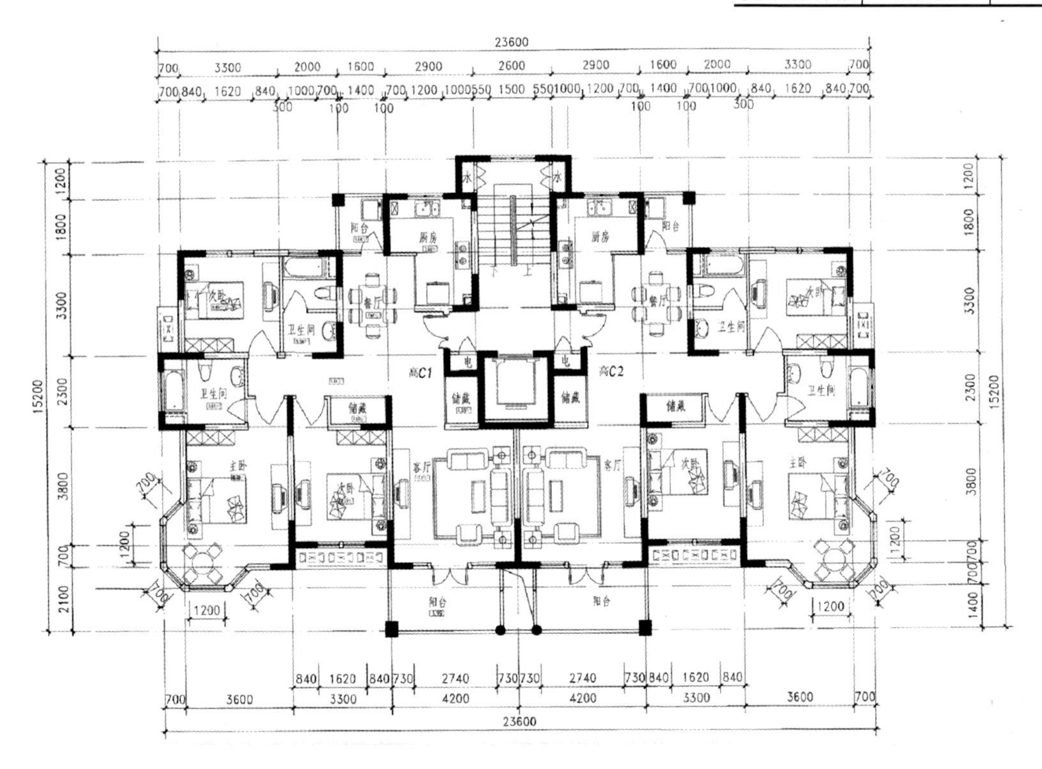

高层C型标准层平面图

户型	高C1	高C2
套型	三室二厅一卫	三室二厅一卫
建筑面积	160.69m²	160.69m²

北京 金汉绿港家园

开发建设单位：北京金汉房地产开发有限公司

规划建筑设计单位：北京市建筑设计研究院

专家评审意见

（一）规划设计评审意见

北京金汉绿港家园位于顺义城区东北侧，是北京顺义区小东庄拆迁改造项目用地。本项目总占地面积35.74hm^2，总建筑面积63.9万m^2。绿港家园东北两侧紧临潮白河和减河，北与顺义新城相望，本地块具有良好的区位优势，交通便利，环境宜居，是顺义区首家申报的康居示范工程。

1. 选址与规划结构。绿港家园选址得当，小区依据城市总体规划所确定的原则和用地范围，充分整合周边自然资源条件，规划通过商业步行街和小区主干道构筑5个组团（片区），规划结构清晰，功能分区明确，用地配置基本合理，分期建设，滚动推进。

2. 道路与交通。小区道路框架基本清楚，分组明确，与城市交通有较好的衔接，方便居民出行。规划采用适度人车分流的交通组织，尽量减少人车干扰。

3. 住宅群体。规划住区由西向东以小高层、高层板式住宅组合，与南北向主轴商业步行街公建区强化低层宜人尺度的公共活动空间，构成富有对比、亲和、变化有序的群体空间，住栋以南北向为主，基本满足日照、采光、通风要求。

4. 绿地与室外环境。小区规划注重绿化景观环境整体设计，规划较好地利用地形、周边环境特点，采用4纵带2横轴的绿网模式，将滨河景观带与住区绿地水景相通相融，规划注重观赏性与实用性相结合，提升居住环境的舒适度与均好性。

5. 意见与建议：

（1）本项目机动车停车位偏少，且布局不够合理，建议进一步研究落实停车泊位布局、地下车库出入口等，同时建议适当调整、完善、优化部分路网的通达性，以方便居民使用，保障居民出行安全，并有利于物业管理。应补充停车位平面图。

（2）小区垃圾站选址通达性较差，建议对小区生活垃圾收运处理方式进行研究，采取积极可行的处理方案。

（3）建议对小区绿化景观水系规划进一步深化，提出体现节约资源，可操作性强的方案。

（4）建议采用清华大学的日照分析软件复核、补充日照分析图，保障居住环境的合理卫生要求。

（5）建议调整B区东北角公建与住栋的布局，选定公建项目性质、功能，调整建筑造型，满足消防要求，有利于提升城市品位和有效提高土地使用率。

（二）建筑设计评审意见

金汉绿港家园位于顺义重要地段，主要是面向大众的每户97～170m²的普通住宅。良好的规划设计、良好的户型设计、产业化的技术装备，将对创建康居工程有很好的示范作用。

1. 套型组织与生活流程吻合，有良好的功能分区及独立功能空间。

2. 户内交通组织顺畅，平面尺度适宜，空间利用率高。

3. 主要房间有良好的通风、采光与景观条件。

4. 建筑设计与结构布置结合紧密，有二次分隔的可能。

5. 多数套型餐厨关系紧密，有独立就餐空间。

6. 厨房采用标准化设计，管线暗设，便于住宅装修。

7. 空调室外机统一安排，整齐隐蔽。

8. 住宅造型简洁明快，统一中有变化。

9. 建议进一步深化设计：（1）餐厨空间应紧密结合，减少户内交通量。（2）入户过渡空间宜调整，不宜直通客厅。（3）跃层部分楼梯不宜占用过多的客厅空间，起步位置应调整。（4）部分户型主卧室小于次卧室，应作调整。（5）窄而深的凹口通风条件不良。（6）剪刀梯建议分别通向两个防火分区，更便于安全疏散。（7）转折拼接的单元部分室内空间应作调整，便于使用。

（三）成套技术评审意见

1. 技术方案符合本地区地域气候特征、社会经济发展水平和材料部品供应状况，基本满足国家康居示范工程的要求，有利于提高住宅质量和工业化水平，创建的节约型康居住宅具有示范价值。

2. 高层住宅采用展开柱框架—剪力墙结构体系，以GRC轻板分隔，有利于抗震并具有可改造性，节约结构材料。

3. 围护结构保温隔热通过聚苯板和断桥型中空玻璃铝合金窗的应用，达到节能65%的要求。其热工性能指标应符合国家和北京市的有关规定，并采取有效措施保证饰面砖的可靠性和安全性。

4. 依据自然资源条件，有效利用地热能，提出的水源热泵和地板低温辐射技术以及分户计量和分室温控，有利于节约能源，改善室内热环境。在实施中应注意对自然资源的污染问题。

5. 利用生活废水为再生水源，实施处理和回用，有利于节约水资源。应做好水量平衡计算，并将废水处理技术具体化，满足杂用水水质要求。

6. 采用雨水回渗措施，有利于维持土壤水生态系统的平衡。应尽可能将非机动车道路、地面停车场和其他硬质地都采用透水地面，以提高透水率。

7. 建议两梯三户中间套采用新风微循环系统，以改善室内空气环境质量。

8. 建议推行装修一次到位，以推进住宅装修工业化，节约装修材料，有效控制装修污染。

9. 建议生活污水采用当地生产的环保型埋地式整体化粪池，生活有机垃圾采用生化处理系统，以免污染环境。

区域位置

项目位于顺义城区繁华区中心，距商业中心仅1km。紧临潮白河、减河和万亩森林公园，离红尘不远，距自然很近。周边学校、医院、银行、商业密布，设施齐全，交通方便。

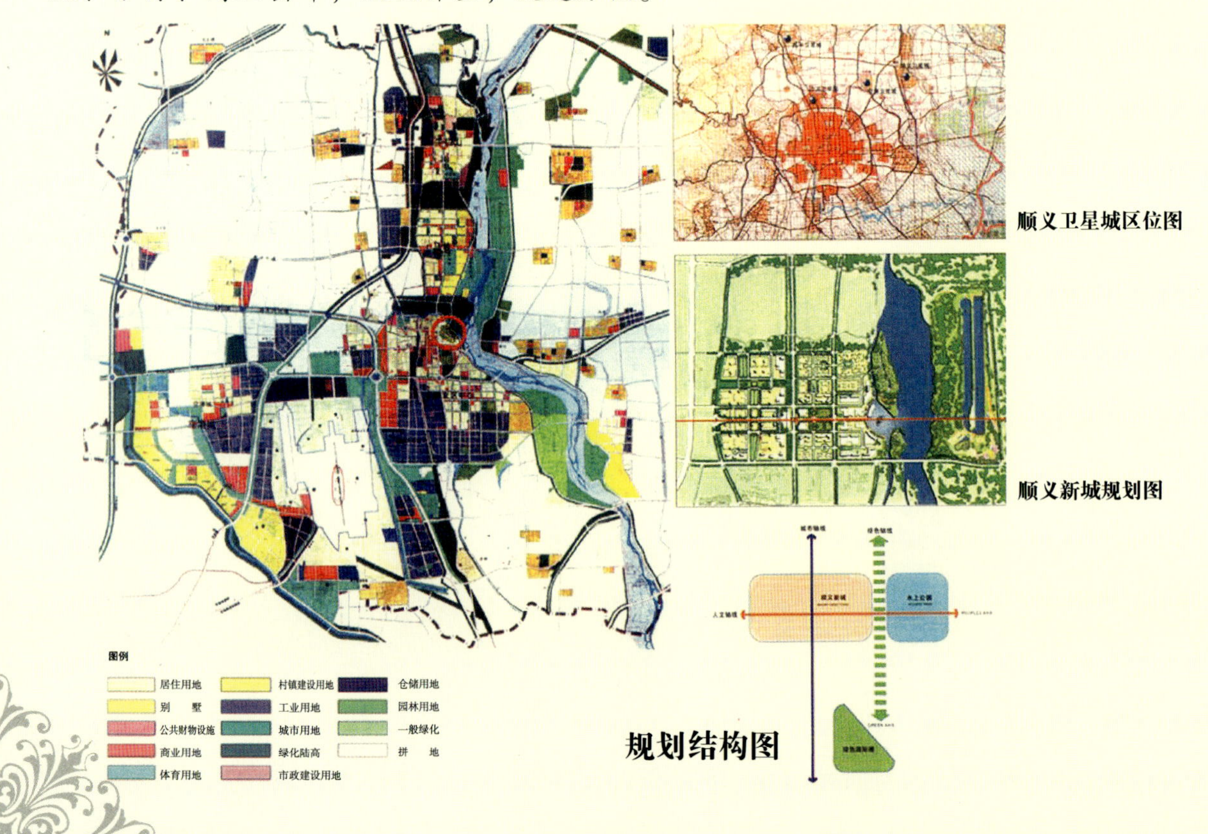

顺义卫星城区位图

顺义新城规划图

规划结构图

名称	数值	单位
总建筑面积（含地下）	63.9418	万m^2
1居住区地上总建筑面积	55.9506	万m^2
1.1住宅地上建筑面积	43.9947	万m^2
1.2配套公建地上建筑面积	0.9852	万m^2
1.3非配套公建地上建筑面积	9.8207	万m^2
1.4小学校地上建筑面积	1.1500	万m^2
2居住区地下总建筑面积	7.9912	万m^2
2.1住宅地下建筑面积	2.1660	万m^2
2.2配套公建地下建筑面积	4.5832	万m^2
2.3非配套公建地下建筑面积	1.2420	万m^2
居住户数	3941	户
居住人数	11035	人
户居人数	2.8	人/户
人口毛密度	373	人/h m^2
容积率	1.89	
（居民）停车位	1971	辆
（居民）停车率	0.5	辆/户
公建停车位	687	辆
住宅建筑净密度	18.35	%
集中绿地	1.1035	万m^2
绿化率	30	%

主要技术经济指标

总平面图

鸟瞰图

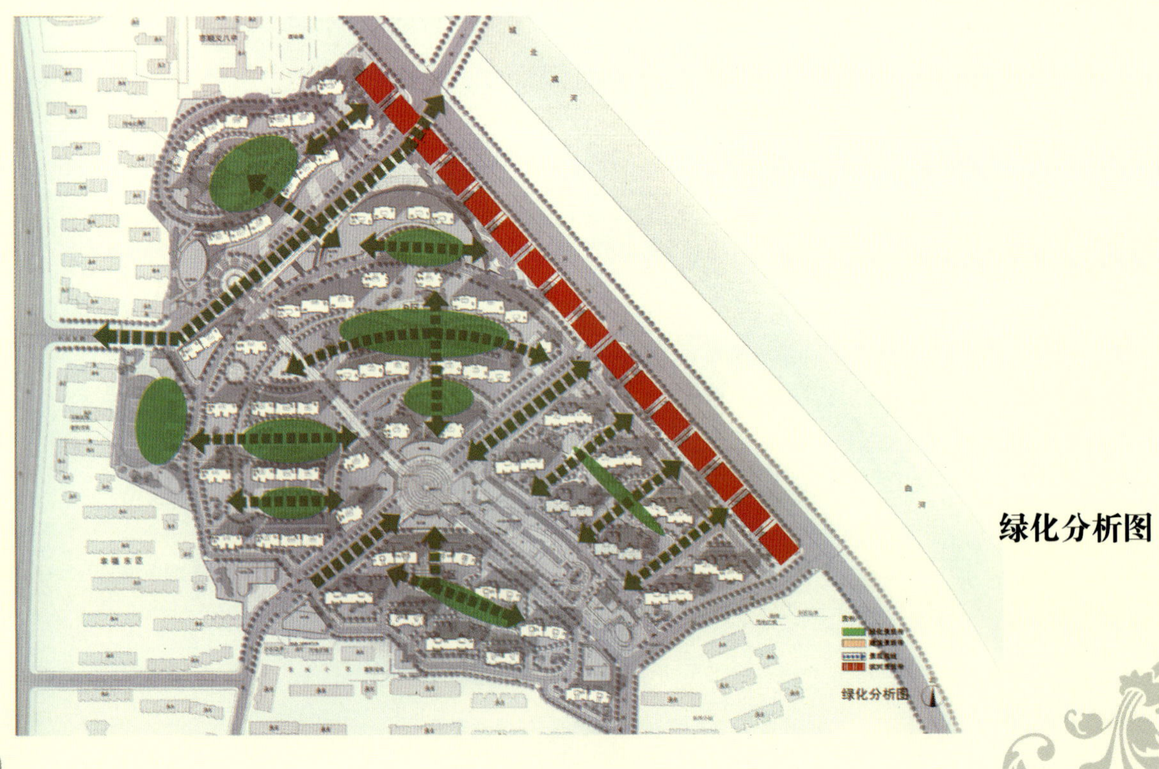

绿化分析图

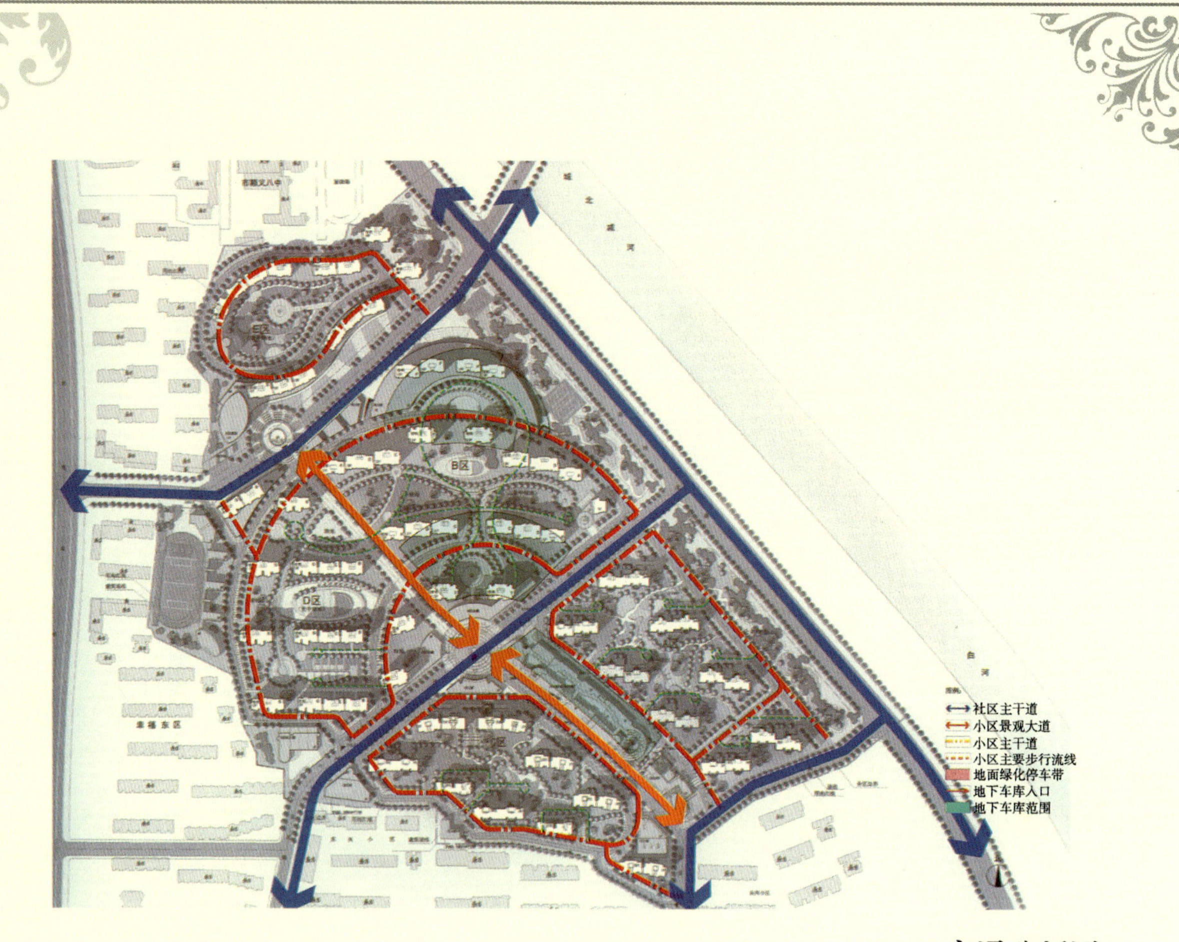
B区
D区
社区主干道
小区景观大道
小区主干道
小区主要步行流线
地面绿化停车带
地下车库入口
地下车库范围

交通分析图

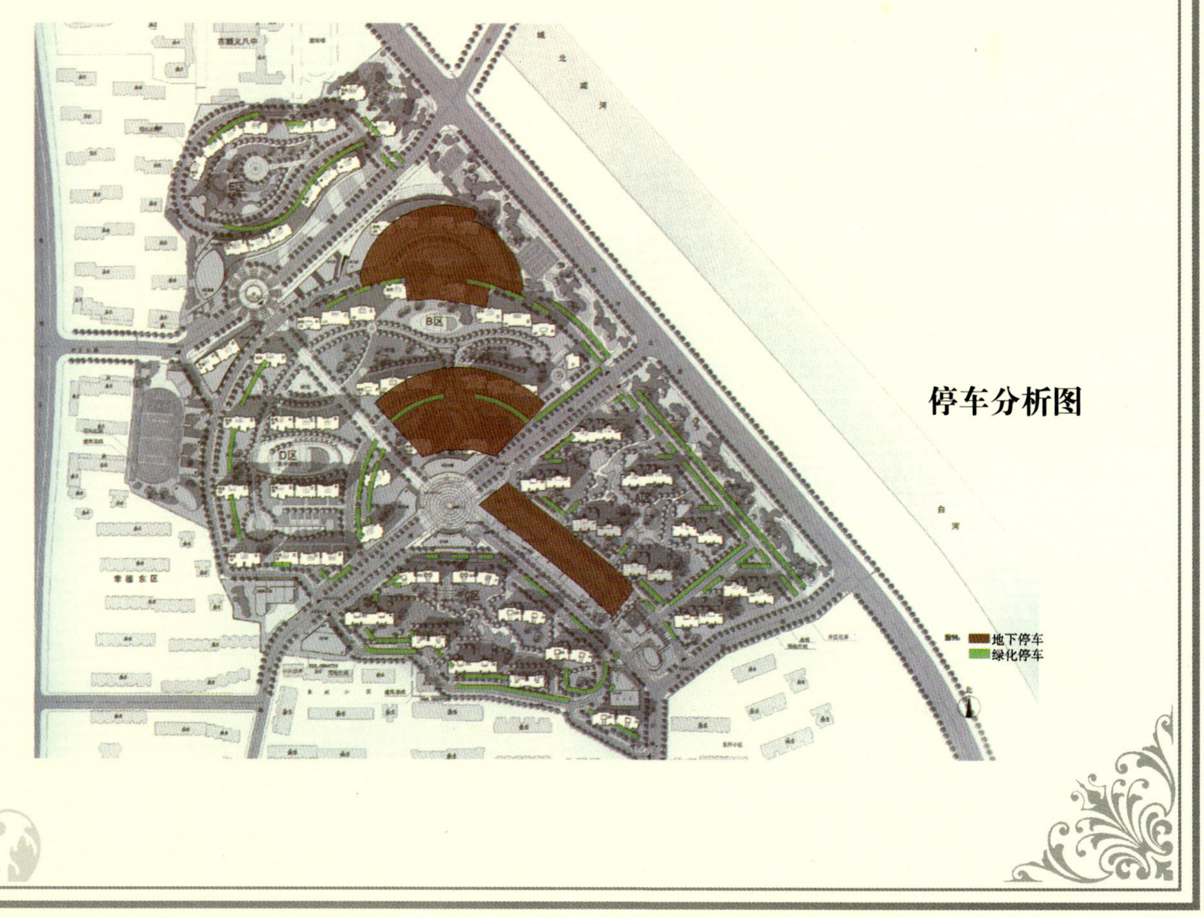
B区
D区
地下停车
绿化停车

停车分析图

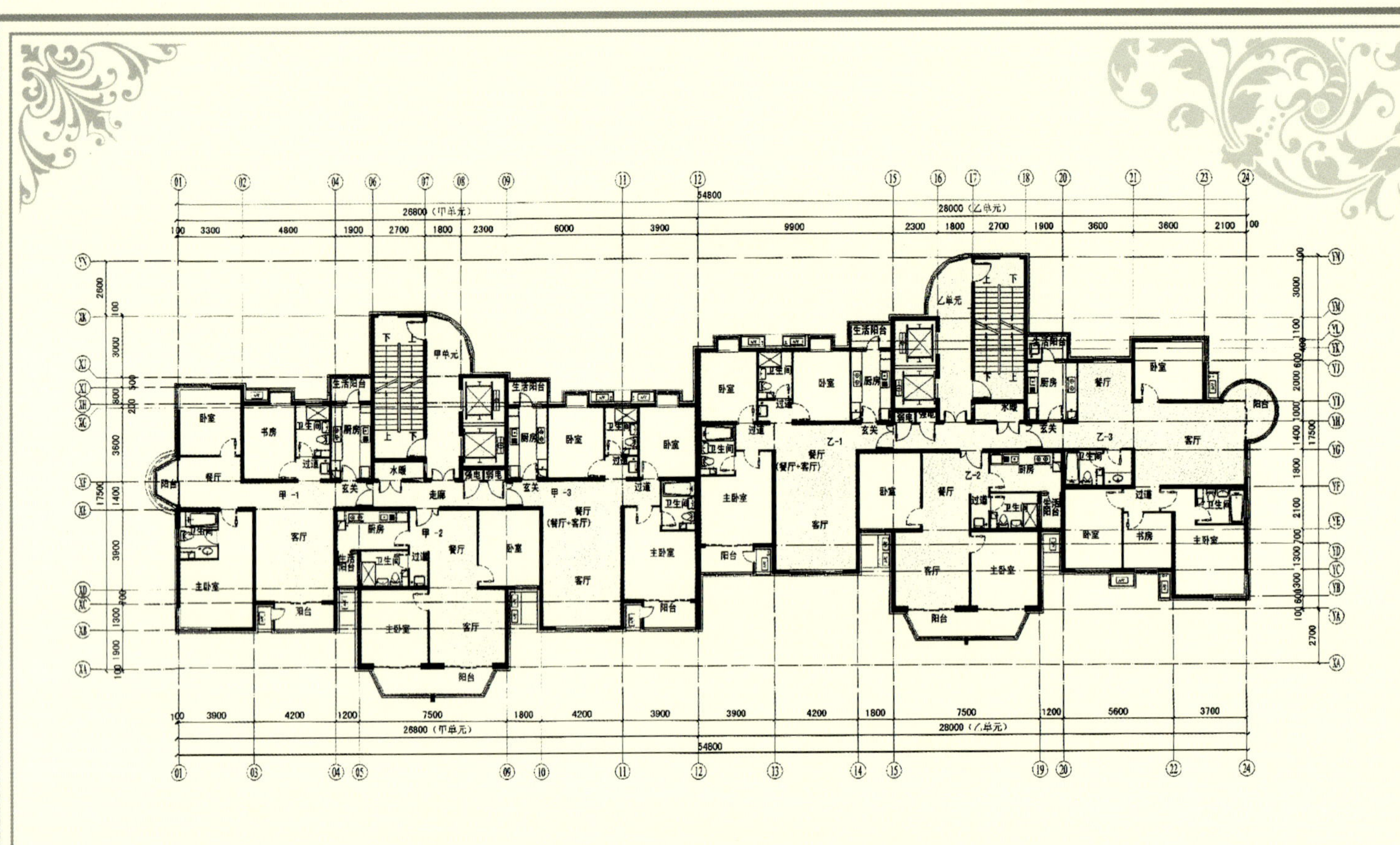

A01～A04号楼标准层平面图

户型	套型	套内建筑面积（不含阳台）	套内使用面积（不含阳台）	封闭阳台面积	开敞阳台面积	公摊面积	建筑面积（含阳台、公摊）
甲-1	三室二厅二卫	$96.97m^2$	$86.50m^2$	$10.56m^2$		$25.78m^2$	$133.31m^2$
甲-2	二室二厅一卫	$70.20m^2$	$60.68m^2$	$8.72m^2$		$10.67m^2$	$97.59m^2$
甲-3	三室二厅二卫	$92.22m^2$	$81.96m^2$	$7.34m^2$		$24.52m^2$	$124.08m^2$
乙-1	三室二厅二卫	$92.22m^2$	$81.96m^2$	$7.34m^2$		$25.56m^2$	$125.12m^2$
乙-2	二室二厅一卫	$70.20m^2$	$60.66m^2$	$8.72m^2$		$19.45m^2$	$98.37m^2$
乙-3	四室二厅二卫	$108.36m^2$	$96.58m^2$	$7.73m^2$		$30.04m^2$	$148.13m^2$

南休息广场效果图

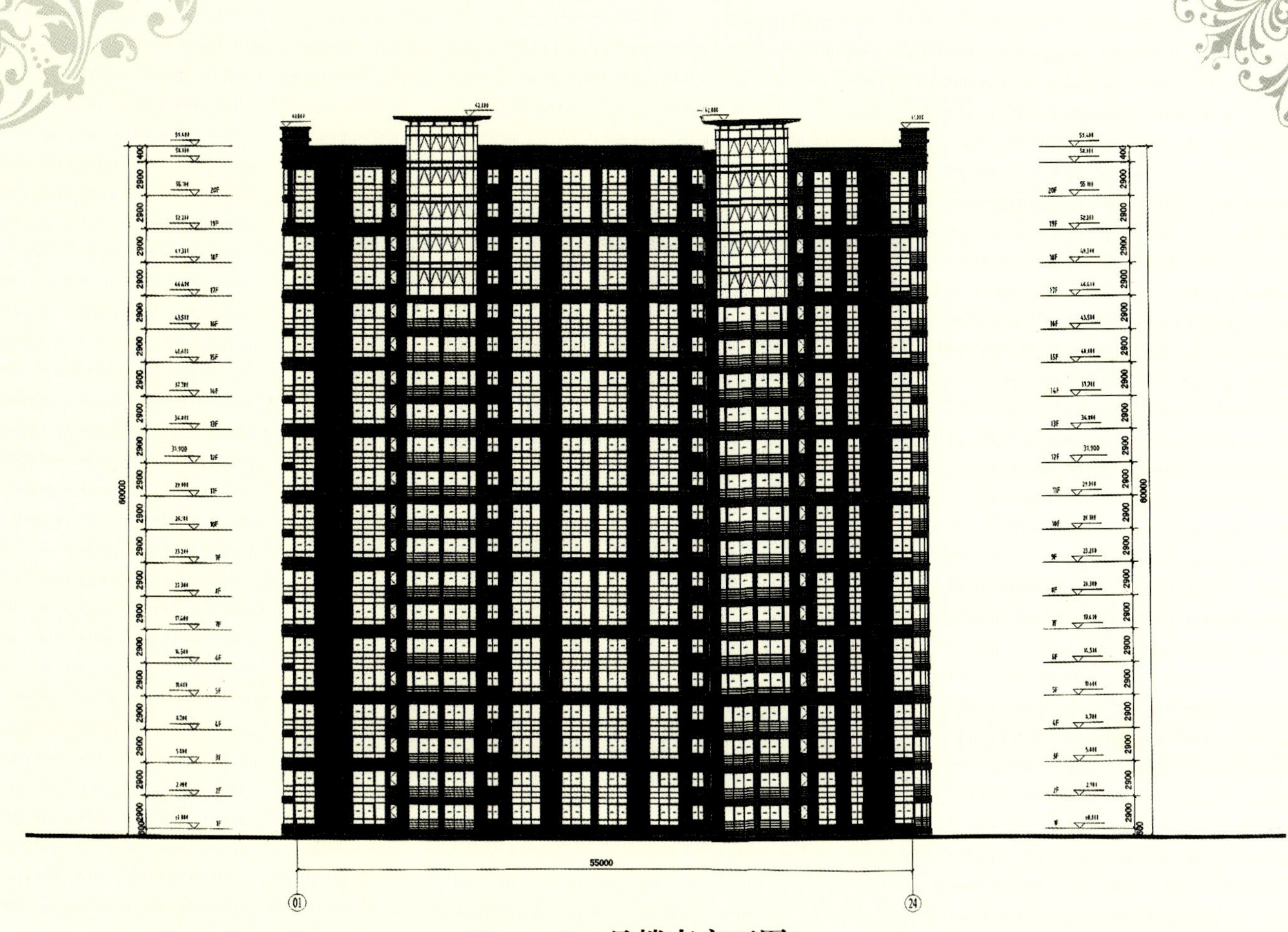

A01～A04号楼南立面图

商业配套设施

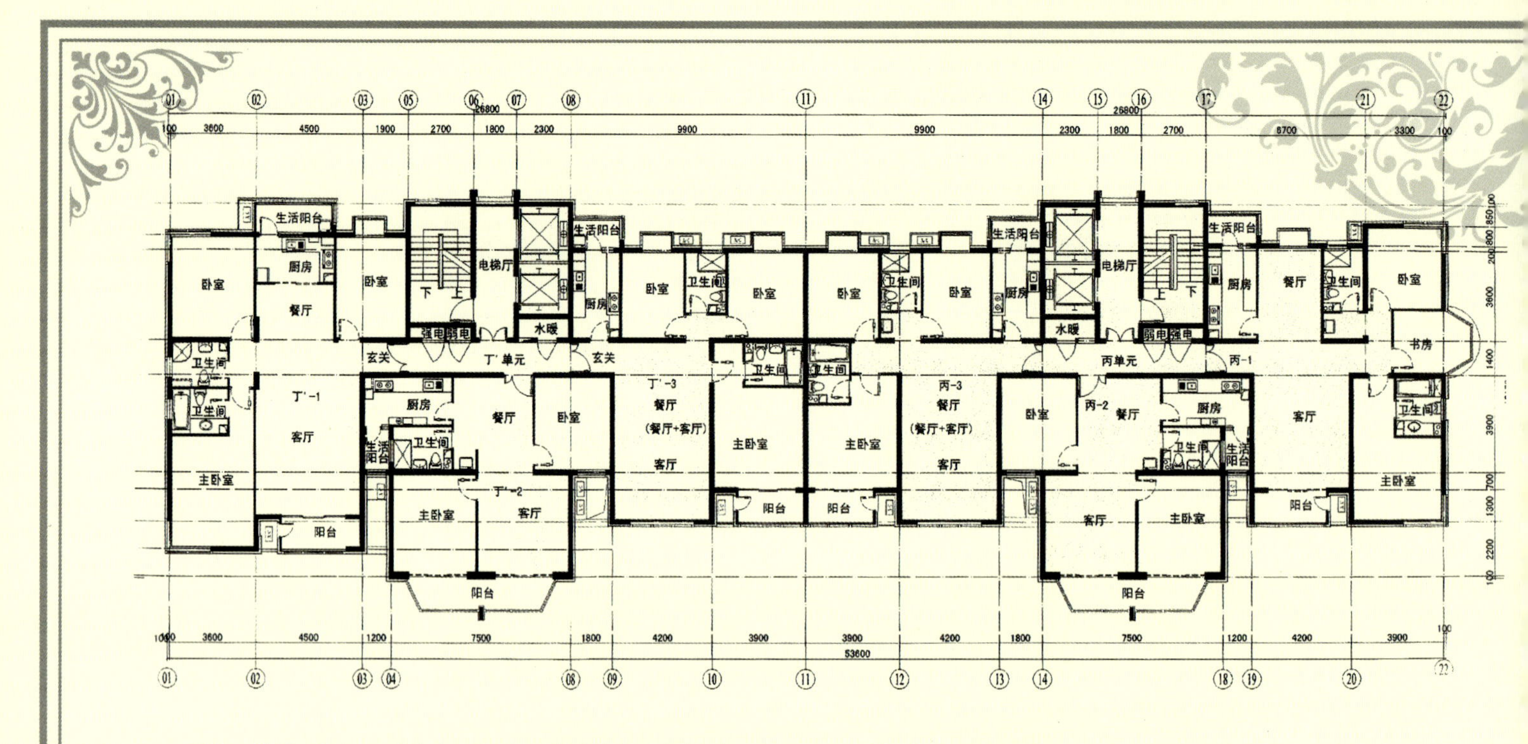

A05～A08号楼标准层平面图　C06、08号楼标准层平面图

户型	套型	套内建筑面积（不含阳台）	套内使用面积（不含阳台）	封闭阳台面积	开敞阳台面积	公摊面积	建筑面积（含阳台、公摊）
丁'-1	三室二厅二卫	106.85m^2	97.63m^2	10.47m^2		23.13m^2	140.45m^2
丁'-2	二室二厅一卫	70.17m^2	62.97m^2	10.57m^2		15.19m^2	95.93m^2
丁'-3	三室二厅二卫	92.22m^2	82.55m^2	7.36m^2		19.97m^2	119.55m^2
丙-1	三室二厅二卫	99.56m^2	88.94m^2	8.05m^2		21.95m^2	129.56m^2
丙-2	二室二厅一卫	70.17m^2	62.97m^2	10.57m^2		15.47m^2	96.21m^2
丙-3	三室二厅二卫	92.22m^2	82.90m^2	7.36m^2		20.33m^2	119.91m^2

商业配套设施

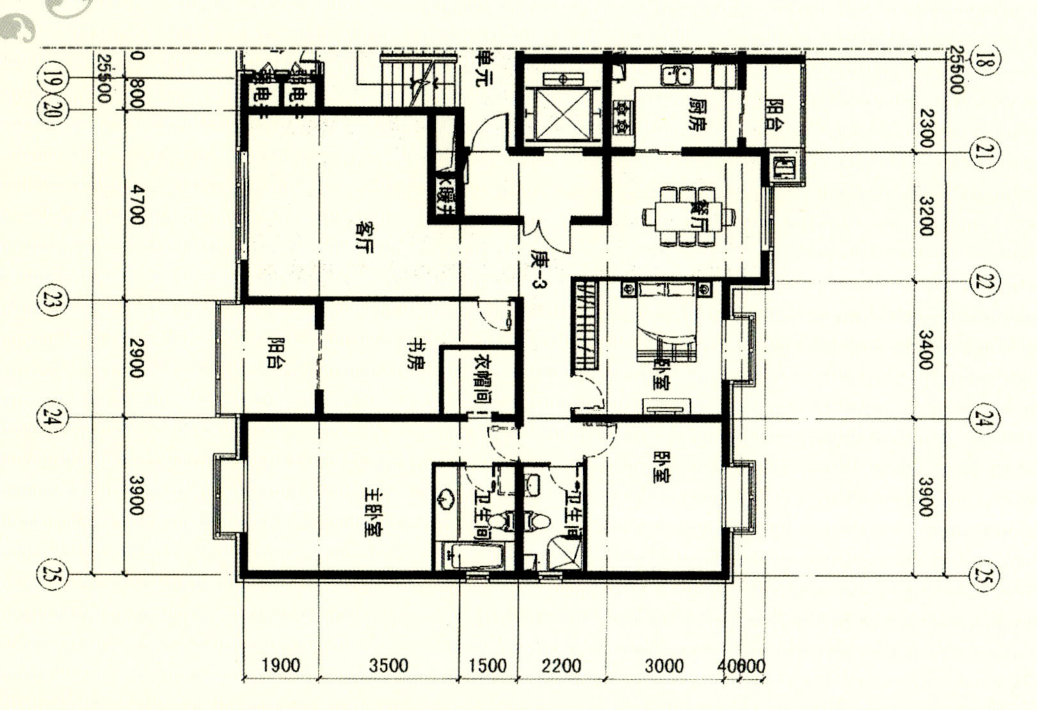

C01号楼标准层单元平面图

户型	套型	套内建筑面积（不含阳台）	套内使用面积（不含阳台）	封闭阳台面积	开敞阳台面积	公摊面积	建筑面积（含阳台、公摊）
乙-3	四室二厅二卫	126.53m²	114.18m²	12.26m²	3.51m²	24.10m²	164.65m²
乙-4	四室二厅二卫	116.64m²	96.21m²	14.18m²	3.38m²	22.22m²	154.73m²
庚-3	四室二厅二卫	129.78m²	117.46m²	11.97m²		29.39m²	171.14m²
庚-4	四室二厅二卫	124.08m²	112.70m²	11.71m²		28.13m²	163.92m²

商业配套设施

邯郸世嘉名苑一期

开发建设单位：邯郸市恒嘉房地产开发有限公司

规划建筑设计单位：美国博万建筑与城市规划设计（深圳）公司

专家评审意见

（一）规划设计评审意见

1. 世嘉名苑小区位于邯郸市东郊，北临高新技术开发区，用地区位优越，交通方便，环境优良，小区选址得当。

2. 小区规划依据该地区控制性详细规划所确定的原则和要求，考虑居住区整体规划分期开发的相对独立性，总体布局结构清晰，功能分区明确，用地配置基本合理。

3. 小区采用内环的道路交通结构，框架清楚，交通组织简捷，通达性较好，基本满足消防、救护、避灾要求。小区主次入口选择适当，与城市交通有较好的衔接，方便居民出行。规划合理利用地形条件，采用多种停车方式，方便居民就近使用。

4. 小区群体空间组织有序，规划采用多层、小高层、点式高层建筑组成高低错落、富有变化的空间布局。住宅全部朝南，满足日照、采光、通风要求。

5. 小区注重绿化景观环境设计，规划南北向开敞式中心绿地主轴，结合布置水景、花架、雕塑小品，以及周围组团院落绿地，点线面相结合，为居民提供

了良好的邻里交往、休闲健身的户外活动空间。

6. 建议：

（1）小区北部次入口原则上还是按照原方案设置，使该小区与居住区的整体设计统一协调。

（2）建议在中心景观轴线北端设置小区会所，对南端4栋18层高层住宅的布局作适当调整，不必成一条直线紧沿东西主干路布置，建议向南移位，且纵向要为中心景观轴线提供南部视线通廊，与南部运动公园的大自然相依相融。

（3）建议在幼儿园南侧组团增设一条组团道路，改善小区主干路出入口过多的情况。

（4）补充机动车停车车位布置图。

（5）补充完善小区生活垃圾清运设施设置内容。

（6）西侧预留高层公共建筑用地过窄，应作考虑并调整。

（二）建筑设计评审意见

1. 以较少的套型类型解决多标准的使用要求，手法简洁。

2. 住宅套型组织合理，功能分区明确，动静与洁污分离良好。平面布局紧凑有序，各居住空间尺度合宜。

3. 住宅设计与结构布置结合紧密，有二次分隔的灵活性。

4. 空间利用充分，交通组织流畅。

5. 通风、采光条件良好。

6. 建筑造型简洁明快。

7. 意见与建议：

（1）部分栋号北凹口必要性不大，更衣间不需要采光通风。双卫生间户型有一个明厕即可，可节省很多外墙面积。

（2）D户型顶层缺少独立领域的餐厅，其走道过长。

（3）处理好外凸窗、空调机搁板与节能标准的矛盾。

（4）西部组团端单元设计应结合环境景观作优化处理。

（5）4幢高层住宅平面关系及造型均需进一步推敲。

（三）成套技术评审意见

1. 邯郸世嘉名苑小区根据本地区的实际情况，按照《国家康居示范工程实施大纲》的要求，拟采用建筑节能、污水回用等多项新产品、新技术，将有力推动本地区住宅产业的发展。技术方案合理、可行。

2. 在建筑节能方面，外墙及屋面采用EPS保温隔热板，外门窗采用双层中空玻璃塑钢门窗和中空玻璃隔热断桥铝合金门窗，以及分户计量、居室温度可控低温辐射采暖技术，满足国家建筑节能要求。

3. 在环保方面，拟采用中水回用技术、有机垃圾生化处理技术、水质保障等技术，有利于提高居住区的环境质量。

4. 在新能源利用方面，开发建设单位与太阳能生产企业合作，着重对太阳能供热水系统、太阳能光电草坪灯以及太阳能建筑一体化进行研究，有利于太阳能技术在当地的应用，符合国家产业发展政策。

5. 在全装修住宅方面，部分栋号实行全装修住宅房销售，部分采用套餐式装修样板，专业设计、施工统一管理，满足《商品住宅装修一次到位实施办法》的要求。

6. 智能化方面，根据当地的实际情况，合理配置住宅智能化技术，为物业管理，提高居住舒适性奠定了基础。

7. 建议：

（1）进一步落实太阳能光电、光热以及建筑一体化的研发应用技术，不断总结经验，积极推广。

（2）完善墙体屋面、门窗等建筑节能技术，以达到节能65%的要求。

（3）积极选用国家与住房和城乡建设部推广、推荐的新技术、新产品，并留档备案。

区域位置

世嘉名苑位于邯郸市东部，南临人民路，北至丛台路，西接东环路，东至高速西路，总用地面积87hm^2，其中一期用地面积18.56hm^2。

技术经济指标

序号	名称		数量	单位
1	总用地面积（道路红线范围内）		118319	m^2
2	总建筑面积		236251.688	m^2
3	地上建筑面积		208501.608	m^2
	其中	住宅建筑面积	188201.608	m^2
		幼儿园建筑面积	2054	m^2
		会所建筑面积（含体育会所）	6148	m^2
		商务建筑面积	7500	m^2
		商业建筑面积	4598	m^2
4	地下建筑面积（含配套站点）		27750.08	m^2
5	建筑基底面积		23892	m^2
6	中心绿地面积		9769.64	m^2
7	容积率		1.76	%
8	绿地率		36.78	%
9	停车位		996	辆
	其中	地上停车数	366	辆
		地下停车数	630	辆

一期总平面图

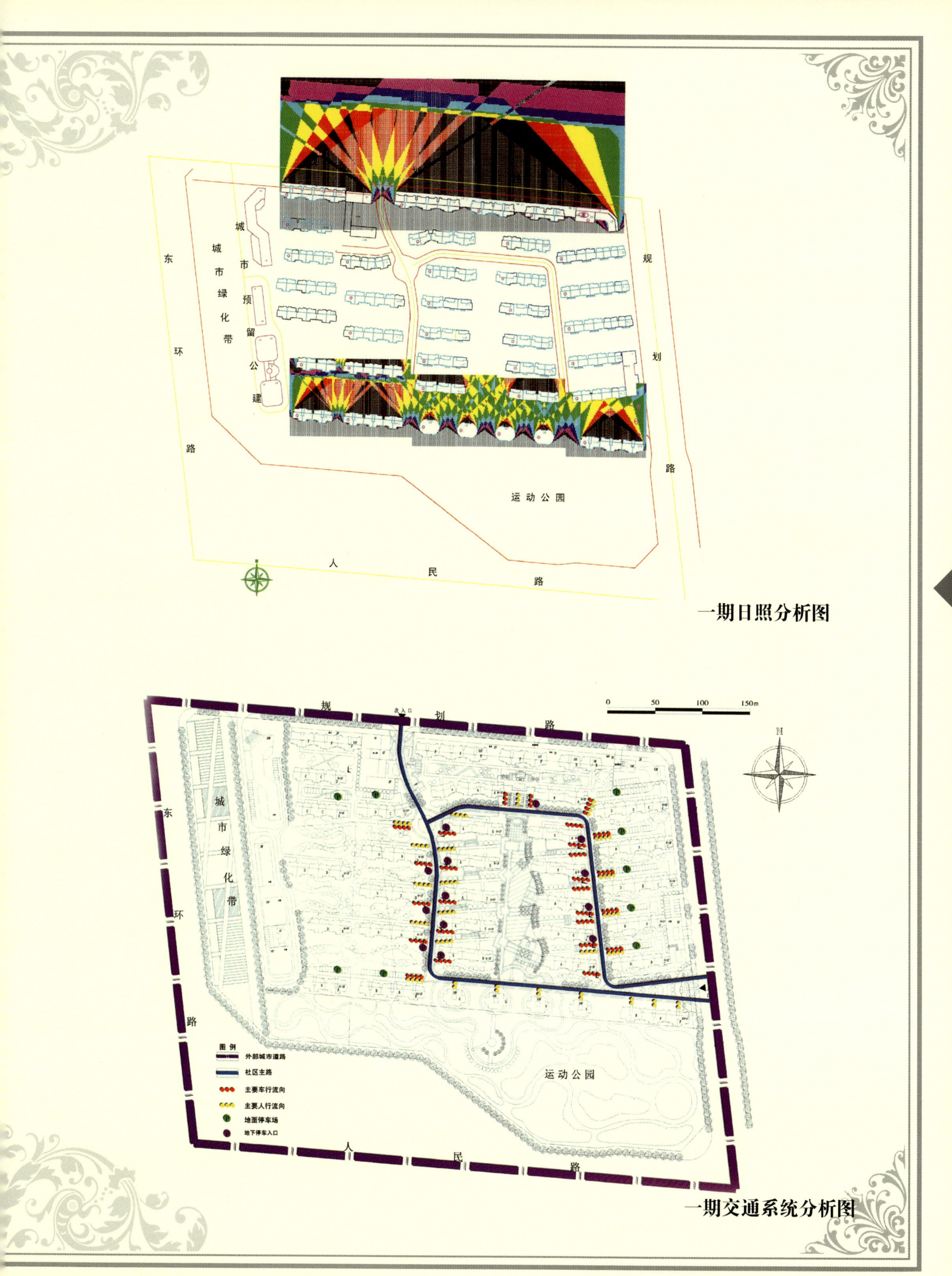

一期日照分析图

一期交通系统分析图

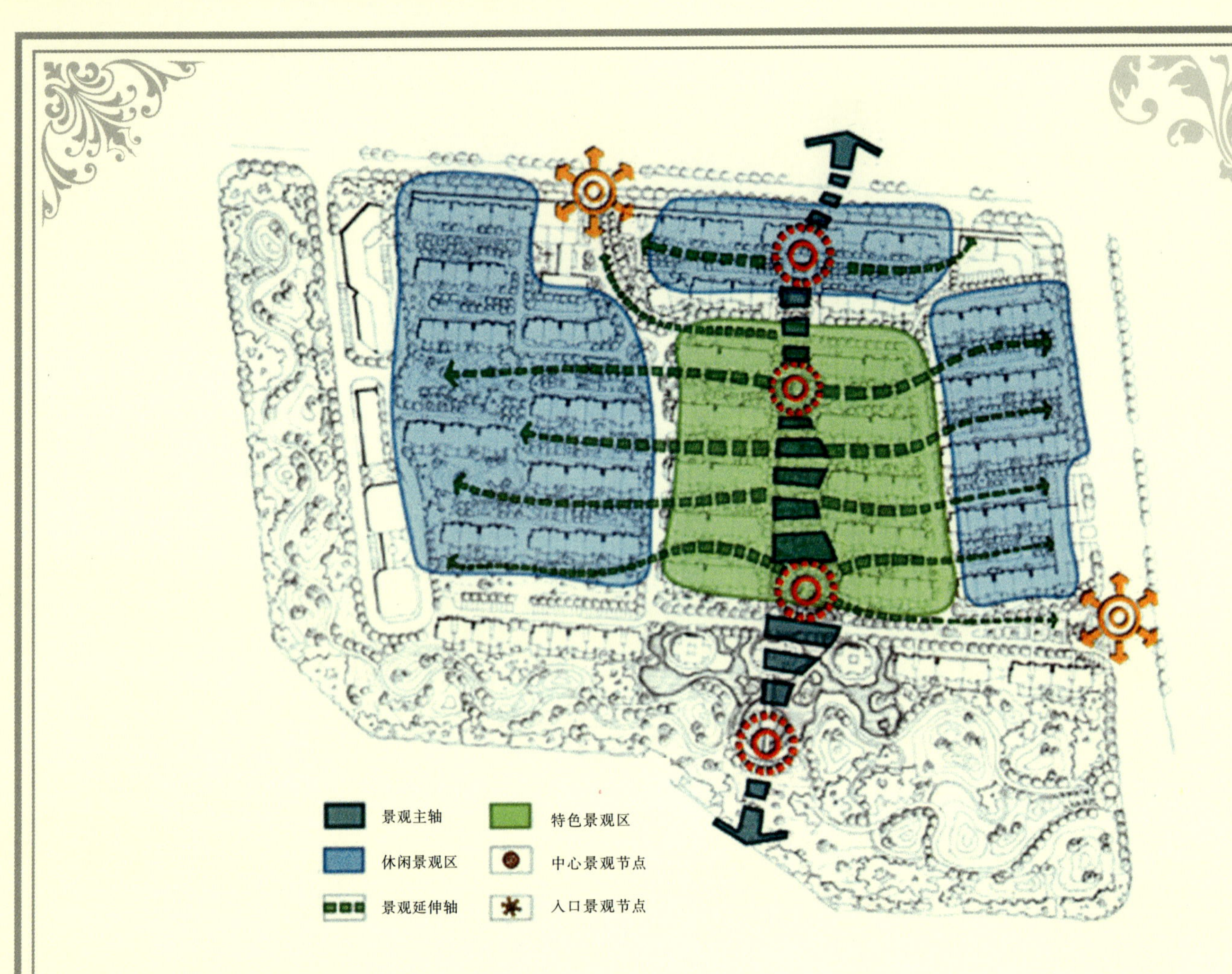
景观主轴
特色景观区
休闲景观区
中心景观节点
景观延伸轴
入口景观节点

一期景观分析图

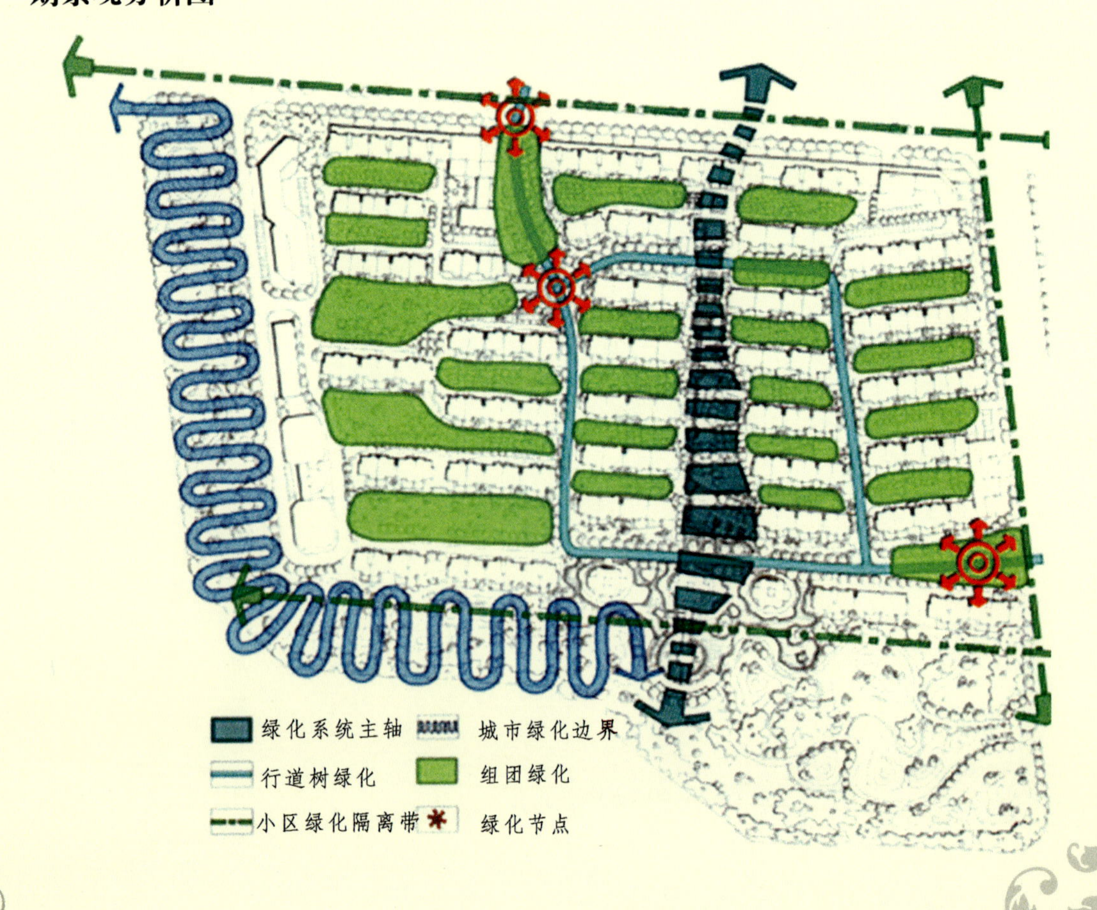
绿化系统主轴
城市绿化边界
行道树绿化
组团绿化
小区绿化隔离带
绿化节点

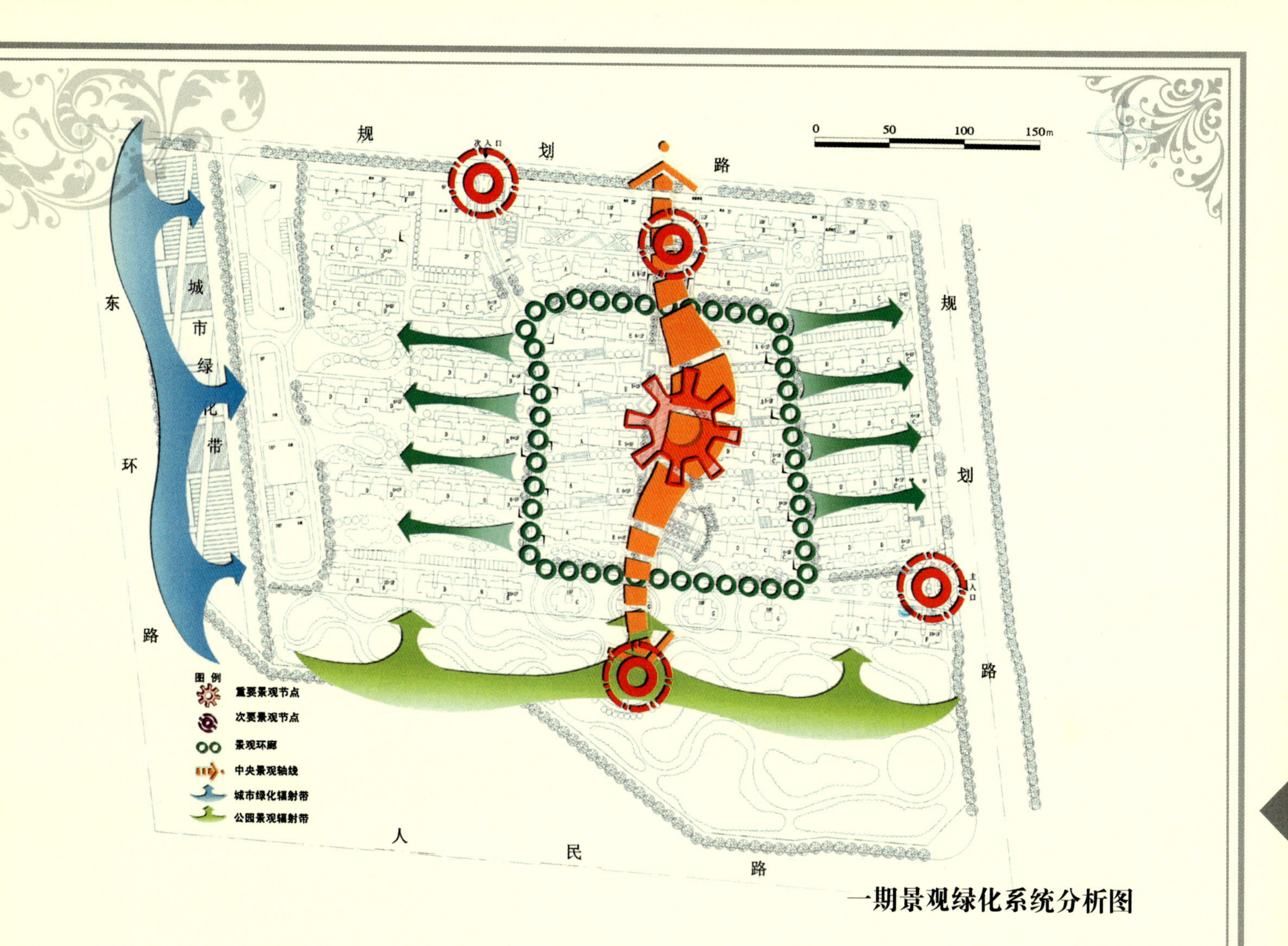

一期景观绿化系统分析图

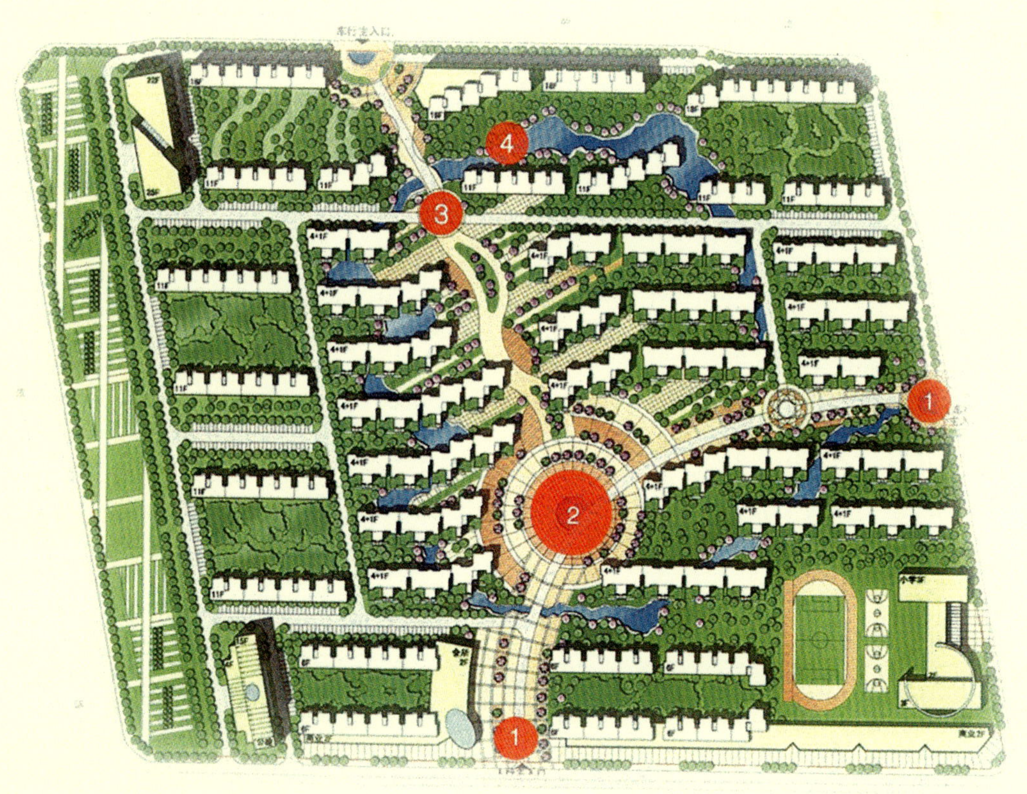

景观节点示意图

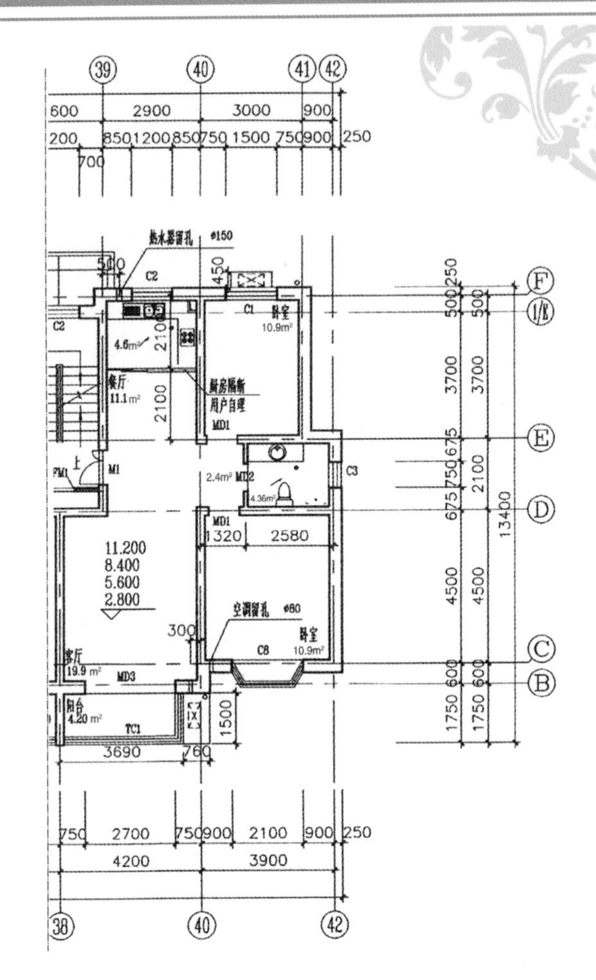

A户型平面图

户型	建筑面积	使用面积	使用率
A户型	96.15m²	87.50m²	91%
A跃层	156.83m²	142.72m²	91%

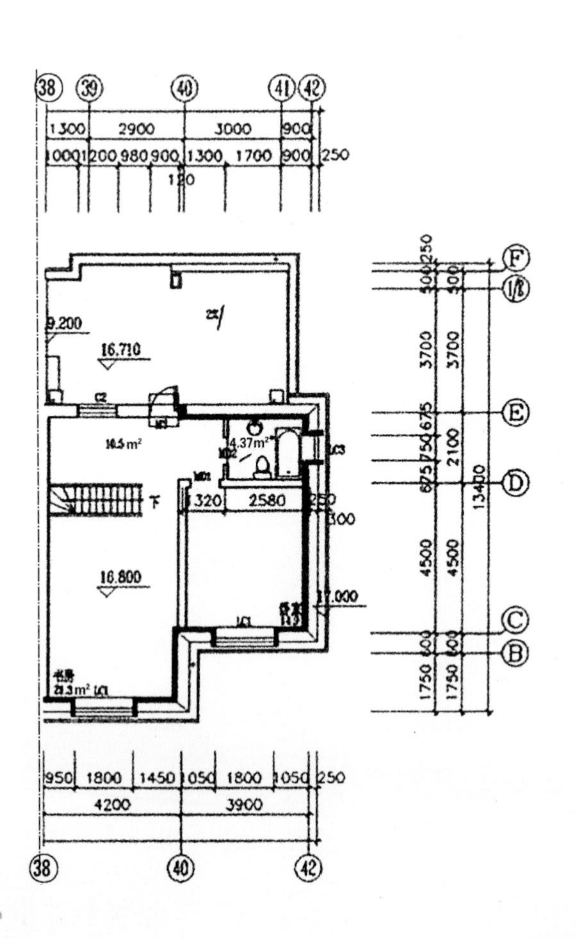

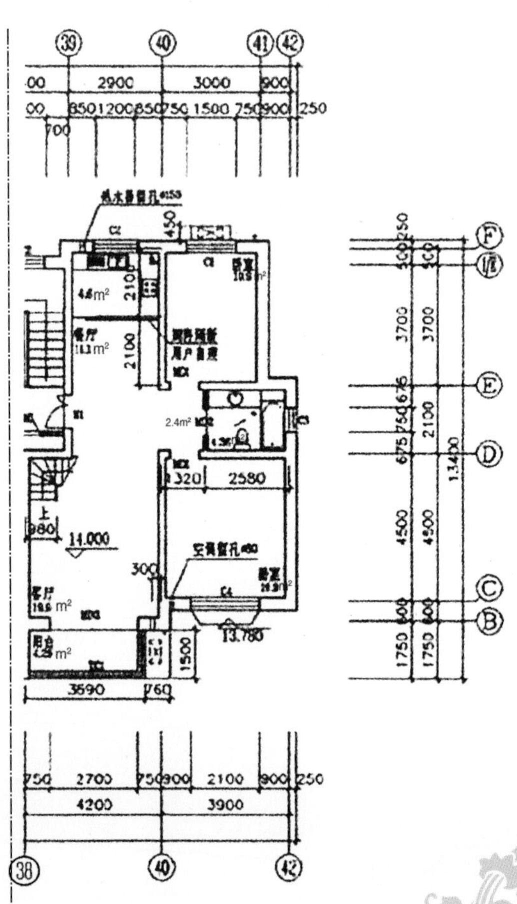

A户型跃层上、下图

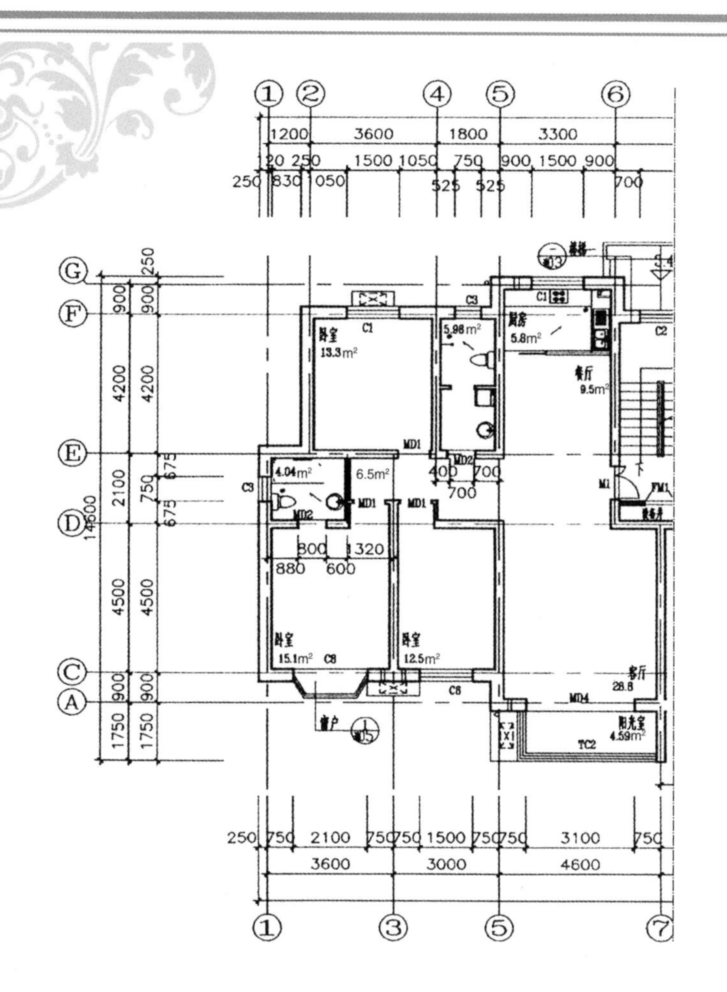

B户型平面图

户型	建筑面积	使用面积	使用率
B户型	132.17m²	120.27m²	91%
B跃层	215.94m²	196.50m²	91%

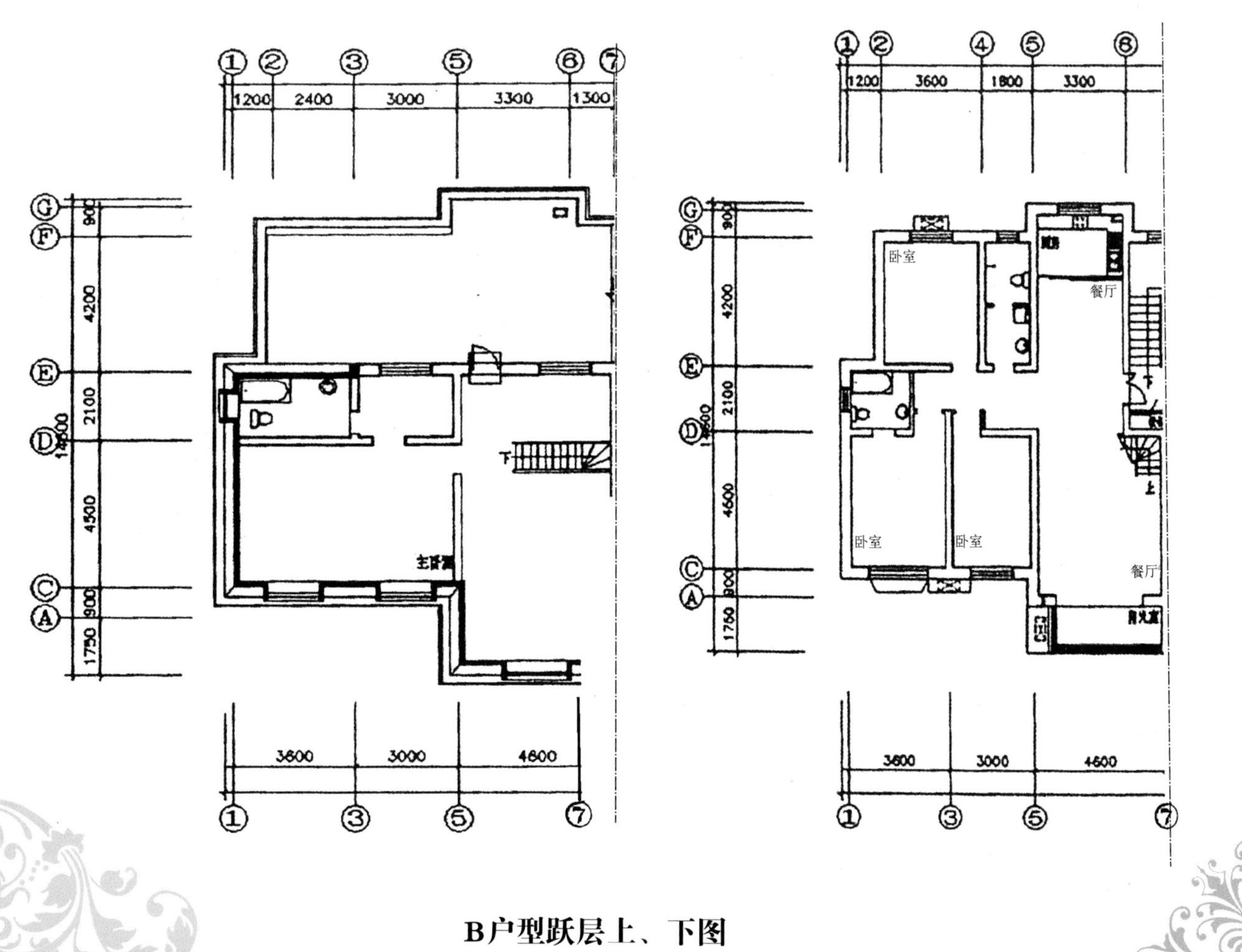

B户型跃层上、下图

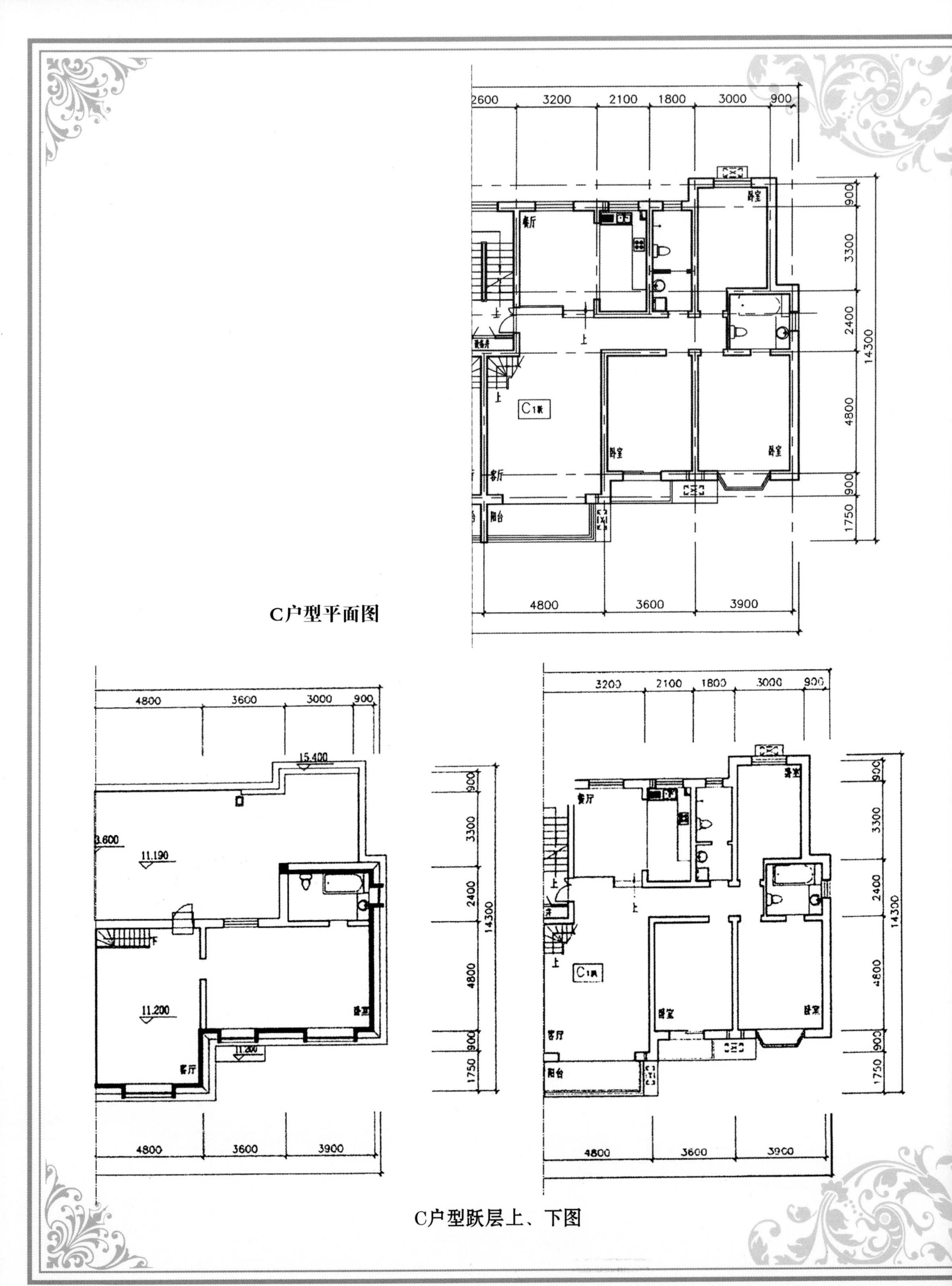

C户型平面图

C户型跃层上、下图

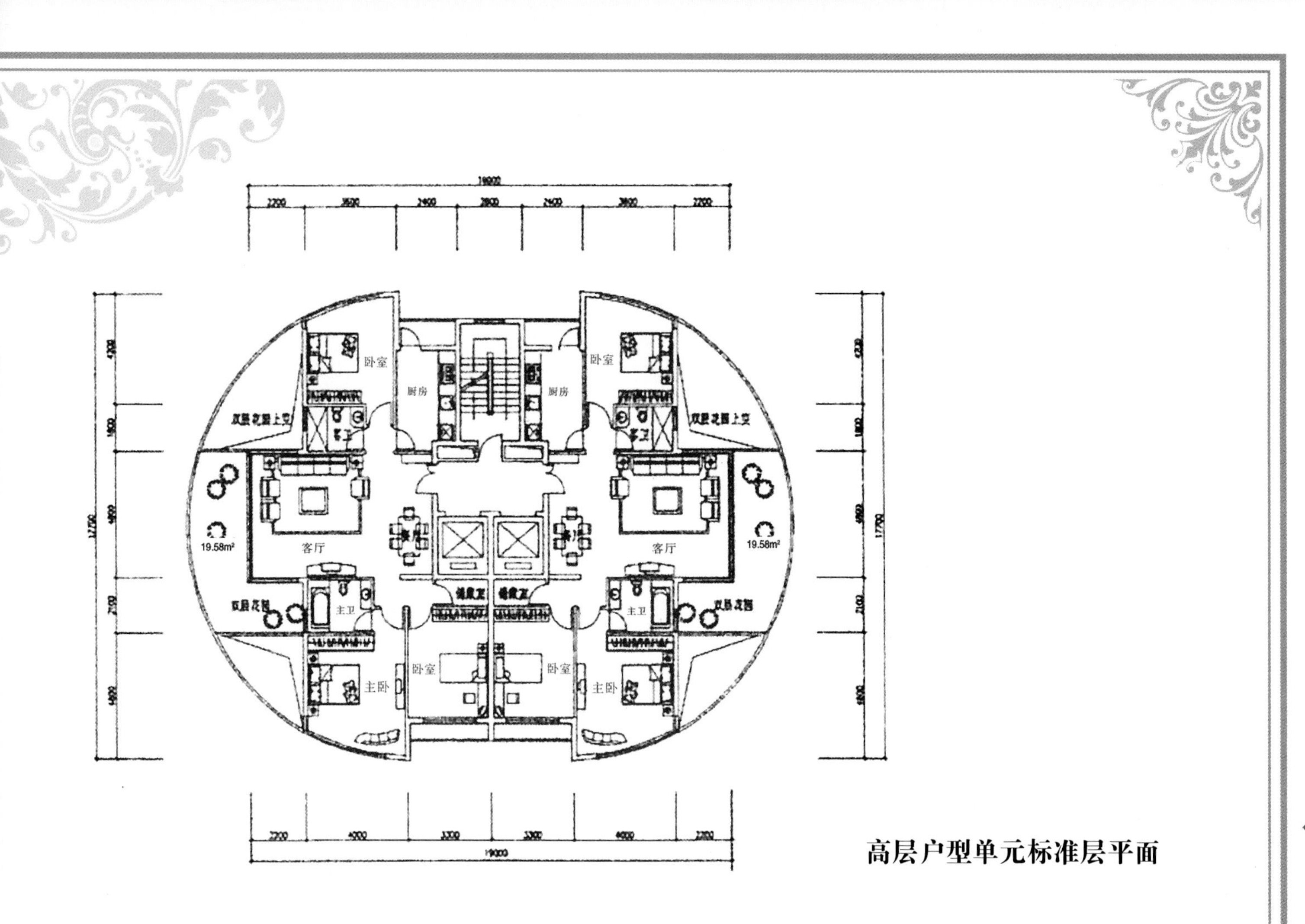

高层户型单元标准层平面

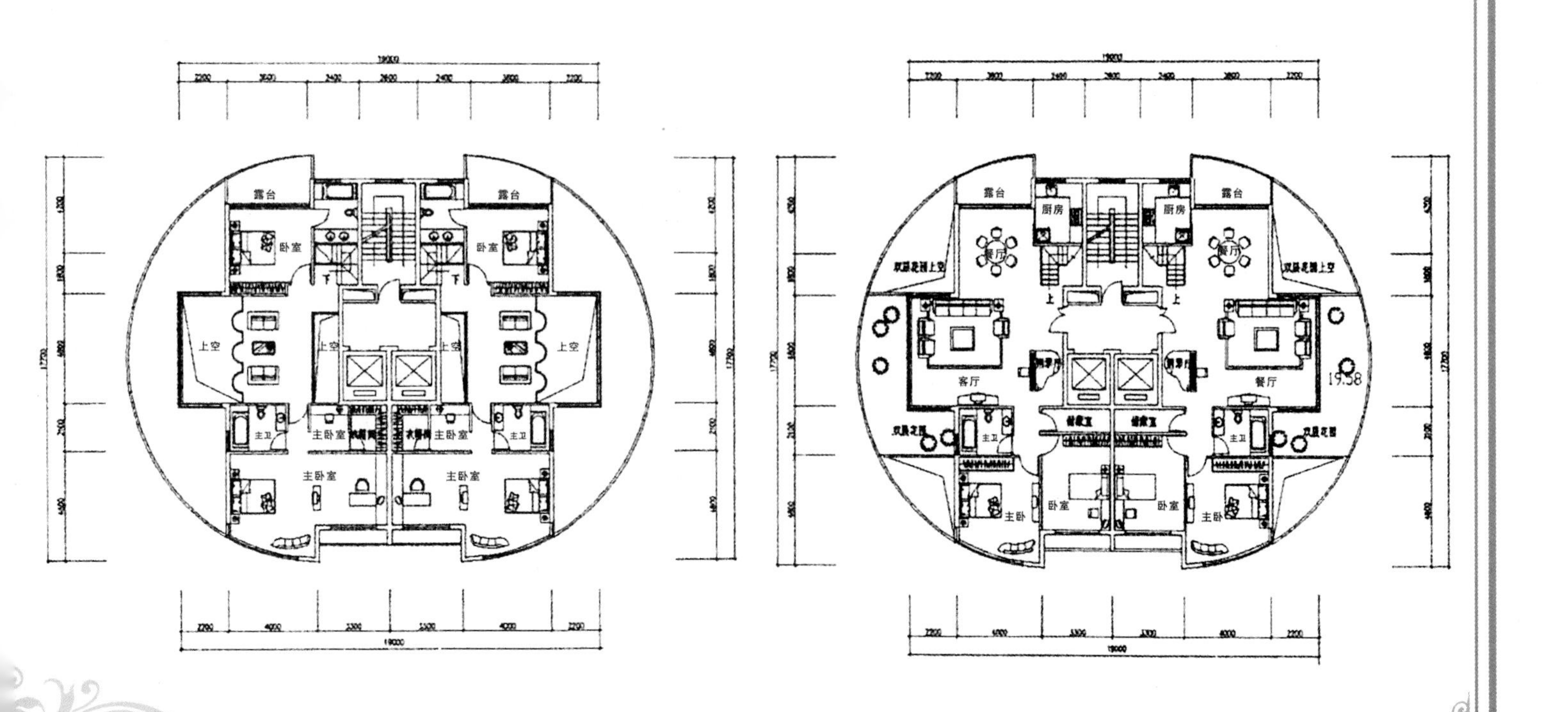

高层户型单元复式上、下层平面

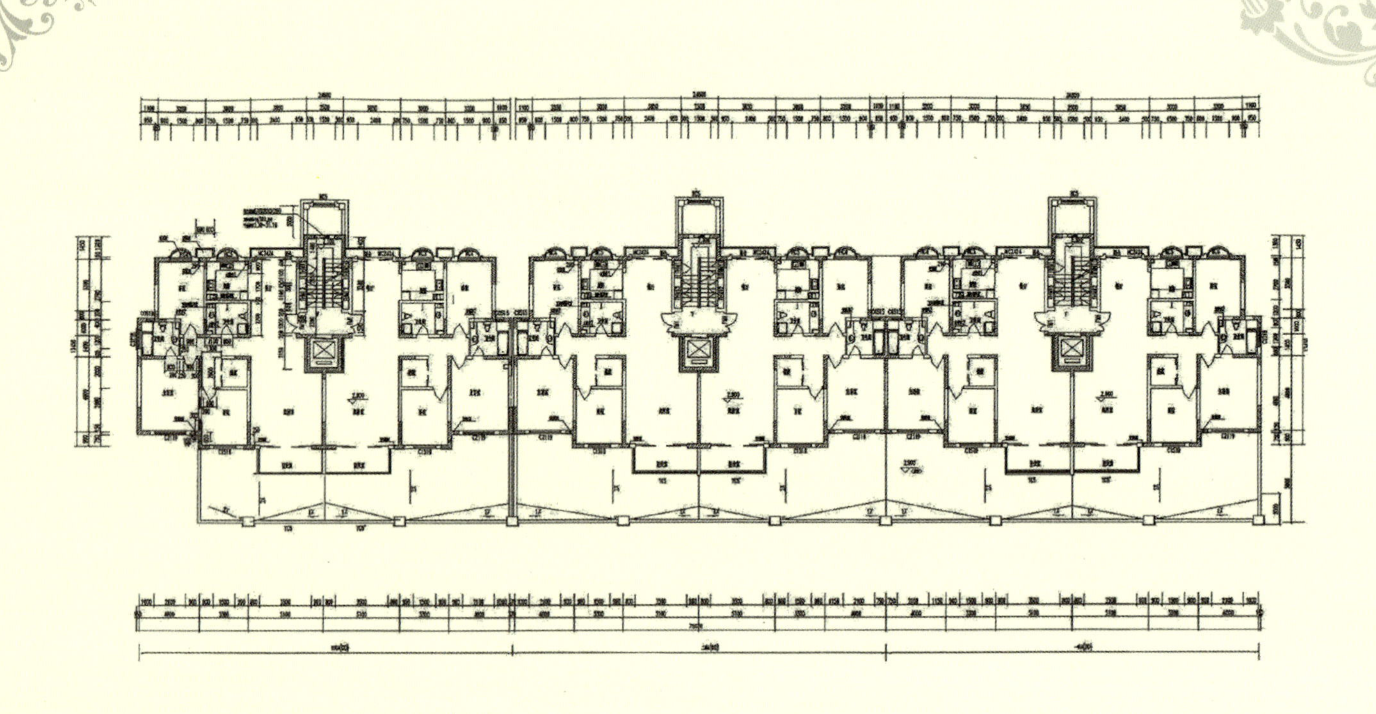

小高层单元标准层平面图

效果示意图一

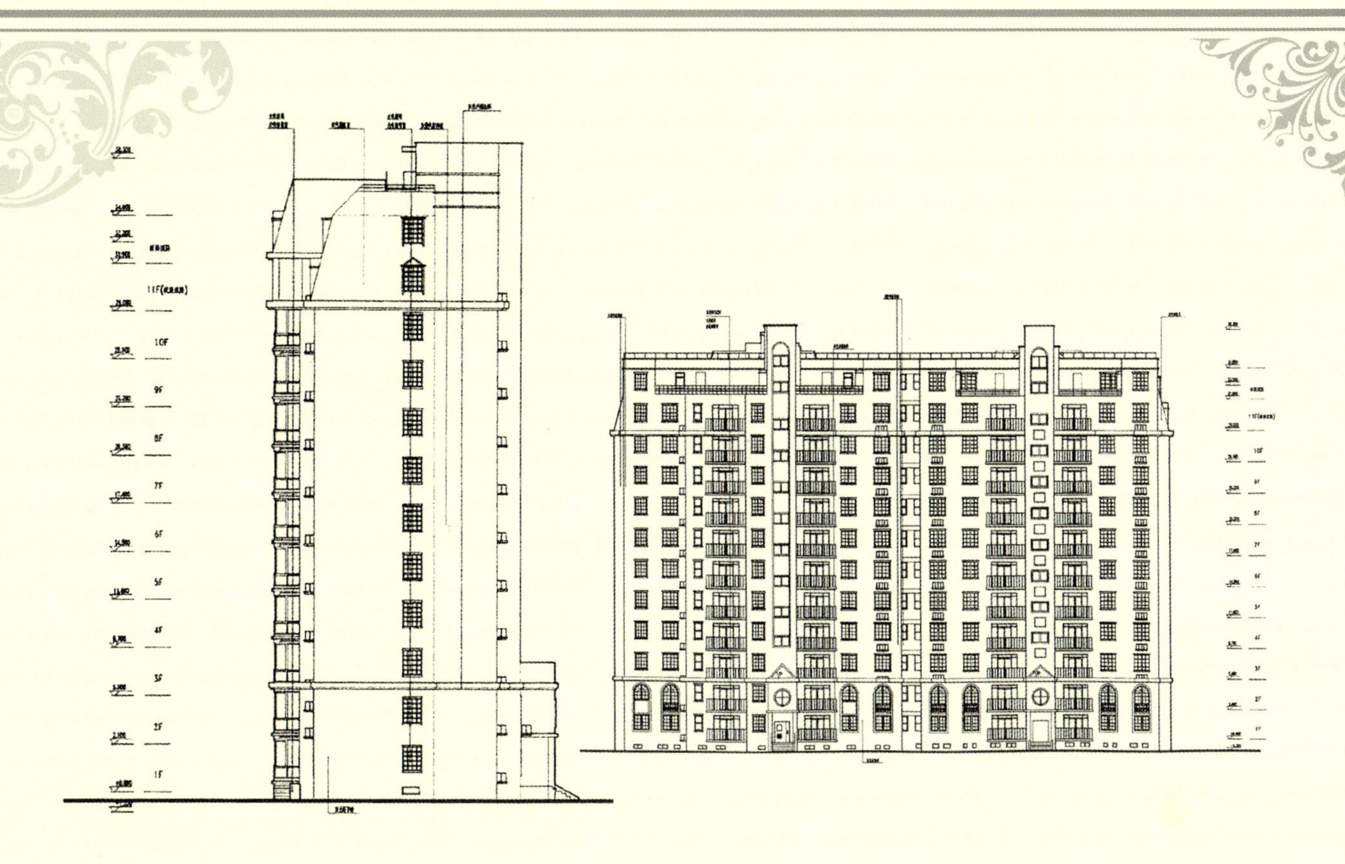

小高层单元立面、侧面

效果示意图二

邢台阳光国际

开发建设单位：北京东海富京国际建筑设计有限公司
规划建筑设计单位：北方绿野建筑设计有限公司

专家评审意见

（一）规划设计评审意见

1. 阳光国际小区位于邢台市区西北部，西邻达活泉公园，该地块地势平坦，交通便利，周围市政配套设施比较齐全，适居性强，小区选址得当。

2. 小区按照城市规划所确定的原则和要求，在南北长、东西窄不规则的地块，合理划定功能分区，居住组团与配套公建布局合理，总体结构清晰。艺术馆等公共文化设施的布局与地块周边共享，节省城市资源和投资。

3. 小区规划采用人车分流的道路系统，减少人车干扰，构架清楚，分级明确，通达性较好，主次入口选择适当，符合城市人流方向，与城市交通有较好的衔接，方便出行。

4. 小区采用以多层条式住宅为主，少量连体别墅和高层住宅的排列组合、单元错位，构筑成高低错落、变化有序的群体空间。住宅全部朝南，满足日照采光通风要求。

5. 小区绿化系统规划采用中心南北向的步行景观轴线，结合水系，收放有序，运用点线面的手法，

创建多元空间，提供了邻里交往、休闲活动的场所，增强了住区的优美、健康、舒适性。

6. 建议：

（1）小区东侧南北向主干道过于弯曲，建议将该道路与个别住栋、幼儿园位置作适当调整，提高道路的通达性和居住环境的舒适度。

（2）小区中部增加东西向次干道，完善路网功能，不宜限时。

（3）南侧高层建筑可保留曲线形建筑，但必须考虑通风、景观透视、整体环境，对通风设计的处理建议作计算机模拟测算。

（4）补充机动车停车车位布置图。

（二）建筑设计评审意见

1. 住宅套型组织合理，功能分区明确，动静与洁污分离良好。布局紧凑有序，各功能空间尺度合宜。

2. 住宅设计与结构布置结合紧密，有二次分隔的灵活性。

3. 空间利用充分，交通组织流畅。

4. 采光通风条件良好。

5. 建筑造型简洁明快。

6. 意见与建议：

（1）部分套型设计要深入推敲，如B户型上层面积分配问题。

（2）D户型建筑与结构有上下不对应的情况，不利于抗震与节约。其二层主卧室面积小于次卧室面积。

（3）联排住宅首层无卧室，生活不便。

（4）部分套型无入户过渡空间。

（5）CL结构体系应结合地方条件作进一步分析。

（三）成套技术评审意见

1. 邢台阳光国际小区根据国家有关产业政策的要求，结合邢台地区的实际情况，有选择地拟采用CL结构体系、雨水收集、有机垃圾处理等产业化成套技术，技术方案可行。

2. 小区拟采用CL结构体系、框架剪力墙结构体系，以及加气混凝土砌块等新型建筑体系和墙体材料，符合住宅产业发展的要求。

3. 住宅外墙保温采用CL体系加6cm发泡聚苯板加外饰面，20cm厚加气混凝土砌块加6cm发泡聚苯板技术，满足住宅墙体节能的规定。

4. 在环保和节水方面，小区拟采用变频供水、雨水回用技术，有利于节水和水资源的利用。

5. 小区采用安全防范、设备监控、家庭通信等智能化技术，要根据当地的实际情况，着重设备的后期使用和维护，提高智能产品的利用率。

6. 小区对垃圾处理、分户计量、太阳能草坪灯的利用等新型产业化技术进行了初步尝试，希望认真总结经验，积极推广。

7. 几点意见：

（1）根据当地的实际情况和居民住房的需求，增加一部分全装修住宅，以推动住宅装修一次到位的发展。

（2）拟采用的部分产业化技术，如CL结构体系，要加强应用研究，以便为产业化推广总结经验。

（3）完善围护结构、采暖方式，以达到节能65%的要求。

（4）建议对水资源利用方式进行比较，选择合理的水资源利用技术。

区域位置

阳光国际位于河北省邢台市的西北部达活泉分区内，南临达活泉路，北接泉西路，处于钢铁路和冶金北路的中间地段，其东部紧邻已开发的阳光园，西侧与邢钢新世纪小区相邻。

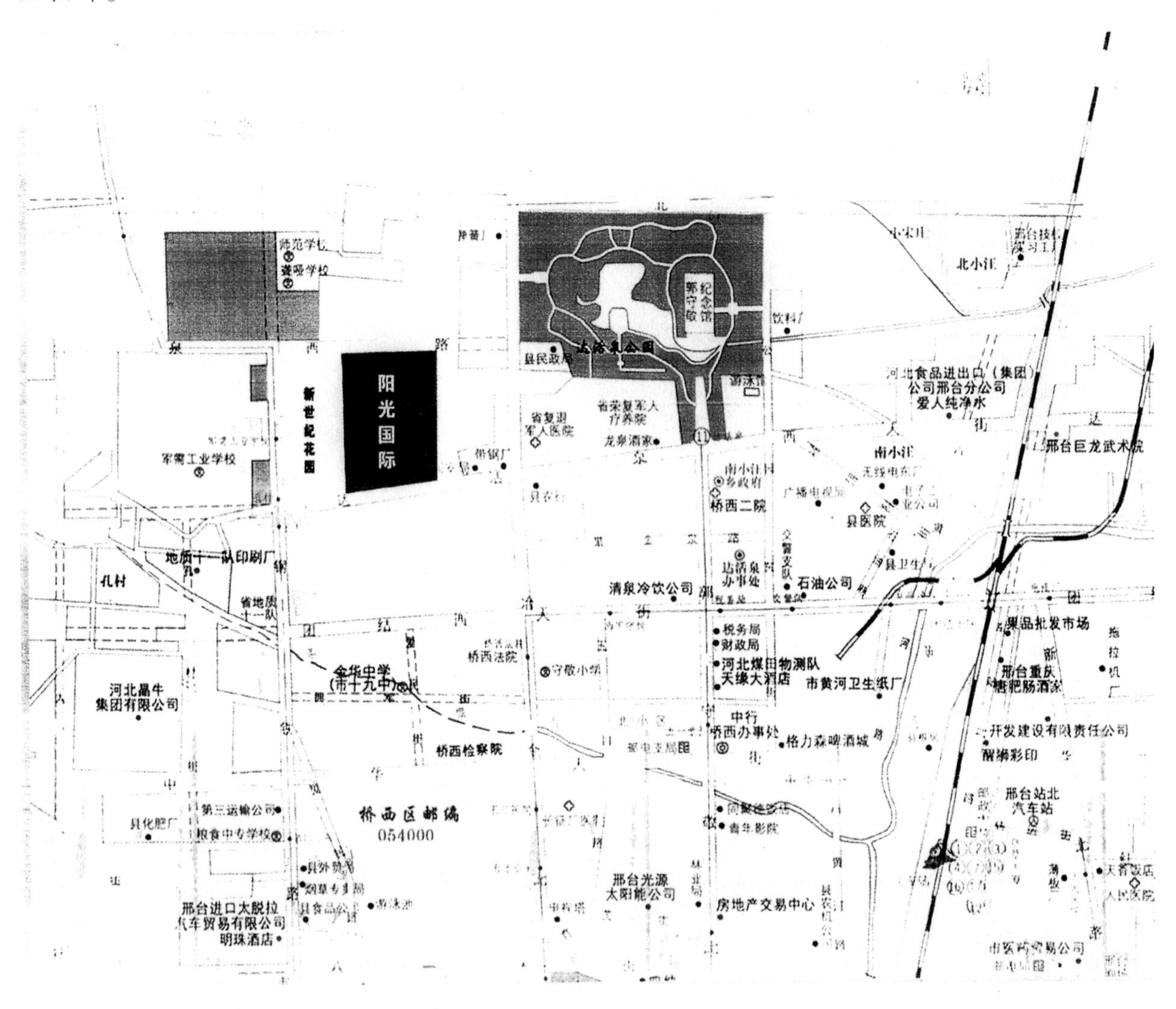

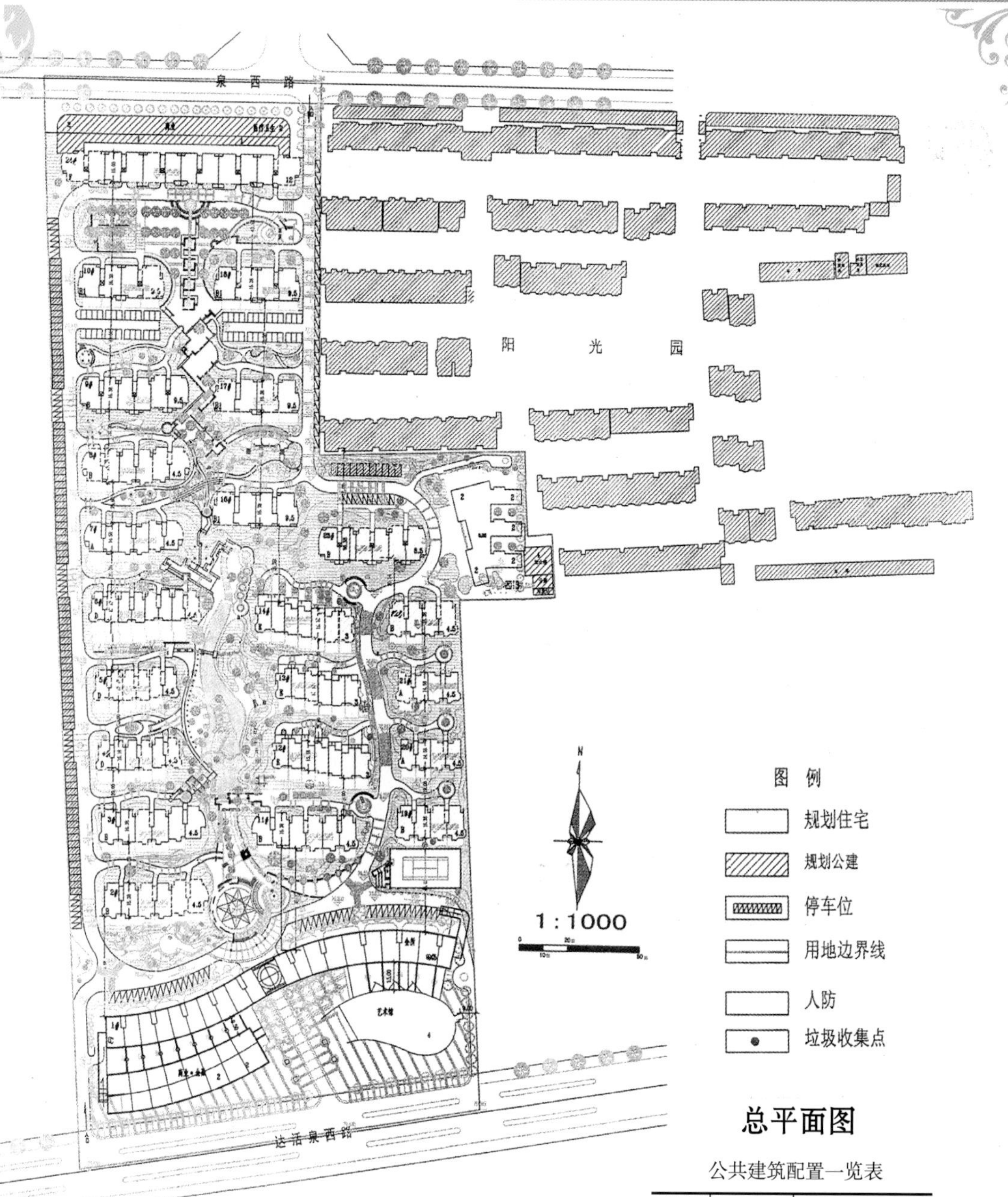

总平面图

公共建筑配置一览表

编号	项目	建筑面积 m²
D-0	博物馆	2000（地下）m²
D-1	会所	660
D-2	游泳馆	500（地下）
D-3	地下车库兼人防	3455
D-4	幼儿园	2250
D-5	地上车库	1767
D-6	商业	16271
D-7	公厕	60

综合经济技术指标

总建筑面积		183739 m²（地上162770 m²）
其中	住宅建筑面积	156836 m²（地上141822 m²）
	公建建筑面积	26903 m²（地上20948 m²）
居住总人口		2856人
居住总户数		816户
户均人口		3.5人/户
住宅建筑面积净密度		1.99
建筑面积毛密度		1.73
人口毛密度		303人/hm²
人口净密度		475人/hm²
住宅建筑净密度		21.15%
停车率		33.4%
地面停车率		9.9%
停车位		271辆
地面停车位		81辆
住宅平均层数		8.6层
绿化率		37%

用地平衡表

项目		面积（hm²）	所占比例（%）	人均面积（m²/人）
总用地面积		8.85		
居住小区用地面积		9.43	100	33.18
其中	住宅用地面积	7.10	75.28	24.86
	公建用地面积	0.96	10.18	3.36
	道路用地面积（含地上停车场）	0.89	9.44	3.12
	公共用地面积	0.48	5.09	1.68

鸟瞰图

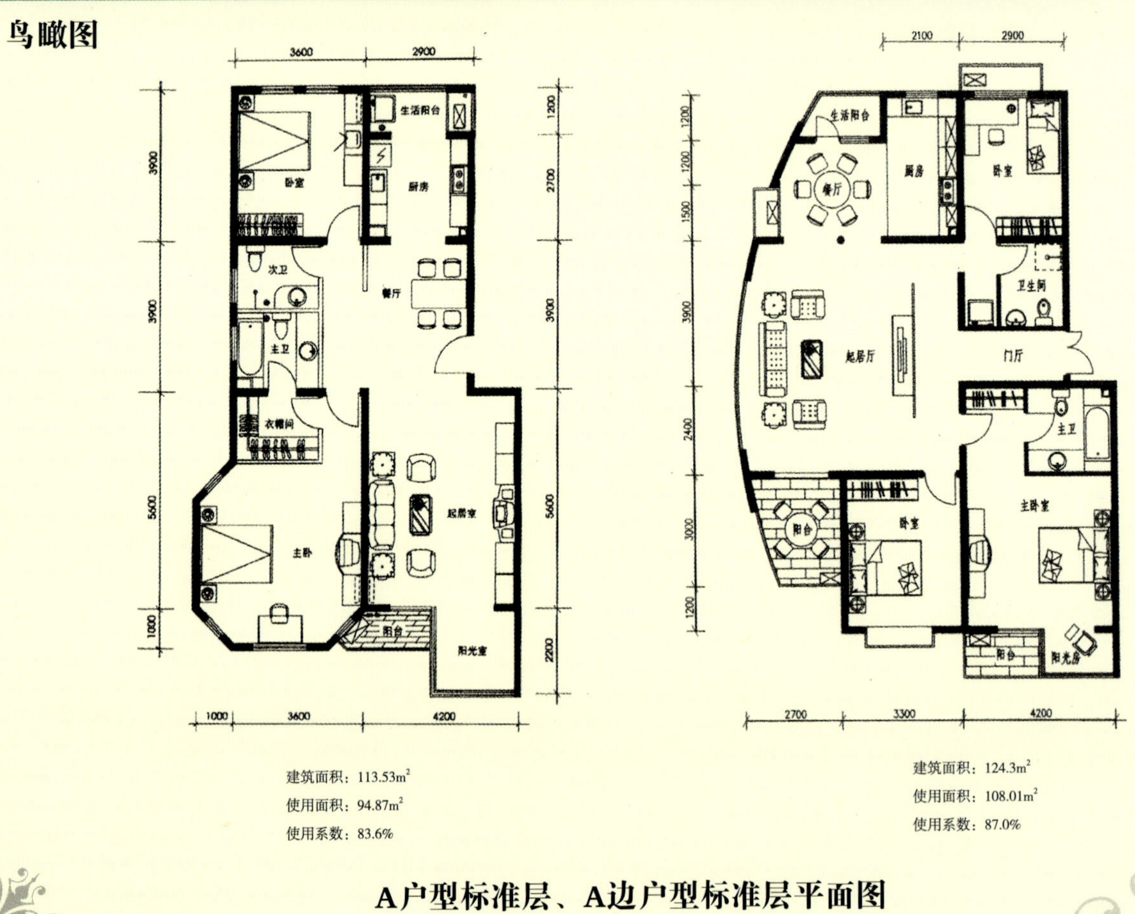

建筑面积：113.53m²
使用面积：94.87m²
使用系数：83.6%

建筑面积：124.3m²
使用面积：108.01m²
使用系数：87.0%

A户型标准层、A边户型标准层平面图

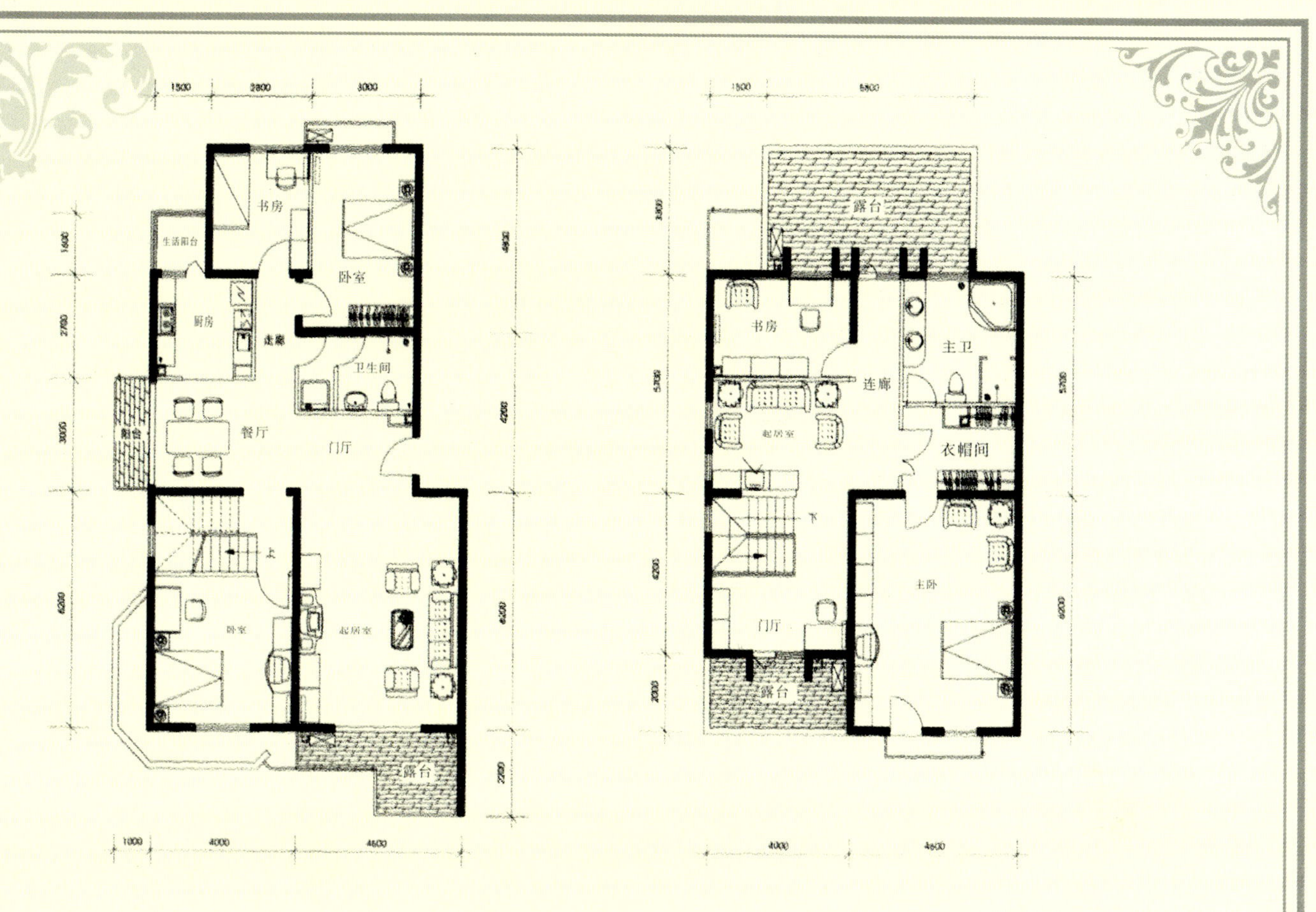

B边－1户型跃层平面上、下层图

建筑面积：221.68m²
使用面积：187.96m²
使用系数：84.8%

电梯洋房效果图

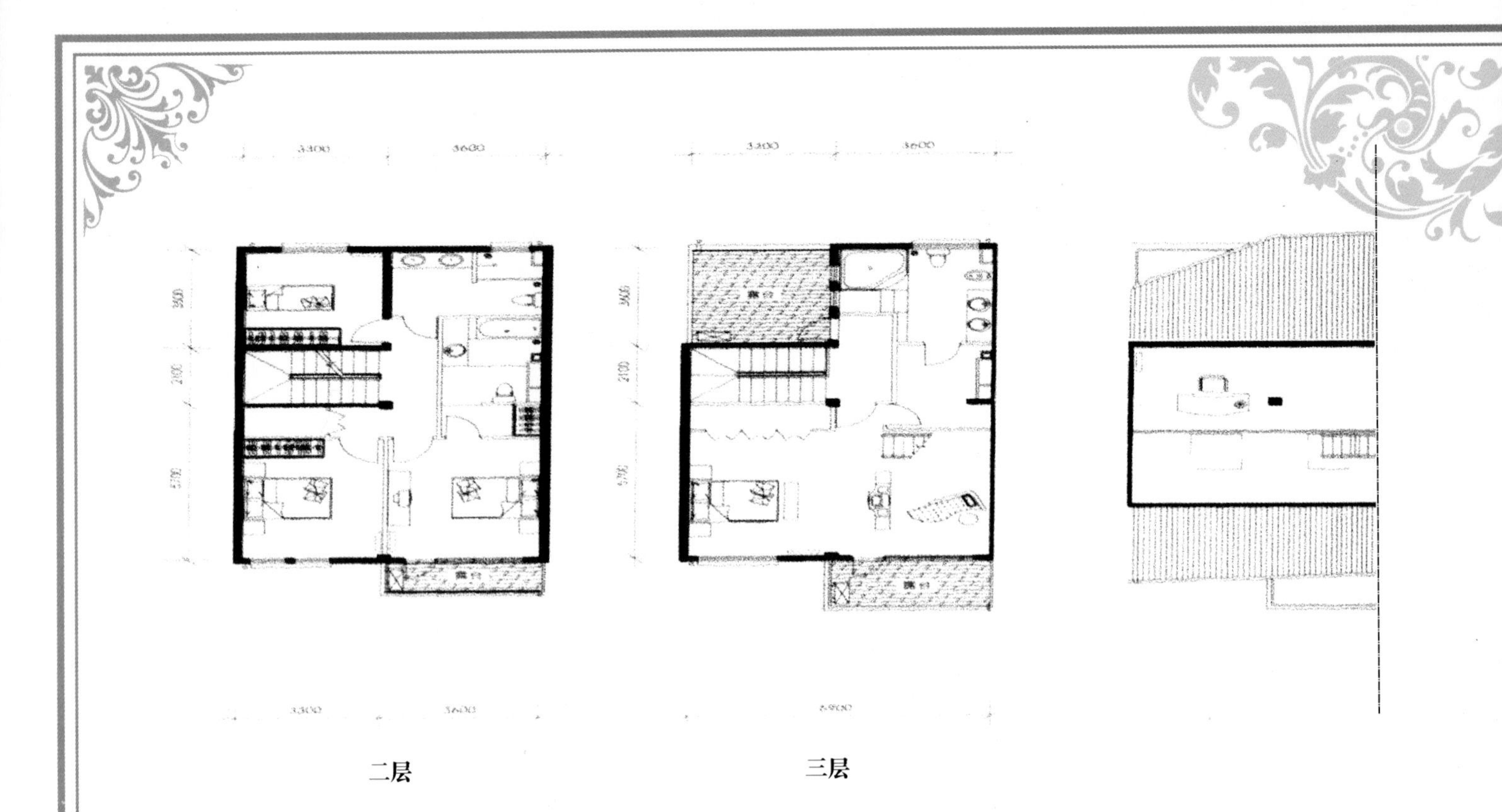

E户型标准层平面、地上、地下、首层、二层、三层平面图

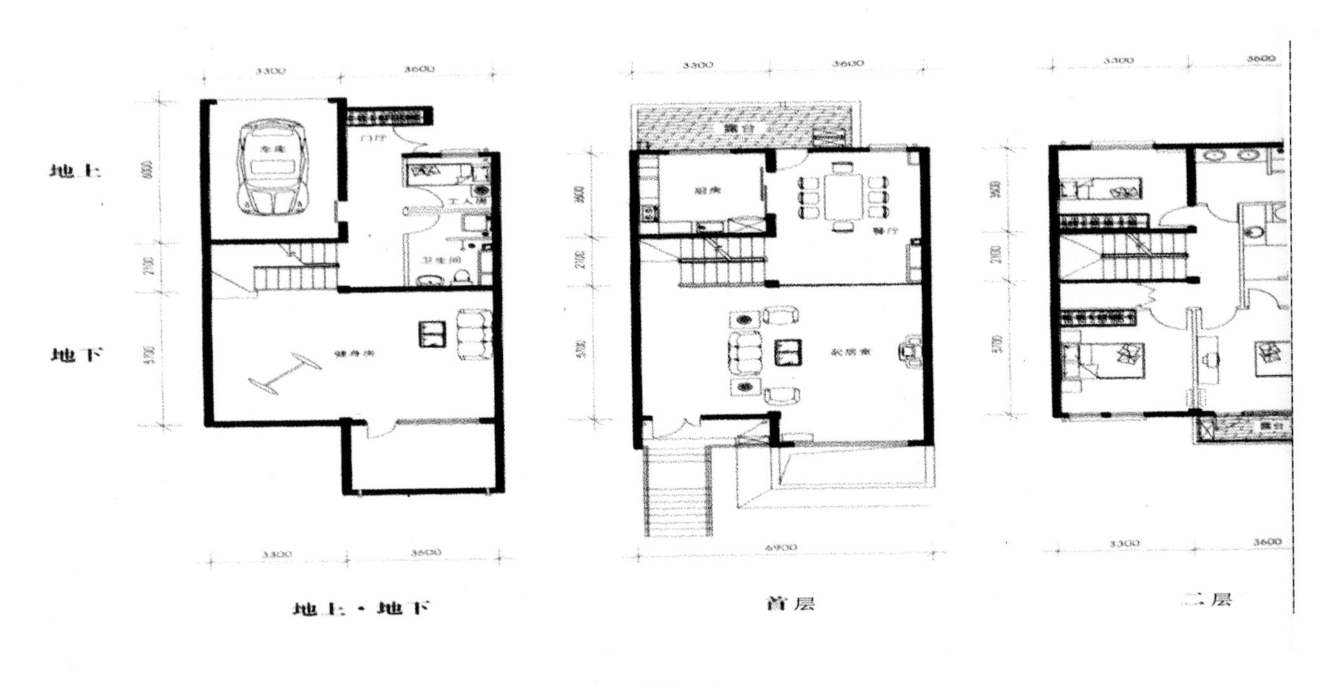

建筑面积：336m^2

使用面积：310.84m^2

使用系数：92.50%

E户型标准层平面、地上、地下平面图

B1户型标准层平面图

Fd边户型标准层平面图

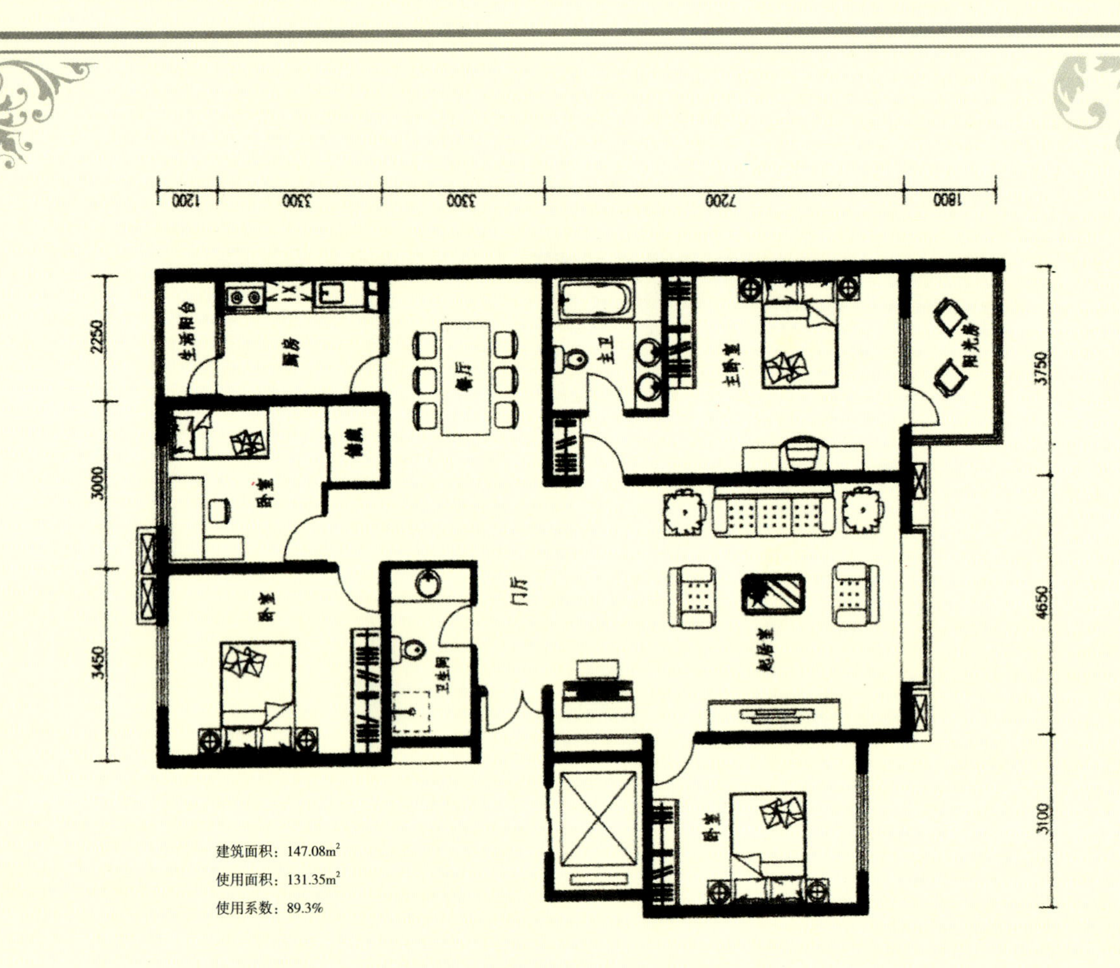

F1边户型标准层平面图

联排别墅

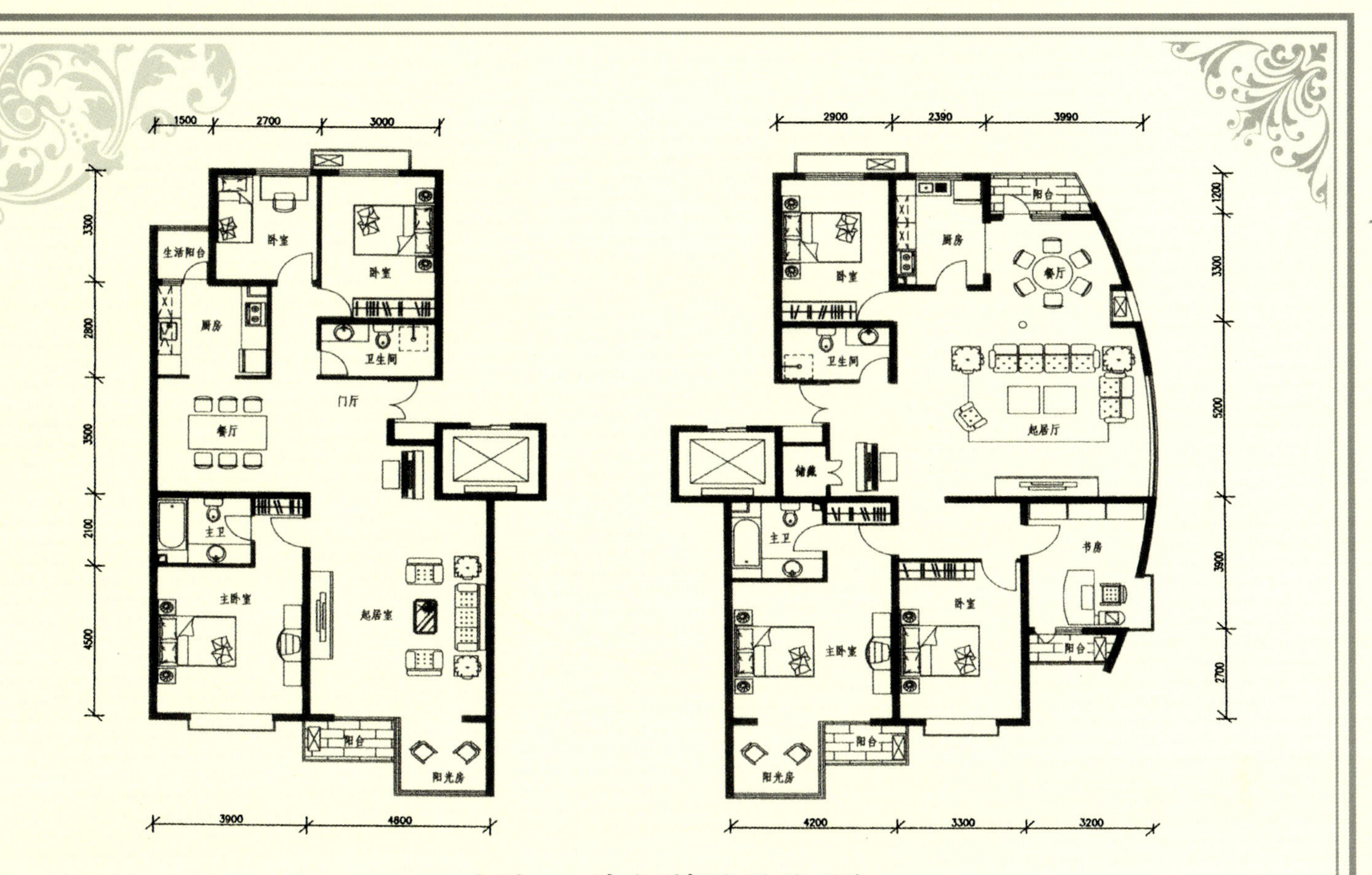

Bd户型、Bd边户型标准层平面图

建筑面积：126.45m²
使用面积：113.23m²
使用系数：89%

建筑面积：150.75m²
使用面积：134.64m²
使用系数：89%

幼儿园

大同 金色水岸龙园

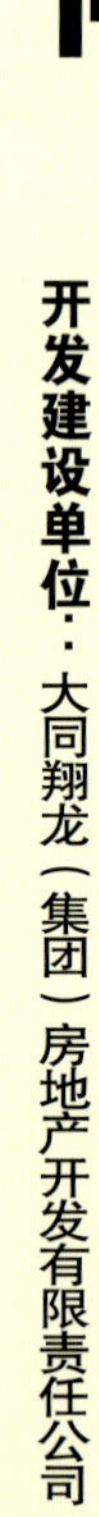

开发建设单位：大同翔龙（集团）房地产开发有限责任公司

专家评审意见

（一）规划设计评审意见

1. 规划总体布局协调，功能组织合理有序，较好地体现了节地、环保、宜居、以人为本和建设和谐社会环境的建设理念。沿街适量商业功能组织，有效实现了土地价值。

2. 路网设计完善，人车分流的通路系统使小区主干道顺畅便捷，小区人行道沿中心绿地延展，视觉通透，景观怡人，可达性强，突显了安全、休闲、便捷的特点。

3. 景观设计突出了中心景观轴，达到了张弛有序、生动自然、回归自然的效果，绿化设计层次较丰富，围合感强，形成了不同功能分区的绿色屏障。

4. 公建等附属设施设置符合规范要求，综合技术指标符合国家相关规范规定和大同市地方法规的规定。

5. 规划不足和建议：

（1）小区建筑布局规整有余，活泼不足。小区采用行列式布局手法，加上建筑形体、高度又大体相当，所以使得整个小区空间层次不够丰富，轮廓线单调。

（2）小区虽有相当数量的停车泊位，但过于集中在小区中心部地下空间，使得部分住户停车距离较远，使用不便，经济性欠佳。建议增设地面停车位和半地下停车位。

（3）小区中心水景面积偏大，建议结合大同的自然条件和小区临水的区位优势，做好环境设计，突出绿色植物景观，同时提高经济性、适用性。

（4）建议改小区东部机动车出入口为南向出入口，以方便居民与未来的城市规划确定的南部商贸中心的联系，体现规划的前瞻性。

（5）建议对小区会所位置进一步斟酌研究，既方便本小区居民使用，又方便会所自身的运营。

（二）建筑设计评审意见

1. 平面功能分区明确，公与私、动与静、洁与污合理分离。

2. 多数套型设置了适度的储藏间。

3. 起居厅、卧室、厨房采光充分，通风良好。

4. 餐厨布置紧密，方便生活。

5. 立面造型新颖，色彩明快，简洁中有变化。

6. 进一步深化设计中要注意改进之处：

（1）套型标准与房间设置要注意合理地匹配。

（2）进一步推敲单元平面布局，如对楼电梯的安排、餐厅与工人房的采光问题要进行优化设计。

（3）高层住宅通廊方案要进一步推敲，选择优化方案。

（4）建议会所作无障碍设计。

（三）成套技术评审意见

1. 金色水岸龙园住宅小区，根据本地区的实际情况，按照国家相关产业政策和《国家康居住宅示范工程实施大纲》的要求，有选择地采用框架剪力墙结构体系、中水回用等多项技术，将有力推动当地住宅产业的发展。可研技术报告合理、可行。

2. 在建筑节能成套技术方面，在本地区采用了外墙聚苯乙烯板保温技术、塑钢中空平开窗等，将大大提高围护结构的节能效果，在当地是较为先进适用的。

3. 小区采用节能灯、声控开关、分户计量、地板辐射采暖，以及太阳能草坪灯等，符合国家节能政策。

4. 小区采用节水卫生洁具、水压保障、中水回用等技术，有利于水资源的节约和利用。

5. 小区采用垃圾分类袋装、有机垃圾生化处理，有利于垃圾减量化，美化环境。

6. 积极推行住宅全装修，比例达20%，在当地起到示范作用，符合住宅产业化的发展方向。

7. 几点建议：

（1）要加强对外墙外保温技术的研究应用，满足本地区的节能要求。

（2）纯净水的应用由于技术欠成熟，建议慎重使用。

（3）要选用当地的新型墙体材料，如粉煤灰、煤矸石等，促进地方建材的发展。

区域位置

金色水岸龙园位于大同市御河北路东侧，东临御河生态园，南邻规划路，北邻雁同东路延伸段，西邻市委。水文地质良好，市政基础设施配套功能齐全，交通方便，环境优美。

山西省地图

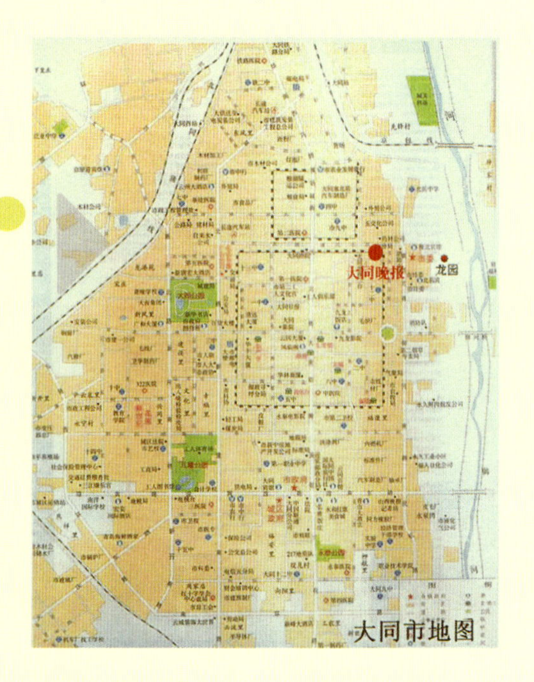

大同市地图

居住组团技术经济指标

项目		数值	单位
总建筑面积（地上+地下）		158054	m^2
地上建筑面积		132800	m^2
其中	住宅建筑面积	127800	m^2
	公共建筑面积	5000	m^2
地下建筑面积		25254	户
户数		1100	户
总人口		3850	人
户均人口		3.5	人／户
总建筑密度		0.29	%
绿地率		32	%
地下停车位		486	辆
地面停车位		96	辆

居住组团用地平衡表

序号	项目	面积（hm^2）	人均指标（m^2）	百分比（%）
1	总用地	8.58		
2	其他用地	0.72		
3	居住用地	7.86	20.4	100
4	住宅用地	6.20	16.1	78.8
5	公建用地	0.50	1.30	6.36
6	道路用地	0.56	1.45	7.12
7	绿化用地	0.60	1.56	7.63

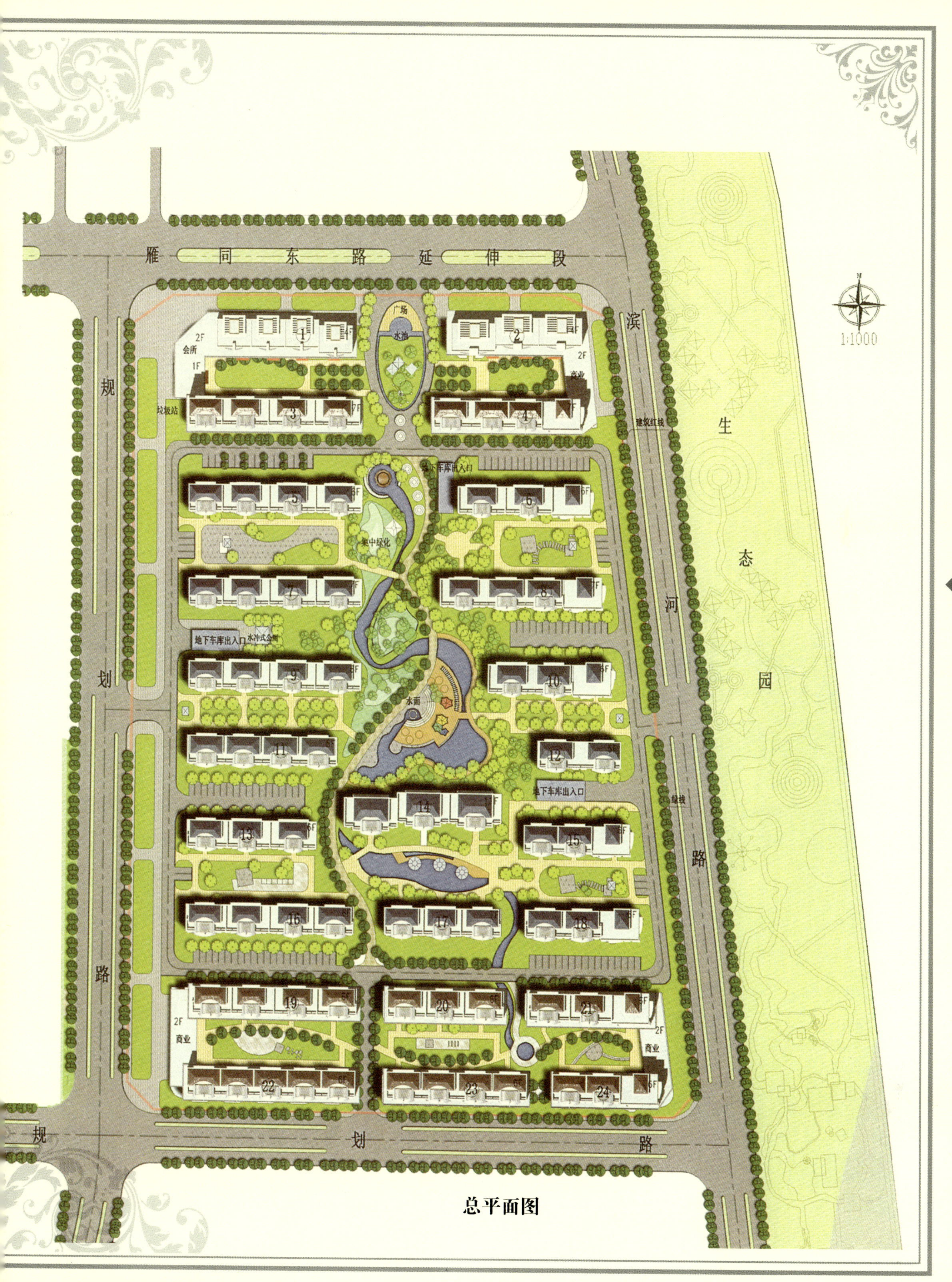
雁 同 东 路 延 伸 段
规 划 路
规 划 路
滨 河 路
生 态 园
1:1000
广场
水池
会所
商业
垃圾站
建筑红线
集中绿化
地下车库出入口
水冲式公厕
水面
绿线

总平面图

鸟瞰图

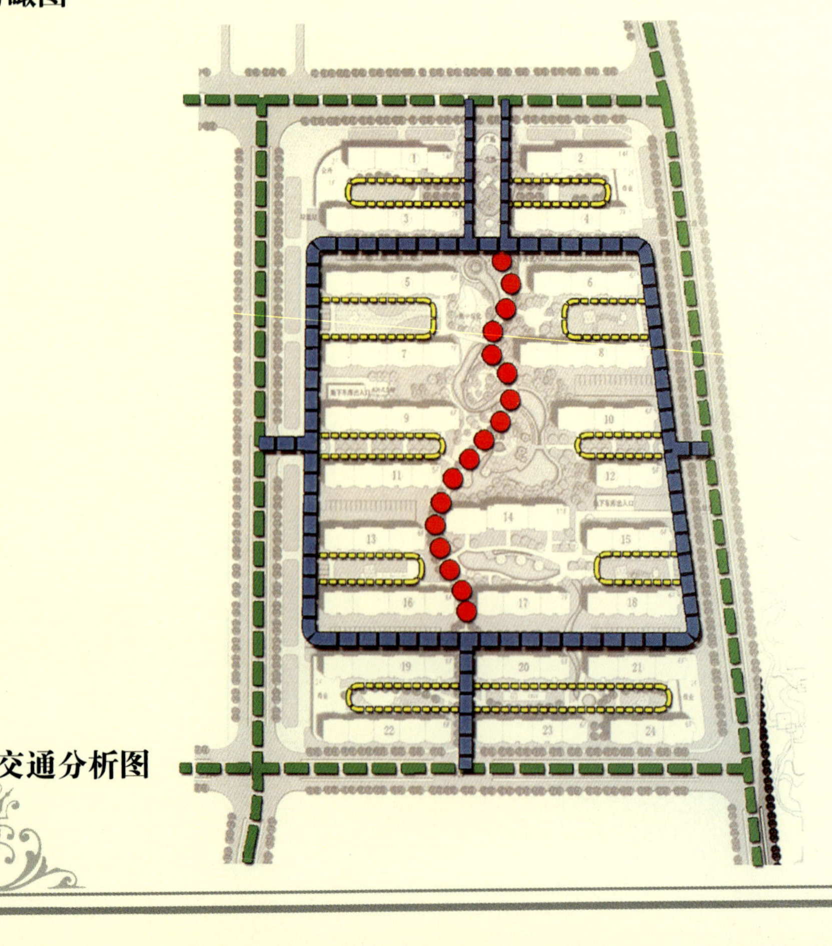

交通分析图

小区外部道路

小区主干道

组团道路

人行道路

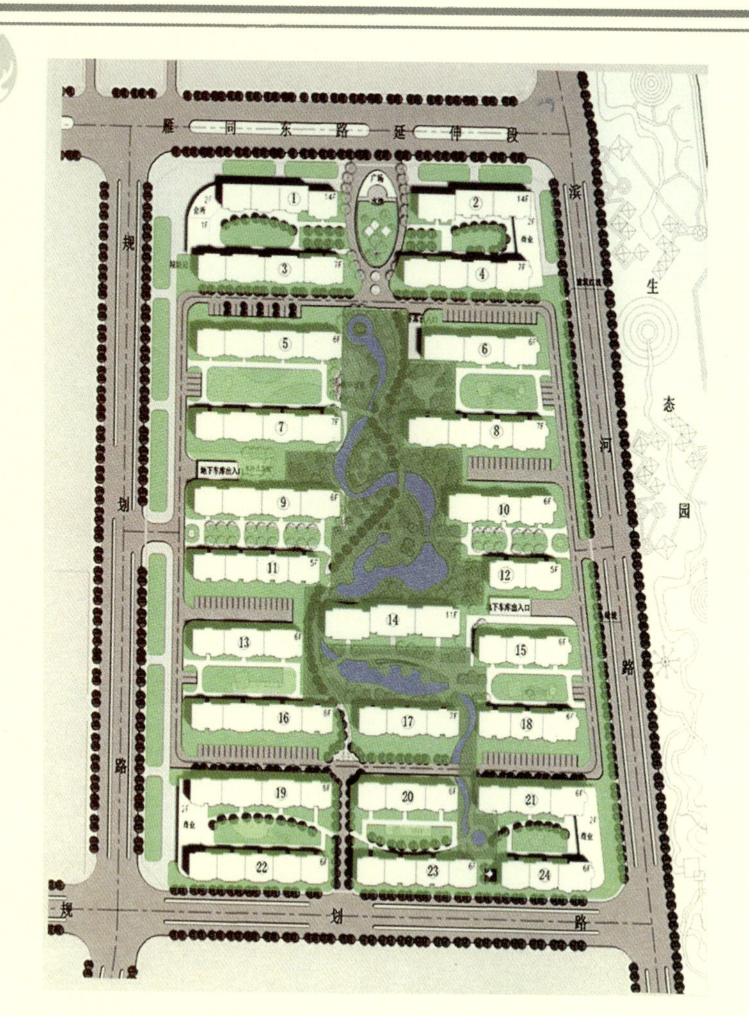

绿化分析图

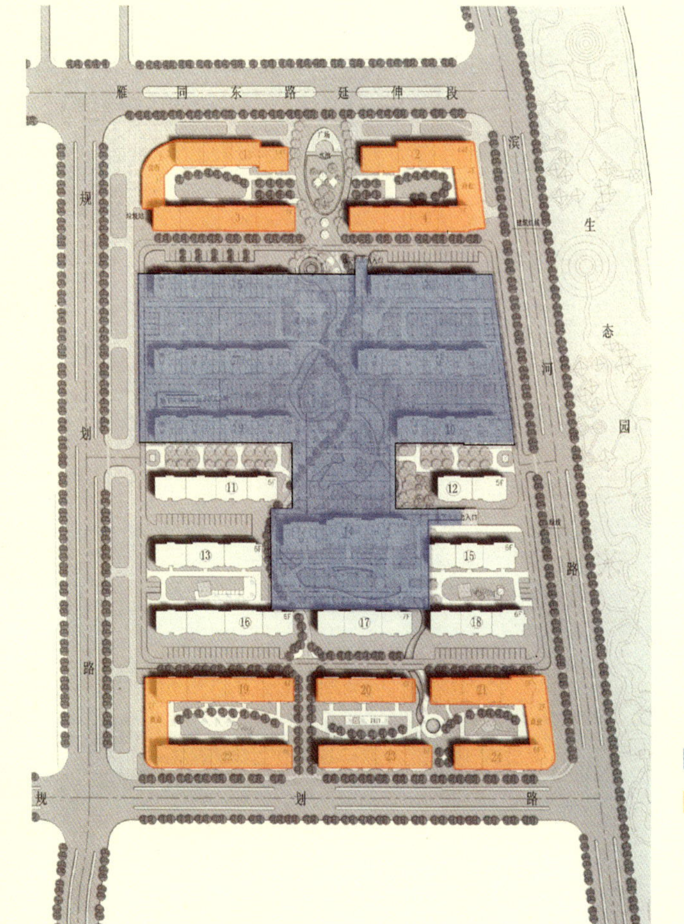

公共建筑分布图

地下车库范围

底层带商业建筑

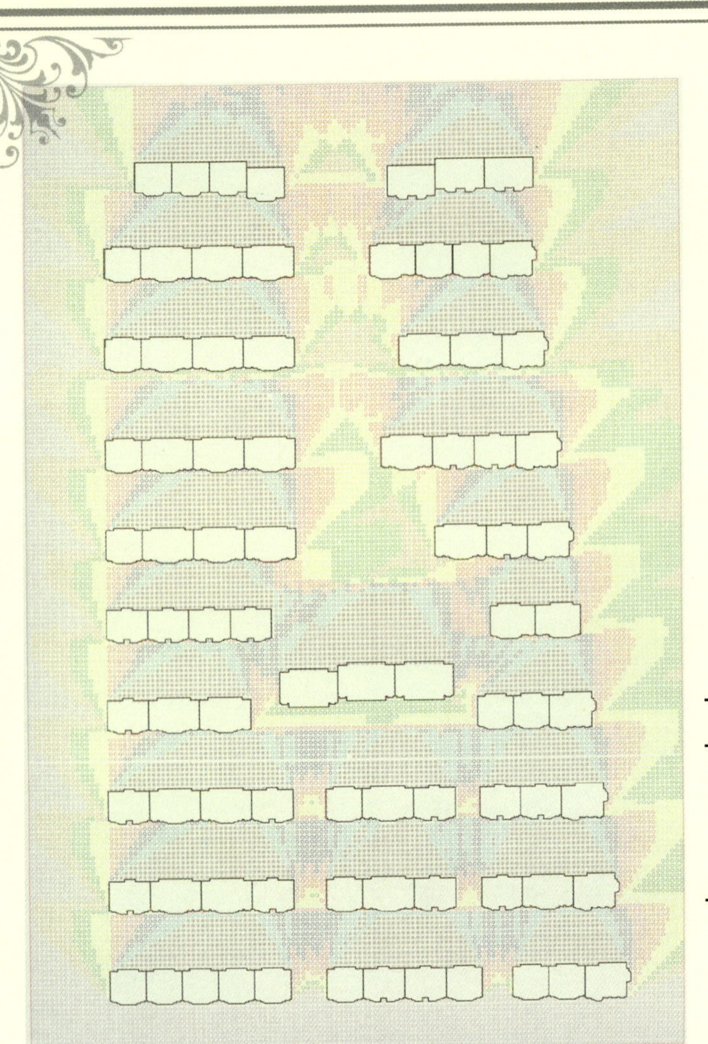

等日照区域分析符号图例					
○	9	h	○	4	h
○	8	h	○	3	h
○	7	h	○	2	h
○	6	h	○	1	h
○	5	h	○	0	h

日照分析图

效果图

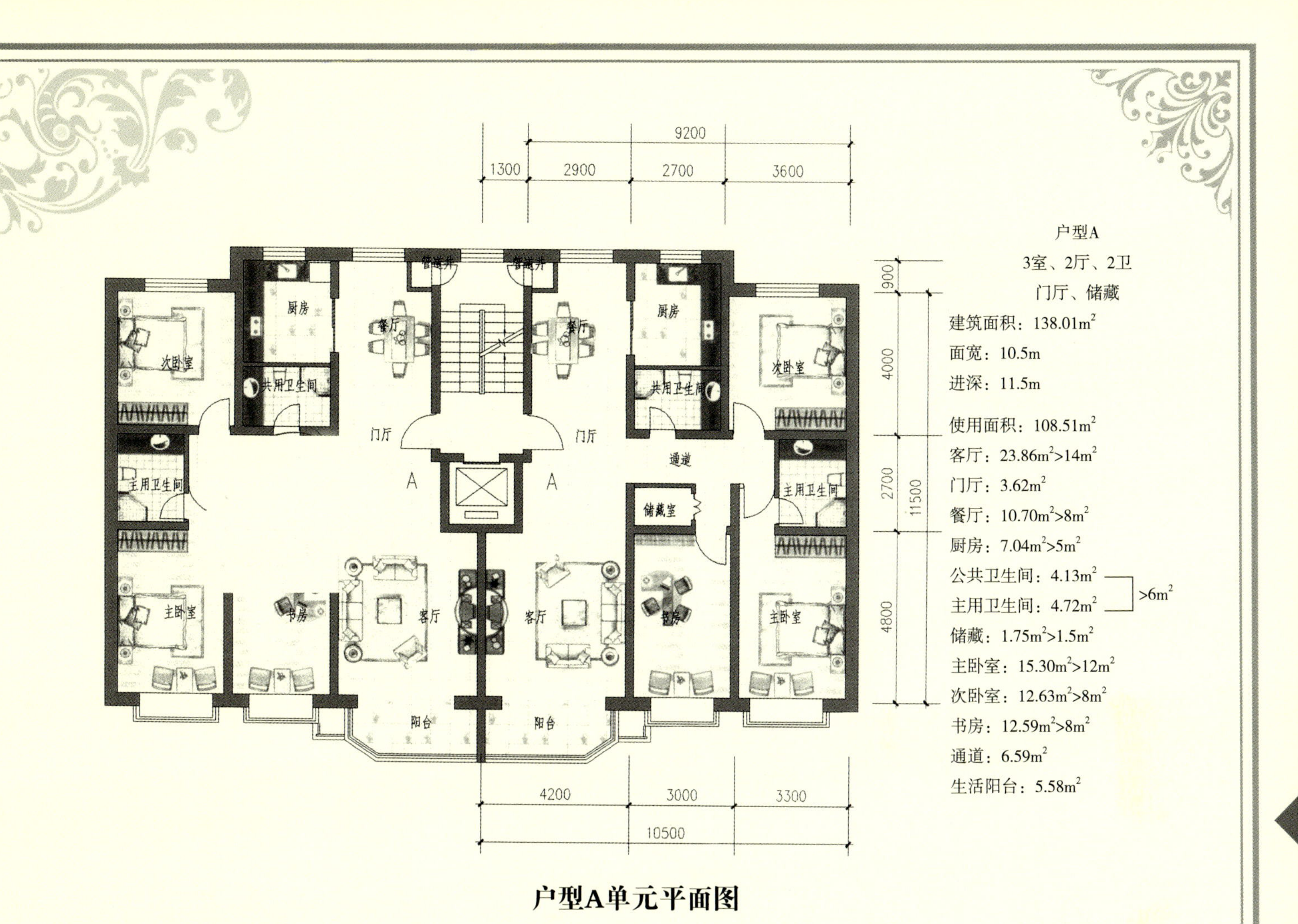

户型A

3室、2厅、2卫

门厅、储藏

建筑面积：138.01m^2

面宽：10.5m

进深：11.5m

使用面积：108.51m^2

客厅：23.86m^2>14m^2

门厅：3.62m^2

餐厅：10.70m^2>8m^2

厨房：7.04m^2>5m^2

公共卫生间：4.13m^2 } >6m^2

主用卫生间：4.72m^2 }

储藏：1.75m^2>1.5m^2

主卧室：15.30m^2>12m^2

次卧室：12.63m^2>8m^2

书房：12.59m^2>8m^2

通道：6.59m^2

生活阳台：5.58m^2

户型A单元平面图

效果图

户型D1
2室、2厅、1卫
门厅

建筑面积：98.57m²
面宽：6.9m
进深：12.4m
使用面积：96.30m²
客厅：22.54m²>14m²
门厅：1.63m²
餐厅：8.01m²>8m²
厨房：6.79m²>5m²
共用卫生间：4.72m²>4m²
主卧室：13.95m²>12m²
次卧室：11.51m²>8m²
通道：2.51m²
生活阳台：3.99m²

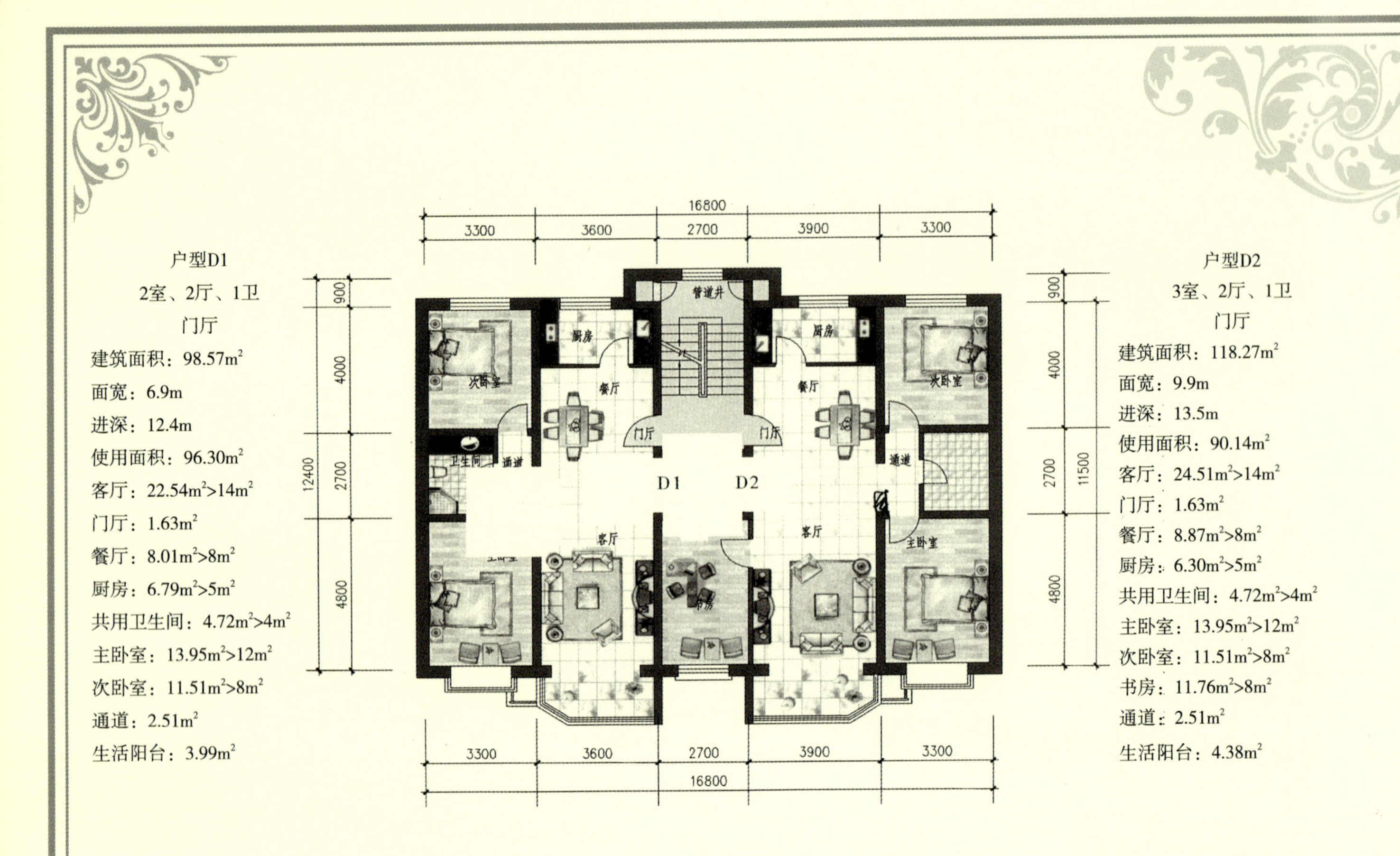

户型D2
3室、2厅、1卫
门厅

建筑面积：118.27m²
面宽：9.9m
进深：13.5m
使用面积：90.14m²
客厅：24.51m²>14m²
门厅：1.63m²
餐厅：8.87m²>8m²
厨房：6.30m²>5m²
共用卫生间：4.72m²>4m²
主卧室：13.95m²>12m²
次卧室：11.51m²>8m²
书房：11.76m²>8m²
通道：2.51m²
生活阳台：4.38m²

户型D1、D2单元平面图

效果图

户型F
4室、2厅、2卫
门厅、储藏
建筑面积：186.99m²
面宽：12.0m
进深：13.8m
使用面积：147.59m²
客厅：36.48m²>14m²
门厅：1.75m²
餐厅：10.79m²>8m²
厨房：6.76m²>5m²
共用卫生间：6m²
主用卫生间：6m²
储藏：2.60m²>1.5m²
主卧室：18.97m²>12m²
次卧室：17.02m²>8m²
次卧室：11.25m²>8m²
书房：11.60m²>8m²
通道：1.95m²
生活阳台：6.76m²
服务阳台：3.26m²
阳光屋：8.29m²

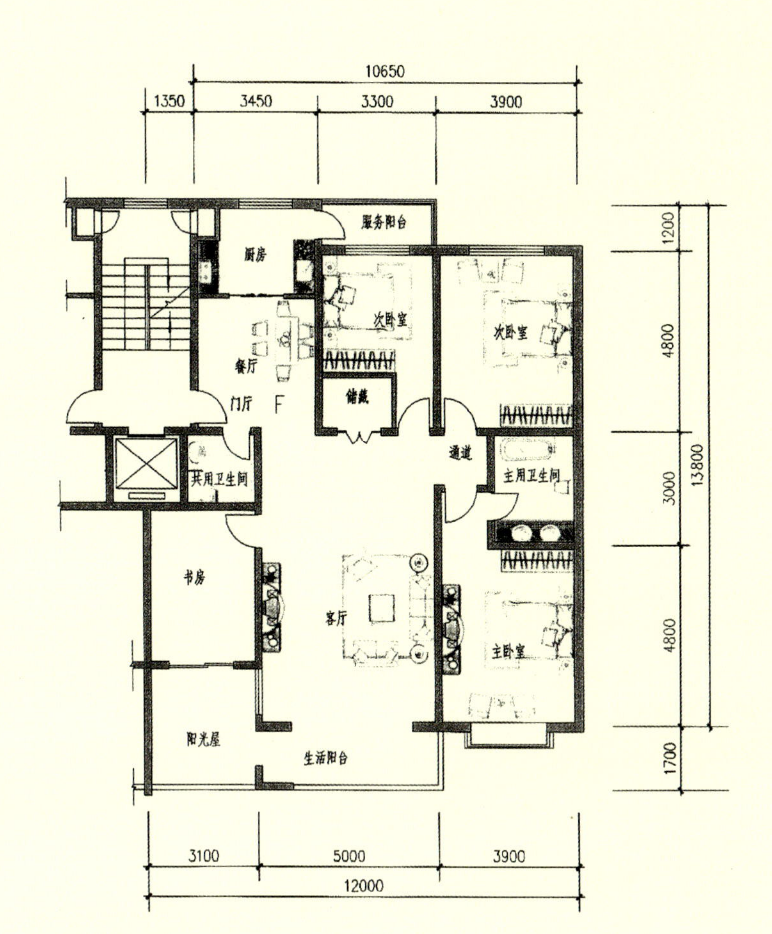

户型F单元平面图

效果图

大同 御馨花都

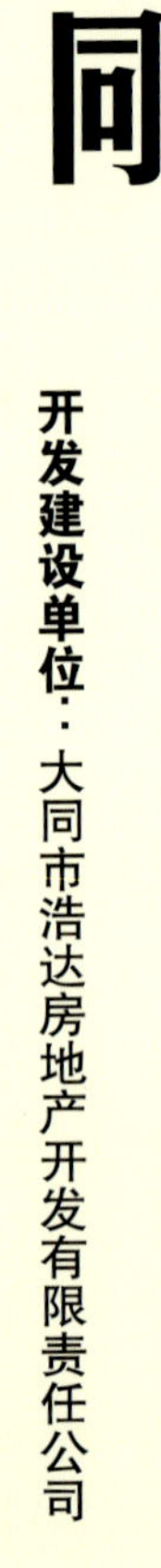

开发建设单位：大同市浩达房地产开发有限责任公司

专家评审意见

（一）规划设计评审意见

1. 项目规划设计方案符合城市控制性详细规划和地方法规，严格按照城市招标任务书要求进行了设计。

2. 规划设计依形就势，充分利用现有的地形地貌。规划结构合理，层次清晰，简明流畅。

3. 小区住宅全部南北向布置，日照较好，符合当地的气候特点。住宅布局适当错位，丰富了小区内部空间。

4. 小区主路采用内环路形式，便捷顺畅，通达性好。规划较全面地考虑了机动车停放问题，采用地上停车和地下停车相结合的方式，停车泊位较充足，体现了规划的前瞻性。

5. 小区环境设计引进御河水景，加之活泼的绿地布置，较好地体现了生态环境特征，具有较高的亲和力。

6. 规划设计各项技术经济指标符合要求。

7. 意见与建议：

（1）小区住宅为行列式布局，间距大体相当，

规整有余，变化不够。在小区的空间组织上，除北面临街为14层高层，西面底商上部住宅稍高外，其余全部为8层，空间高低错落不够，层次不够丰富。

（2）在肯定小区路网设计的前提下，建议对小区组团路、宅前路作适当调整，比如行列式住宅全部北入口，宅间只作一条尽端路，既经济实用，又可腾出更多的绿地或运动场地，无须宅间再设计环路。

（3）地下车库设计要进一步推敲，对车行路线和停车泊位作调整，以方便使用。建议地下车库设计采光井，以改善通风、采光条件。

（4）小区运动场地不宜邻近住宅布置，建议作修改，以免影响居住生活的宁静氛围。

（5）建议与小区相配套的学校、幼儿园等公建设施与小区建设同步进行，以保证小区竣工后居民入住时正常使用。

（二）建筑设计评审意见

1. 平面套型布置紧凑有序，空间尺度合宜，流线顺畅，功能分区明确。特别是有独立的、明亮的就餐空间。

2. 大部分户型有一定的储藏空间及入户过渡空间，便于家具布置。

3. 建筑平面与结构设计为空间二次分隔创造了条件。

4. 住宅朝向、通风、采光条件良好，便于节能并适应地方气候特点。

5. 地下车库与住宅垂直交通相连，方便使用。

6. 立面造型简洁明快，适合工业城市的风貌。

7. 意见与建议：

（1）A户型小卧室受电梯干扰需调整平面，在满足消防疏散要求的前提下，建议两个单元做连廊，可节省11部电梯。

（2）C户型电梯不应邻卧室布置。1～3层商业楼梯直跑段长度不够，建议调整，以符合规范要求。

（3）结合城市整体环境景观，优化端单元平面设计，提高住宅的价值，并可丰富立面造型。

（4）结合节能要求合理控制窗墙比，适当降低开窗面积。

（5）初步设计阶段要进一步解决建筑与结构的对应关系，合理地布置厨卫设备，达到设计上的细化和深化。

（三）成套技术评审意见

项目选用了八项成套技术涉及40多项内容，较好地反映了产业化科技水平，达到了国家康居工程的示范要求。

1. 该小区采用了外墙外保温系统，达到了大同地区较先进水平，为推动当地的住宅节能起到了示范作用。

2. 小区率先采用中水回用技术，对严重缺水的大同地区有示范作用。

3. 垃圾生化处理达到减量化，维护了御河西岸的生态环境。

4. 在大同市率先实施装修一次到位20%，在改变消费意识和生产方式方面起到了带动作用。

5. 改变了大同地区住宅外墙砌体惯用黏土砖的做法，采用框架结构粉煤灰砌块填充

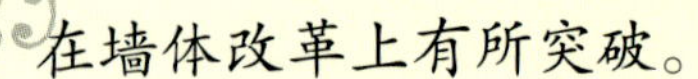

墙，在墙体改革上有所突破。

6. 意见及建议：

（1）建筑节能设计要作热工计算，应有可靠的技术保障措施。

（2）中水回用应确定合理有效的工艺，处理水量的多少要因地制宜，并从经济角度进行性能价格比较。

（3）小区绿化要结合本地气候、土壤条件选择适宜的植物品种。

（4）由于采用多项新技术、新材料，应对建安成本作进一步的定量分析。

（5）室内精装修要从设计阶段开始尽早介入，以减少装修时的拆改。

（6）小区运用太阳能热水要达到太阳能集热板与住宅建筑设计一体化。要先确定一定比例的住宅进行试验，取得经验后，再进行大范围推广。

区域位置

项目用地紧邻御河生态绿化带，西为御河南路，东为御河，北为生态园路，用地面积9.75hm^2，交通方便，环境优美。

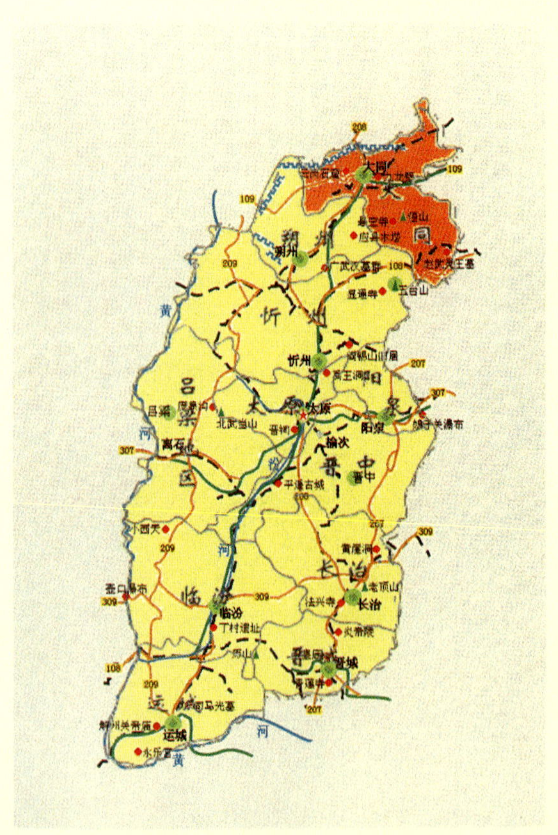

大同市所在位置

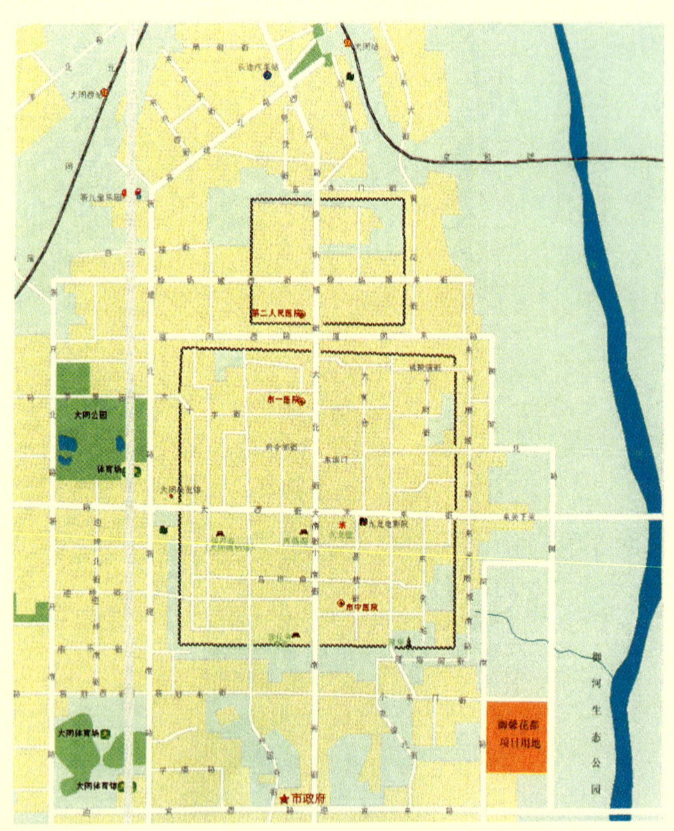

项目所在位置

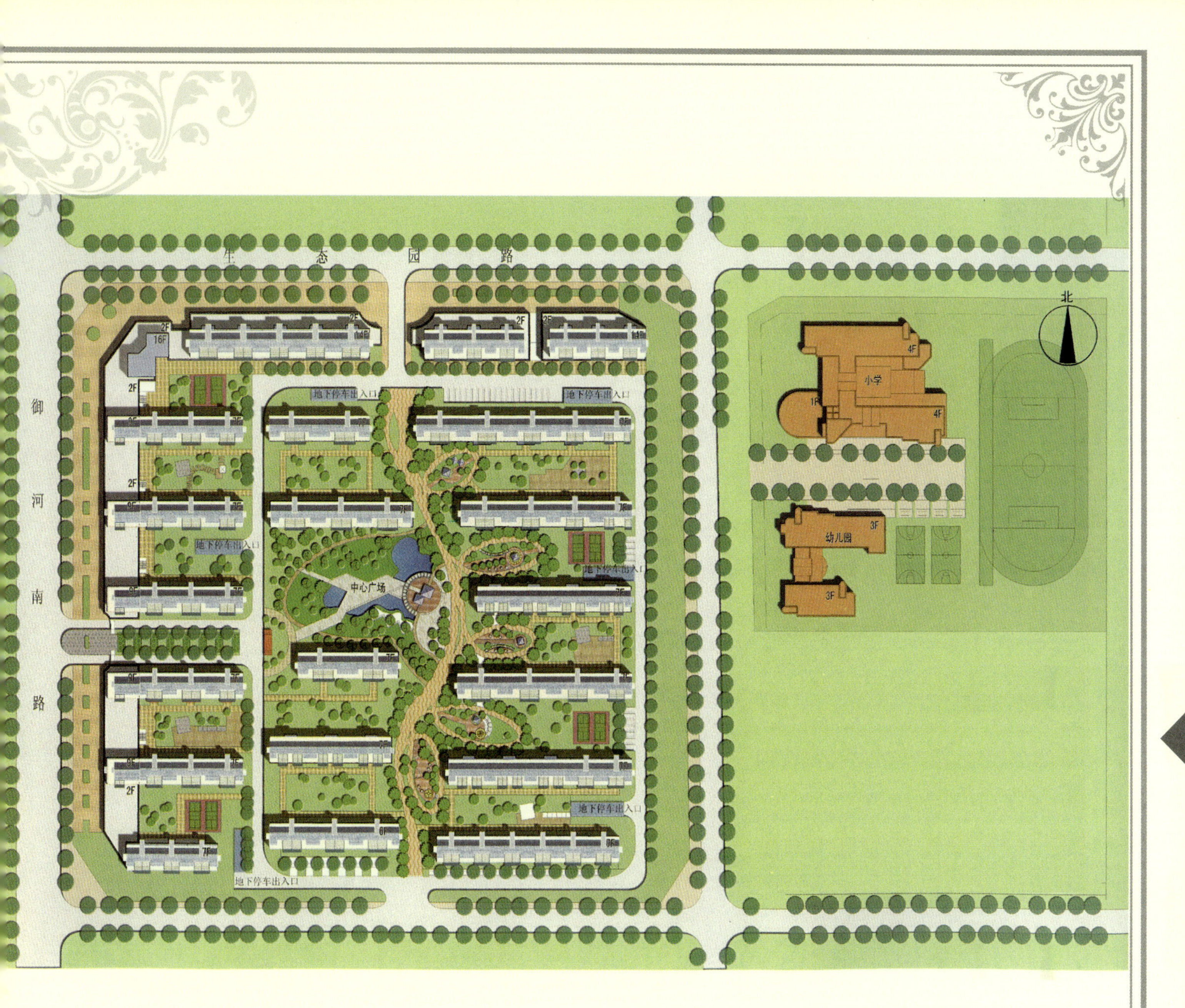

总平面图

技术经济指标

序号	项目	数值	单位
1	总用地面积	9.75	m^2
2	总建筑面积	243130	m^2
	其中：地上建筑面积	178530	m^2
	地下建筑面积	64600	m^2
3	住宅建筑面积	156000	m^2
4	公共建筑面积	22530	m^2
5	户数	1125	户
6	总人口数	3600	人
7	建筑密度	30.87	%
8	容积率	1.83	
9	绿地率	35.2	%
10	停车位	828	个

鸟瞰图

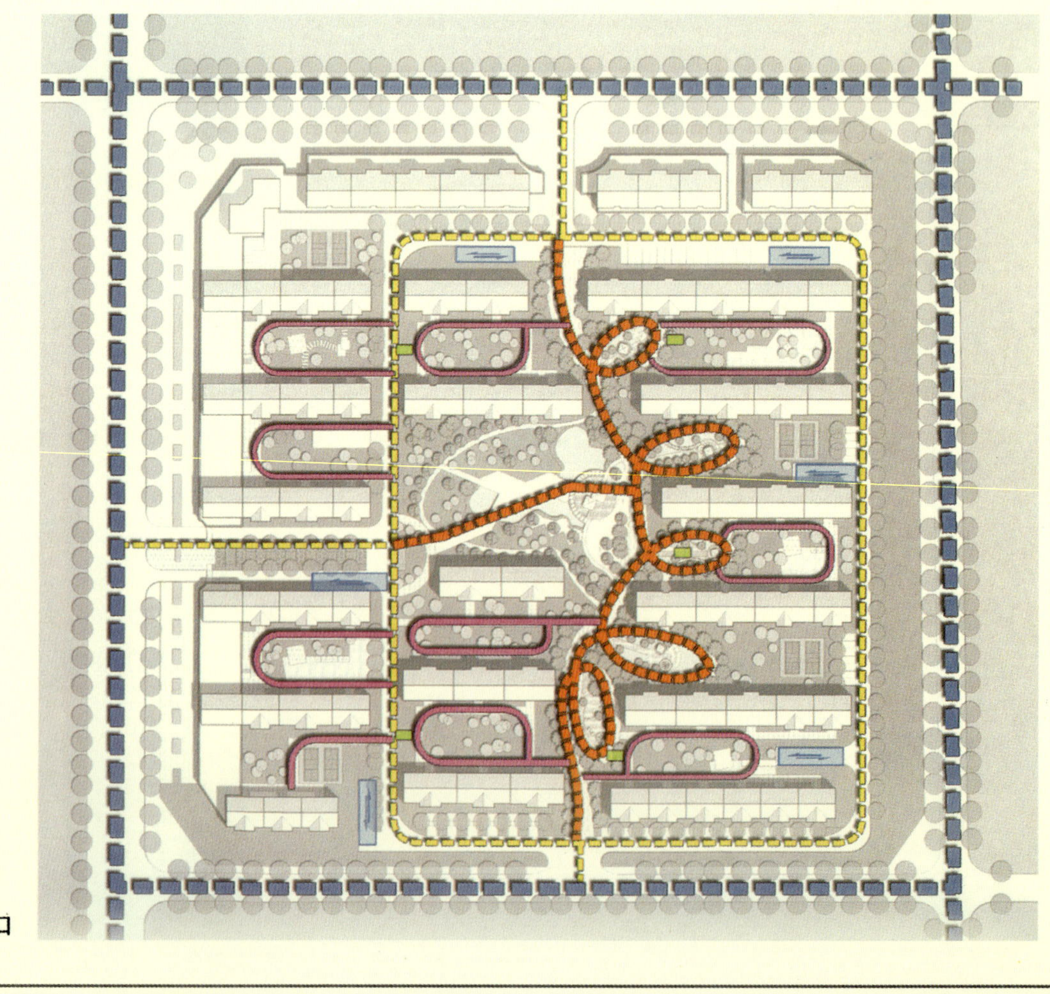

交通分析图

- 城市道路
- 区内主干道
- 组团主要道路
- 主要步行轴线
- 地下车库出入口
- 地下车库人行出入口

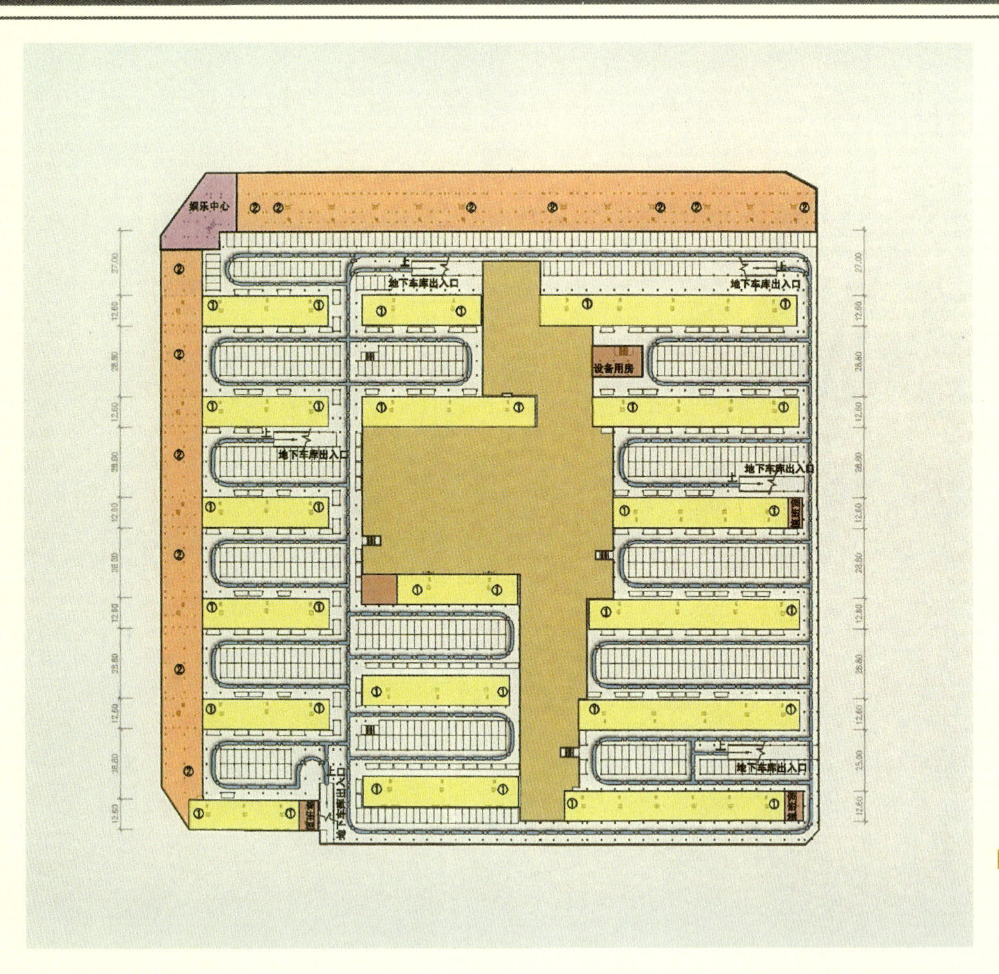

地下车库功能示意图

① 住户储物间、自行车库

② 商场库房

填土

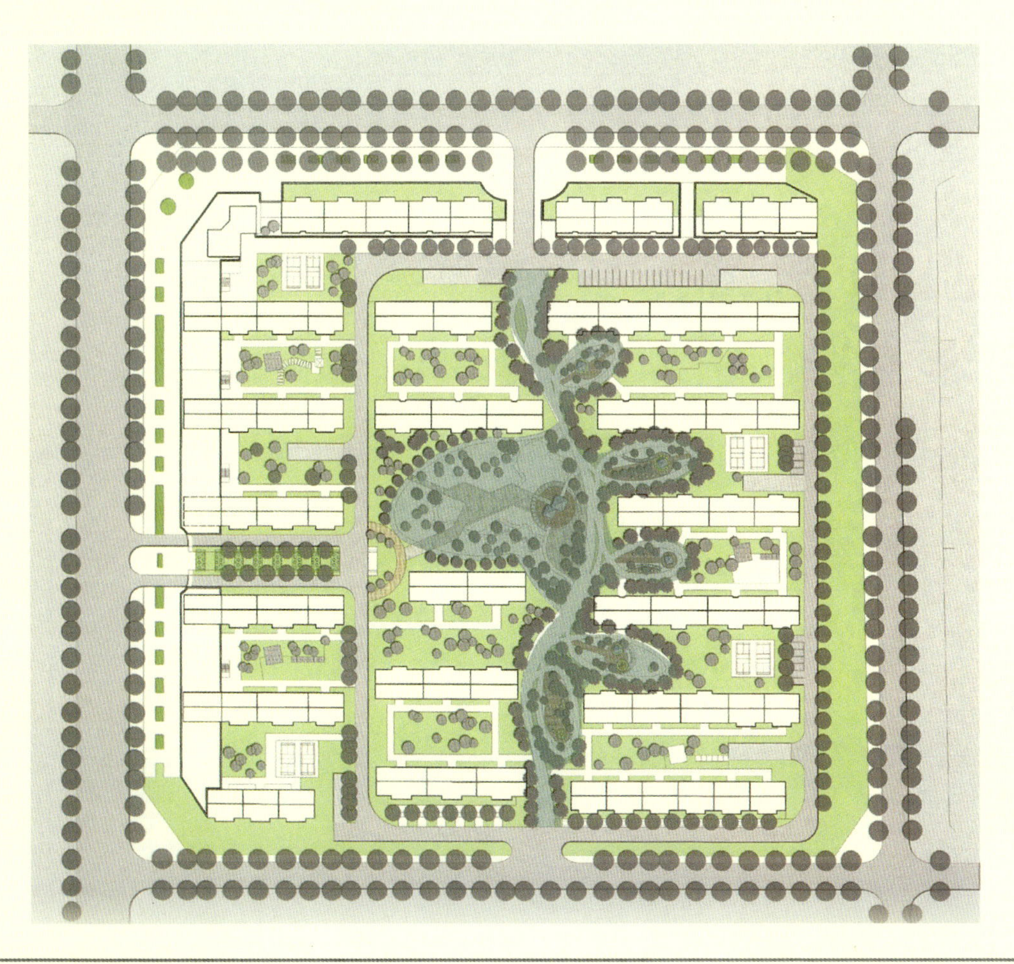

绿化分析图

绿带

小区中心绿地

组团绿地

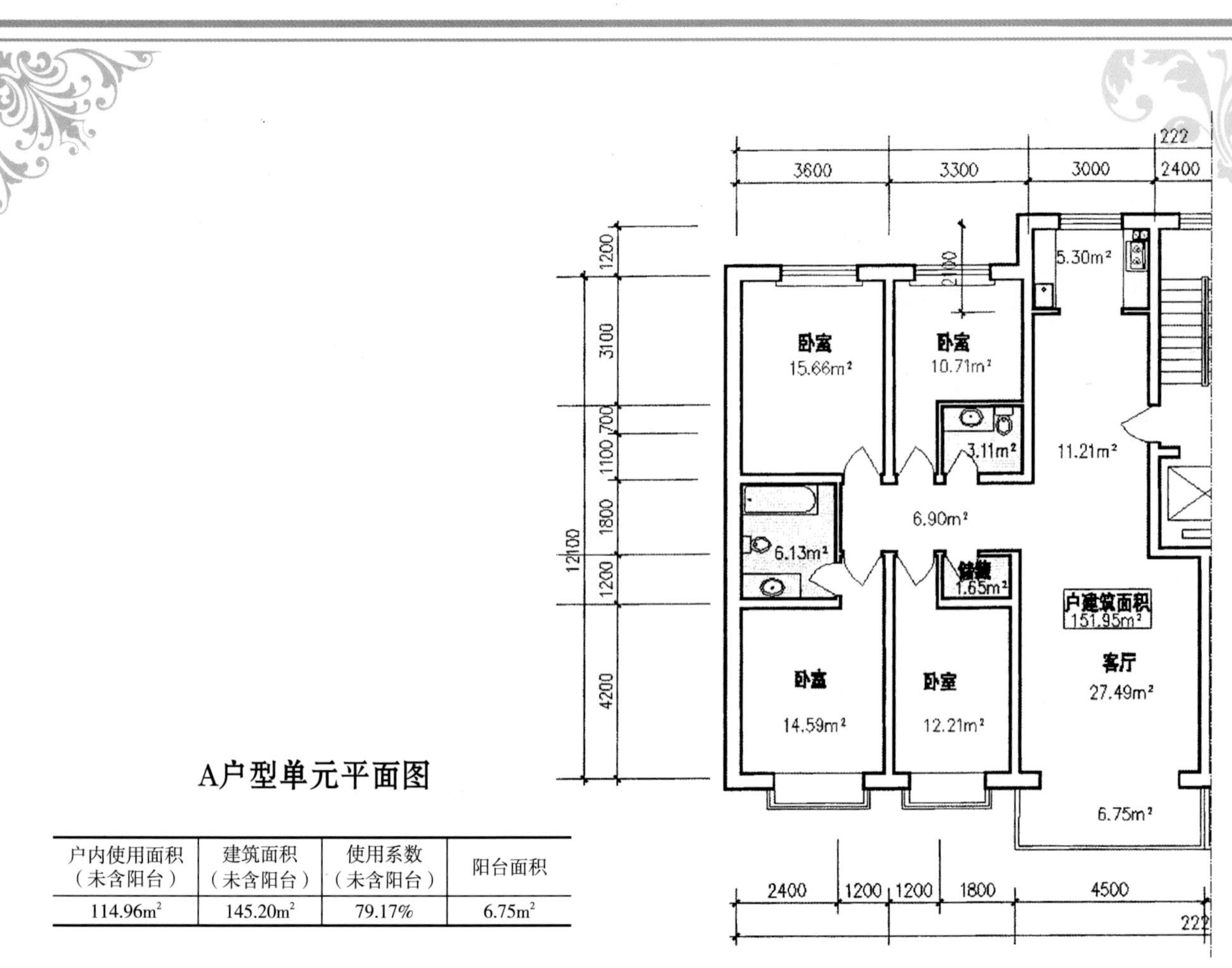

A户型单元平面图

户内使用面积（未含阳台）	建筑面积（未含阳台）	使用系数（未含阳台）	阳台面积
114.96m²	145.20m²	79.17%	6.75m²

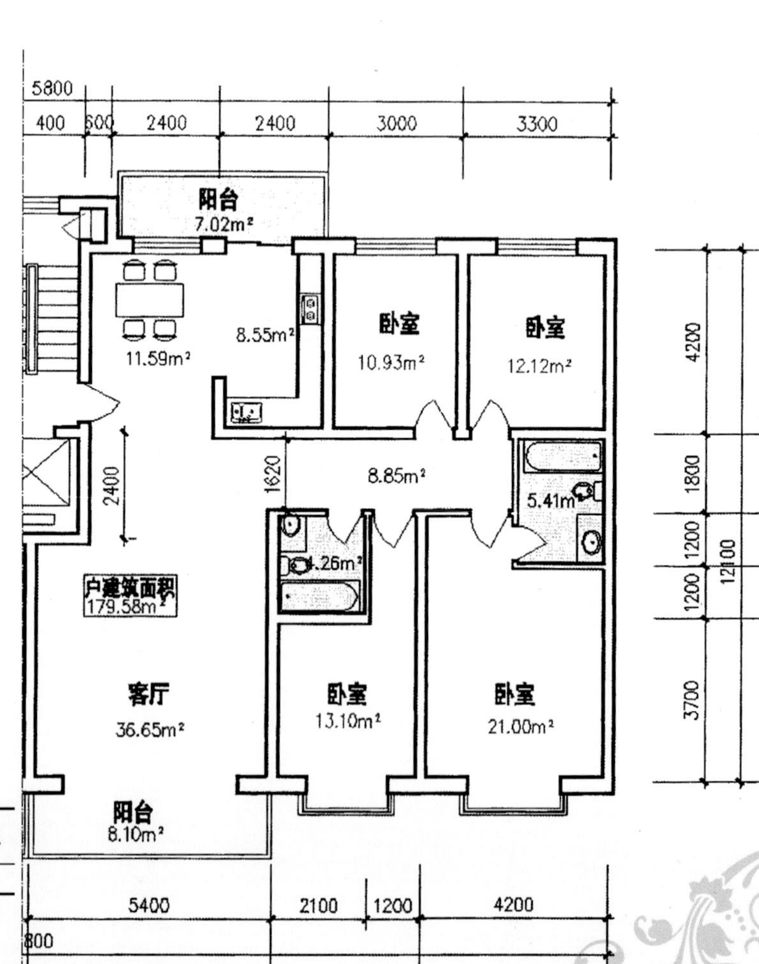

B户型单元平面图

户内使用面积（未含阳台）	建筑面积（未含阳台）	使用系数（未含阳台）	阳台面积
132.46m²	164.46m²	80.50%	8.10m²

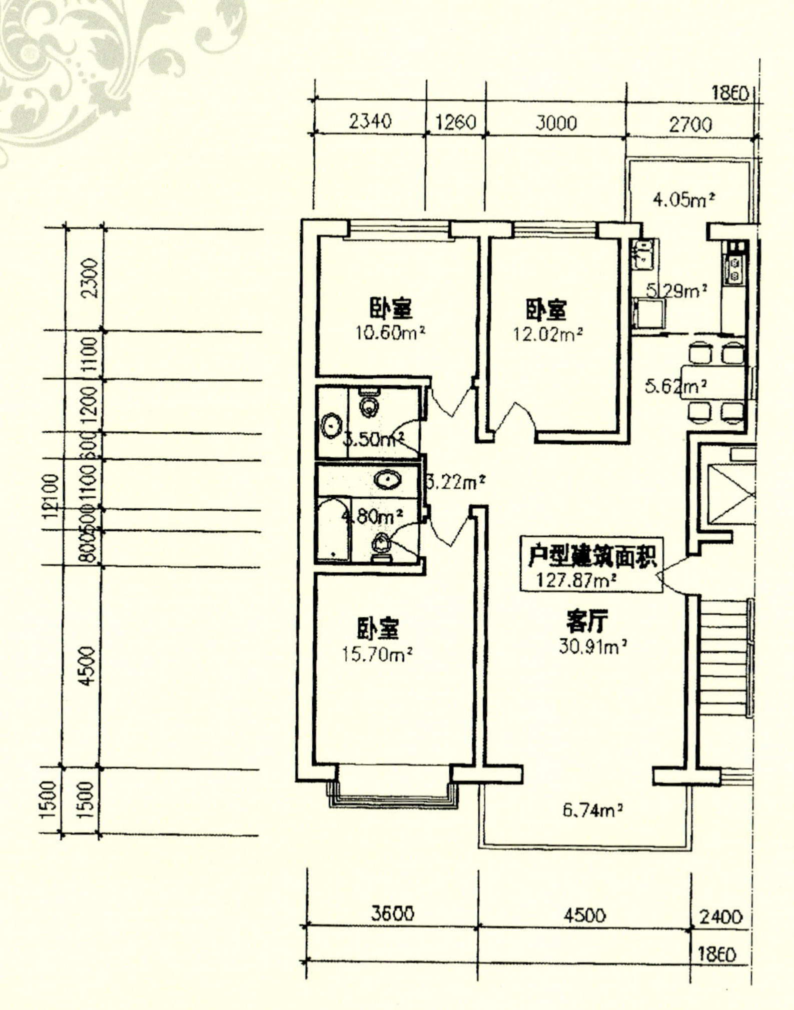

E户型单元平面图

户内使用面积（未含阳台）	建筑面积（未含阳台）	使用系数（未含阳台）	阳台面积
91.66m²	117.08m²	78.29%	6.74m²

透视效果图

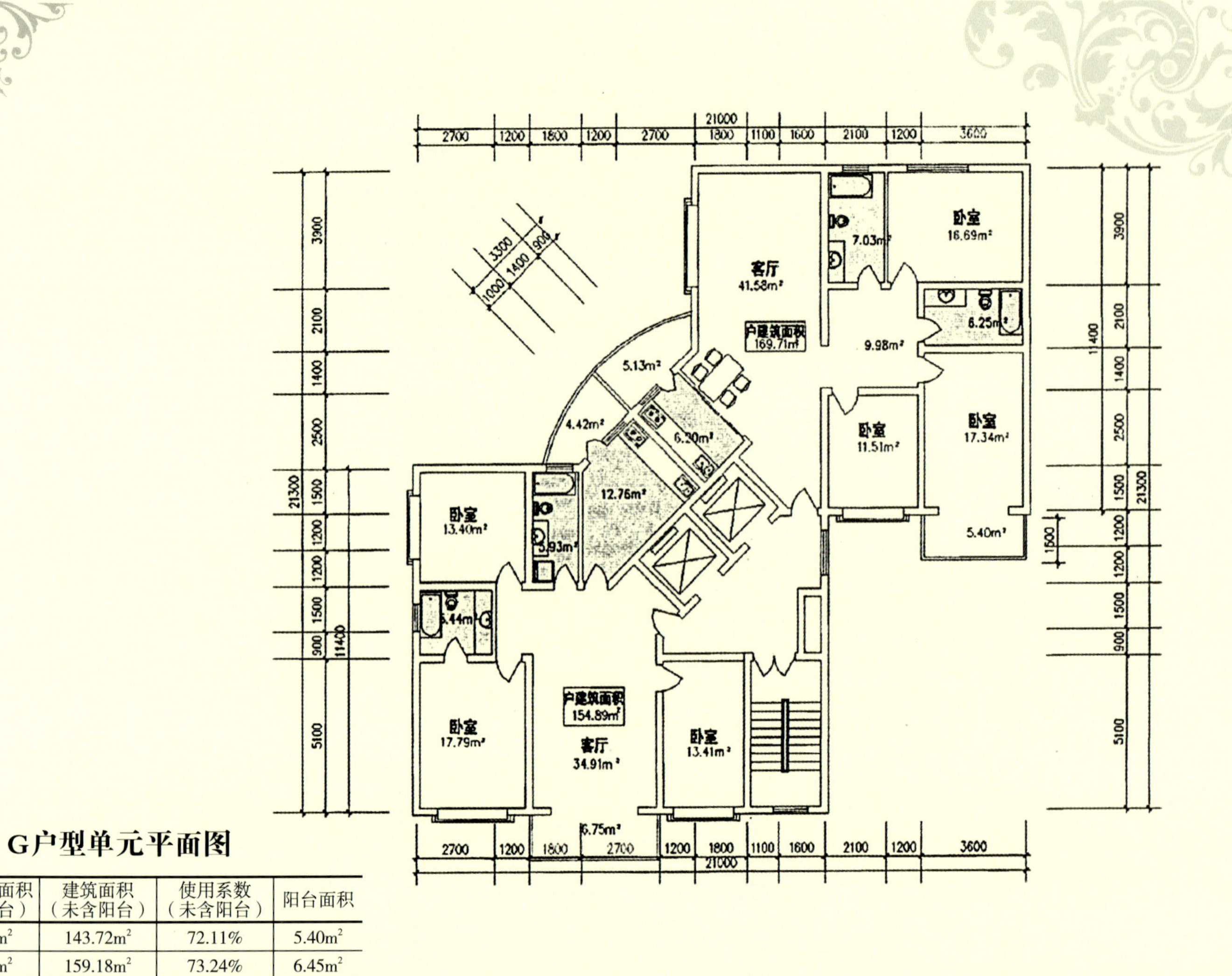

G户型单元平面图

户内使用面积（未含阳台）	建筑面积（未含阳台）	使用系数（未含阳台）	阳台面积
103.64m²	143.72m²	72.11%	5.40m²
116.58m²	159.18m²	73.24%	6.45m²

透视效果图

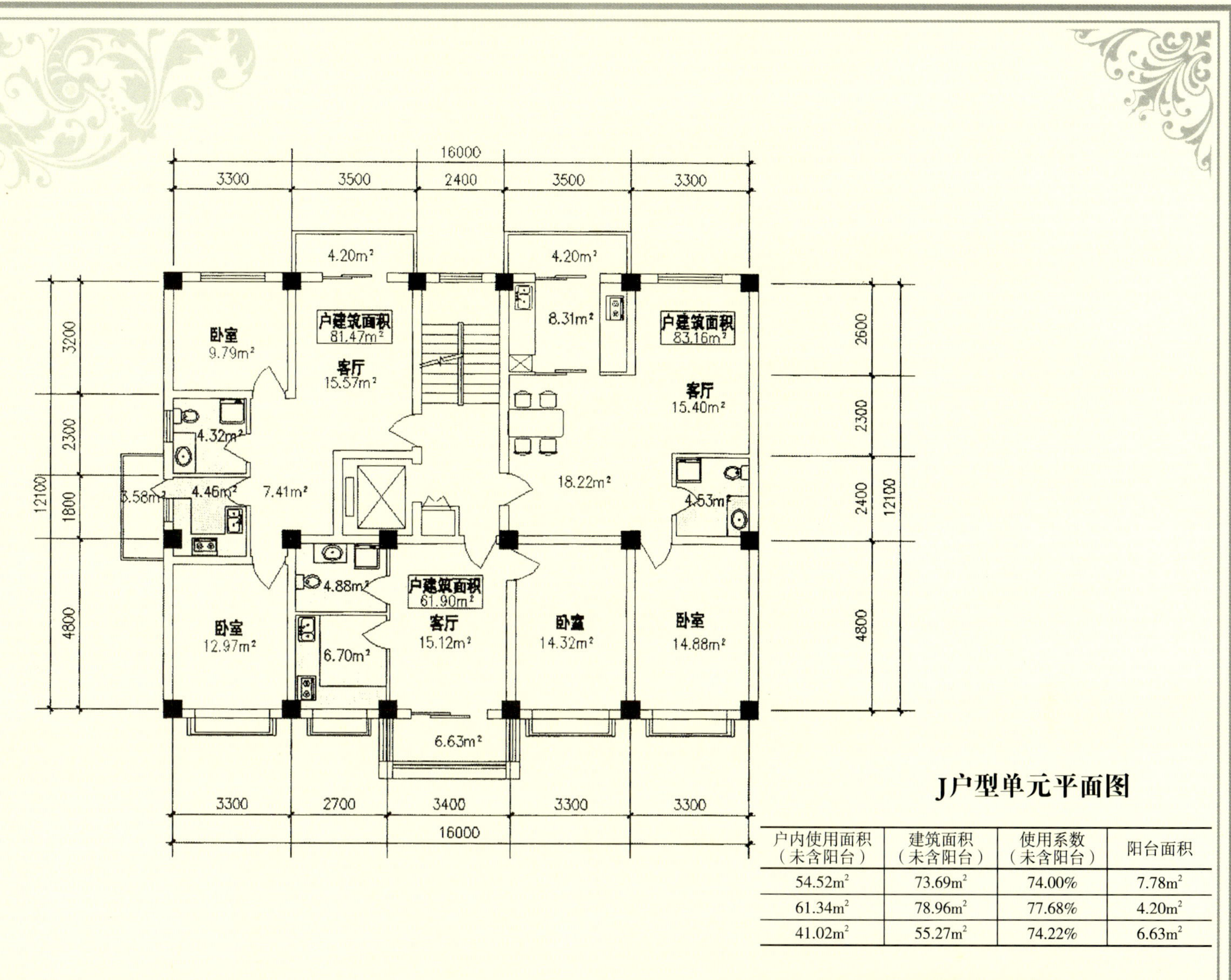

J户型单元平面图

户内使用面积（未含阳台）	建筑面积（未含阳台）	使用系数（未含阳台）	阳台面积
54.52m^2	73.69m^2	74.00%	7.78m^2
61.34m^2	78.96m^2	77.68%	4.20m^2
41.02m^2	55.27m^2	74.22%	6.63m^2

透视效果图

长春 吉粮花园

开发建设单位：长春康阳房地产开发有限公司

规划建筑设计单位：吉林北银建筑设计院

专家评审意见

（一）规划设计评审意见

1. 该小区为城市旧区改造项目，其用地为原工业厂区，城市规划确定为以居住为主的综合社区。规划设计依形就势，将用地北侧、东侧安排为商业，较好地体现了为城市服务的功能。

2. 小区用地组织较合理，结构清晰。出入口位置与城市道路的衔接得当。住宅区内道路基本走向和构造与住宅布置关系处理较好，居民出行顺畅。

3. 小区保留并充分利用了原厂区中茂盛的绿化种植及乔木，作为居民的休闲活动和公共绿地，具有很好的调节小区微气候环境的作用，值得推介。

4. 小区停车位数量达到要求。但由于是综合性社区，居民私家小汽车停车与商业营运停车如何衔接，需研究落实，保证居民停车达到每户1个停车位的水平。建议尽量发挥地下空间的作用，控制和减少地面停车，保证绿化率。

5. 住宅以南北向为主，符合当地气候特征，有利于通风，为住户提供了获得充足日照的条件。建议作出日照分析图以确定相关数据。

6. 住宅公共部位、小区环境及公共设施应注意做到无障碍通行的连贯性和通达性。

7. 规划安排的用地东侧东西向住宅，如何提高居住品质，需作进一步研究。

8. 小区内部分中高层住宅的顶部退台变化偏多偏大，与顶上构架衔接不够自然，也需研究改进。

（二）建筑设计评审意见

1. 平面功能分区明确，动静、洁污分离合理。

2. 平面布置紧凑有序，各居住空间尺度合理。

3. 住宅建筑设计与结构布置结合紧密，有二次分隔的可能性。

4. 空间利用较充分，交通组织基本流畅。

5. 居住空间采光充分，建筑体形简洁，利于节能。

6. 餐厨布置紧密，生活方便。

7. 建筑造型简洁、多变化，色彩、质感明快，具有地方特色。

8. 意见与建议：

（1）若干套型空间配置不足，首层客厅及餐厨部分属公共活动区域却没有卫生间，不便生活（33、26、25、19、18号住宅）。

（2）户内高差变化多，不利于无障碍设计，生活也多不便。

（3）南入口门厅与客厅合一降低了客厅的环境质量，各功能交叉不甚合理，建议按14、17号楼单辟交通道的做法进行修改。

（4）联排别墅边单元户内楼梯下做餐厅，其高度与卫生条件无保证。

（5）若干户门、楼梯位置、管道空间不通等问题，在图纸中要表示清楚。

（6）联排住宅（13、14号）一梯一户交通面积浪费。

（7）小区中大套型住宅数量偏多，建议根据市场需求作进一步考虑。

（三）成套技术评审意见

1. 吉粮花园小区的技术方案选择确定了多项新技术、新产品、新材料、新设备，突出体现了国家节地、节能、节水、节材、环保和可再生能源利用的政策要求，满足了国家康居示范工程的技术要求。

2. 小区采用了建筑节能成套技术，小区20万m^2的住宅全部采用65%的节能指标设计，在吉林省尚属首家。其墙体、屋面、门窗等所采用的保温技术措施先进、可靠，满足指标要求。

3. 小区采用土壤热泵与太阳能结合系统，解决冬季采暖、夏季制冷及不间断恒温热水供应，对节能与可再生能源的利用具有示范意义。

4. 小区采用了新风换热、空气净化系统，生活用水净化系统，较大程度地提高了住宅的舒适性。

5. 小区采用了煤矸石、多孔砖、空心砖、轻质隔墙板等新型墙体材料，符合节能省地的指导原则。

6. 小区住宅室内装修中50%的厨卫一次装修到位，50%的住宅全部装修一次到位，对当地住宅装修一次到位起到推动作用。

7. 小区采用了安防、管理、信息三大系统智能化成套技术。

8. 意见与建议：

（1）新技术应用的项目中，凡国内目前尚未制定出该技术应用标准的，应提供相应的技术标准，以保证该技术有可靠的根据、质量有保证。

（2）关于中央吸尘技术、净水技术、地源热泵及污水热回收技术等，应作技术和性价比分析。

（3）为保证节能达到65%的指标，应严格控制住宅体形系数。

（4）在严寒地区的住宅小区中大面积采用“太阳能加地源热泵”技术，在冬季作为采暖热源，并加强技术措施的深入研究，以保证设备运行可靠。

（5）小区景观用水应利用中水。

区域位置

吉粮花园位于长春市的西部板块，汽车厂与汽贸开发园区的结合部，区域的政治、文化中心区。地块北起皓月大路，东临春城大街，南距景阳大路不足百米。地形平坦，南低北高，绿树成荫，周边文化设施集中，环境品位极佳。

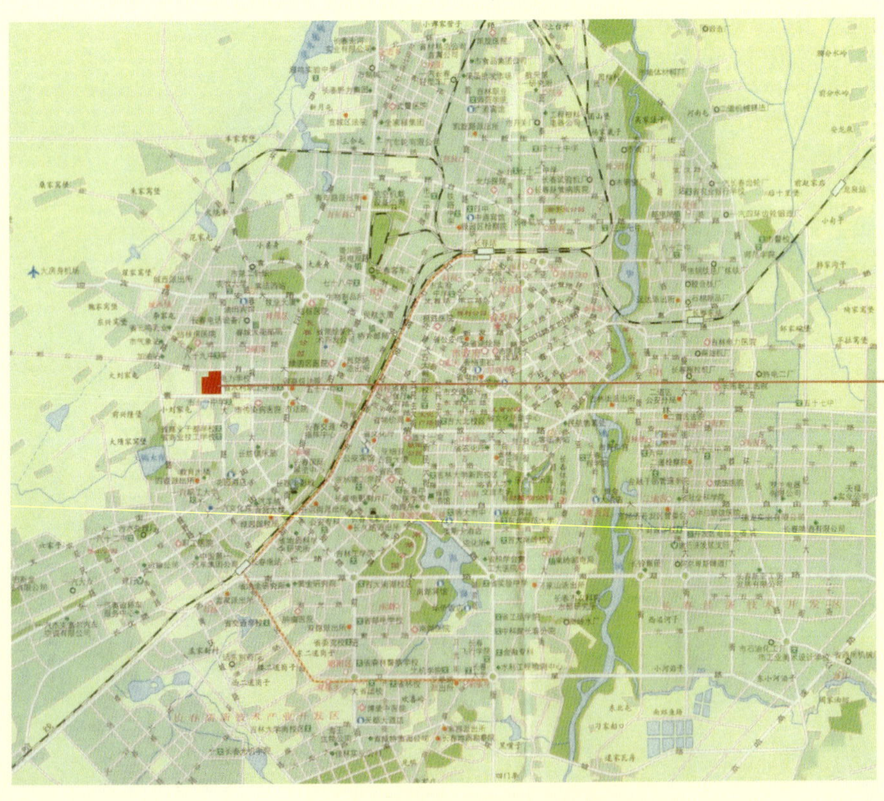

总平面图

项目	单位	数量	比重（%）	人均面积（m^2/人）
总用地面积	hm^2	14.19	100	61.2
住宅用地	hm^2	7.99	56.3	34.5
公建用地	hm^2	1.37	9.7	5.9
道路用地	hm^2	2.71	19.1	11.7
公共绿地	hm^2	2.11	14.9	9.1
居住户数	户	662		
居住人数	人	2317		
总建筑面积	万m^2	19.4086	100	83.8
住宅建筑面积	万m^2	13.2333	68.2	57.1
公建建筑面积	万m^2	4.8927	25.2	21.1
地下建筑面积	万m^2	1.2826	6.6	5.5
人口毛密度	人/hm^2	163		
住宅建筑面积毛密度	万m^2/hm^2	0.93		
住宅建筑面积净密度	万m^2/hm^2	1.66		
容积率		1.26		
绿地率	%	44.9		
总建筑密度	%	25.0		
停车位	辆	710	100	
地上室内停车位	辆	280	39.4	
地面停车位	辆	85	12.0	
地下停车位	辆	345	48.6	

主要经济技术指标

鸟瞰图

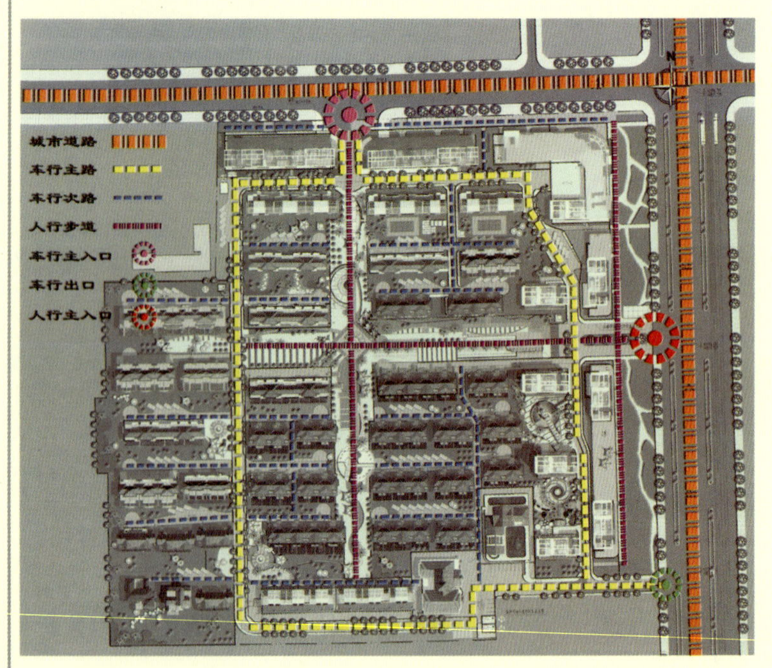

道路与功能分析图

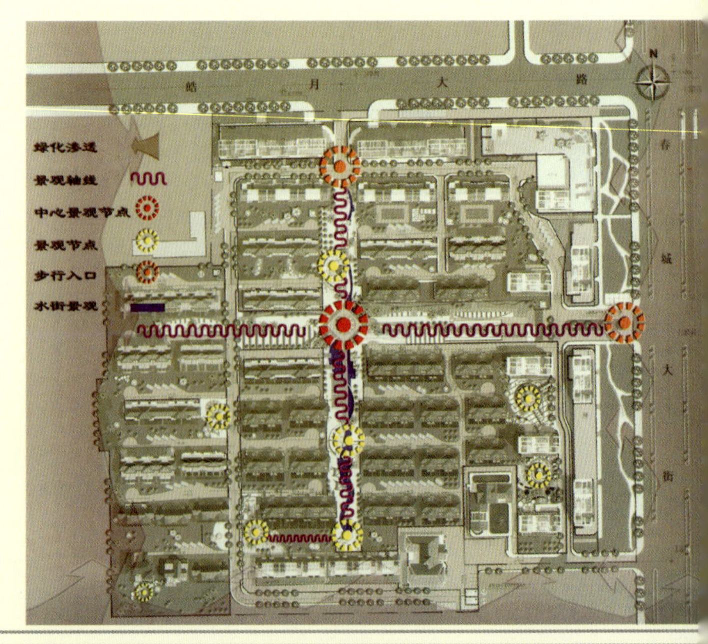

景观分析图

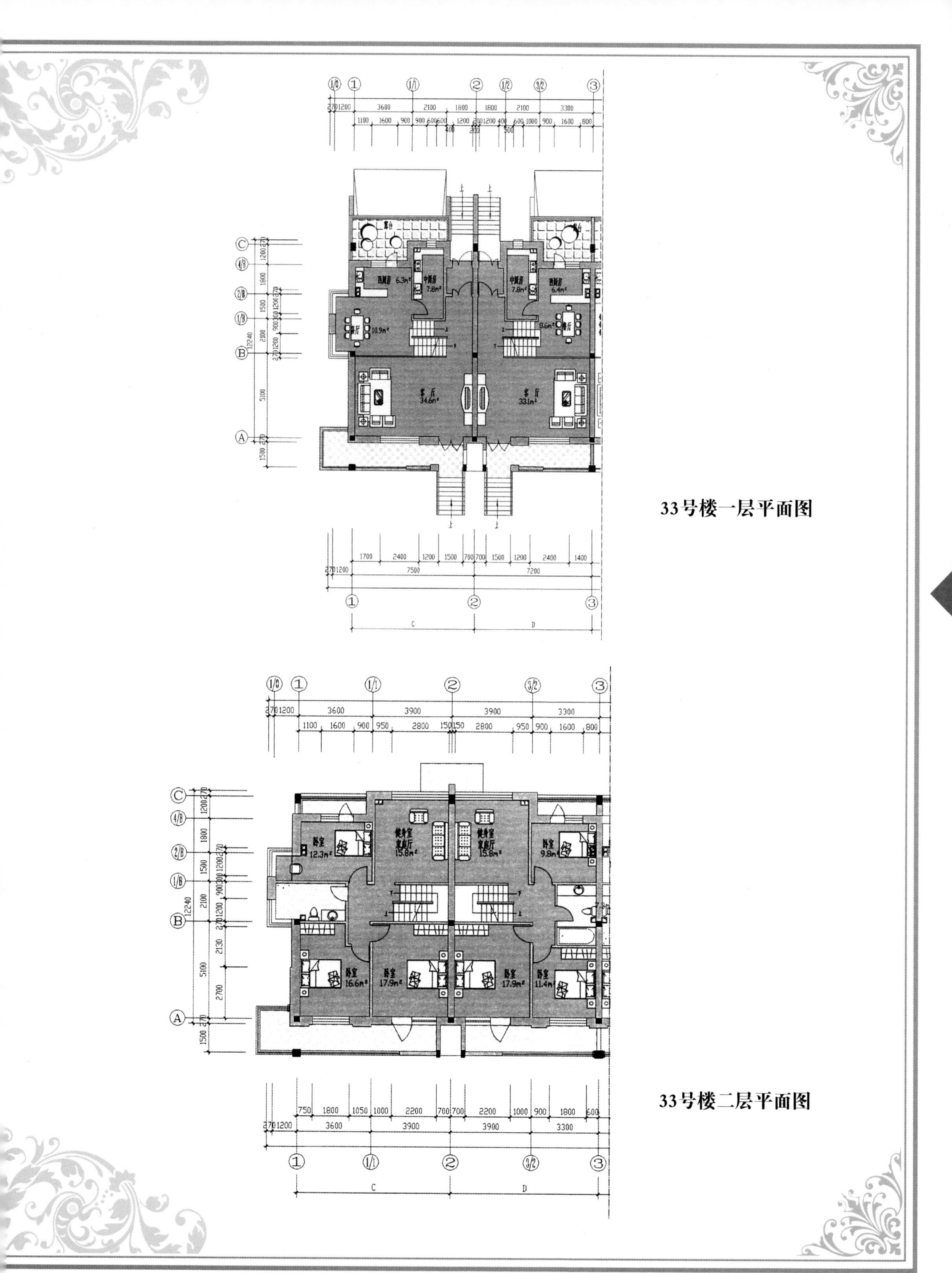

33号楼一层平面图

33号楼二层平面图

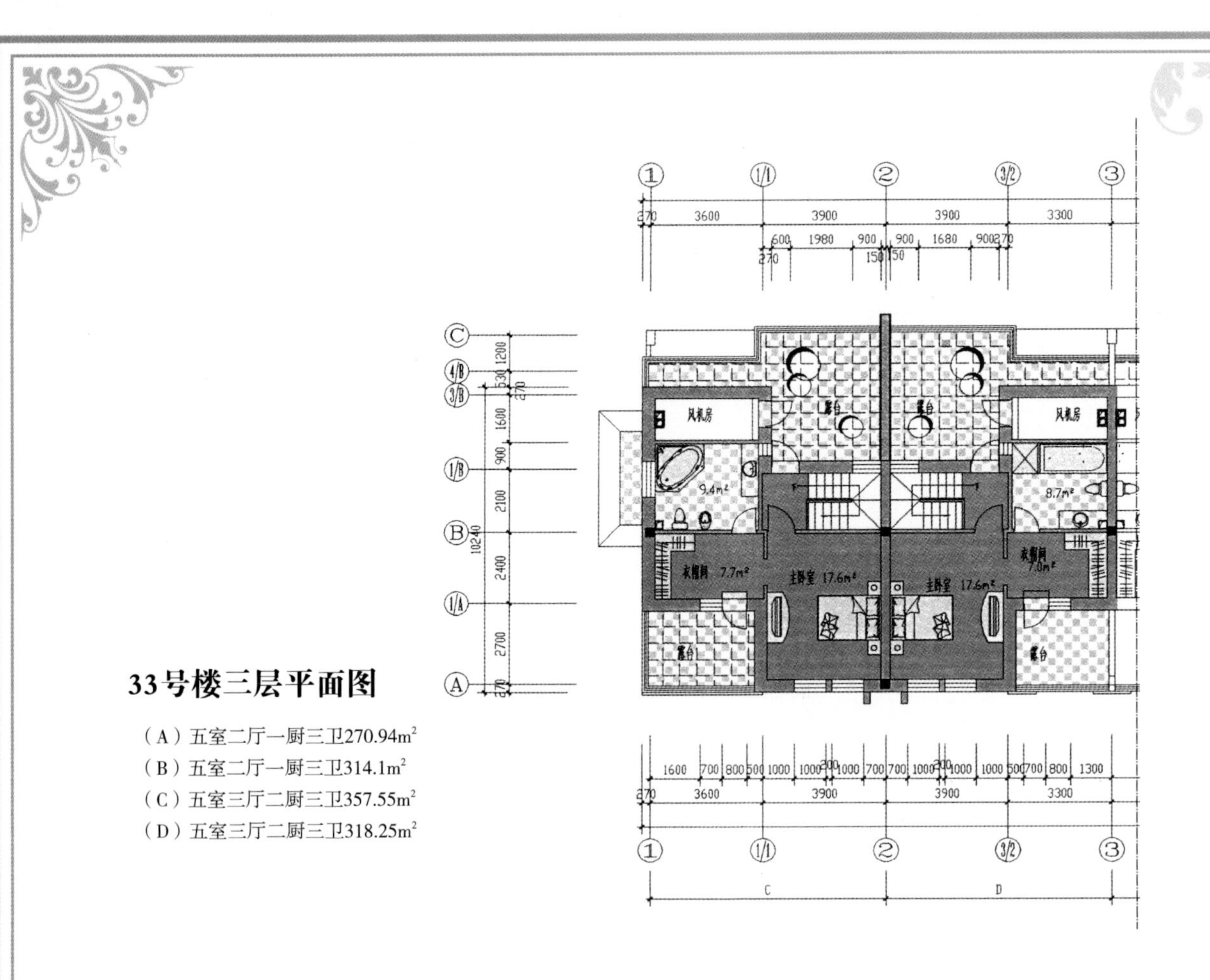

33号楼三层平面图

（A）五室二厅一厨三卫270.94m²

（B）五室二厅一厨三卫314.1m²

（C）五室三厅二厨三卫357.55m²

（D）五室三厅二厨三卫318.25m²

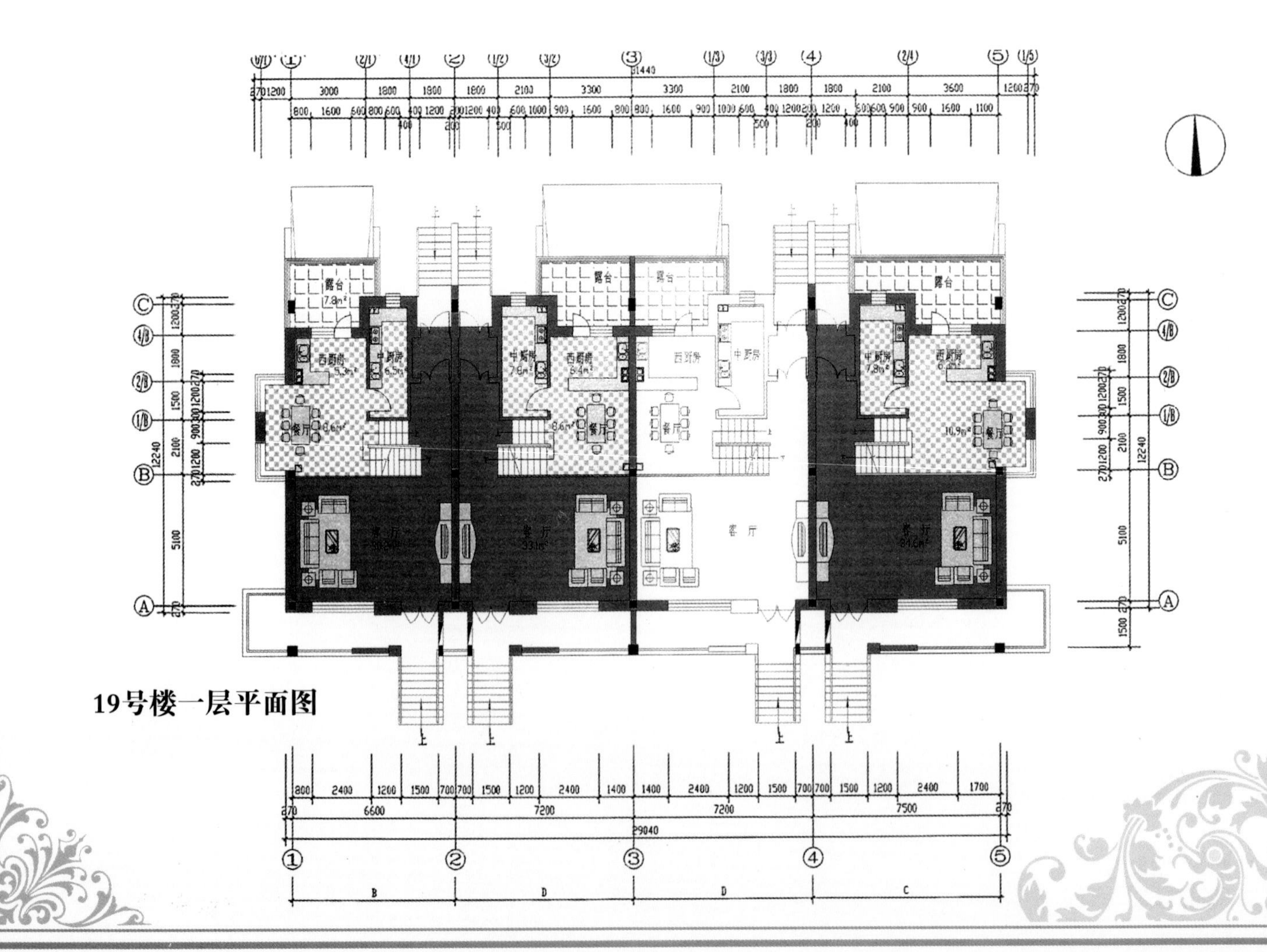

19号楼一层平面图

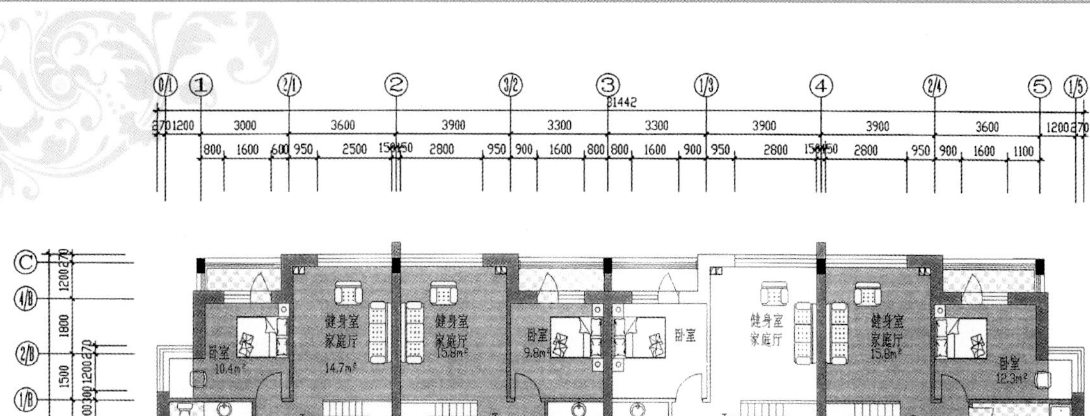

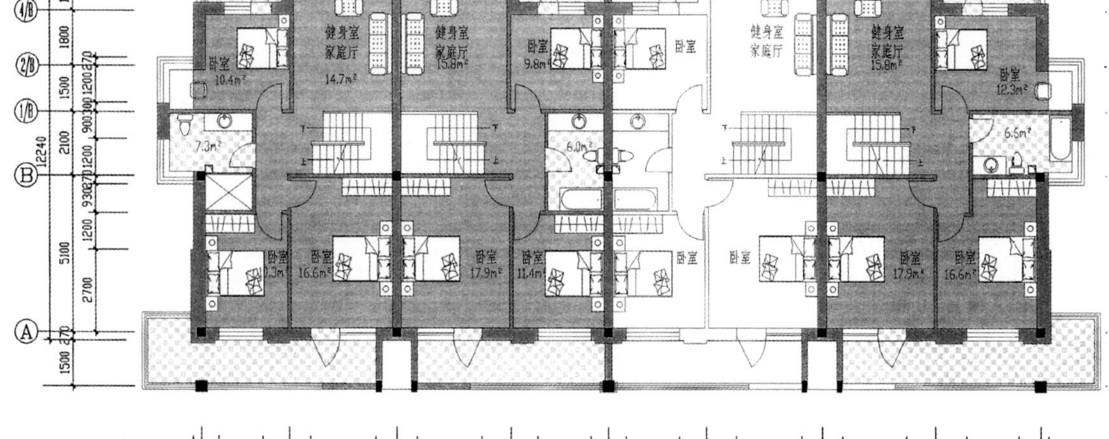

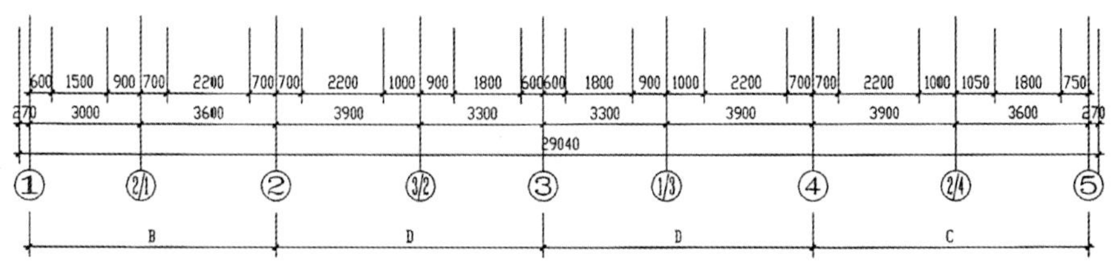

19号楼二层平面图

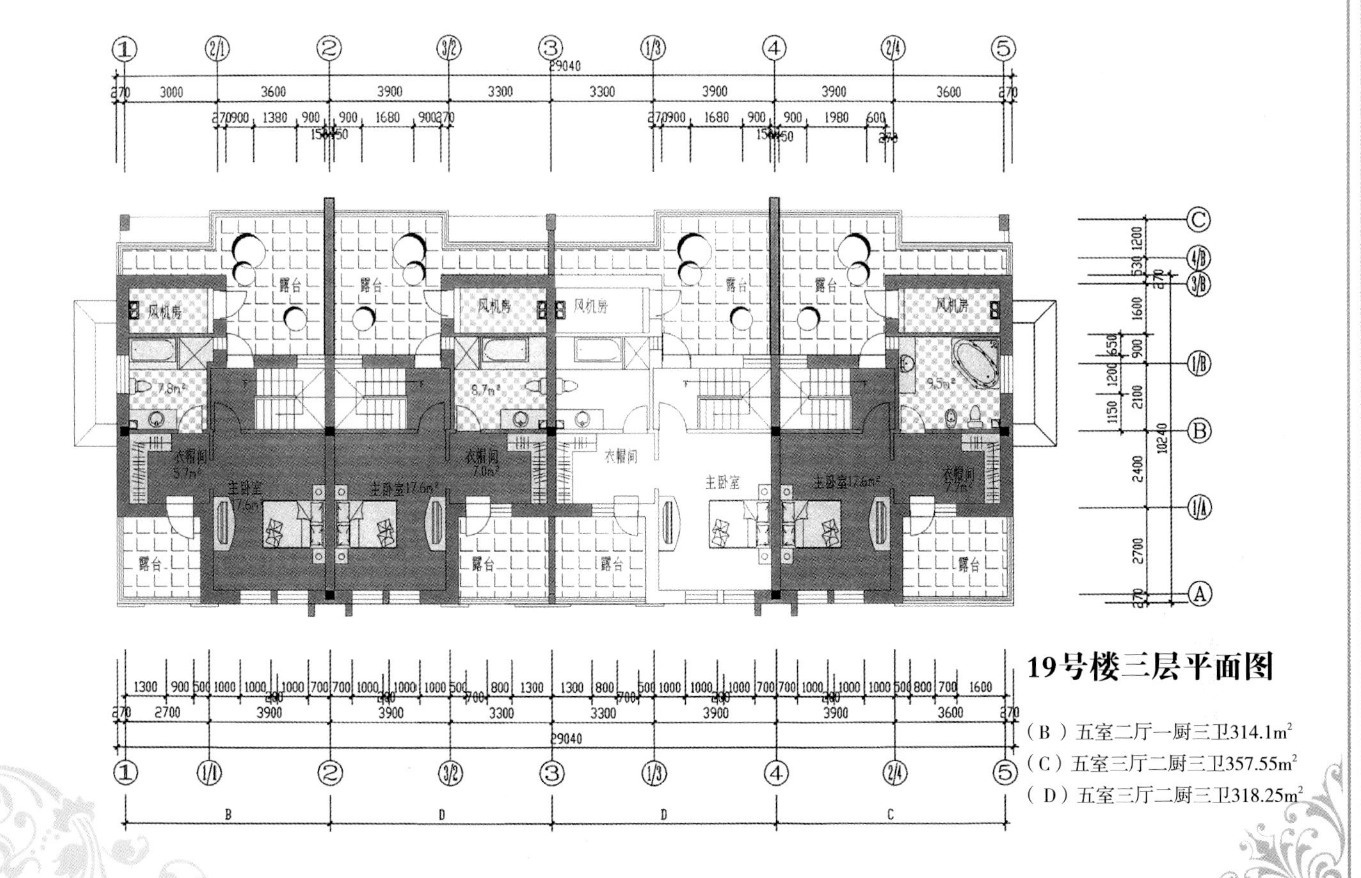

19号楼三层平面图

（B）五室二厅一厨三卫314.1m²

（C）五室三厅二厨三卫357.55m²

（D）五室三厅二厨三卫318.25m²

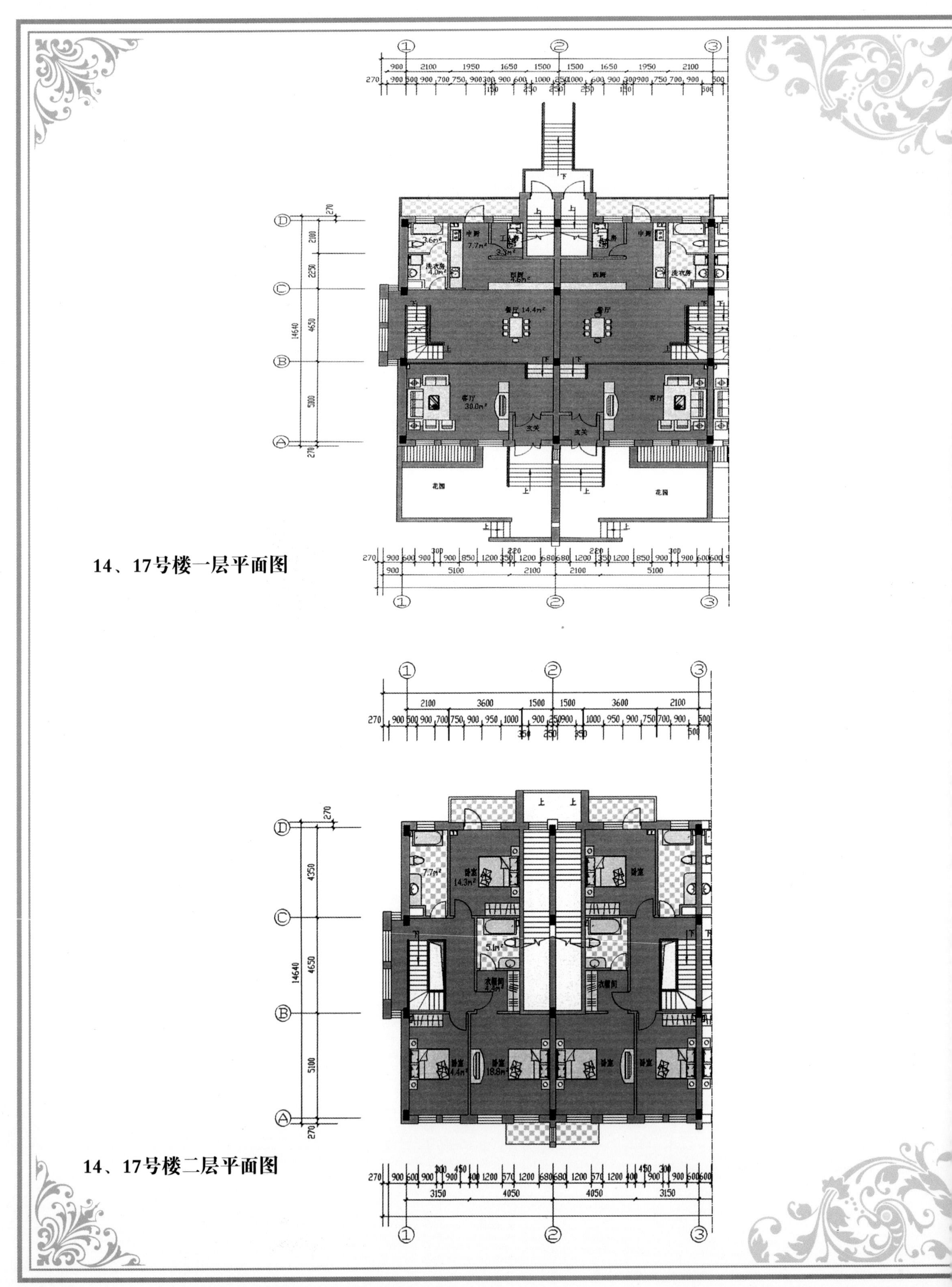

14、17号楼一层平面图

14、17号楼二层平面图

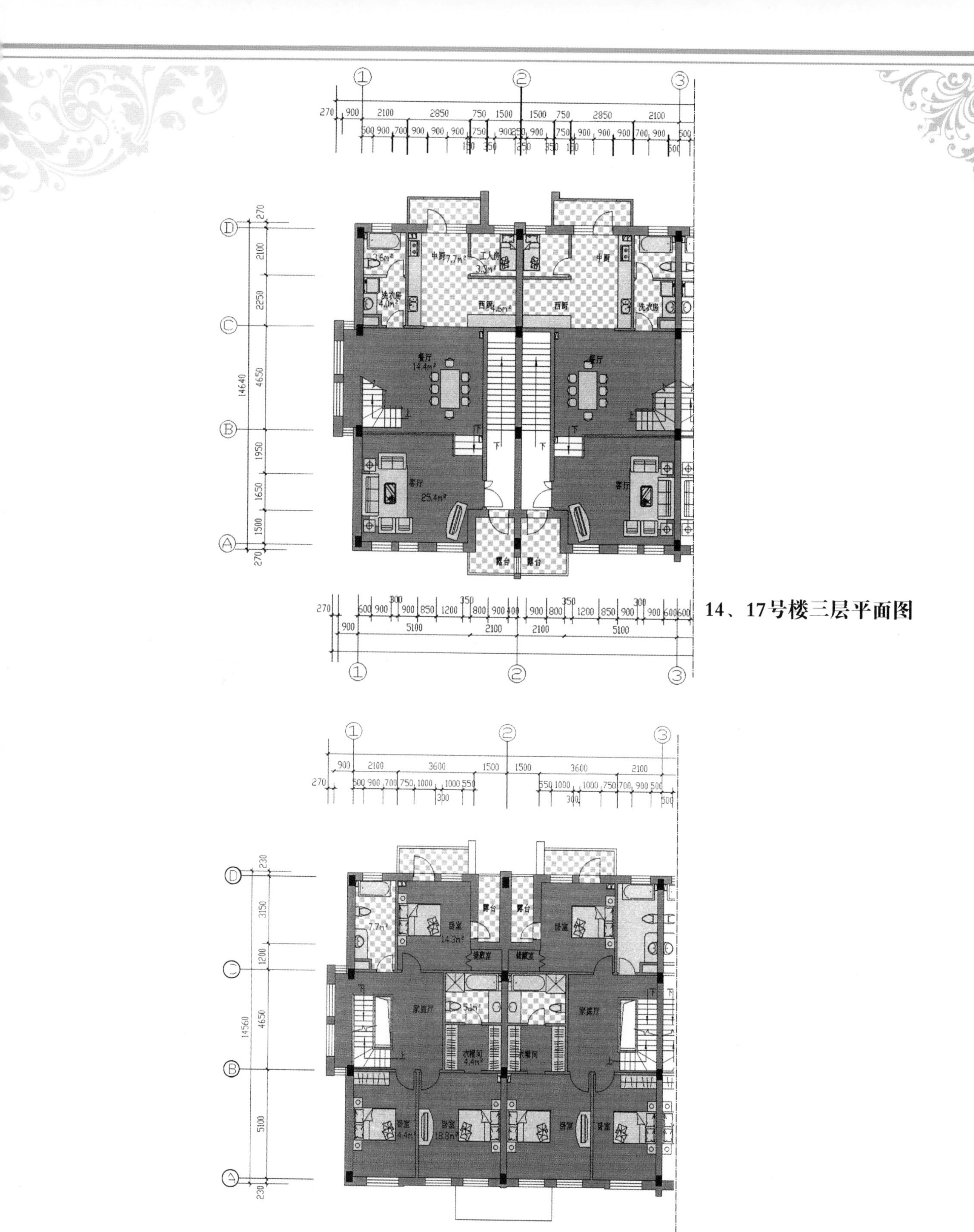

14、17号楼三层平面图

14、17号楼四层平面图

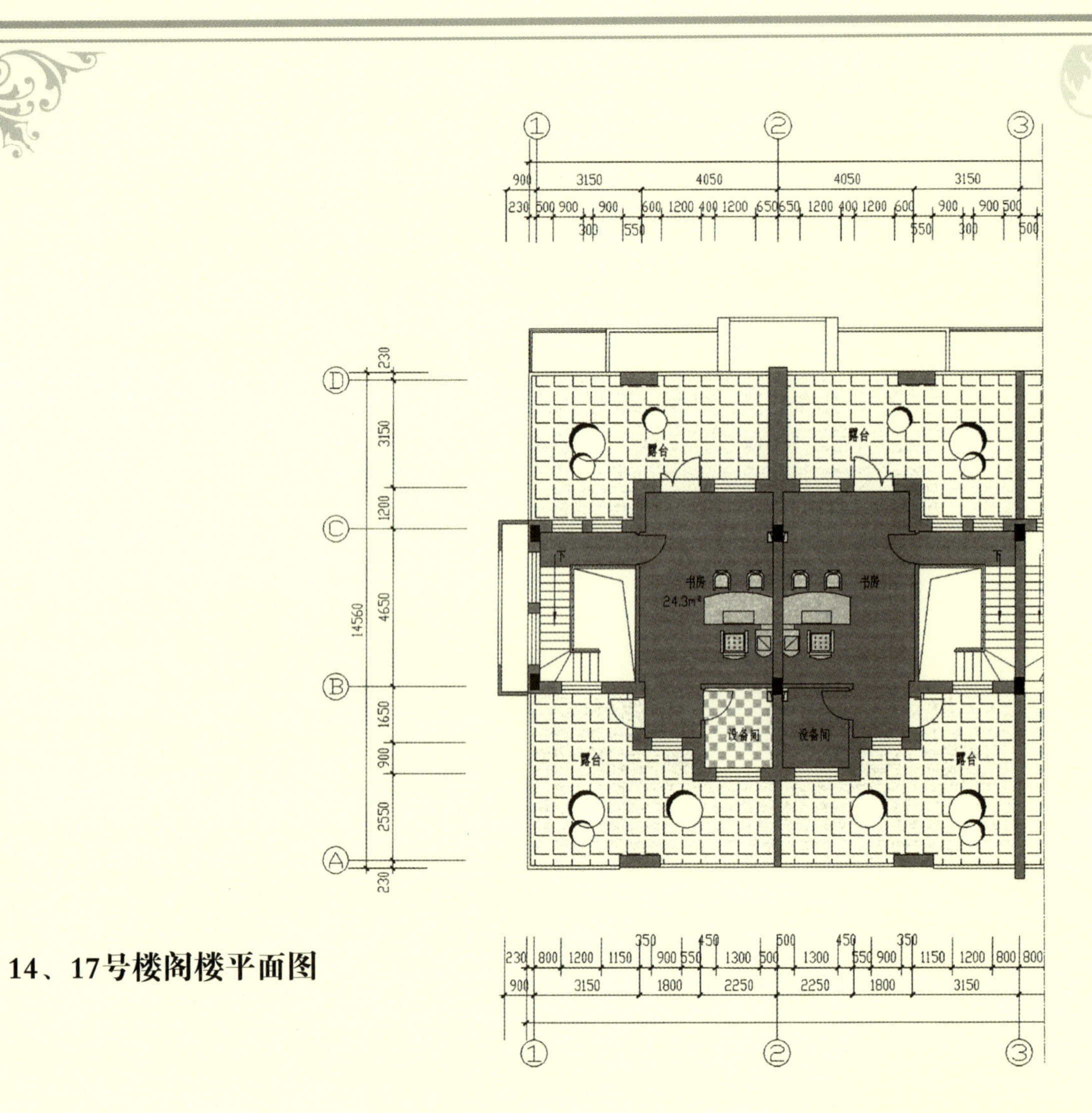

14、17号楼阁楼平面图

吉粮花园 花园洋房1南面

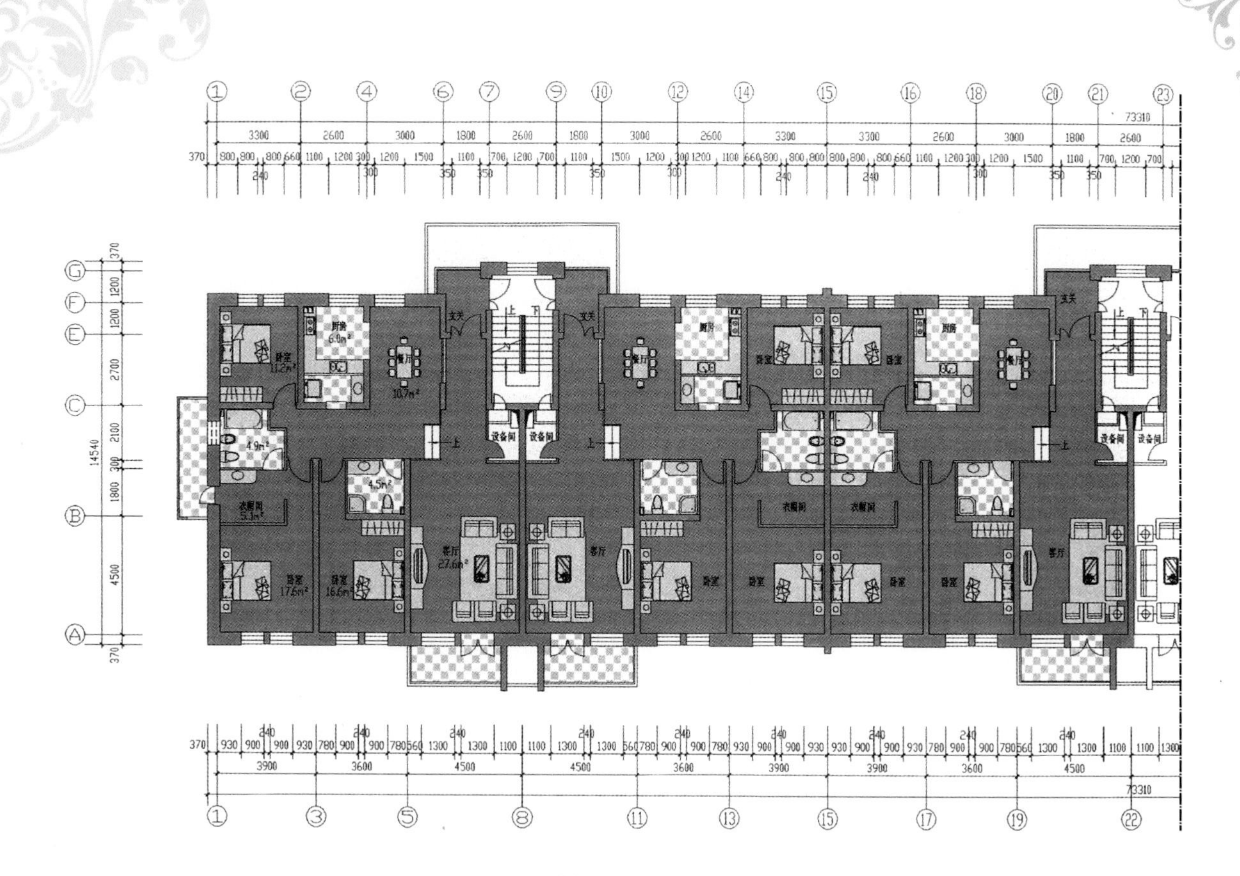

7、8号楼二层、三层平面图

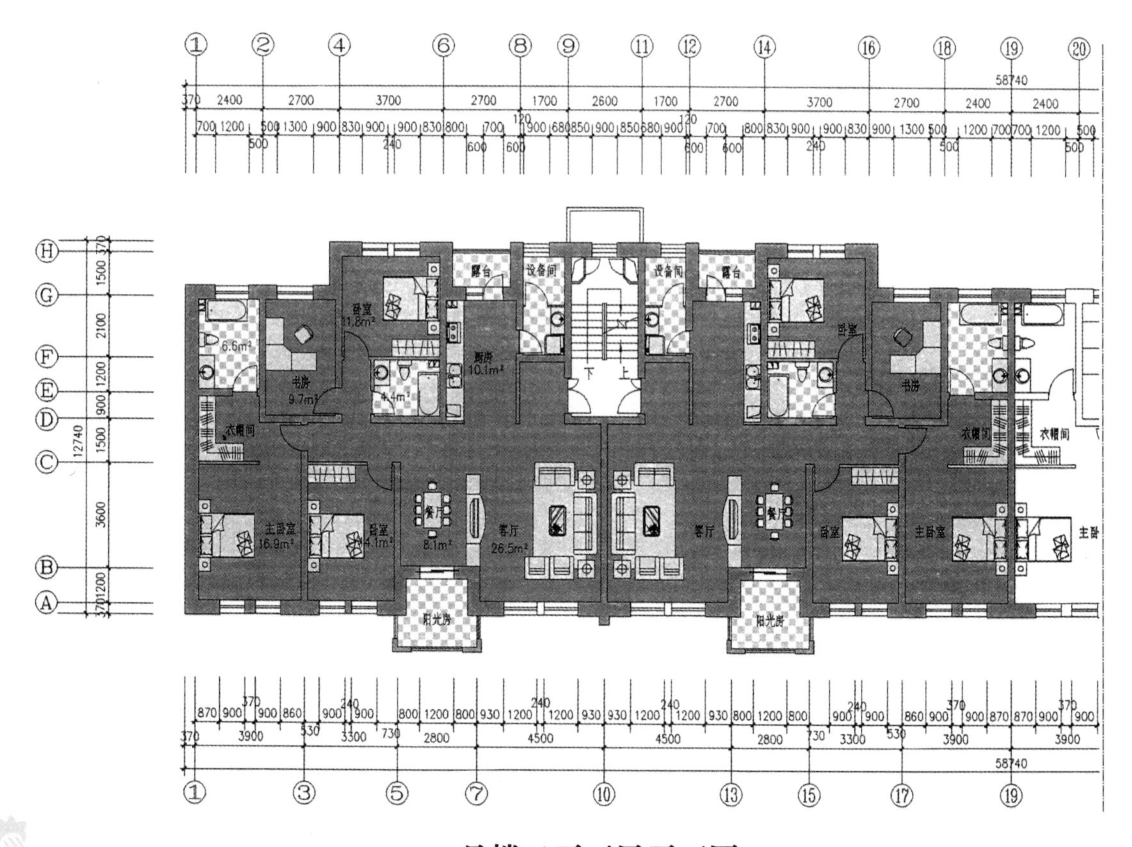

4号楼二至五层平面图

大连 中华园

开发建设单位：大连永高房屋开发有限公司

规划建筑设计单位：大连市规划设计研究院
大连大学亿达建筑设计研究院
哈尔滨市建筑设计院等

专家评审意见

（一）规划设计评审意见

1. 规划采用组团行列的布局，结构清晰，布局比较合理，朝向好，通风好。

2. 小区道路交通规划了一个U形主干道交通系统，4个机动车进出口与城市道路有机衔接，三级道路布局清晰，线形流畅，交通方便。小区停车以地上为辅，停车位40个。以地下停车为主，8个地下停车库，均衡地分布于小高层与多层住宅门前，停车位563个，总停车率达64%以上，居民停车、用车方便。平时宅前地面不进车，较好地解决了机动车对居民居住安静、安全的干扰问题。

3. 小区规划了一条东西向景观轴及中心公共绿地，绿地率达42.2%，小区的环境比较好。

4. 小区公共服务设施配套比较齐全。

5. 问题与建议：

（1）小区建筑的布局与环境空间缺乏变化，过于行列，如中心景观轴一条线一般宽，又如东面街景都是在一条线上的山墙，建议单元适当前后错动，山墙不要那么一条线，端单元可作些变化处理等。

（2）中心景观轴过于平直、对称，硬铺装过多，水面也过多，轴线的对景是一个很生硬的“洋塔”，比例、造型都欠佳。建议要做些有自己民族文脉的作品。

（3）中心景观轴与中心公共绿地，从空间上没有有机的联系，建议作调整和改进。

（4）建议对北面小高层的日照间距作日照分析，保证满足国家规范规定的大寒日2h的满窗日照要求，现在间距41.8m，可能满足不了要求。

（5）建议地下车库做好平面设计，注意车库进出口与道路的坡度连接与可能，并应充分考虑到车库上的覆土厚度，建议不宜小于1.5m。

（6）小区建筑的风格、比例、尺度、色彩都做得有些不够到位，建议作适当的调整。

（7）建议高压线走廊下，不要安排小区的体育活动场地，从规划上不要作要求。

（8）建议用地平衡表、技术经济指标，都要按国家规定的办法准确计算。

（9）景观轴上的6幢住宅一层都做成配套公建，实际上是一条商业街了，深入小区过深，若单纯为小区服务，可能难以维持商业的销售要求；若对外开放，则小区就难以有安静的环境了。建议不要搞那么多的一层商业，不要深入小区太深。

（二）建筑设计评审意见

1. 平面功能分区明确，交通便捷，空间尺度合理，面积利用率高。

2. 主要房间通风、采光、视野条件良好，阳台与房间位置适当。

3. 餐厅与厨房布置紧密，有独立就餐空间。

4. 建筑丰富多变化，有地方特点。

5. 不足之处：

（1）多层住宅：部分户型如F型，交通线对厅的安静环境干扰较大。

（2）联排住宅：多边形内庭院造成户内许多锐角空间，不好利用。L形厨房与卫生间不便使用，相关交通线浪费面积。多边形房间不便作卧室。

（3）小高层住宅：小高层做小户型带来一系列问题，面积局促，使用不便。如5.5m^{2}的餐厨合一空间，过道面积很大，利用率不高。L形卧室偏多，利用率低。

（三）成套技术评审意见

大连中华园住宅建设项目可行性研究报告按照《国家康居示范工程建设技术要点》的要求，以可持续发展为目标，“四节一环保”为理念，结合当地经济、社会及住宅产业发展现状，在项目实施中勇于采用新技术，并对主要技术的可行性进行了较深入的调查研究。该项目拟采用14类57项成套技术，符合资源节约与环境保护要求，将显著改善该项目的居住品质，提升当地住宅建设的科技应用水平。

该项目拟采用的主要技术如下：

1. 按照大连市居住建筑节能设计规定进行建筑节能设计，采用外墙外保温、保温复合屋面、双玻和三玻塑钢窗等技术，符合大连市节能65%的要求。

2. 将地源热泵技术用于建筑物供暖与制冷。

3. 小高层采用配筋混凝土砌块剪力墙结构体系。

4. 采用当地利用粉煤灰掺合料生产的混凝土空心砌块作为墙体材料，利废节材。

5. 采取雨水收集、污水处理回用和节水设备等节水措施。

6. 小高层住宅按照工业化装修模式提供成品房。

7. 采用阳台壁挂式分体太阳能热水装置。

8. 采用风力发电、太阳能光电转换技术。

9. 建议：

（1）在项目实施过程中，加强对设计、施工、监理以及成套技术产品供应商的协调管理，精心组织施工，确保各项成套技术落到实处，保证质量。

（2）采用生化处理技术对生活垃圾进行处理。

（3）选用成熟可靠的外保温成套技术。

（4）建议在通过国家康居示范工程选用部品与产品认定或论证的目录中选用符合本项目要求的部品与产品。

区域位置

中华园位于大连市甘井子中华路商贸区内，南临城市主干道中华路，西北侧为规划中的泉水二号路，东侧是规划城市道路，项目西北部为商贸区的汽车产业带，东部为商贸区的商业中心区，南侧为名贵山庄住宅小区。该用地地形较复杂，用地内有一小山丘（海拔85m），地形呈西南高、东北低的走势，且与周围道路高差较大。

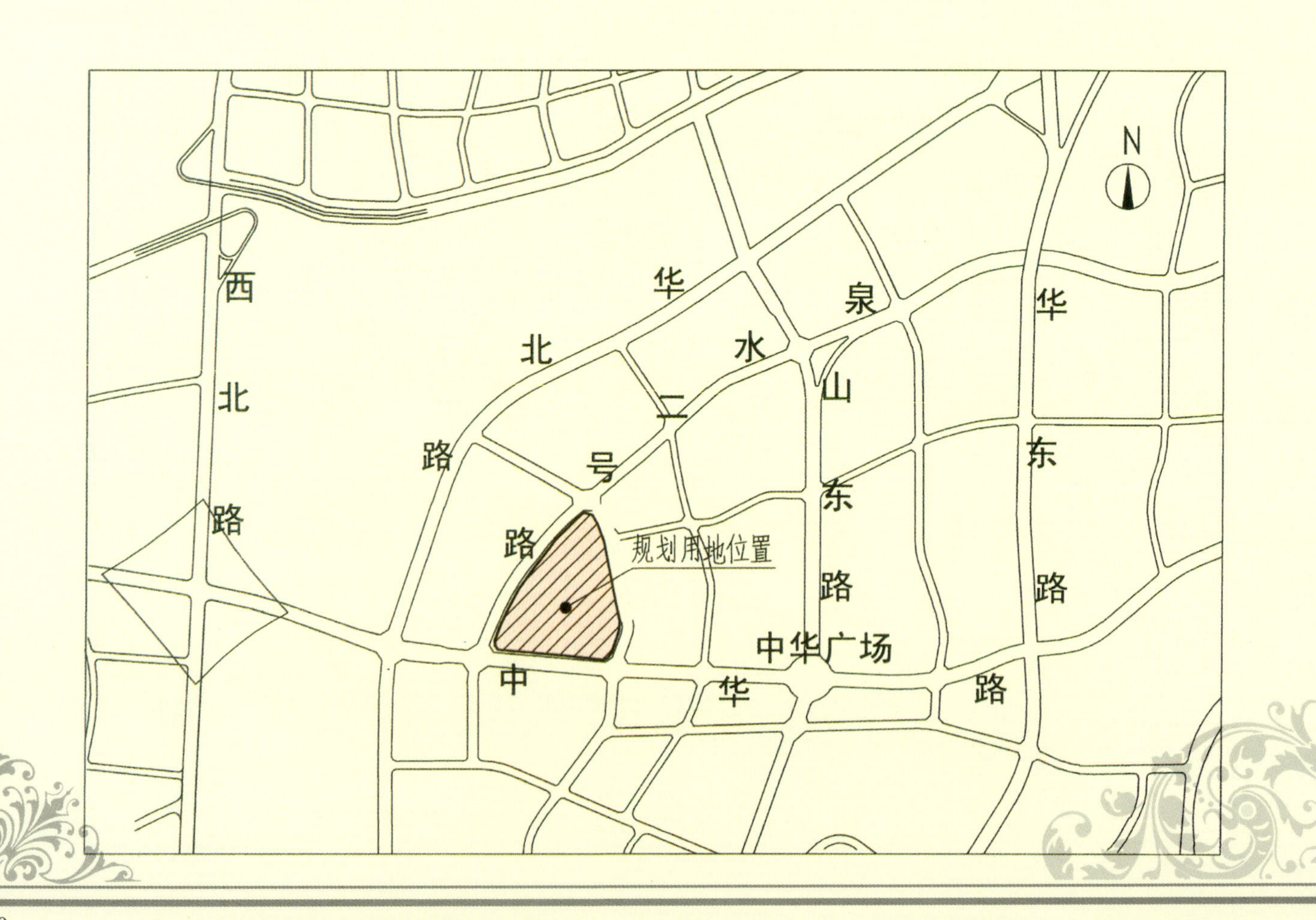

主要经济技术指标

项目		单位	数值	比例（%）	备注
规划总用地		hm^2	16.81		
总建筑面积		m^2	176486	100	地上建筑面积为137125m^2，半地下建筑面积为19638m^2，地下建筑面积为19723m^2
其中	公建面积	m^2	87841	50	含地下车库面积
	住宅建筑面积	m^2	88645	50	
总建筑密度		%	23		
绿地率		%	42.2		
容积率			1.36		
地下车库面积		m^2	19723		不计入核定容积率计算
总停车泊位		辆	603		

鸟瞰图

幼儿园设计方案

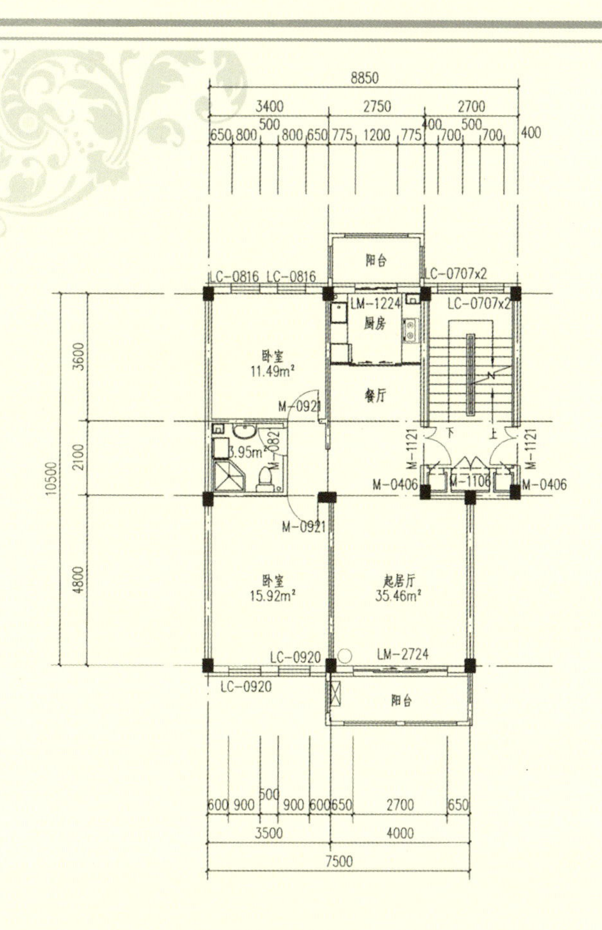

A 标准层平面 88.08m^2

A户型单元标准层平面图

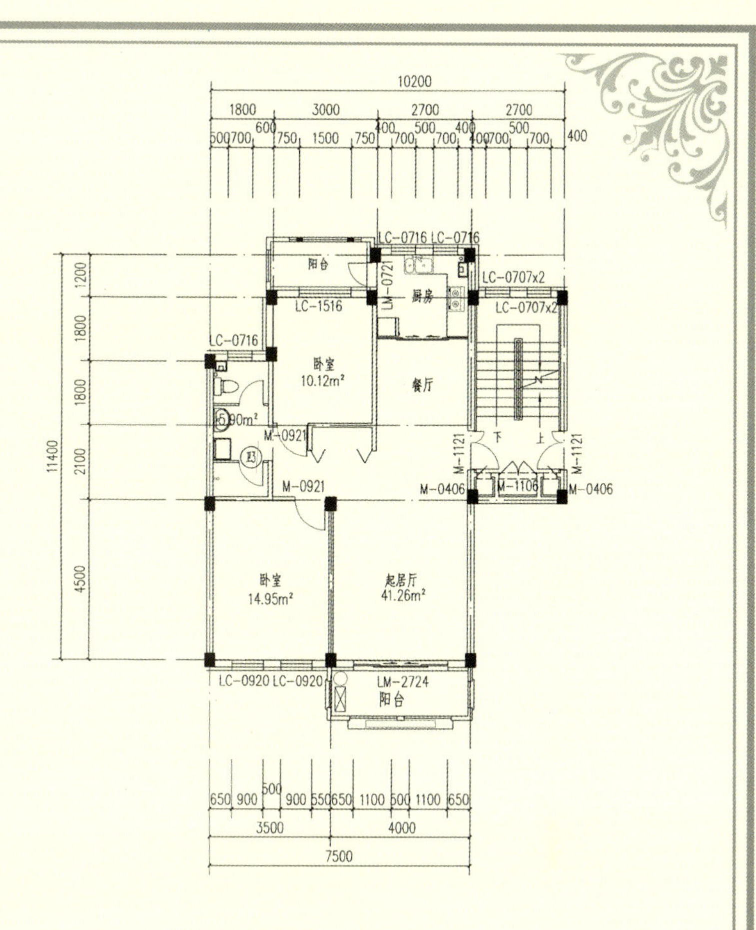

C 标准层平面 95.18m^2

C户型单元标准层平面图

中华园（加州洋房）19~21号楼建筑设计方案

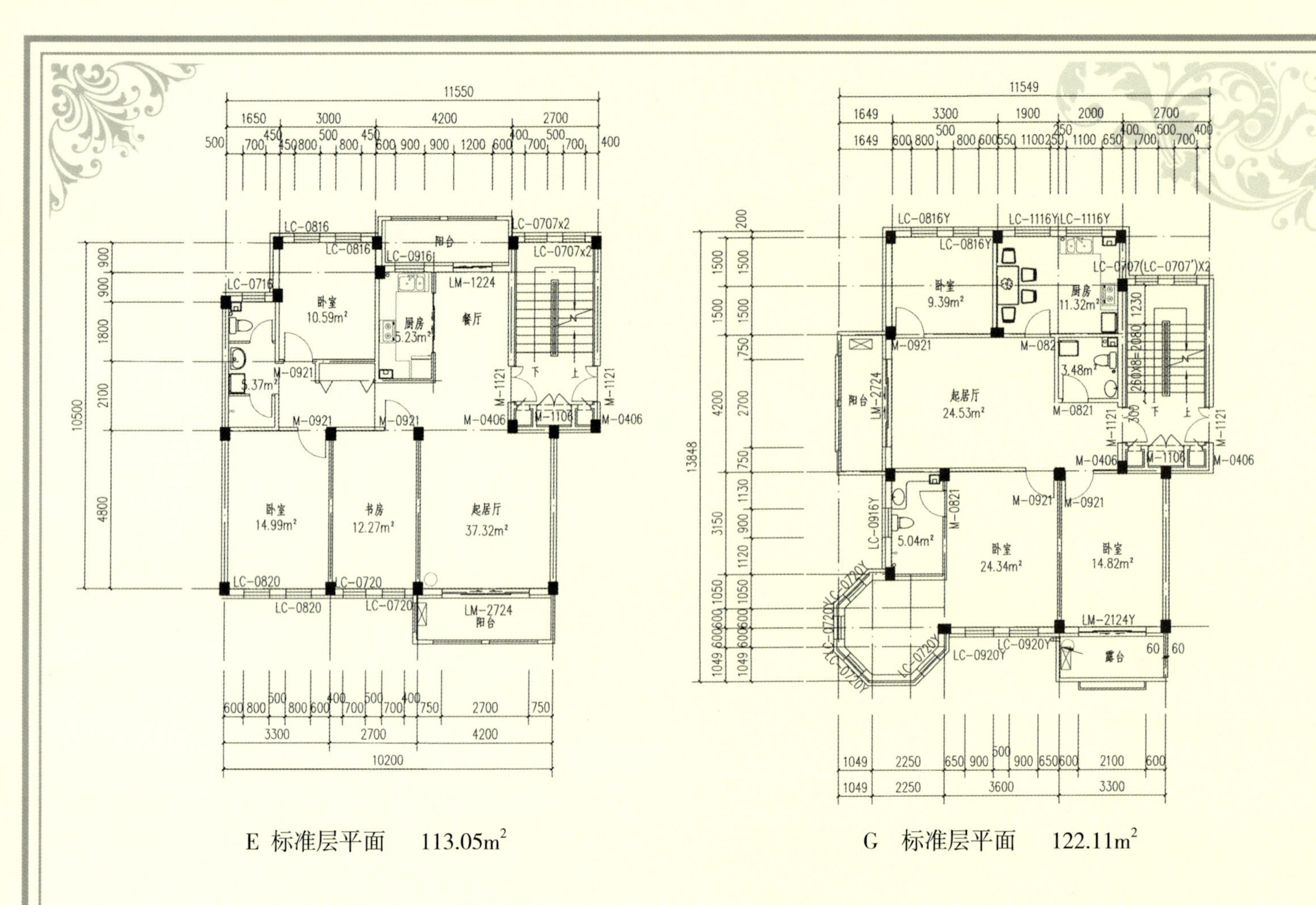

E户型单元标准层平面图

G户型单元标准层平面图

中华园（加州洋房）联排住宅设计方案

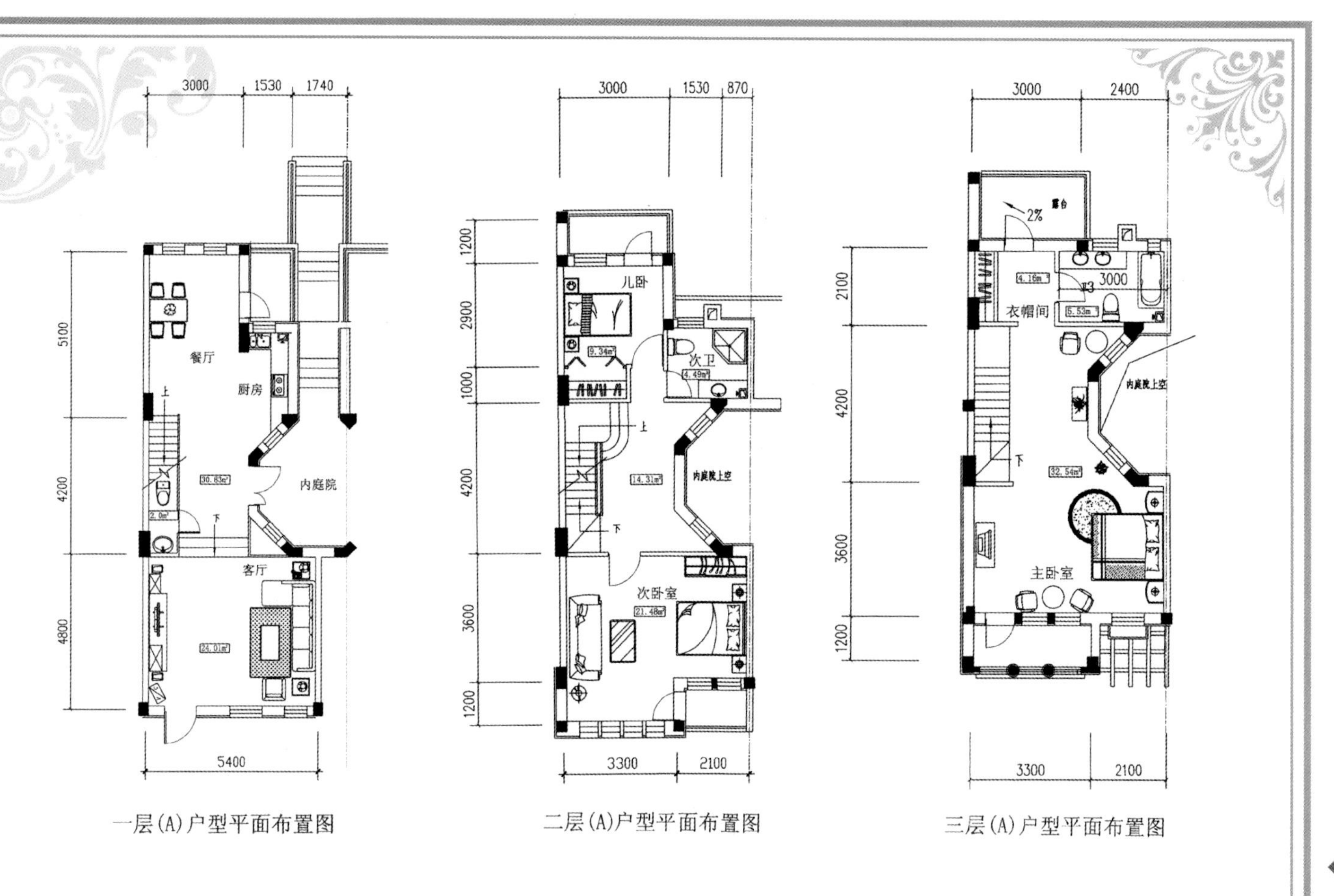

一层(A)户型平面布置图　　二层(A)户型平面布置图　　三层(A)户型平面布置图

联排A户型一、二、三层平面布置图

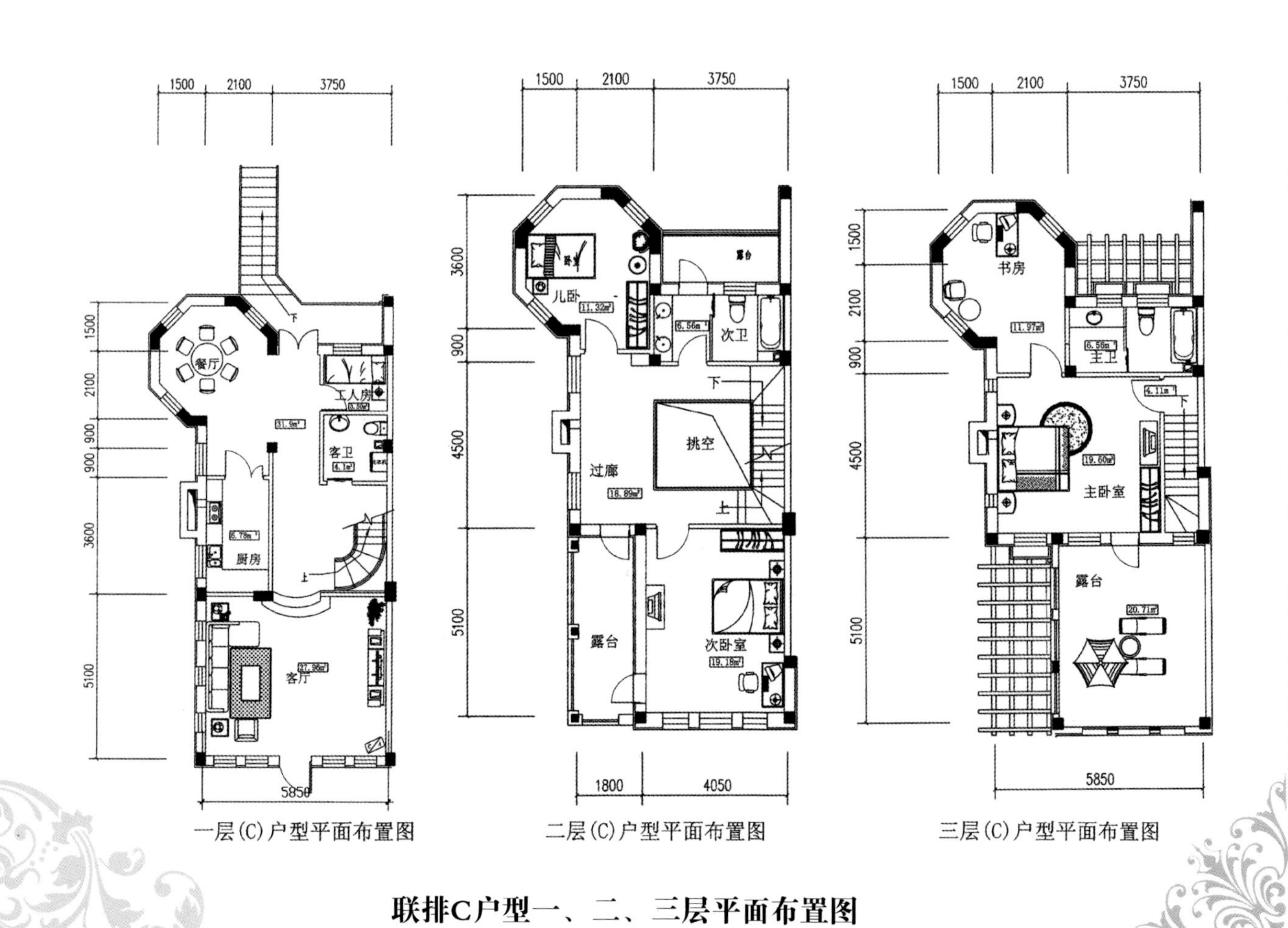

一层(C)户型平面布置图　　二层(C)户型平面布置图　　三层(C)户型平面布置图

联排C户型一、二、三层平面布置图

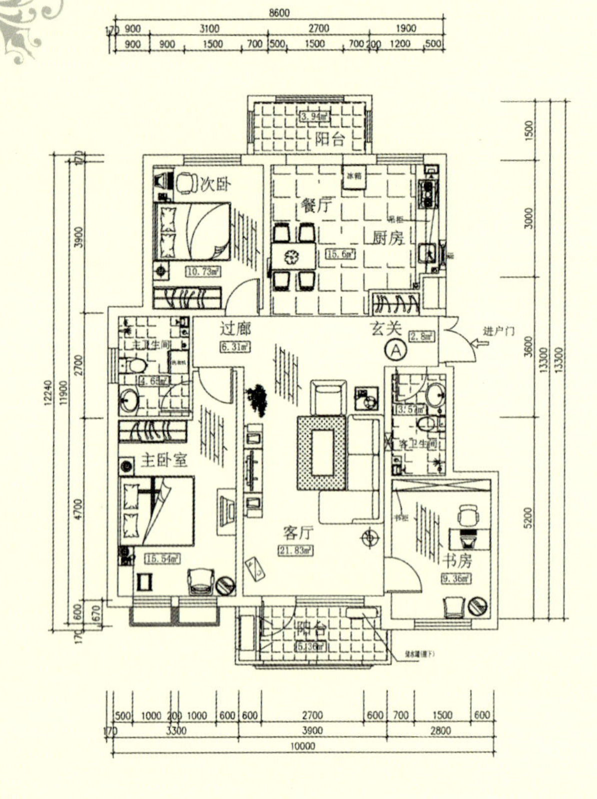

(A)户型平面布置图

90.39m² 20户

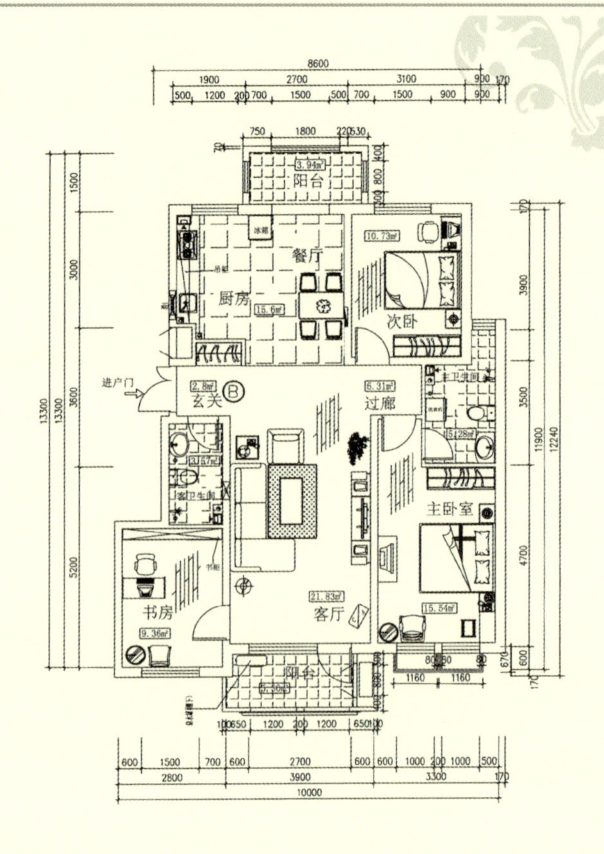

(B)户型平面布置图

91.02m² 20户

小高层A户型平面布置图　　**小高层B户型平面布置图**

中华园（加州洋房）39~42号楼建筑设计方案

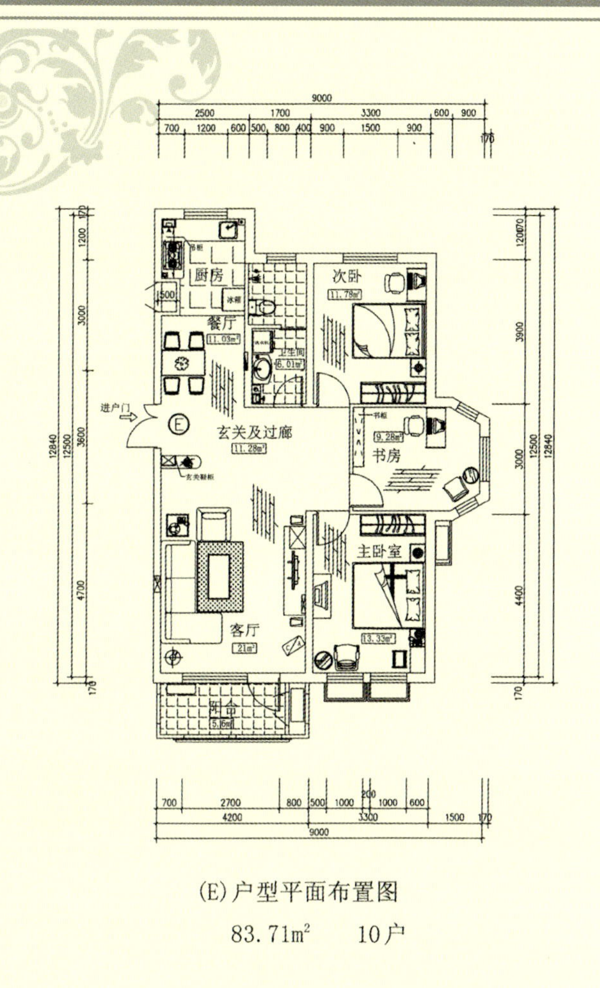

(E)户型平面布置图

83.71m² 10户

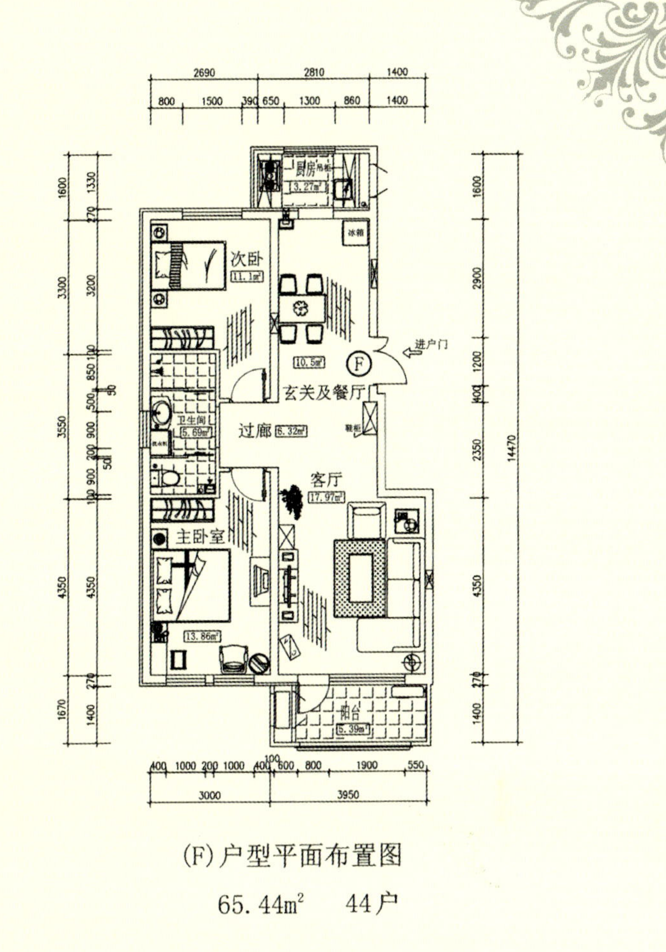

(F)户型平面布置图

65.44m² 44户

小高层E户型平面布置图

小高层F户型平面布置图

青岛 海尔东城国际

开发建设单位：青岛泰地置业有限公司

专家评审意见

（一）规划设计评审意见

该小区为东城国际居住区的一部分，总体布局及居住社区的关系基本合理。小区以中高层、多层及联排住宅等多种类型混合布置，采取组团式形式，基本构架比较明确，分区合理。小区出入口与城市道路衔接顺畅。公共设施除部分由居住社区总体配置外，小区内配置有比较完善的商业及居民活动的服务设施。绿地配置以集中绿地和组团绿地结合，居民使用方便。利用地下、半地下空间等多种形式设置小汽车停车位，并达到每户平均一辆。住宅布置以南北向为主，自然通风组织良好。

但小区内住宅组团规模的划分差别过大，以致部分道路迂回重复，应作适当调整。绿地配置应以调节微气候环境及为居民提供休闲活动为主要目的，结合组团绿地配置适量的具有乔木覆盖的硬铺装地面，作为儿童及老人活动场地。绿地种植应乔、灌、草结合，并保障乔木的种植量。南区的商业步行街应布置必要的绿地作为休息和驻留的空间。

（二）建筑设计评审意见

1. 海尔东城国际一期住宅小区因地制宜设有情景4层洋房、多层和小高层住宅，高低错落、平坡结合、排列有序、浑然一体。

2. 住宅设计一梯2户单元板式楼，大面宽、小进深，设有平层、跃层和部分错层建筑空间，首层私家花园、标准层入户花园玄关、跃层屋顶花园，充分利用空间，丰富了建筑层次，使建筑和环境、人文、自然和谐融合，满足不同住户需求。

3. 小区户型以2～3室为主力户型，设计有二室一厅一卫、三室二厅一卫、三室二厅二卫不等，每套建筑面积有从90多平方米、110多平方米到150多平方米多种户型，深受不同客户的欢迎。

4. 住宅套内空间功能齐全、布局合理，实现了内外有别、动静分区、洁污分离。

5. 户型基本南北朝向，户户朝阳，明厨、明室，大部分明卫、明餐厅，南北穿堂风好。厨卫设施设置齐全，装修一次到位有利于节能节材、提高住宅建设的整体效益。

6. 小区公建配套设施齐全，除设有商业购物街外，还设有小区会所、文化活动站、居委会、物业管理、卫生站、社区全民店和公共厕所等，方便居民使用。

7. 立面简洁不张扬，色彩淡雅不浮躁，重视本地文脉与城市特色，有所创新。蓝灰瓦、乳白墙、赭色面砖墙、木质百叶，立意回归自然，典雅清新，舒展大气。

8. 问题与建议：（1）户型DC-3的次卧室前阳台为客厅的阳光室，约2.6m进深，影响次卧室日照采光和私密性，建议阳光室移到客厅前面，方便使用。（2）卫生间应设置管井、风道，增加卫生间前室，设置洗手盆、洗衣机位，有利使用，减少干扰，减少洗衣机维修。（3）A5-1型小高层D、E户型电梯位置贴近卧室有干扰，建议电梯改在楼梯侧边。（4）阳台、低窗台要注意防护安全，采取必要的安全措施，一次装修到位。（5）未见住宅首层、顶层、屋顶跃层平面图。要注意室内外高差。单元入口门厅、屋顶露台防水保温等精心设计，方便住户使用。

（三）成套技术评审意见

海尔东城国际项目结合当地气候条件和经济技术发展现状，充分发挥企业自身产业优势，采用了住宅节能节地节材节水和环保等多项成套技术，基本达到了国家康居示范工程对产业化技术方面的要求。

1. 建筑节能按节能65%设计，采取了外墙外保温技术、断热铝合金中空玻璃平开内侧窗、XPS板倒置式屋面、地面辐射采暖、双管系统，每户设热表和手动调节阀。

2. 采用新风系统，保证了室内空气质量，提高了住宅品质。

3. 采用了垃圾分拣、有机垃圾生化处理系统，使小区垃圾生成量减少60%。

4. 该项目能以企业自身产业化优势为基础，树立住宅成品理念，积极推广住宅工业化装修技术，做到住宅一次装修到位，具有重要的示范意义。

5. 采用变频无级调整电梯、小区智能化技术、建筑防水成套技术和住宅施工成套技术等多种技术。

6. 建议：（1）为实现节能65%的目标，除上述几项措施外，还应做好细部构造的保温设计，如外窗洞口周边、阳台、空调室外机搁板等突出墙外的部位。（2）在EPS板薄抹灰、外保温系统上贴面砖尚无行业标准，建议制订施工方案并经专家论证，以保证工程质量，并便于工程验收。（3）建议对装修标准化、模数化作深层次研究，以利推广。

区域位置

项目位于青岛市风景秀美的崂山区，劲松九路以东，辽阳路以南，同安路以北，居住区规划道路以西。其中辽阳路为青岛市横贯交通的主动脉，规划有地铁线路，并在基地东侧设有站台。基地南侧不远为青岛市最大的体育中心和浮山国家森林公园，可远眺浮山远景，交通方便，环境良好。

项目区位

基地环境

鸟瞰图

技术经济指标

项目				数值	单位
总用地面积				12.41	hm^2
总建筑面积				160758	m^2
其中	地上	住宅建筑面积		118292	m^2
		公建	会所面积	3116.81	m^2
			商业街面积	8079.3	m^2
	地下	商业街及车库面积		31269.7	m^2
总户数				868	户
总人口				2778	人
户均人口				3.2	人／户
容积率				1.04	
绿地率				42.36	%
总建筑密度				21.15	%
停车位				932	辆
其中	地上			185	辆（含路面停车）
	地下			747	辆

NORTH

0 20 40 60 80 100m

总平面图

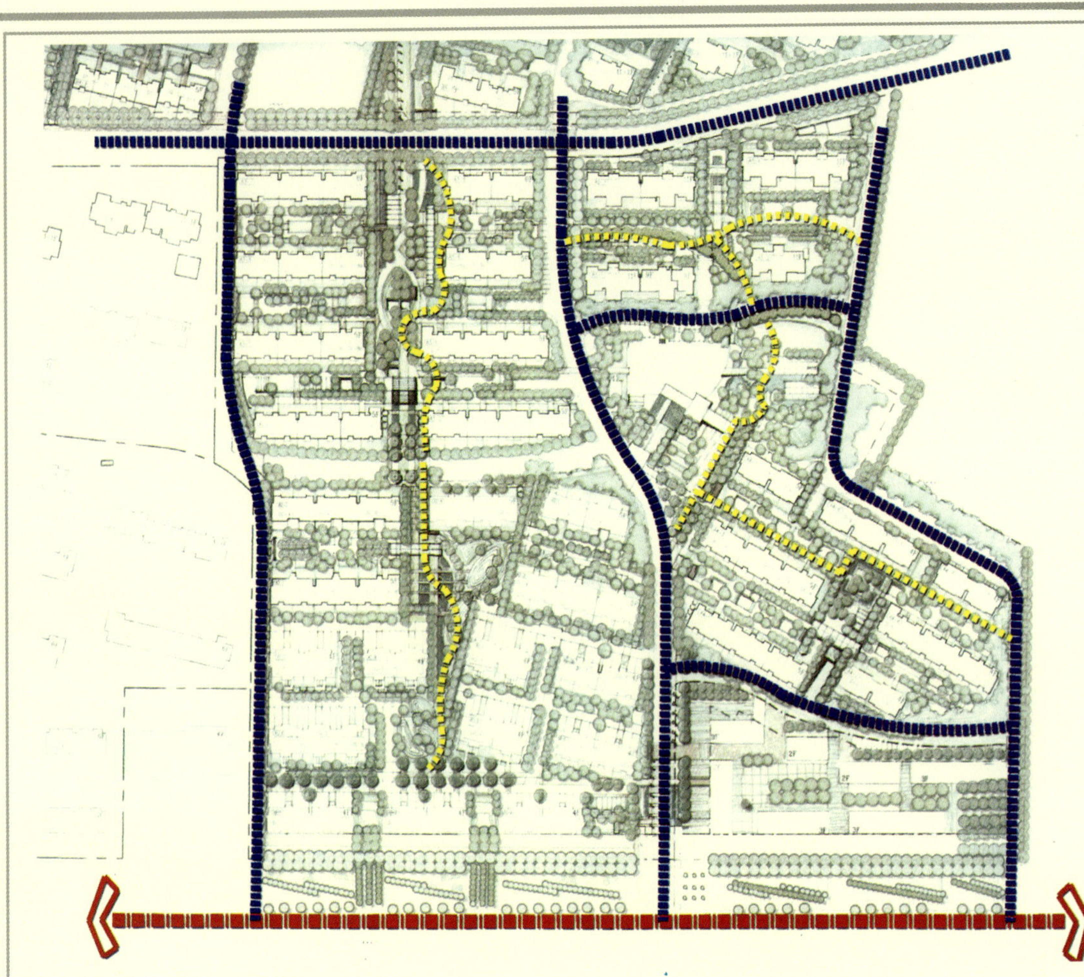

道路交通分析图

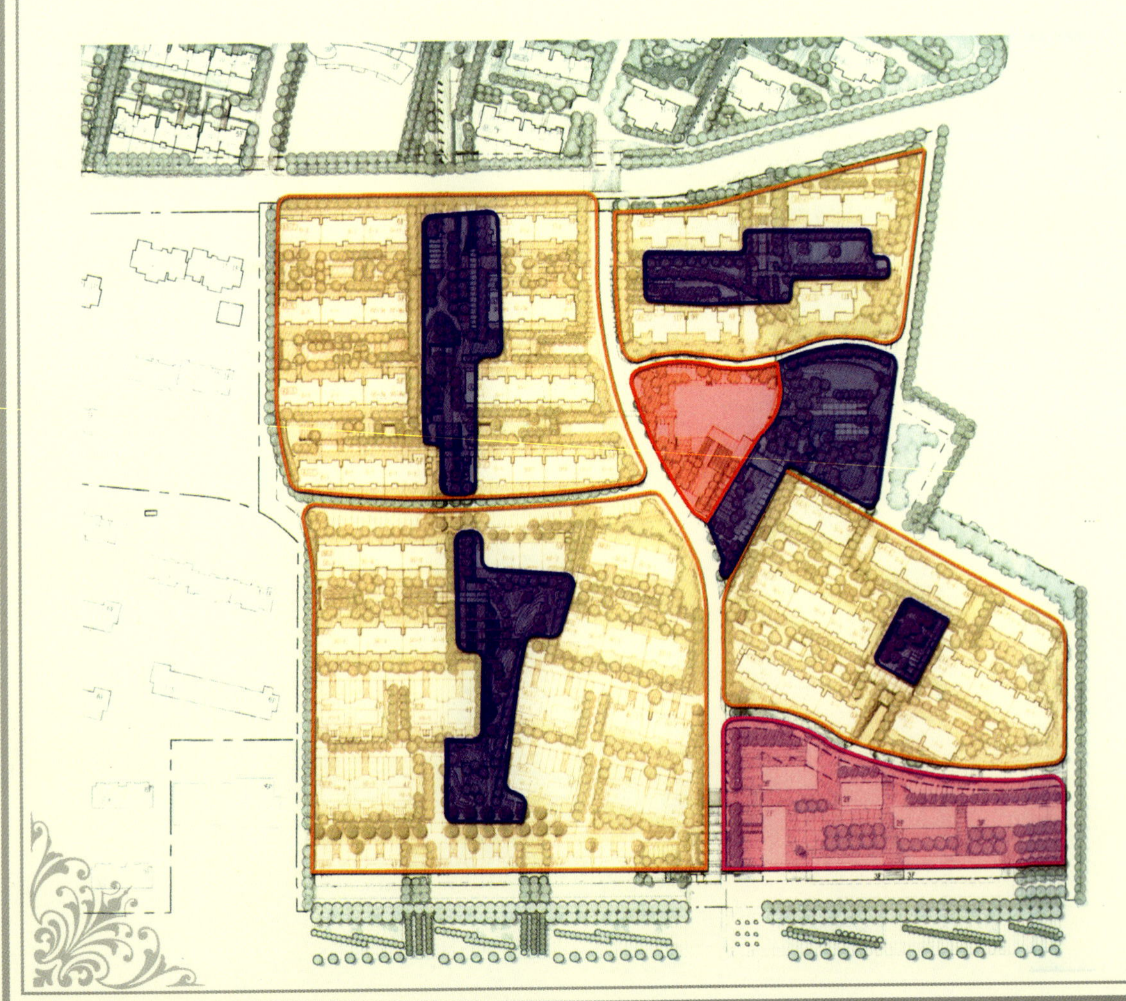

功能分区图

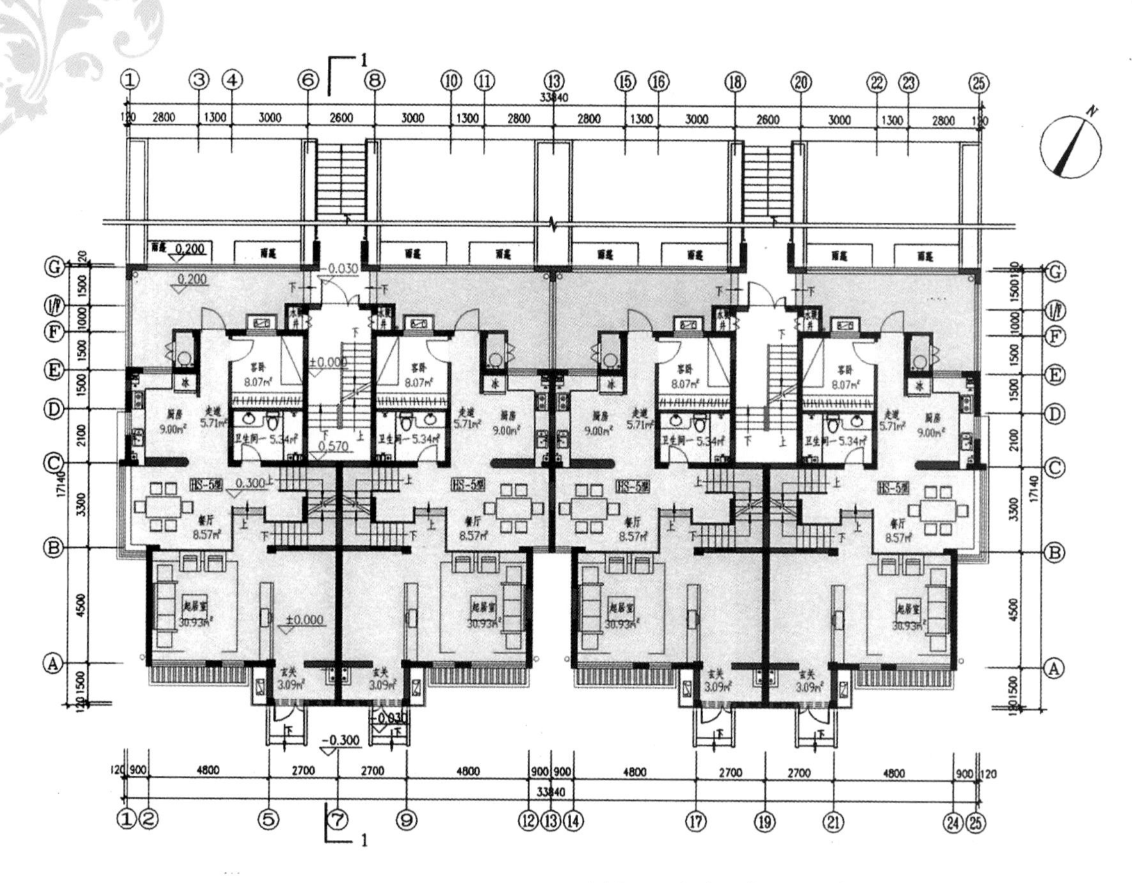

A1−5、7、8、9号楼一层户型平面图

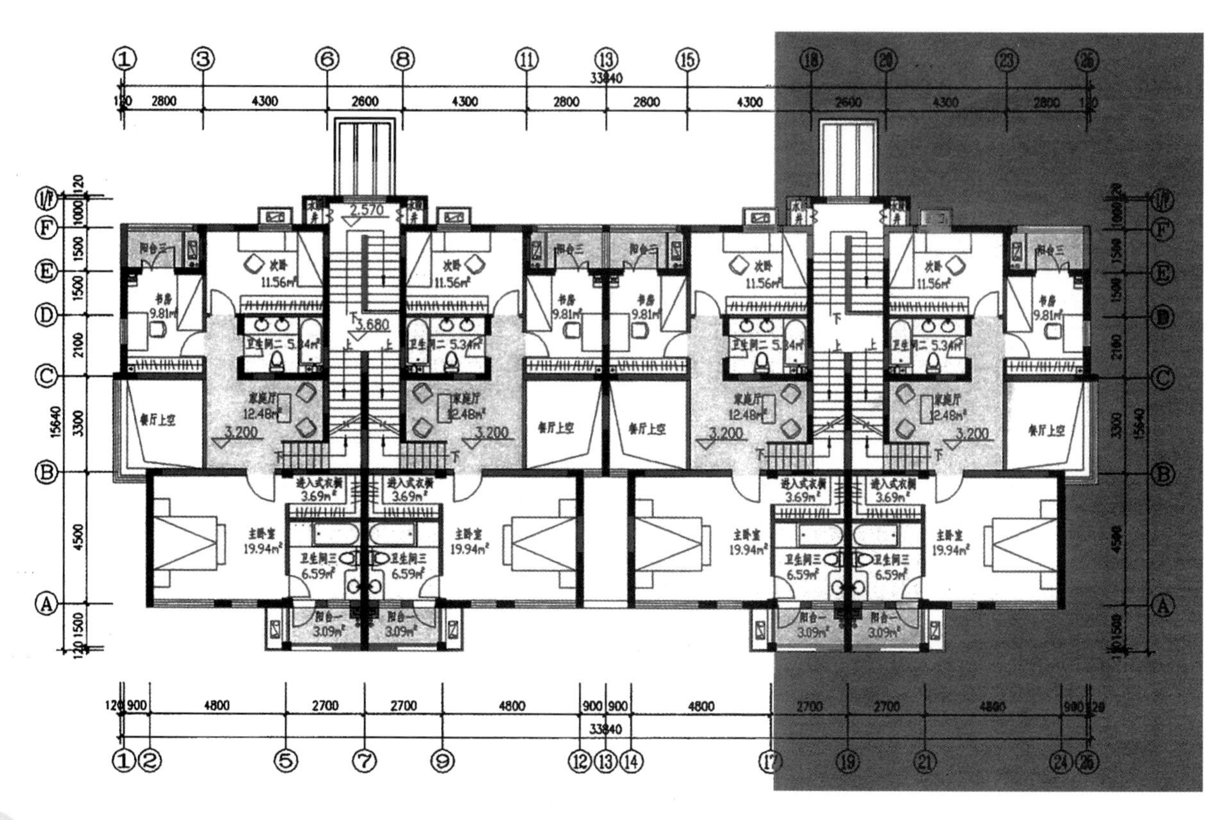

A1−5、7、8、9号楼二层户型平面图

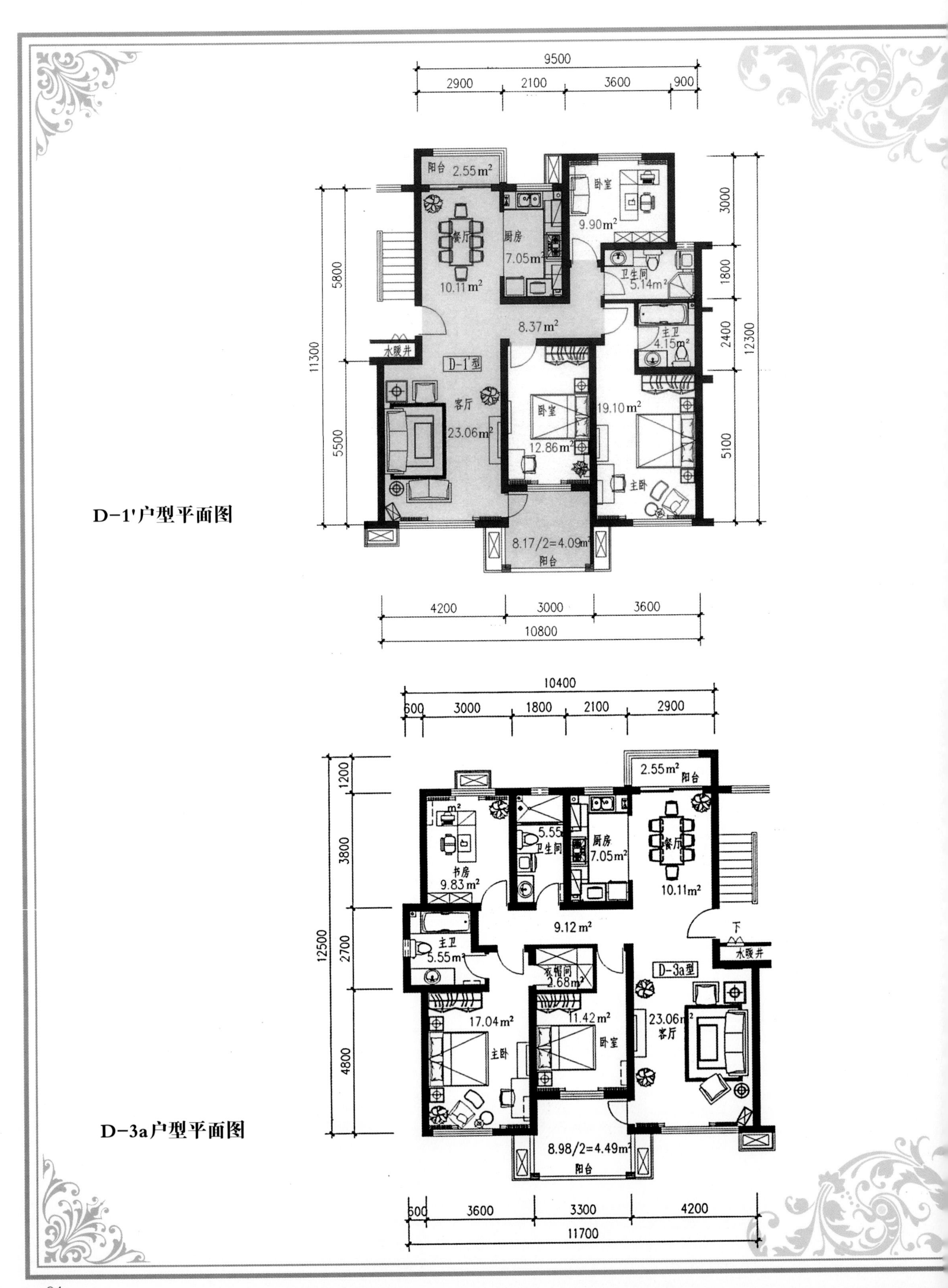
9500
2900
2100
3600
900
阳台 2.55m²
卧室
9.90m²
3000
餐厅
厨房
7.05m²
10.11m²
卫生间
5.14m²
1800
5800
8.37m²
主卫
4.15m²
2400
12300
11300
水暖井
D-1'型
客厅
卧室
19.10m²
23.06m²
12.86m²
5500
5100
主卧
D-1'户型平面图
8.17/2=4.09m²
阳台
4200
3000
3600
10800
10400
600
3000
1800
2100
2900
2.55m²
阳台
1200
5.55
卫生间
厨房
7.05m²
餐厅
3800
书房
9.83m²
10.11m²
9.12m²
下
12500
2700
主卫
5.55m²
衣帽间
2.68m²
水暖井
D-3a型
17.04m²
11.42m²
23.06m²
客厅
卧室
主卧
4800
D-3a户型平面图
8.98/2=4.49m²
阳台
600
3600
3300
4200
11700

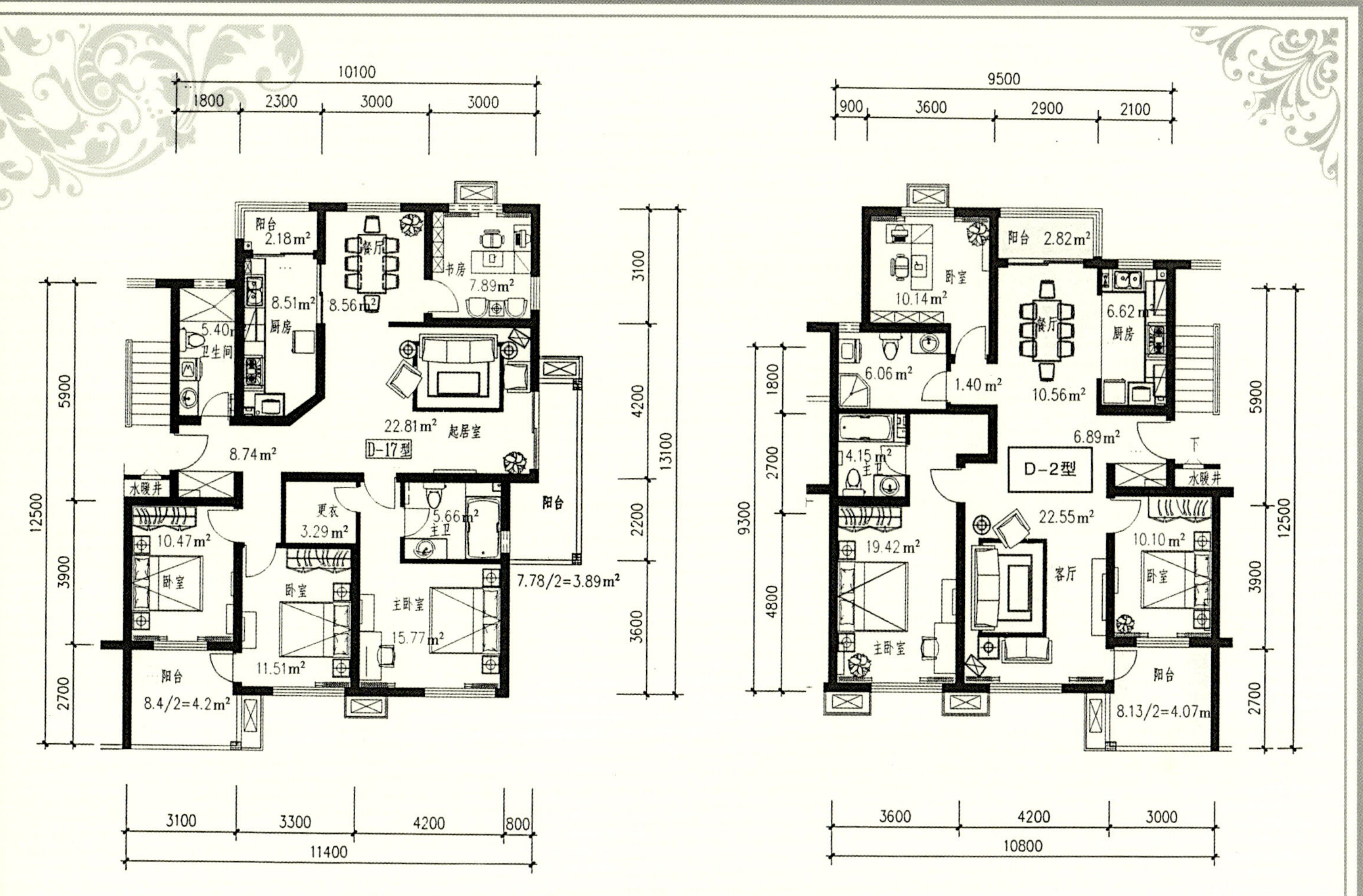

D-17、D-2户型平面图

HS-5南立面效果图

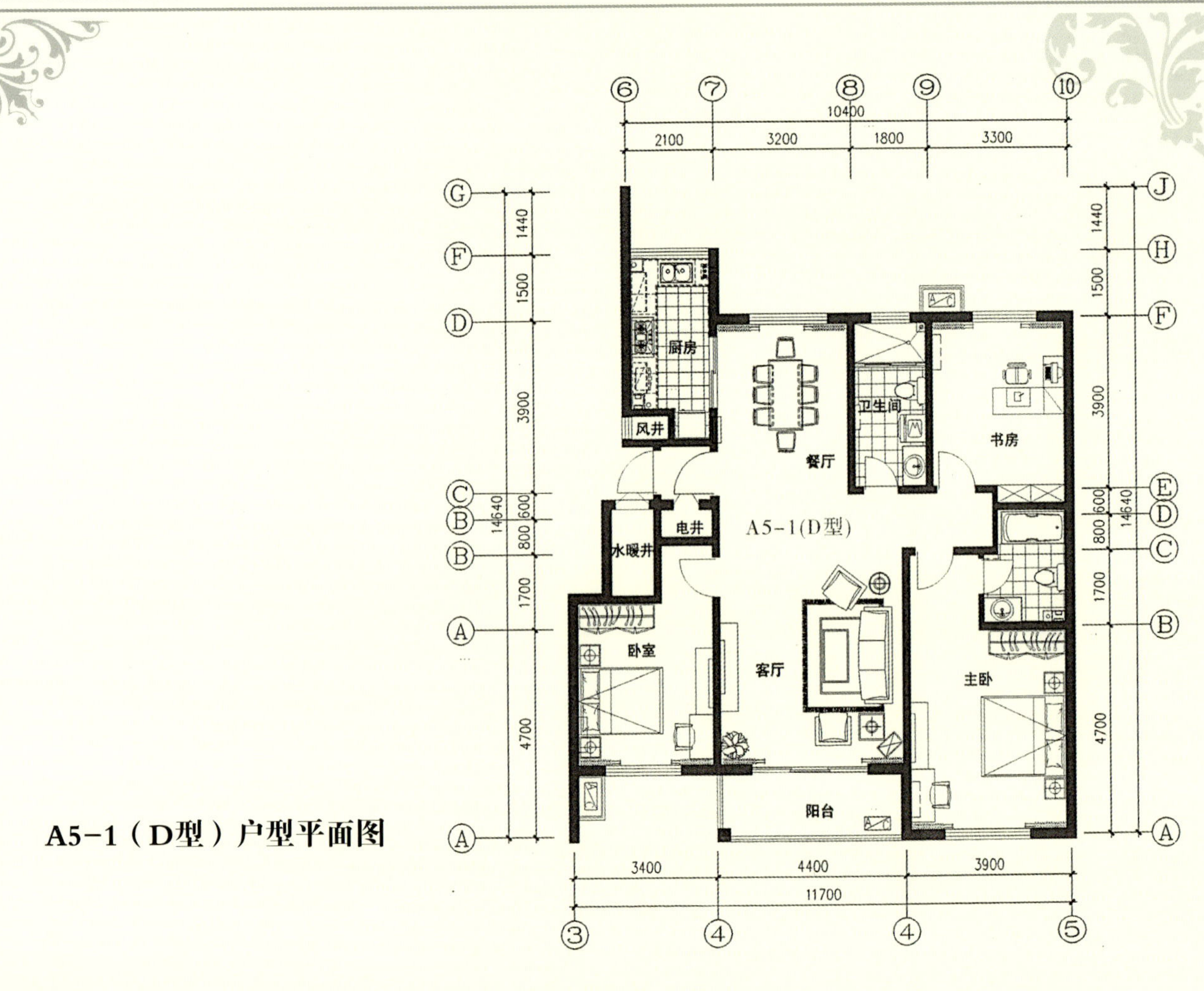

A5-1（D型）户型平面图

DC-3南立面效果图

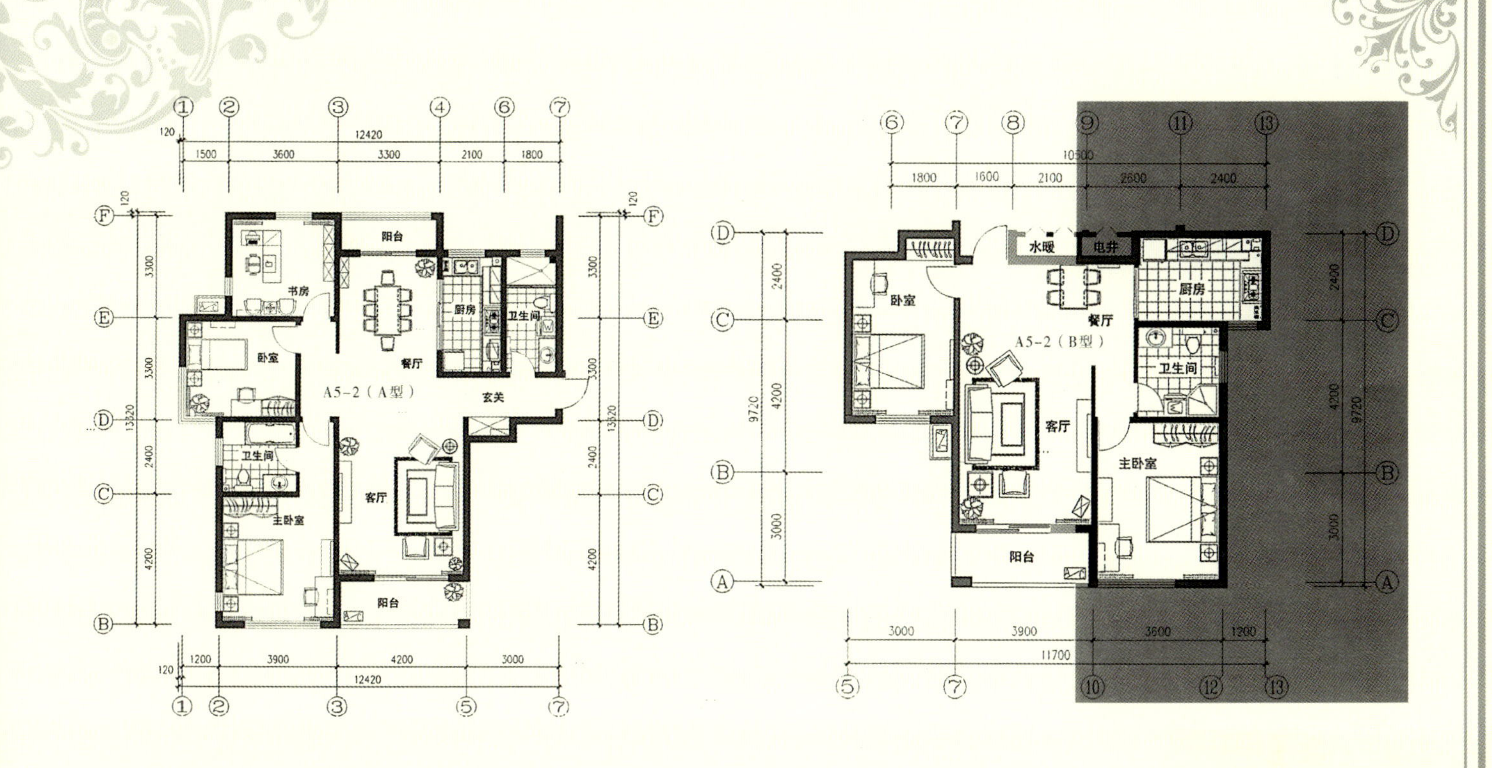

A5-2（A、B型）户型平面图

DC-2南立面效果图

青岛集力景象

开发建设单位：山东集力集团有限公司

专家评审意见

（一）规划设计评审意见

1. 小区规划功能分区明确，结构清晰。

2. 中心绿地景观突出，绿化有利于居民的使用。

3. 小区道路简洁顺畅，车行与步行互不干扰，能满足各项功能要求。

4. 公共服务设施配套较齐全，居民使用方便。

5. 意见与建议：（1）小区出入口过多，对城市道路产生干扰，宜适当减少。（2）小区沿长江路的综合楼，公建对住宅的干扰应适当处理。（3）部分住宅应按照国家有关规定作调整，必须满足日照要求。（4）小区中硬铺装地面过多，应予调整。绿化宜适当增加乔木种植数量。（5）小区规划设计中应有竖向设计图、管网综合设计图等。道路交通图缺少道路断面设计及地下停车场位置图及自行车停车场标识。（6）缺少用地平衡表。（7）补充完善规划说明书。

（二）建筑设计评审意见

1. 小区位于自然环境和人文环境优越的青岛西海

岸，小区高层住宅和SOHO办公由23～32层沿地势高低起伏布置，形成了有序的城市景观。

2. 小区住宅和SOHO办公采用一梯3户和一梯4户的布局形式，套内面积由70～140m^2，套型分别有一室二厅、二室二厅二卫和三室二厅二卫等十几种户型，可以满足不同住房户的要求。

3. 套内平面布局合理，空间利用充分，功能关系也较紧凑，部分户型采用了大空间结构体系，有利于空间的灵活分割。套内各空间齐备，功能分区也较明确，空间尺度适宜，日照及自然采光较好。

4. 厨卫设备成套配置，布局合理，给水排水及燃气设备完备，墙体隔声、楼板防噪也采取了一定的措施。

5. 外装修简洁明快，适合青岛地区的地域特色，套内厨卫装修也能够做到一次到位。

6. 需要解决的问题：（1）2号住宅楼底层公建幼儿园与上部住宅层面的结构处理不够合理，需要改进处理。（2）SOHO型高层办公楼内的储藏间宜按厨房要求配置，以满足该类户型的功能要求。（3）1、2号楼部分居室开窗于大凹口中，日照及通风不利，宜予以调整。（4）部分设大露台的户型对其功能和面积要予以调整。

（三）成套技术评审意见

集力景豪项目结合本地区实际，有针对性地采用了住宅节能、节地、节材、节水和环保等成套技术，编制的技术方案基本达到了国家康居示范工程建设技术的要求。

1. 小区在建筑节能方面采用了外墙外保温技术，外窗采用了塑钢中空玻璃窗，屋面采用XPS挤塑聚苯板保温，其做法满足节能65%标准的要求，技术可行。项目还采用地面采暖技术和热计量双管系统，符合节能要求。

2. 厨房、卫生间全部采用一次装修到位，管道集中暗设，均符合建筑节材和产业化要求。

3. 在住宅节水方面采用节水型卫生器具，利用城市中水系统进行绿化喷灌，具有较好的节水技术和措施。

4. 在居住区环境保障方面，积极采用有机垃圾生化处理技术、智能化管理系统、户型新风系统和中央吸尘系统等新技术，提高了居住品质。

5. 建议：（1）住宅南侧的落地窗面积较大，不利于建筑节能，可缩小落地窗面积，从建筑设计、技术等方面采取有效措施满足节能、安全等要求。（2）适当增加成品房比例，为探索全装修积累经验。

区域位置

项目位于青岛市西海岸经济技术开发区，南靠城市主干道长江东路，北接规划路，基地南北长约200m，东西长约250m，地势微坡，东北高，西南低，北侧为大涧山森林公园和丁家河水库滨河公园，交通方便，地理位置优越，风景优美，气候宜人，是城市中心区少有的阳坡之风水宝地。

青岛·集力景豪项目位置图

总平面图

综合技术经验指标

项目		数值
规划总用地		4.71018hm²
居住户（套）数		623户（套）
居住人数		1993人（3.2人/户）
总建筑面积		192855.67m²
其中	住宅面积	91916.3m²
	共建面积	56036.25m²
	地下车库面积	44903.12m²
容积率		3.141
绿地率		40.12%
总建筑密度		17.9%
停车场		1.32
其中	地下停车	719辆
	地面停车	103辆
停车位		822辆

鸟瞰图

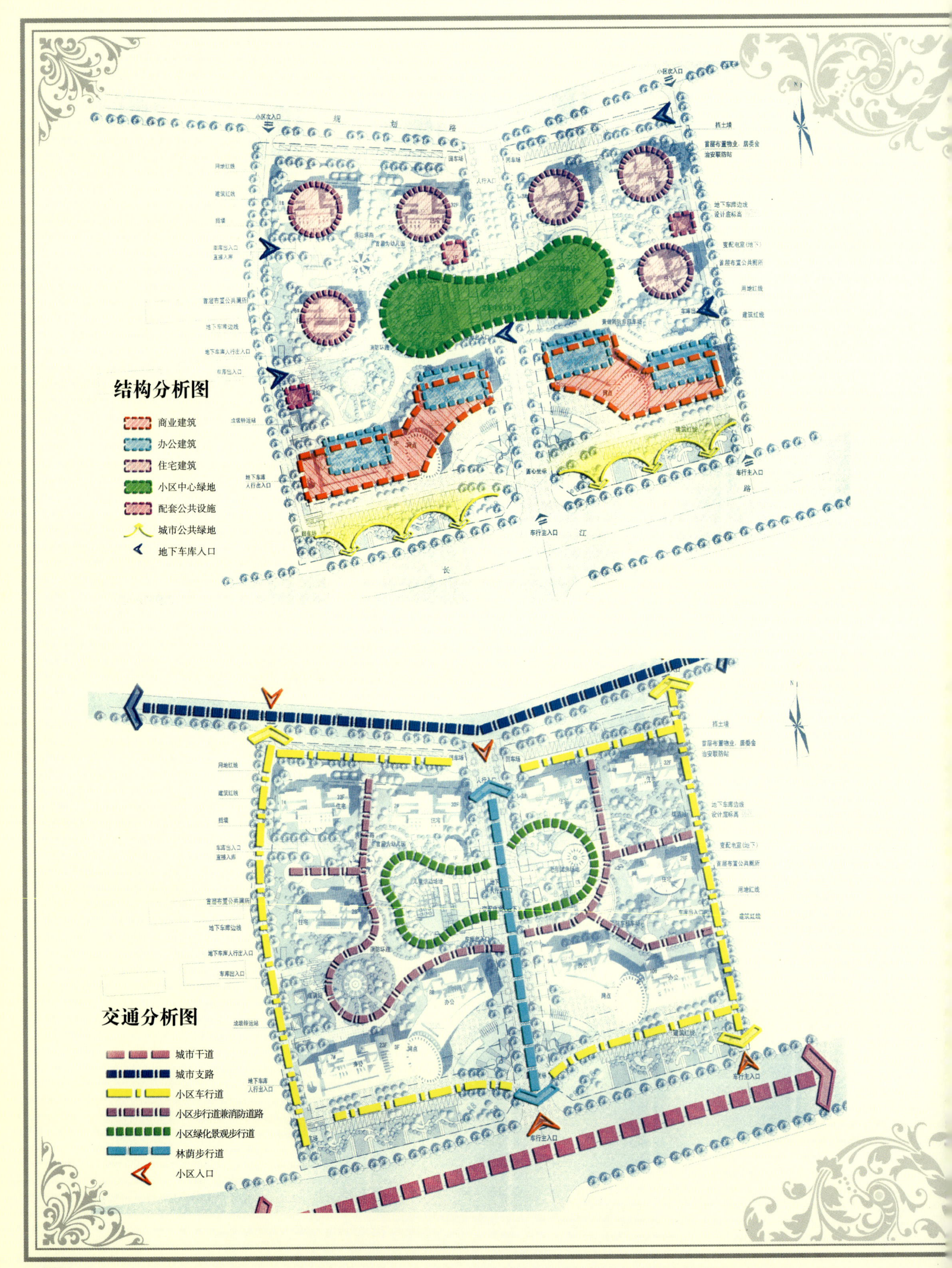

结构分析图
商业建筑
办公建筑
住宅建筑
小区中心绿地
配套公共设施
城市公共绿地
地下车库入口
交通分析图
城市干道
城市支路
小区车行道
小区步行道兼消防道路
小区绿化景观步行道
林荫步行道
小区入口

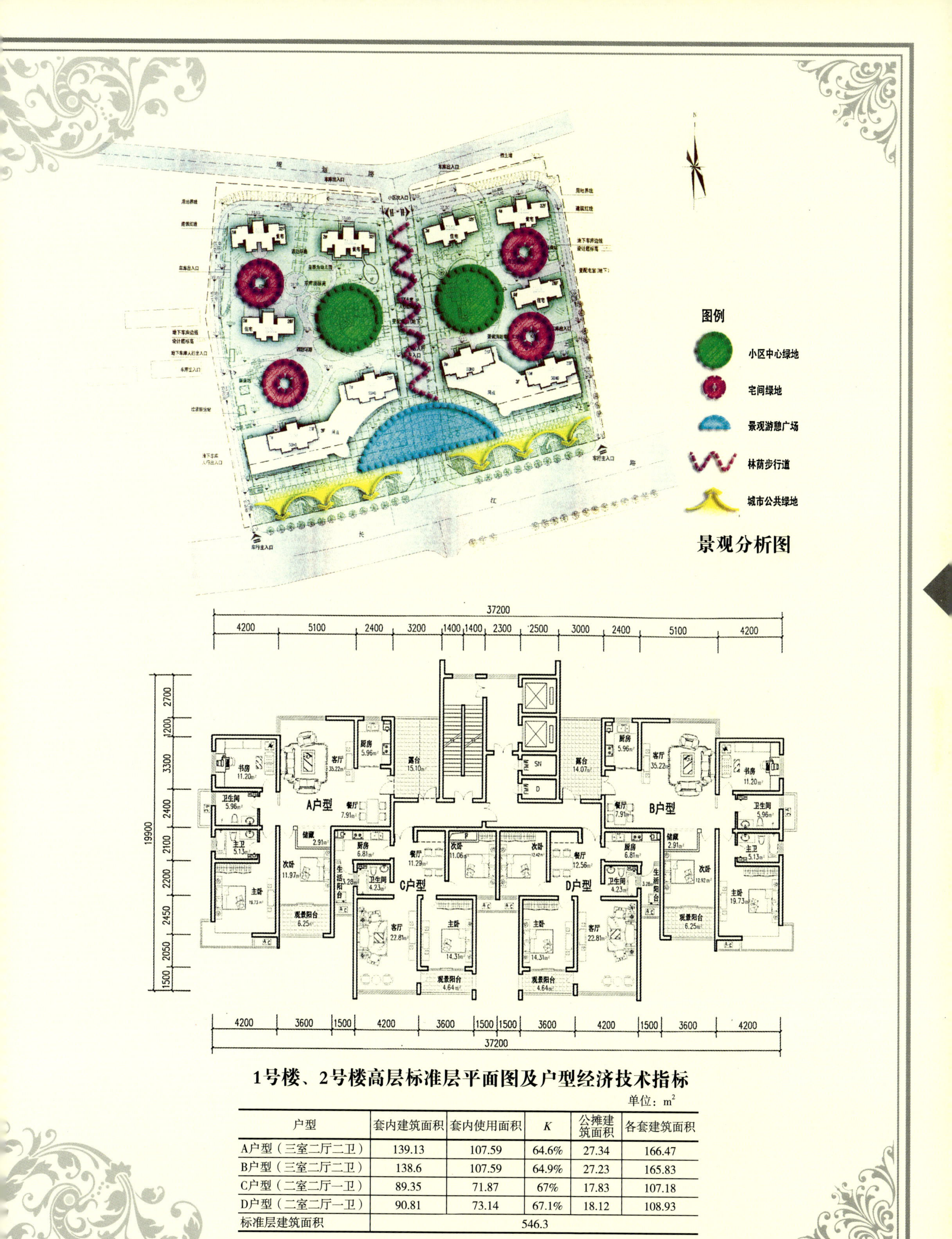

1号楼、2号楼高层标准层平面图及户型经济技术指标

单位：m^2

户型	套内建筑面积	套内使用面积	K	公摊建筑面积	各套建筑面积
A户型（三室二厅二卫）	139.13	107.59	64.6%	27.34	166.47
B户型（三室二厅二卫）	138.6	107.59	64.9%	27.23	165.83
C户型（二室二厅一卫）	89.35	71.87	67%	17.83	107.18
D户型（二室二厅一卫）	90.81	73.14	67.1%	18.12	108.93
标准层建筑面积	546.3				

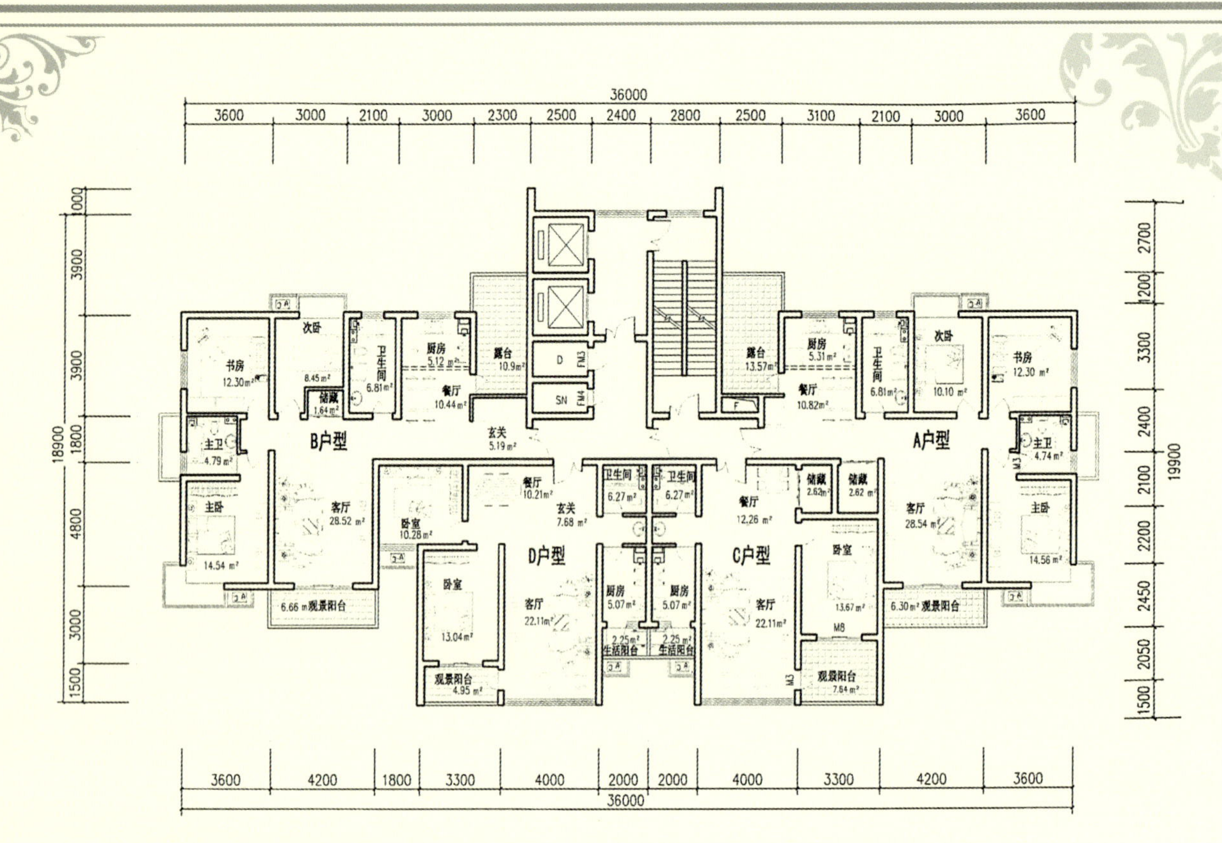

5号楼高层标准层平面图及户型经济技术指标

单位：m²

户型	套内建筑面积	套内使用面积	K	公摊建筑面积	各套建筑面积
A户型（三室二厅二卫）	122.7	95.8	64.9%	24.65	147.56
B户型（三室二厅二卫）	123.76	97.81	65.5%	25.51	149.27
C户型（一室二厅一卫）	74.12	62	69.4%	18.01	89.36
D户型（二室二厅一卫）	87.38	74.66	70.8%	15.24	105.39
标准层建筑面积	491.6				

1号楼、2号楼透视图

6号楼透视图

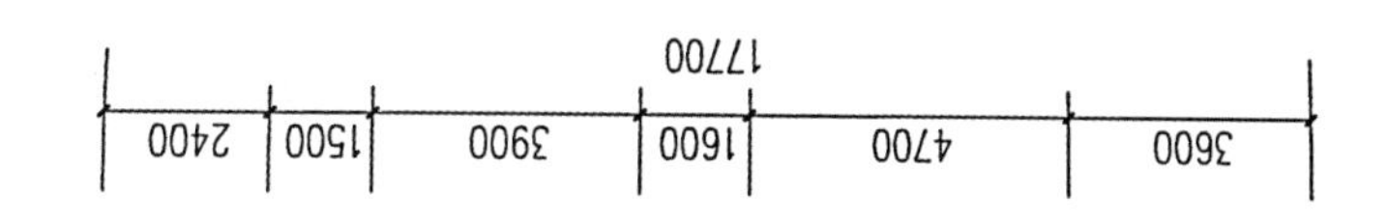

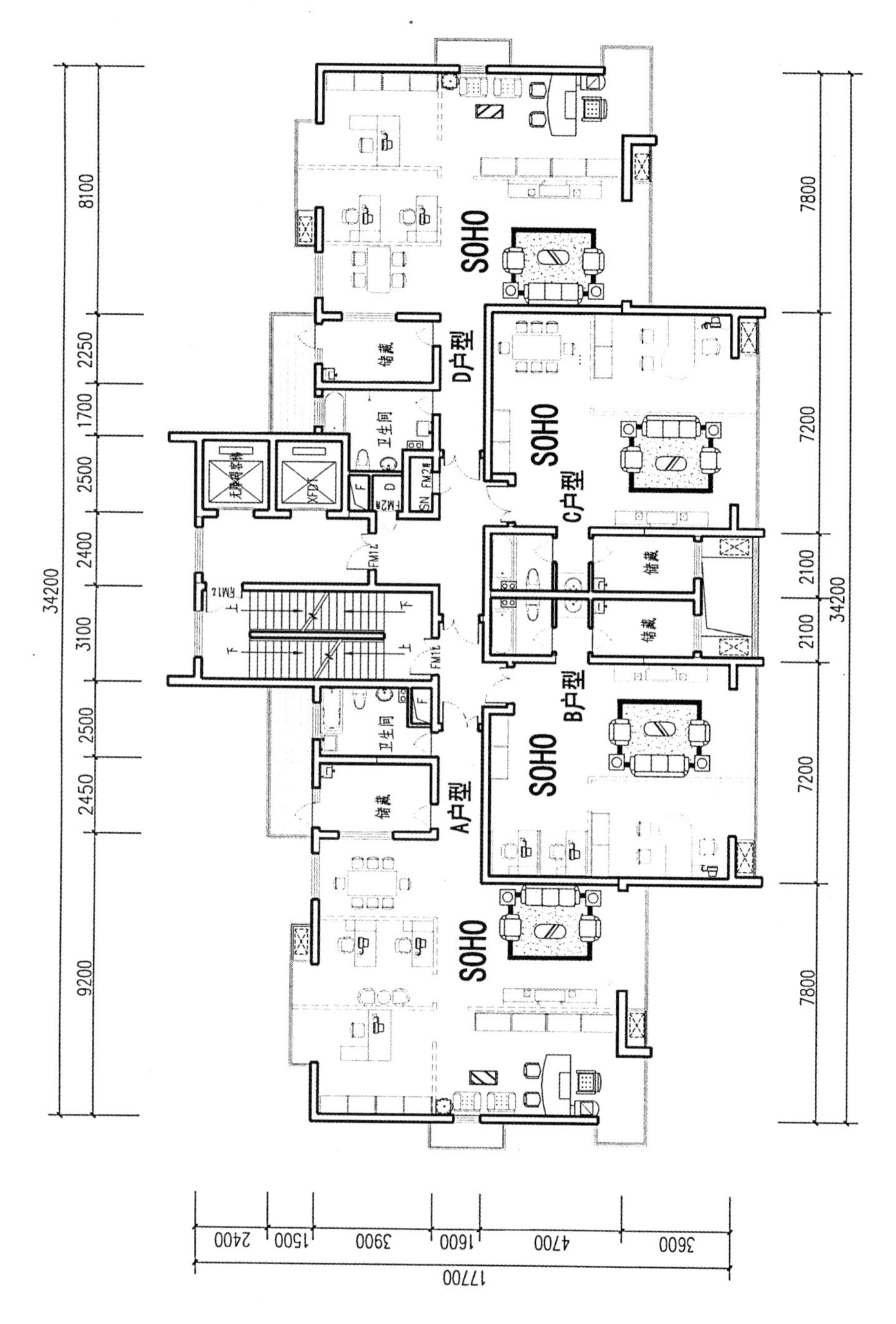

7号楼、10号楼高层标准层平面图及户型经济技术指标

单位：m^2

户型	套内建筑面积	套内使用面积	*K*	公摊建筑面积	各套建筑面积
A户型	116.12	100.09	69.45%	28	144.12
B户型	73.74	66.07	72.2%	17.78	91.52
C户型	73.74	66.07	72.2%	17.78	91.52
D户型	109.55	94.67	69.63%	26.42	135.97
标准层建筑面积	546.3				

青岛

鲁能领秀城

开发建设单位：鲁能仲盛置业（青岛）有限公司

规划建筑设计单位：陈世民建筑师事务所有限公司

专家评审意见

（一）规划设计评审意见

1. 小区规划充分利用背山面海的自然环境条件，规划结构清晰，布局合理，空间组织疏密有致。

2. 小区住宅建筑群共分为5个组团，建筑布置成组成团，住宅朝向符合当地的居住习俗，沿东海路住宅布置富有变化。

3. 小区出入口选择合理，道路网自然流畅，机动车停车场以地下停车为主、地面停车为辅，停车场分布均匀，服务方便。

4. 小区空间景观组织有序，空间层次分明，整体轮廓线设计富有韵律和节奏，突出了青岛地方特色。

5. 小区配套公共服务设施较为齐全。

6. 需要改进完善：

（1）海口路沿街住宅布置缺少空间变化，过于呆板，应结合地形和道路作适当调整。

（2）幼儿园应与其左侧住宅调换位置，结合小区中心绿地布置，并留足活动场地。适当压缩组团下沉花园面积，充分考虑小区景观形象及居民活动需求。

（3）高层住宅组团要考虑消防车道的可达性和登

高面要求。补充规划用地平衡表，人均公共绿地指标要达到国家规范要求。

（4）海兴路西侧的住宅组团规划为超高层建筑未必妥当，不宜把住宅规划为城市的标志性建筑。

（二）建筑设计评审意见

鲁能领秀城住宅建筑以多层、高层、超高层，层层映衬，对原有街区地域功能进行了有效的改造和提升。单元平面布局紧凑有序，各部分使用功能空间尺度合理，空间利用充分，交通组织清晰流畅，设备齐全，布置合理。建筑造型充分体现了青岛地域文化特征，保持了与周边环境的协调。

但住宅户型设计中存在如下问题尚待进一步完善：

1. 高层与超高层住宅的防火与疏散，应严格按照高层建筑防火规范规定进行修改。

2. 花园式户型部分卫生间、餐厅下层为居室，要加强给水排水管道的处理，以防止相互间的干扰和污染。

3. 低层住宅入口过厅内天井的处理不够深入，应进一步调整。

（三）成套技术评审意见

该项目的可研报告的技术方案具有较高水平，该方案立足创新，采用了较全面的节能环保技术，整体提高了该项目的品质与形象，符合国家康居示范工程的技术要求。

1. 在国内率先大面积（$82m^2$）采用污水和海水水源热泵，在空调和采暖中基本采用了可再生能源，在节能方面创出了一条新路。希望在这项技术应用中，通过认真研究，在设计、施工方面取得成功经验及值得推广的效果。

2. 在外围护系统中，全面采用EPS外墙外保温技术与高效节能的门窗及外窗遮阳系统，符合节能省地要求。

3. 在节水方面，采用了中水回用、雨水收集、节水器具、无负压变频供水系统，达到节水效果。

4. 在结构体系方面，采用了短肢剪力墙及轻质保温隔墙，技术合理，空间可分隔，达到了节地节材目的。

5. 精装修一次到位，全面提高了住宅品质。

6. 小区智能化方面，周到、合理，提高了社区物业管理水平，方便了住户。

7. 建议：

（1）污水与海水热泵应认真做好技术、经济方面的进一步研究，做好设计、产品遴选与施工创出成功的经验。希望政府有关部门在政策方面给予支持。

（2）提高太阳能的使用范围，在场地、道路、照明方面全面采用。

（3）在节能环保设计、施工中，全面掌握各项数据，认真检测，确保达到节能65%。

（4）要采取生化处理技术，实现小区垃圾减量化处理。

（5）积极选用有关部门认证的产品，确保住宅产品的功能质量。

区域位置

鲁能领秀城项目是青岛市城建史上面积最大的旧村改造项目，地处崂山区与市南区结合部，位于石老人国家级旅游度假区内。规划范围西至麦岛路，东到海江路，北至香港东路，南至东海路，背山、面海，有1.7km的天然海岸线，交通方便，自然环境优美。

总平面图

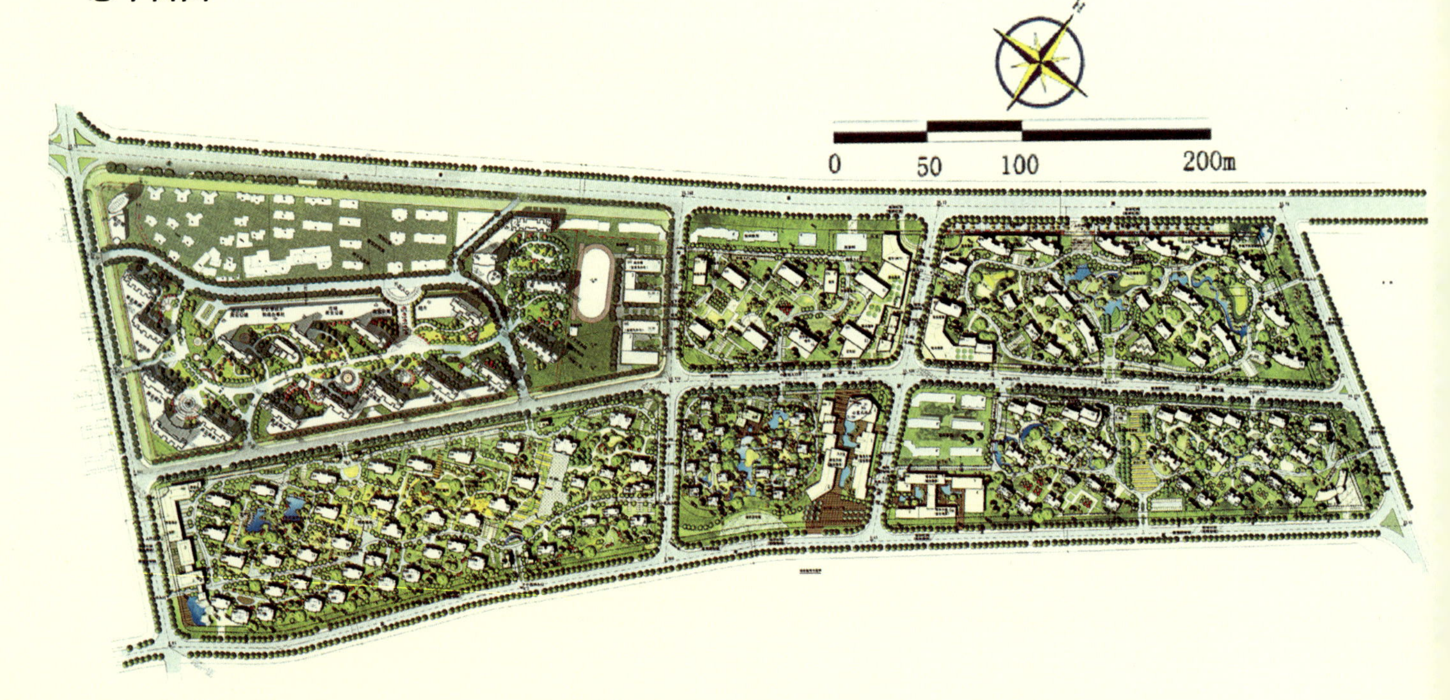

鸟瞰图

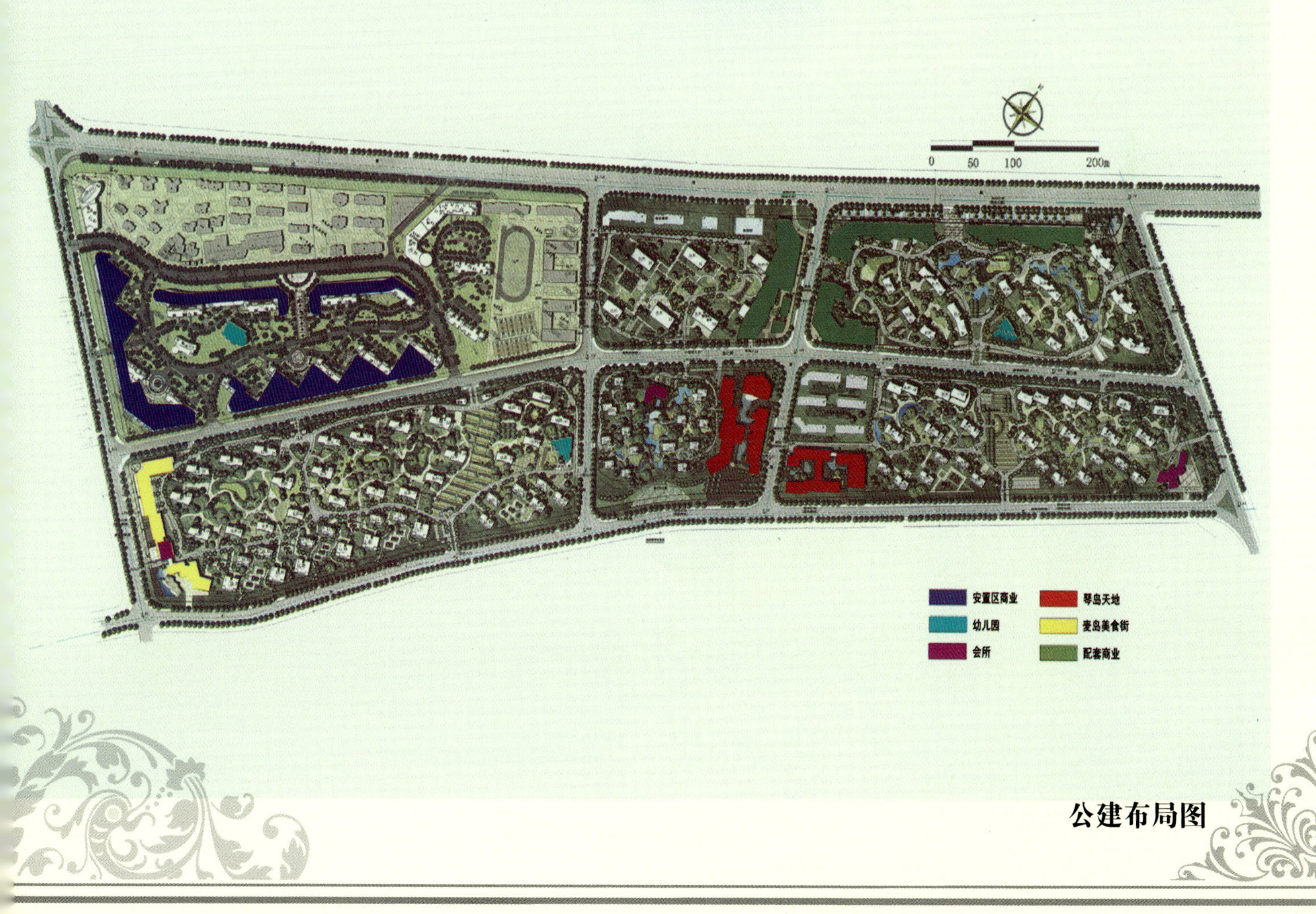

公建布局图

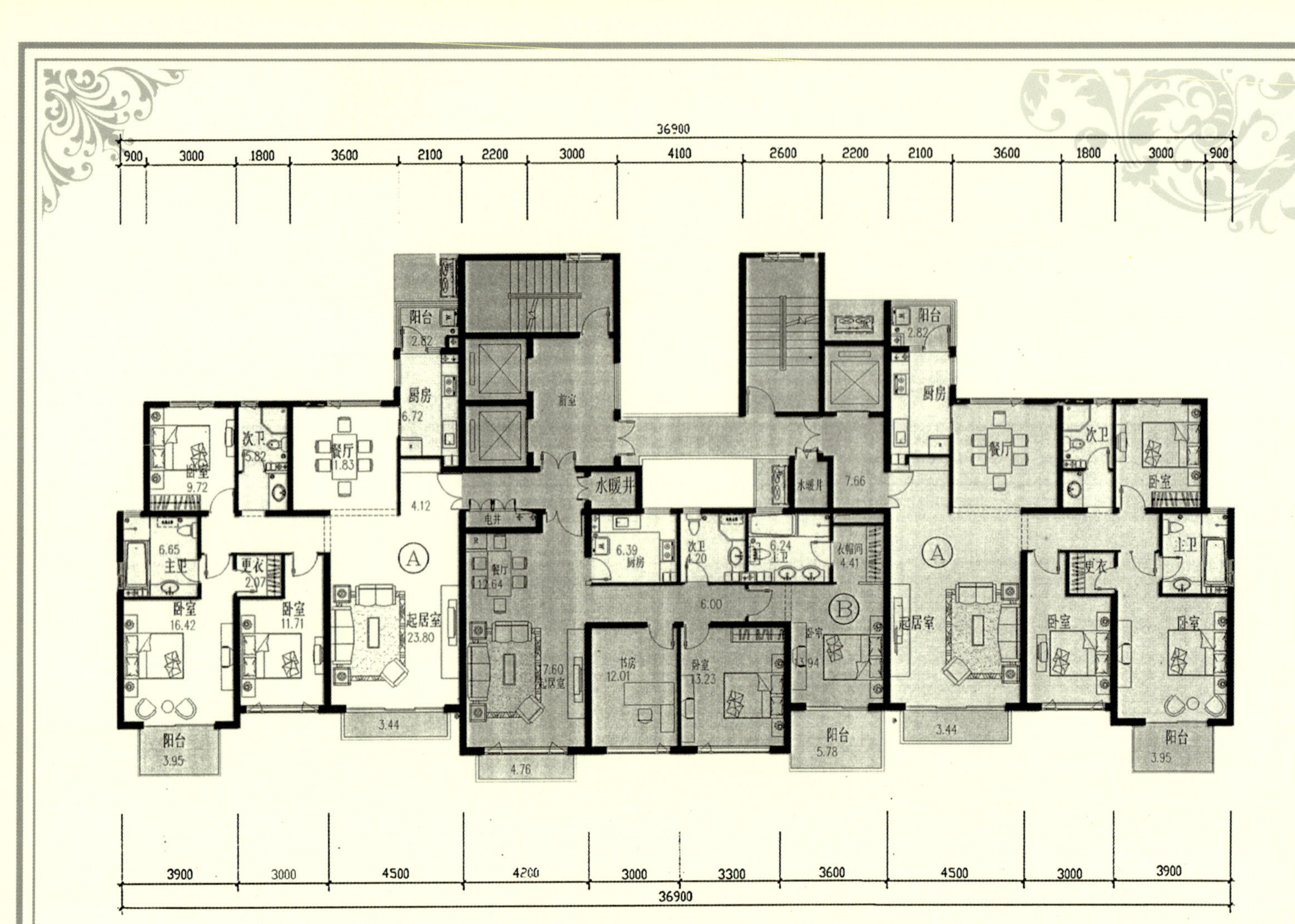

高层ABA户型标准层平面图

Ⓐ 套内建筑面积（不含阳台）=123.42m²
建筑面积（不含阳台）=151.79m²
阳台建筑面积 =6.62m²

Ⓑ 套内建筑面积（不含阳台）=110.22m²
建筑面积（不含阳台）=134.85m²
阳台建筑面积 =6.60m²

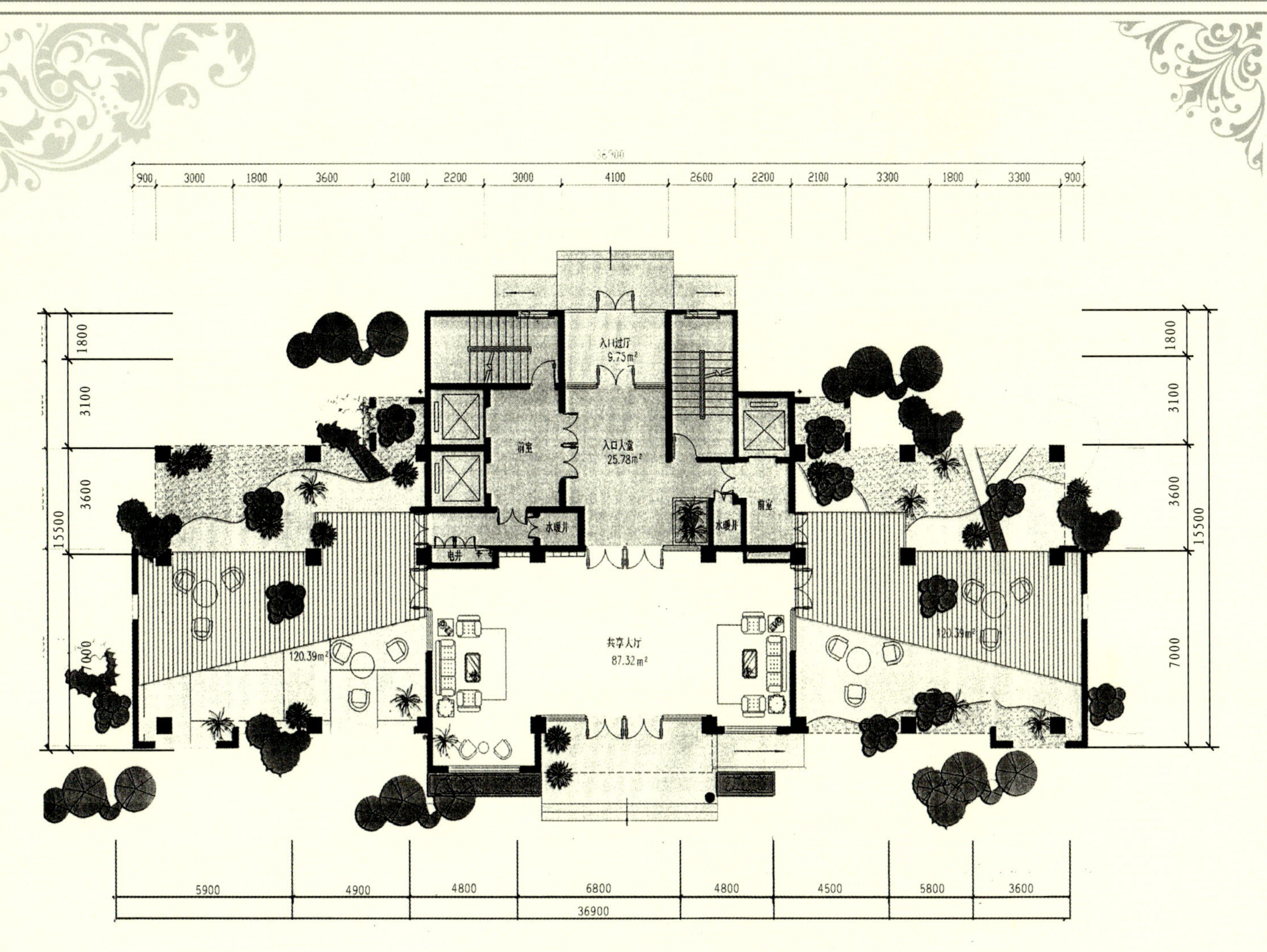

高层ABA户型一层平面图

自东海路看麦岛路街景

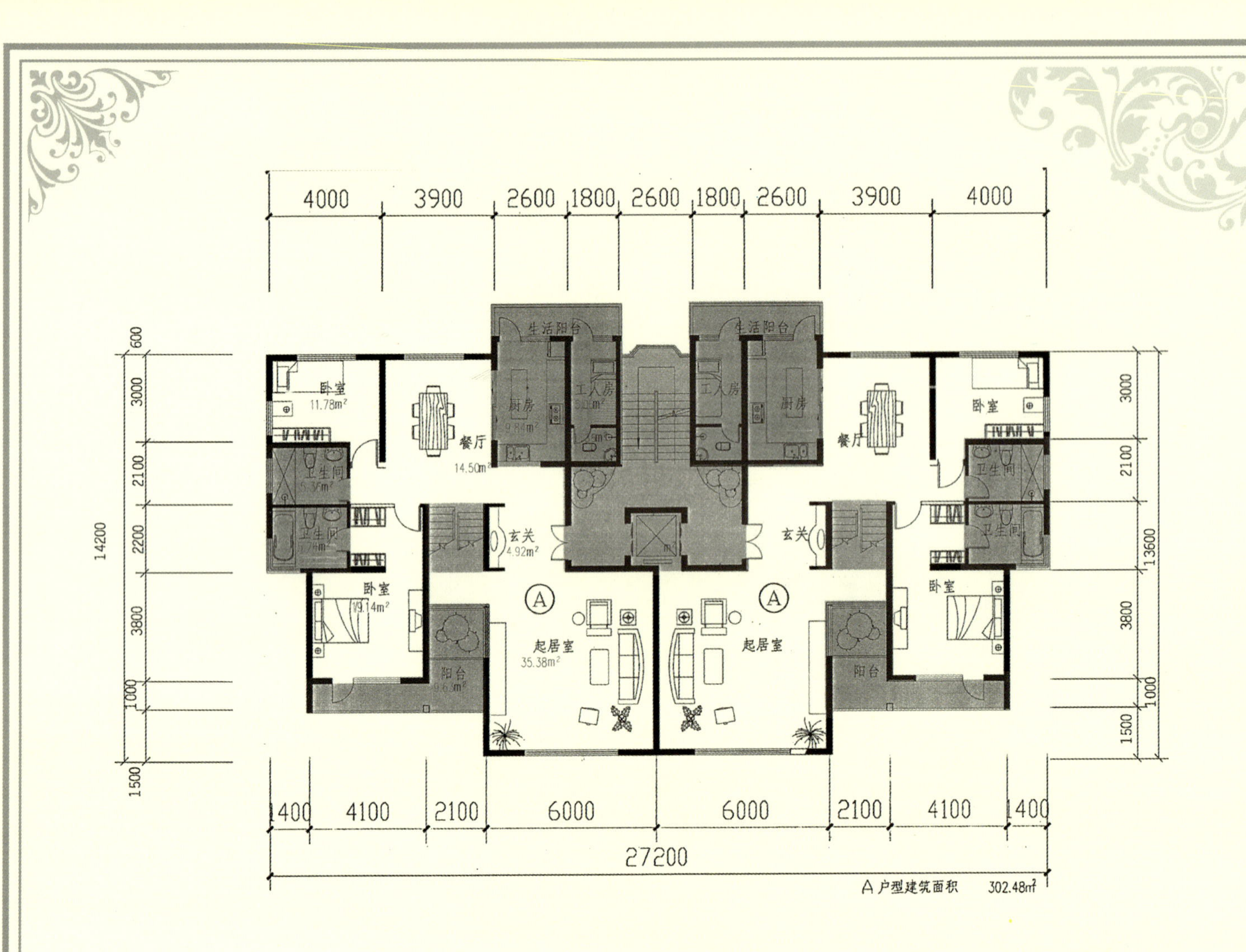

花园洋房A户型一、三层平面图

琴岛天地商业内街街景

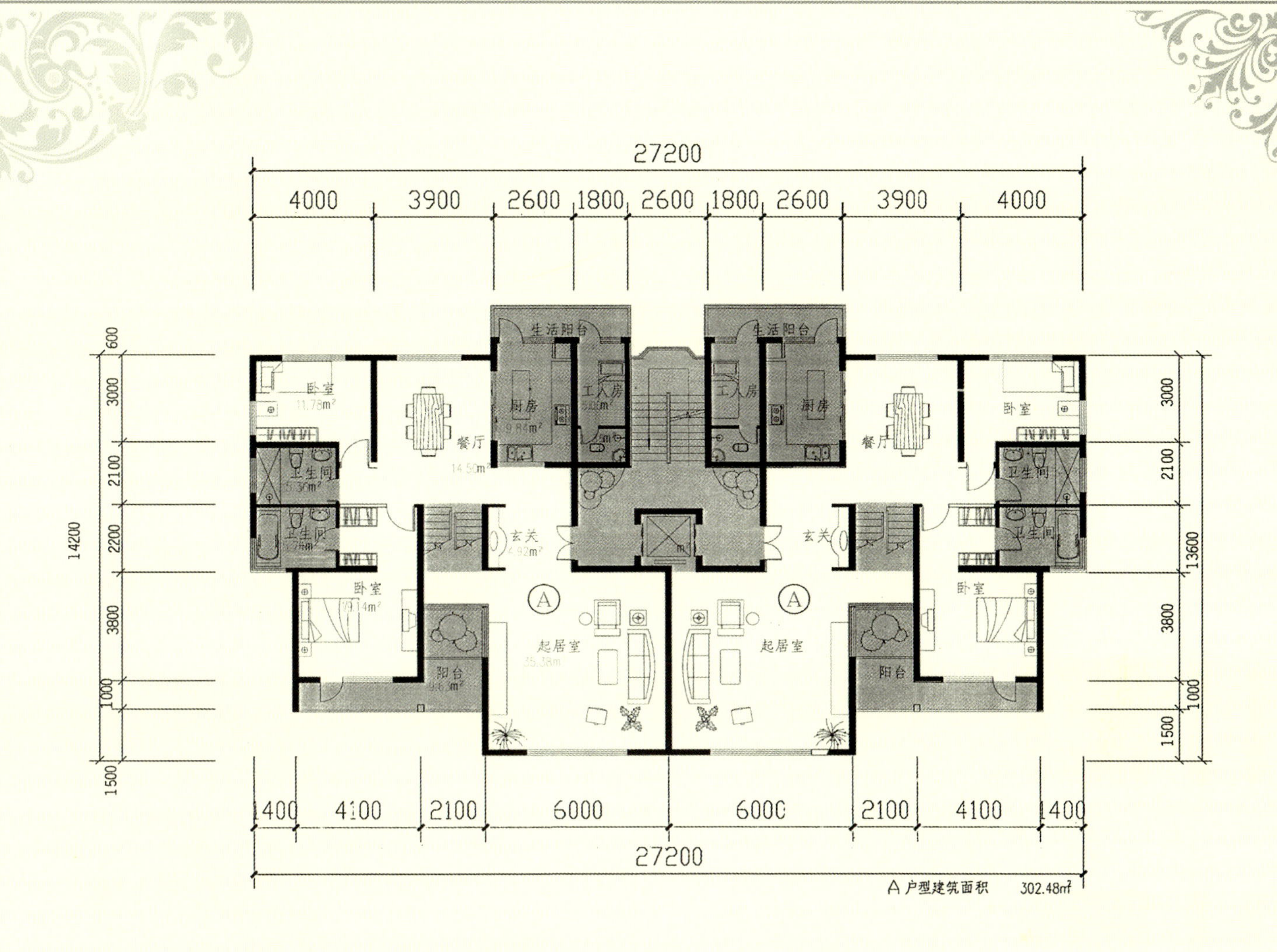

花园洋房A户型二、四层平面图

低层高品质住宅

青岛 银盛泰盛世景园

开发建设单位：青岛银盛泰集团有限公司
规划建筑设计单位：青岛市城乡建筑设计院

专家评审意见

（一）规划设计评审意见

1. 该项目考虑到紧临崂山风景区的特点，结合水景合理地利用了原有地形，规划布局比较合理，达到观山望水的目的。

2. 为居民创造了较好的生活空间，空间层次清楚丰富。

3. 小区内道路系统较简明、顺畅。

4. 景观环境设计采用轴线化的布局方式，注意点、线、面的结合，布置有序。

5. 公共服务设施布局集中合理，既方便了居民的日常使用，又创造了丰富的交往空间。

6. 建议：（1）注意地下车库出入口对环路及居民出行的交叉影响，并完善地下车库的设计布置。（2）楼间地面停车对居民干扰较大，建议调整到别的位置。（3）景观设计在有序的基础上，应注意强化局部景点的丰富变化。（4）在小区东侧设置满足消防和救护的出入口。

（二）建筑设计评审意见

1. 盛世景园位于青岛市城阳区，总建筑面积9.3万m^2，其中包括4栋带电梯的6层公寓，5栋9～12层的住宅和3栋22层的高层公寓，建筑布局南低北高，错落有致。

2. 多层公寓设计建筑面积为102～124m^2的3种户型，中高层设计5种户型，建筑面积分别为70m^2、80m^2、90m^2、125m^2和165m^2，高层公寓为70m^2、80m^2、90m^2的3种户型。户型多样，平面拼接较好。

3. 该项目各建筑平面方案设计中功能划分合理，动静分区，洁污分离，设施齐备，大部分户型能够设置入口更衣空间，减少了对客厅的影响，各主要房间能有良好的日照条件和比较适宜的比例，各空间利于内部家具布置。

4. 各层公共交通区域面积比较合适，管井设置合理，绝大多数电梯对住户影响少，电梯等候区能不同程度地获得自然采光条件。

5. 各建筑结构方案合理，其中1号楼结构方案布局规整均衡，具备空间多种划分的潜在可能性，有利于公寓的可持续利用。

6. 建筑立面设计比较简洁，通过相似的角部圆形处理，使各不同层数的建筑物较好地保持了形态的统一性，有利于塑造小区的完整形象。

7. 除6、7、8号楼外，未见其他建筑的首层平面和顶层平面，带裙房的高层公寓应注意入口及门厅的设计，与地下车库相连的楼、电梯应注意人员通行的安全。

8. 改进建议：（1）高层平面局部功能还需进一步完善和优化。（2）进一步采取措施减少多层建筑内个别电梯可能形成的对住户的影响。（3）各建筑的外立面底部设计应注重材料、比例、细节构造的统一性。

（三）成套技术评审意见

盛世景园项目结合青岛地区自然、经济、技术发展现状，有针对性地采用住宅节能、节地、节材、节水、环保及新材料、新产品成套技术，基本达到了国家康居示范工程对产业化技术方面的要求。

1. 住宅节能方面：采用外墙外保温技术、分户供热与地面辐射采暖技术、节能门窗技术、热泵型空调技术及节能灯具等住宅节能技术，为实现节能65%提供了技术保障。

2. 住宅节材方面：采用加气混凝土砌块外围护和隔断墙体、集中管道暗设计技术、新型管材技术、建筑施工成套技术等新技术、新产品。尤其推广工业化装修技术，一次装修到位率达100%，具有积极的示范意义。

3. 住宅节水方面：采用节水型卫生器具、绿化自动喷灌技术、雨水收集回用技术、居住区中水回用技术等。住宅节水技术对推广应用起到典范作用。

4. 居住区环境保障方面：积极采用有机垃圾生化处理技术、小型压缩式垃圾收集与转运技术、小区智能化管理成套技术等，营造了舒适、环保、安全的居住环境。

5. 建议：（1）进一步优化、细化技术方案，尤其是外围护保温技术，确保其安全性、耐久性及经济性的要求。（2）在可能的条件下，住宅中采用太阳能技术。

区域位置

项目地处城阳区惜福镇中心，北临商业金融大道正阳路，东接崂山仰口风景旅游度假区，西临烟青高速公路，紧临惜福镇工业园、玉皇岭工业园等新工业园区，南接308国道、航空路，远望逶迤的铁骑山，交通方便，环境优美。

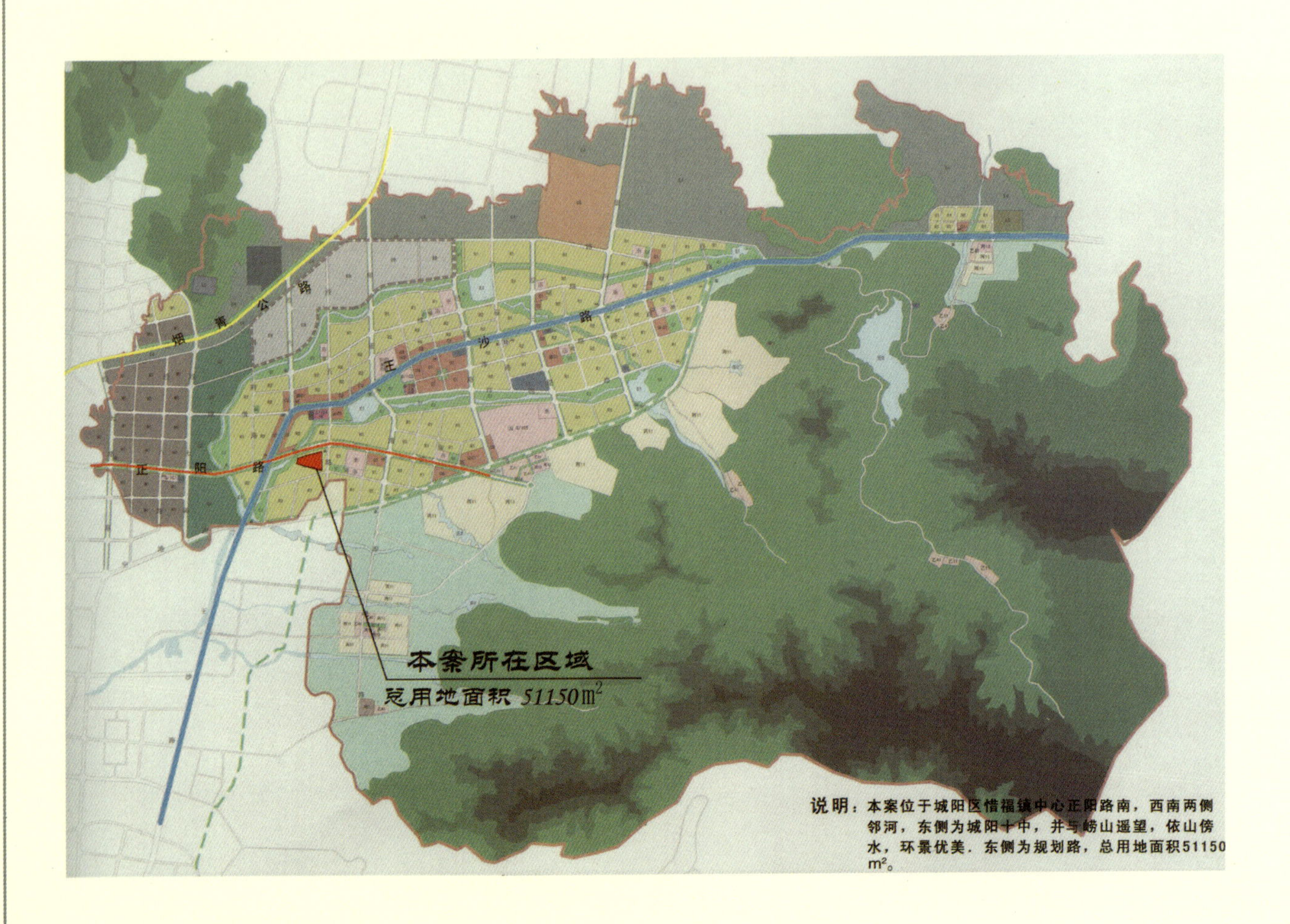
烟青公路
正阳路
王沙路
本案所在区域
总用地面积 51150m²
说明：本案位于城阳区惜福镇中心正阳路南，西南两侧邻河，东侧为城阳十中，并与崂山遥望，依山傍水，环景优美．东侧为规划路，总用地面积51150m²。

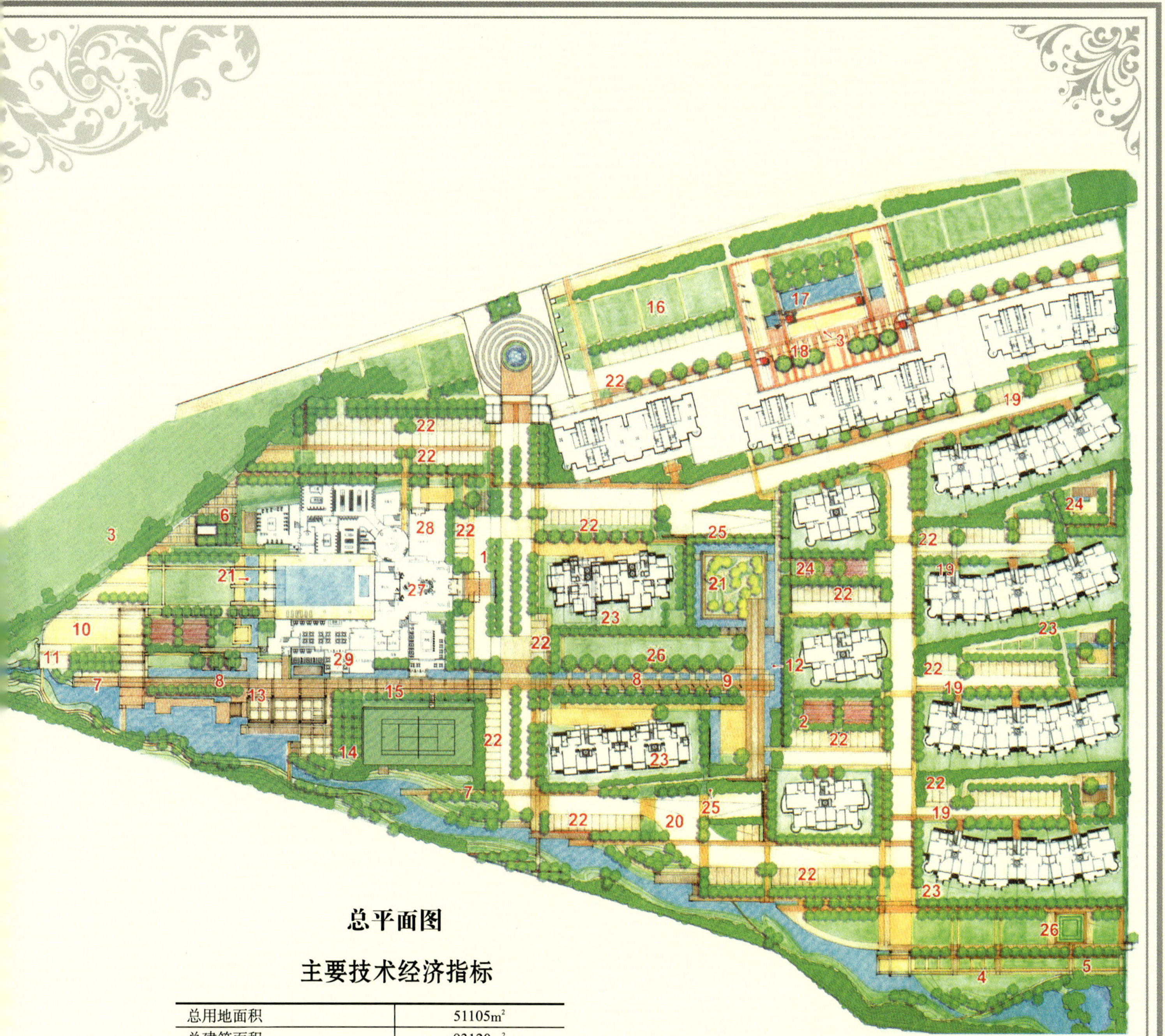

总平面图

主要技术经济指标

总用地面积		51105m²
总建筑面积		93120m²
其中	沿街商业网点面积	9000m²
	多层住宅面积	17020m²
	高层住宅面积	67100m²
容积率		1.82
绿化率		44%
建筑密度		28.98%
总户数		818户
总车位		340个
其中	地下车位	186个
	地面车位	154个
日照间距系数		1：1.6

用地平衡表

单位：m²

用地分类	用地面积	百分比（%）	人均用地
居住用地	35140	68.7	12.55
公建用地	3051	6	1.1
道路用地	8052	15.7	2.9
公共绿地	4907	9.6	1.75
总用地	51150	100	18.3

注：总户数818户，总人数2800人。

鸟瞰图

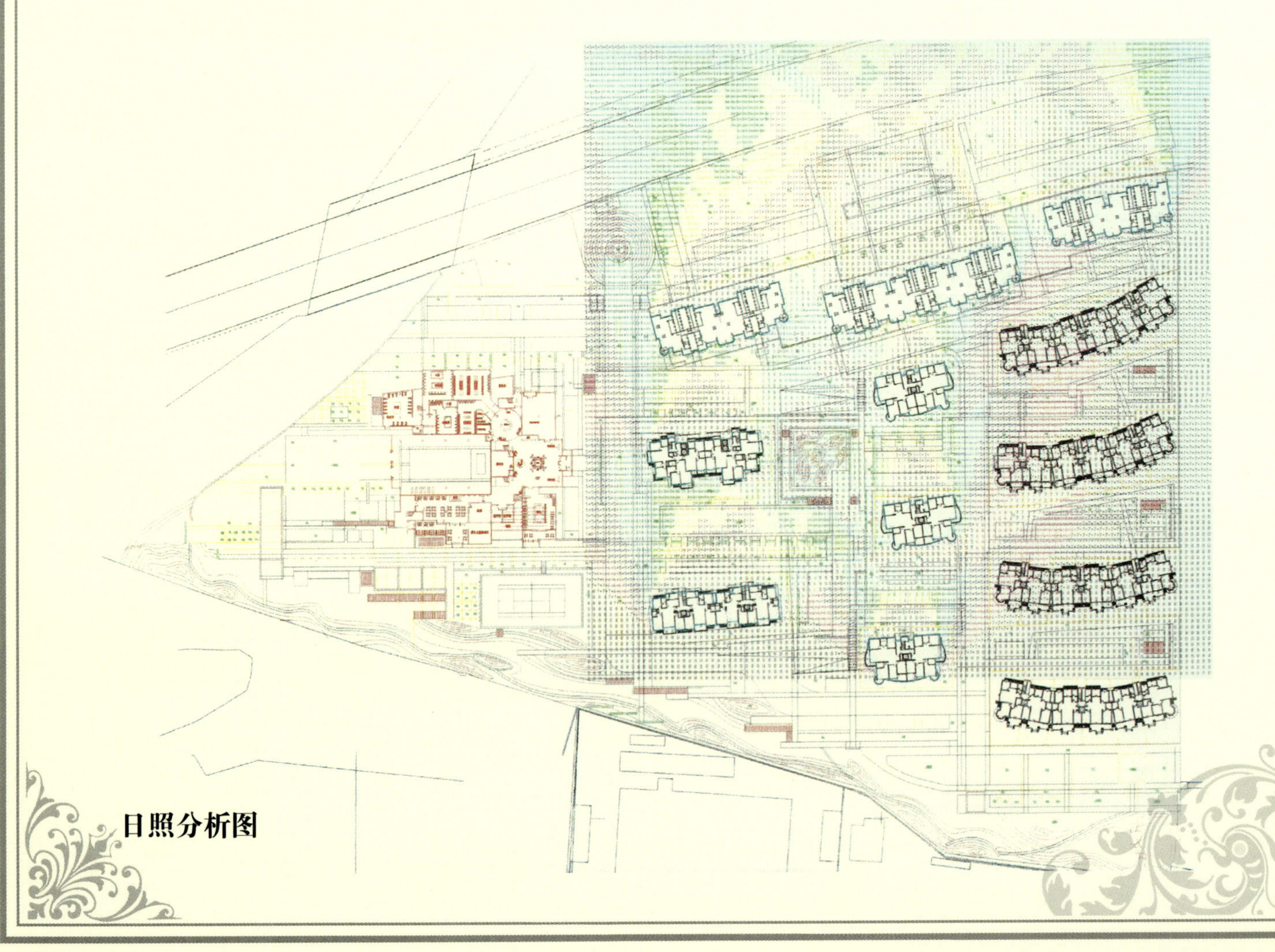

日照分析图

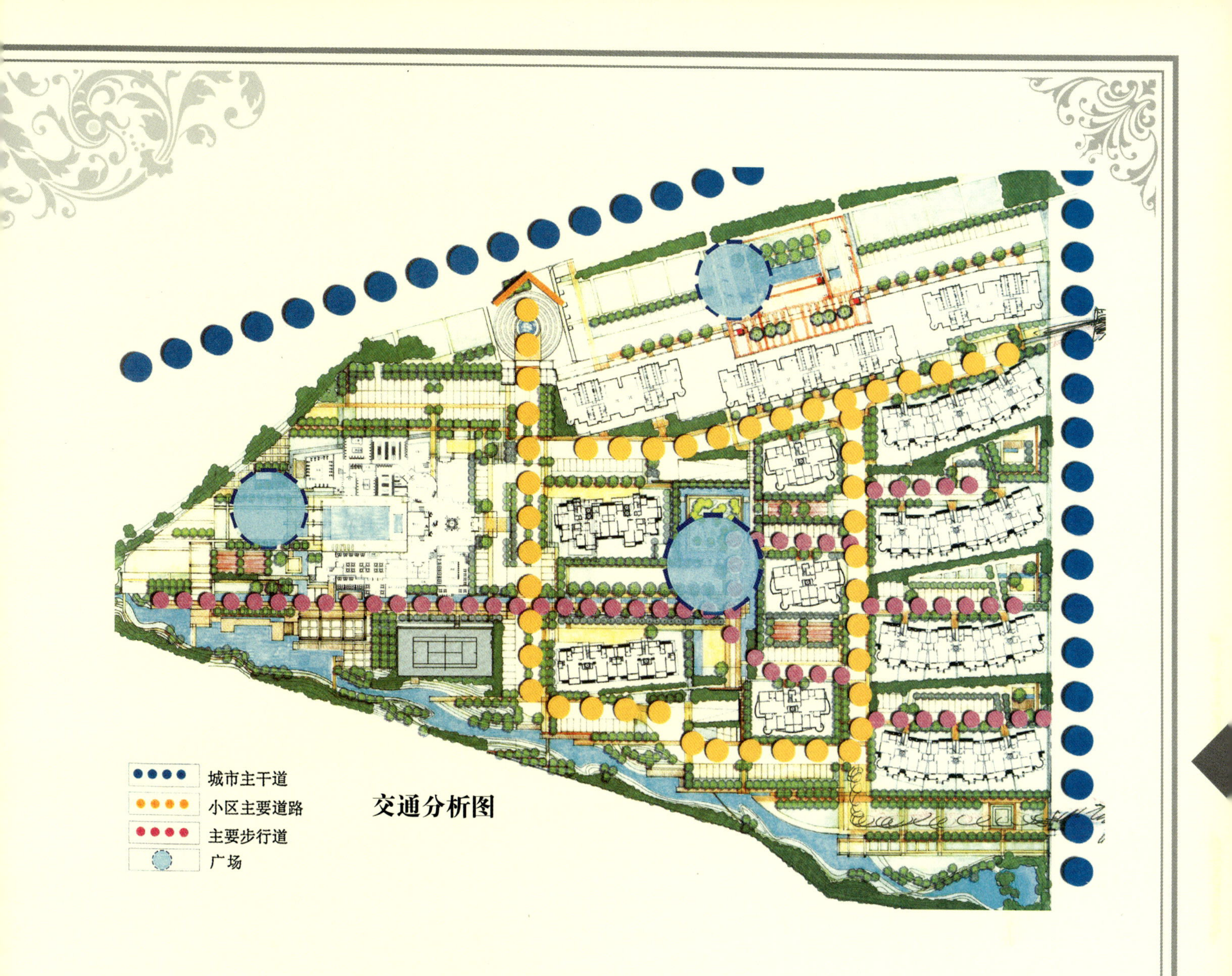

交通分析图

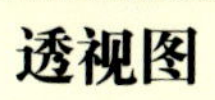

透视图

南立面透视图

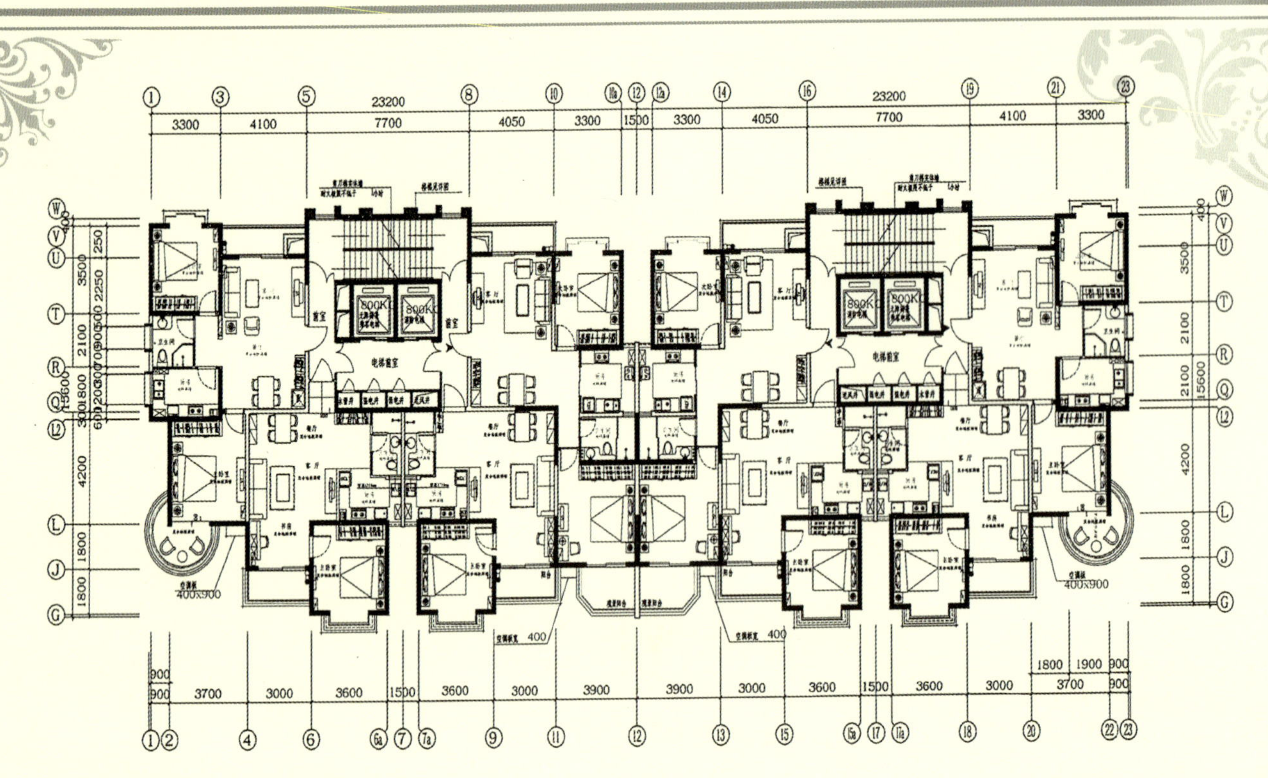

1号标准层平面图

套型A	套内建筑面积	74.29m²	阳台	建筑面积	92.71m²
	使用面积	54.95m²	4.49m²	分摊面积	18.42m²
套型B	套内建筑面积	53.00m²	阳台	建筑面积	66.14m²
	使用面积	36.65m²	4.44m²	分摊面积	13.14m²
套型C	套内建筑面积	71.33m²	阳台	建筑面积	89.02m²
	使用面积	53.90m²	11.41m²	分摊面积	17.69m²

小区南向透视图

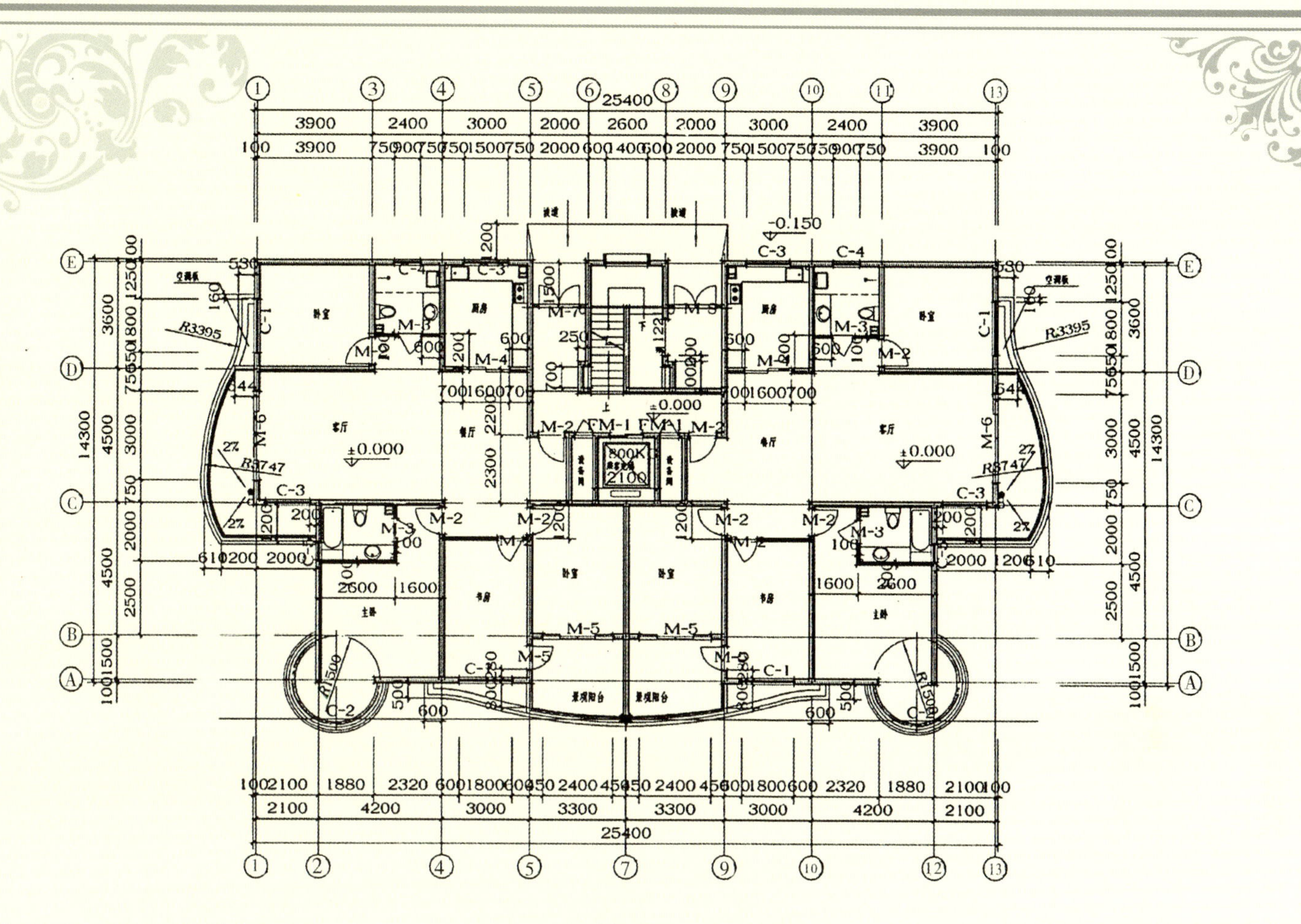

6、7、8号楼首层平面图

小区南向透视图

烟台天马上城

开发建设单位：烟台天马产业开发有限公司

规划建筑设计单位：加拿大C.P.C建筑设计顾问公司

专家评审意见

（一）规划设计评审意见

1. 小区选址得当，北临大海，南依大片的绿色葡萄园，地形南高北低，形成天然阶梯式观海线。大环境十分优美，为宜人的居住之地。

2. 小区布局结构较清晰，两个片区既是统一的整体，又分区明确，相对独立。

3. 小区道路交通方面，低层与高层两个片区各采用一个内环路的办法，各自形成一个独立的交通系统，符合低层与高层的使用要求。机动车停车以地下为主，与适当的地面停车相结合，平均每户1.4个停车位，较好地解决了机动车的停车问题。

4. 规划中充分注意居民对环境的要求与享用，在两个片区之间建有南北通向大海的集中绿带，既是两个片区共享的景观中心公共绿地，又是通向大海的视线走廊。在两个片区中间，还设有组团公共绿地及适当围合的庭园，分布较均衡。各绿地之间有步行道相连，满足了居民散步休闲的生活要求。

5. 小区公共服务设施配套基本齐全。

6. 问题与不足：（1）高层住宅区可能有日照不

足的问题，建议用清华大学的日照分析软件进行日照分析复核，一定要满足国家规定大寒日2h满窗日照的强制性要求。（2）低层住宅区主环路大部分是外围的半边路，利用率不高，又多占土地，特别是别墅区更没有必要做成半边路。建议改成内环，把外围路内移，这样也能较好地解决别墅区尽端路过长的问题。（3）高层住宅区的地面停车几乎每幢楼门前都做了停车位，这未能解决机动车对居民居住安全、安静的干扰问题。建议地面停车可适当集中，或做成南北入口，在消极空间停车。请进一步妥善解决地下车库出入口位置关系的问题。（4）个别公建布置位置欠佳，如幼儿园太靠东边，低层片区居民使用过远，还可能存在日照遮挡情况。再如，托老所位置也欠佳，建议西移到中心绿地附近。（5）小区位置靠近海滨，地理环境十分难得，建议开发商一定要充分利用这个有利条件，精心设计，以创造更加丰富的景观环境空间。

（二）建筑设计评审意见

本工程结合优越的地理环境及开发区的发展形势，以较高的配置及室内外环境设计创造较高水平的国家康居工程。

1. 户型布置符合生活流程，功能分区明确，有独立的互不干扰的功能空间构成。
2. 户内交通顺畅，空间尺度适宜，面积利用率高。
3. 餐厨关系紧密，有稳定的就餐空间。
4. 主要房间采光、通风、视野条件良好。
5. 有足够的储藏空间。
6. 建筑造型严谨而有变化，色彩明快。空调室外机统一安排。
7. 独幢及双拼住宅采用侧向入口，解放了南北向场地，优化了环境设计。
8. 在深化设计中尚需优化之处：（1）部分联排住宅需调整功能分区，以改善内外环境质量。（2）小面积居住用房、小厨房的尺寸、采光条件均需进一步推敲。（3）高层公寓核心筒交通组织、其他栋号的消防前室需深入推敲。（4）注意加强无障碍设计。会所的平面设计功能与交通安排上应优化。（5）注意北向海景气候条件对建筑功能的影响，宜寻求更好的做法。

（三）成套技术评审意见

由烟台天马产业开发有限公司开发建设的烟台天马上城居住区依照《国家康居示范工程建设技术要点》的有关要求，结合烟台地区的住宅产业化技术及材料部品发展水平，在涉及建筑节能、节地、节水及环保方面，采用了数十项新技术，包括外墙外保温体系、高绝缘性能的门窗、雨水回收、中水处理、垃圾分类袋装集中生化处理等主要技术体系，使住区在住宅产业化技术的集成应用方面达到比较全面和较高水平，在努力实现“四节一环保”目标的同时也相应提升了居住环境质量。

希望在进一步深化设计和落实各项技术体系的同时，要切实注意与工程设计、施工方案紧密结合，落实各项技术保障措施。（1）对外墙外保温体系中的节能指标准确计算与构造做法尚需作深入研究；（2）对在高层住宅中大量采用的外饰面层的构造做法，尚需通过深入研究、比较再确定；（3）在用地具备完善城市供热系统的前提下，对户内供暖方式还可作全面的技术经济可行性的对比研究后再予确定；（4）对废污水处理的合理规模与水处理设备型号及参数的选定等；（5）还应对住宅智能化系统作必要的分析与筛选，以使其更具实用性和科学性。

建议，对太阳能热水系统的使用再作分析、研究，在低层住宅中可以采用业已成熟的用于坡屋面的相关体系，对高层住宅也可作一定探索，以使可再生能源——太阳能，真正在住区中得到最大限度的应用；此外，对住宅精装修也应结合对消费市场的研究，在高层住宅中进行实践，从而取得经验，以在更大范围加以推广，从而使得本住区在住宅产业化技术的集成应用方面起到更大的示范作用。

区域位置

天马上城位于烟台经济技术开发区的中心位置，南临张裕卡斯特酒庄，北濒金沙滩海滨公园，有古现12路、15路、黄河路、海滨路环绕周围，交通方便，市政设施齐全，环境优美。

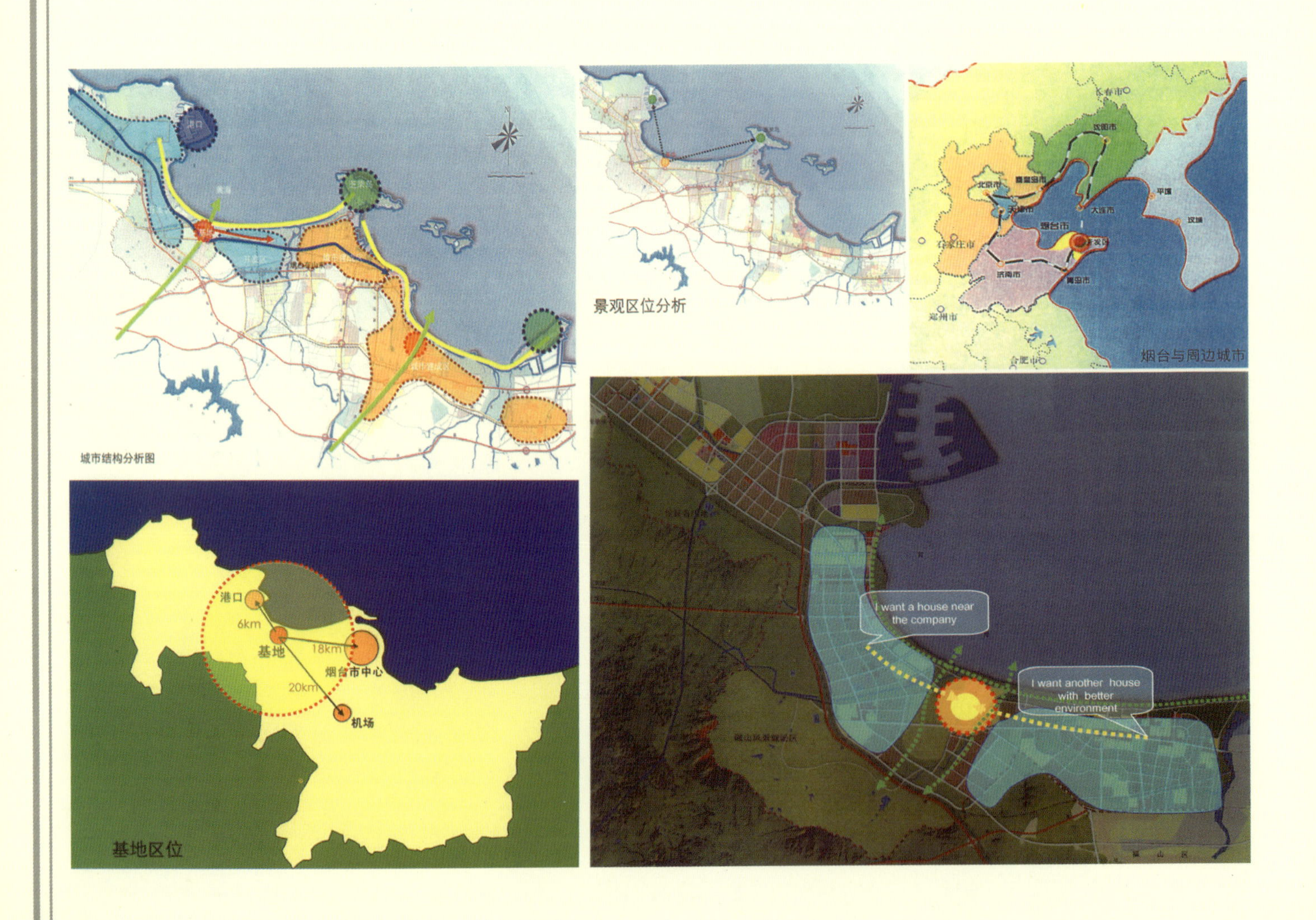

城市结构分析图

景观区位分析

烟台与周边城市

基地区位

居住区经济技术指标

项目		单位	数值	比例
规划用地面积		hm²	22.70	
总建筑面积		万m²	31.58	100%
其中	住宅建筑面积	万m²	30.24	95.8%
	公共设施面积	万m²	1.34	4.2%
容积率			1.39	
绿地率		%	40.8	
建筑密度		%	16.1	
住宅平均层数		层	9.70	
人口毛密度		人/hm²	212	
居住户数		户	1501	
居住人数		人	4803	
户均人口		人/户	3.2	
停车位		辆	2101	
其中	地面停车位	辆	356	16.9%
	地下停车位	辆	1555	74.0%
	住宅自带停车位	辆	190	9.1%
停车率		辆/户	1.40	

总平面图

居住区用地平衡表

项目		面积（hm²）	比例（%）
规划总用地		22.70	100
其中	住宅用地	13.73	60.47
	公建用地	1.43	6.28
	道路用地	3.47	15.28
	公共绿地	4.07	17.97

鸟瞰图

日照分析图

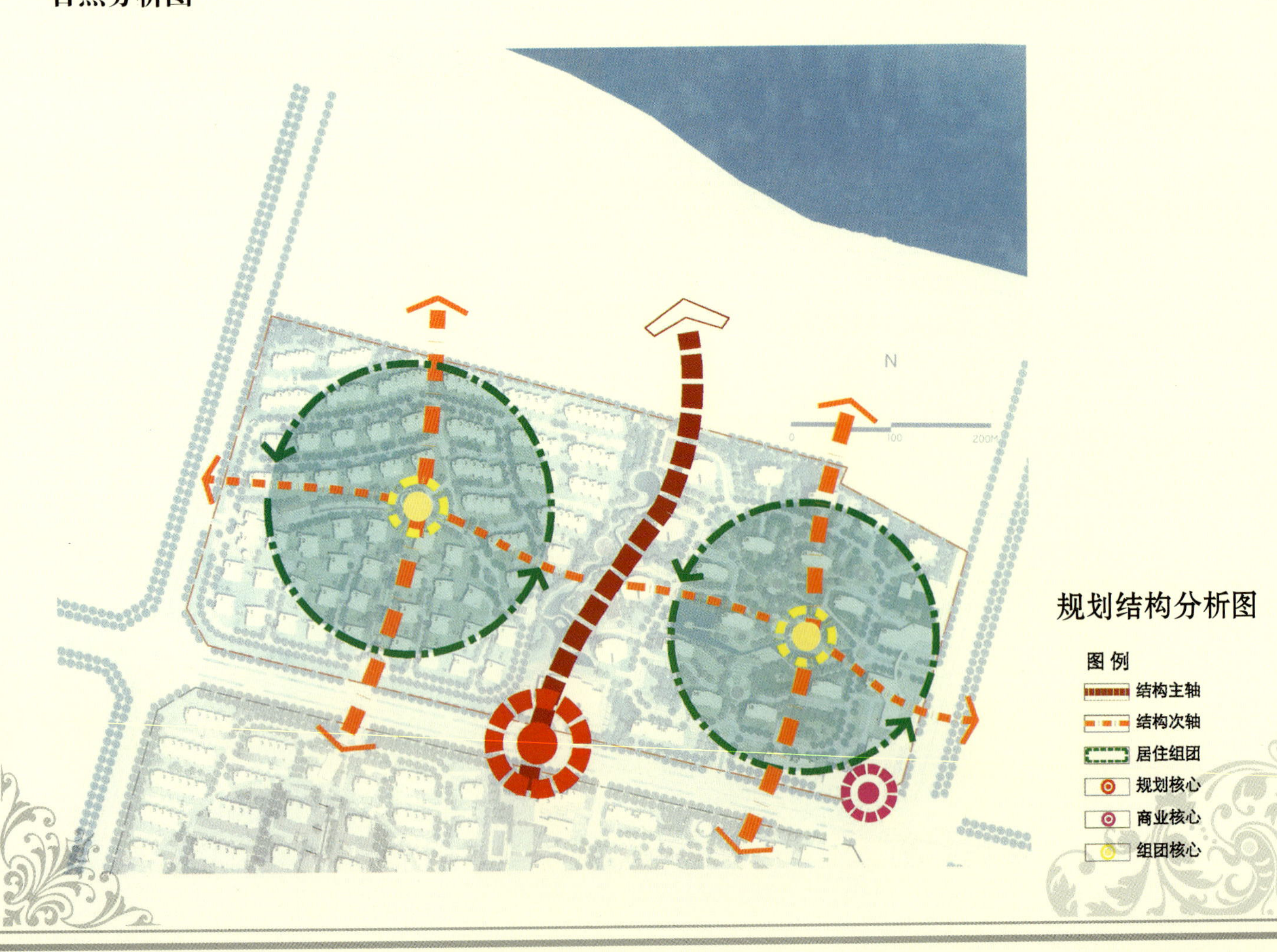

规划结构分析图

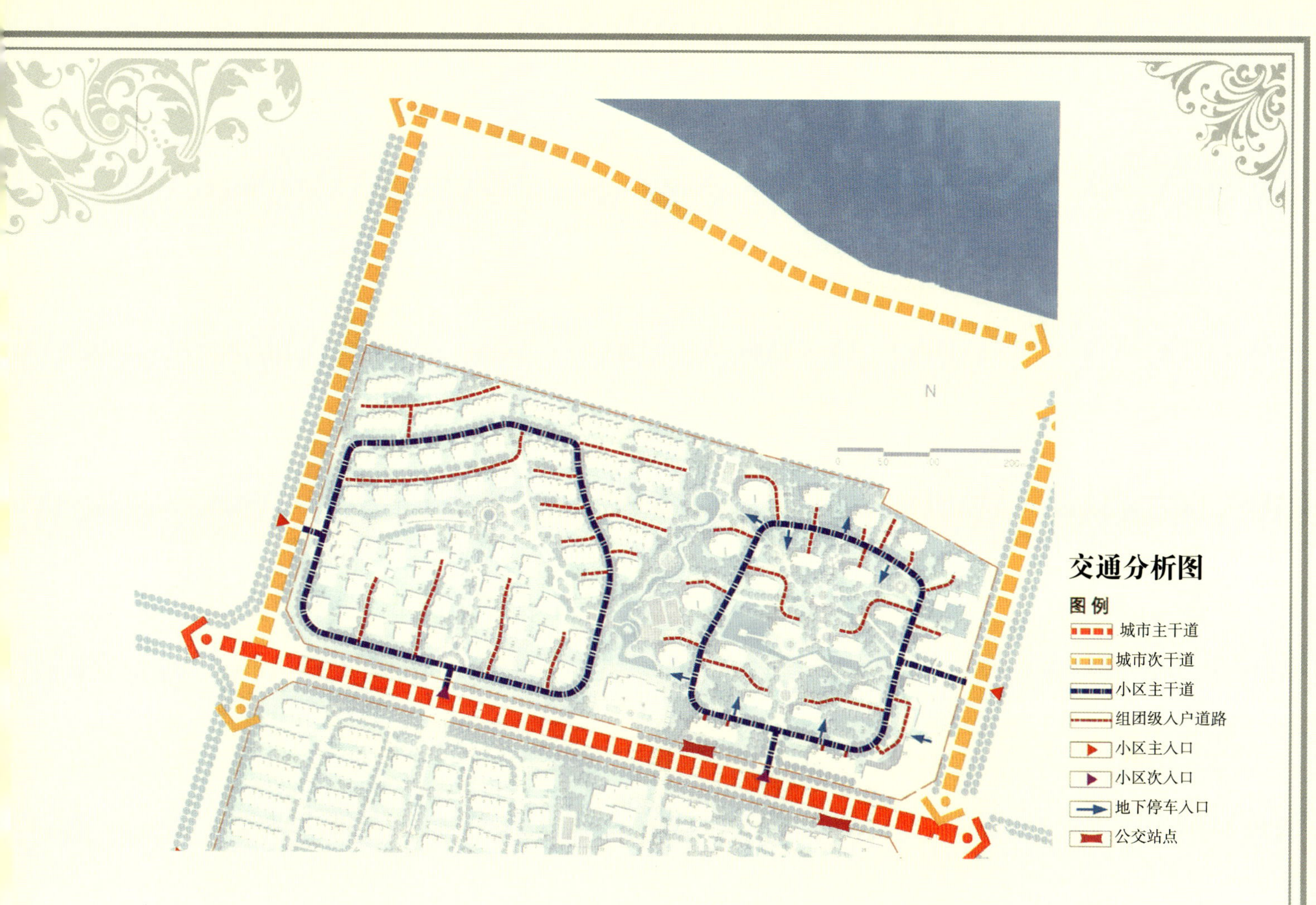

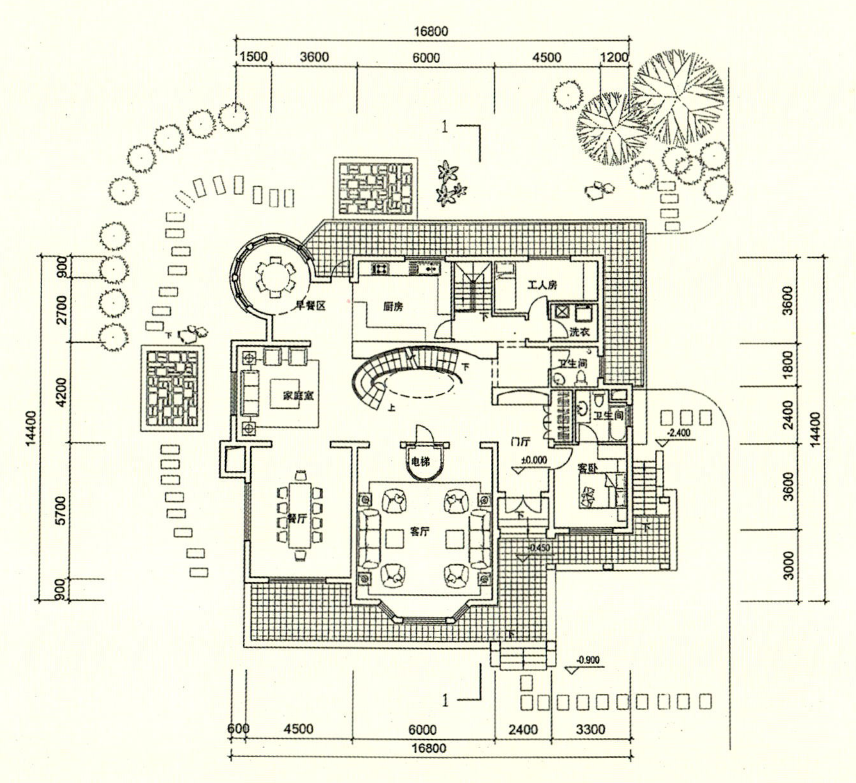

1A-2一层平面图

单位：m^2

户型	总地上建筑面积	半地下层建筑面积	一层建筑面积	二层建筑面积
1A-2	397.9	227.4	223.0	174.9

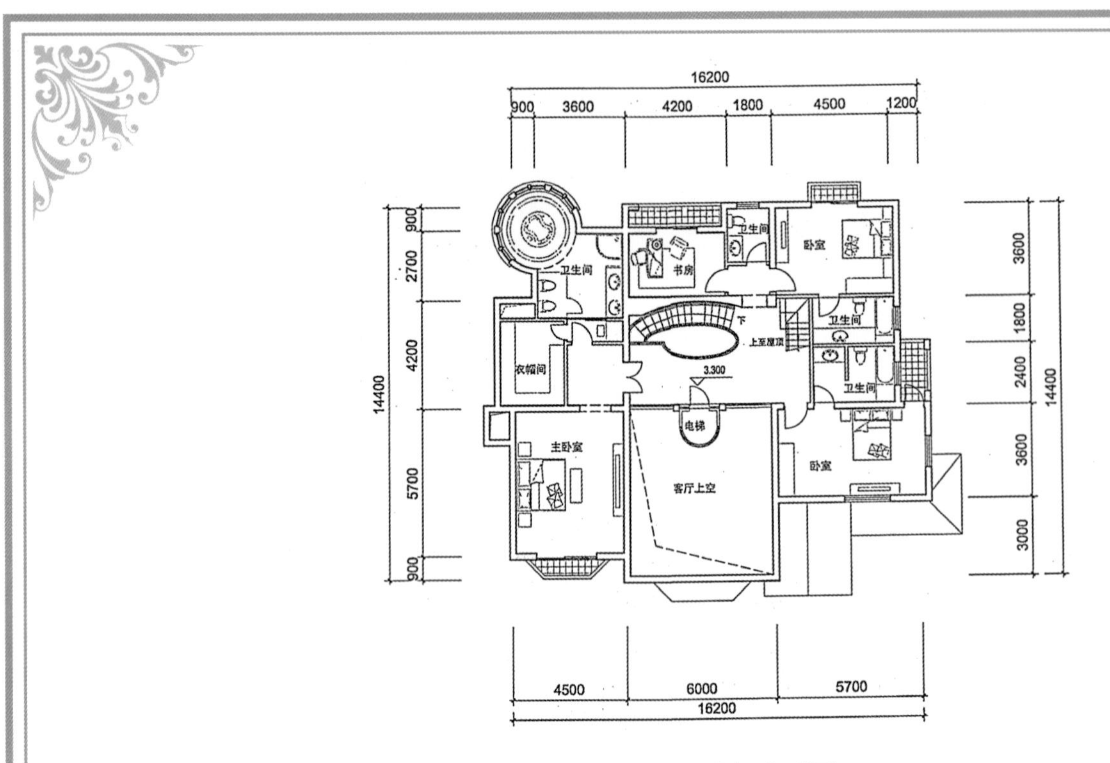

1A-2二层平面图

单位：m²

户型	总地上建筑面积	半地下层建筑面积	一层建筑面积	二层建筑面积
1A-2	397.9	227.4	223.0	174.9

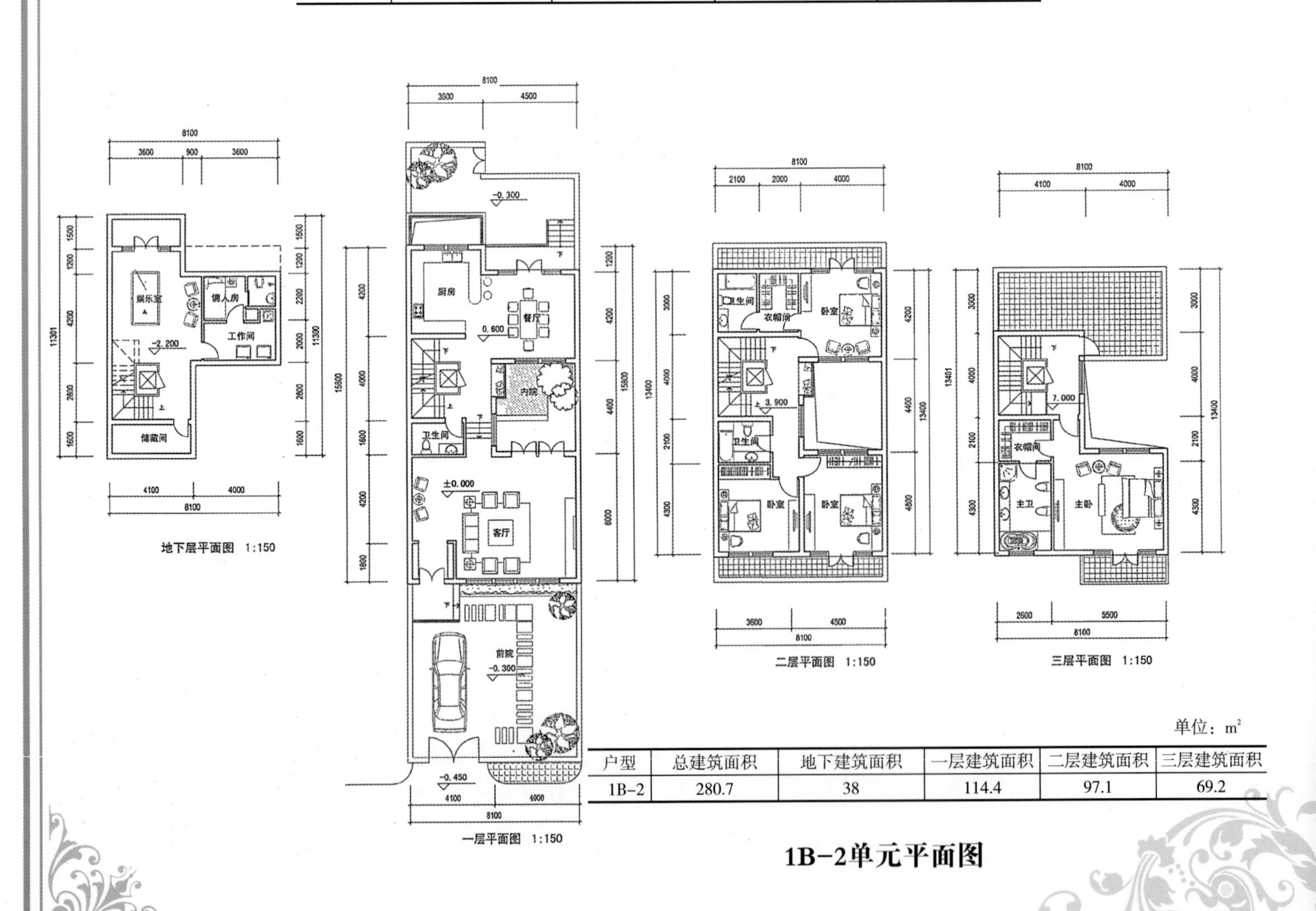

单位：m²

户型	总建筑面积	地下建筑面积	一层建筑面积	二层建筑面积	三层建筑面积
1B-2	280.7	38	114.4	97.1	69.2

1B-2单元平面图

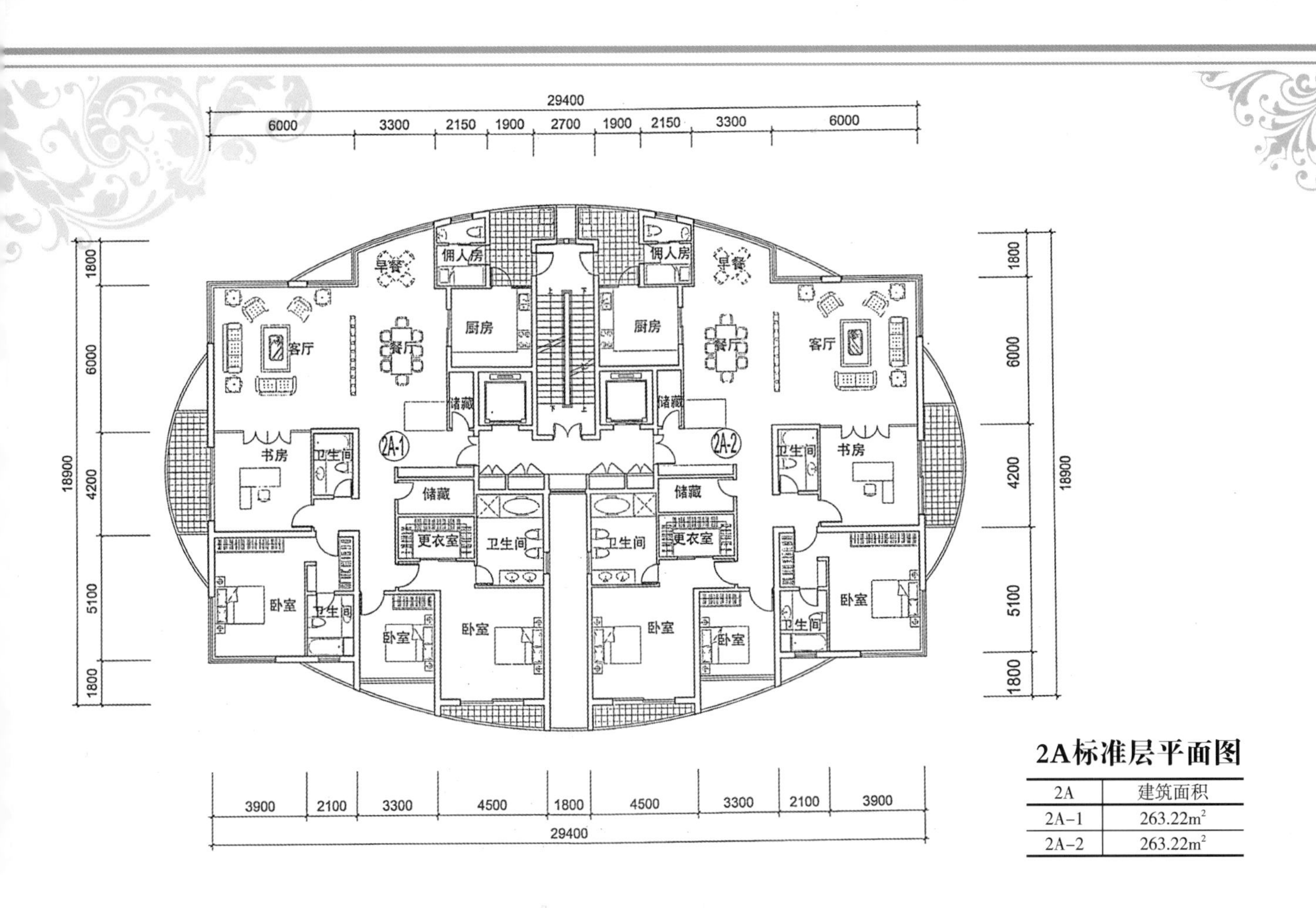

2A标准层平面图

2A	建筑面积
2A–1	263.22m²
2A–2	263.22m²

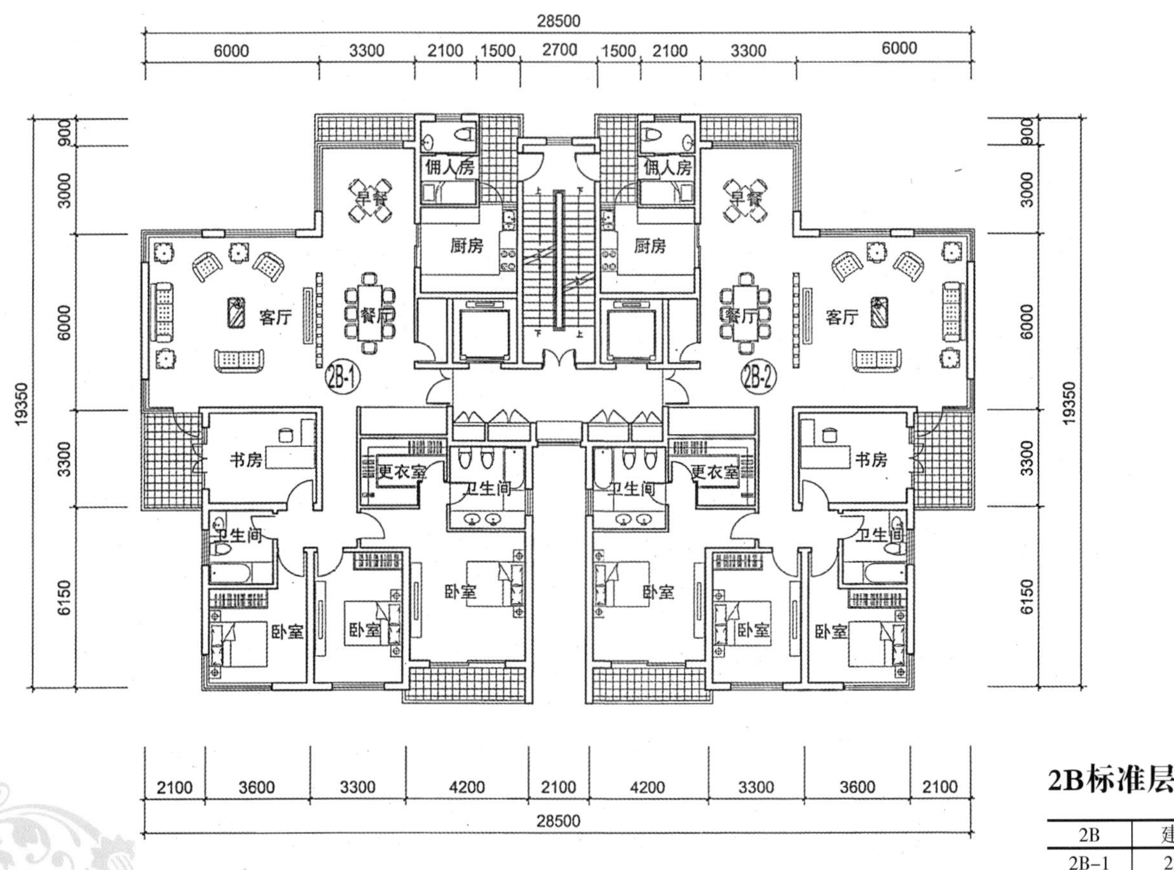

2B标准层平面图

2B	建筑面积
2B–1	228.40m²
2B–2	228.40m²

烟台南山世纪华府

开发建设单位：烟台南山置业发展有限公司

规划建筑设计单位：深圳市建筑设计研究总院

专家评审意见

（一）规划设计评审意见

1. 规划设计布局结构清晰，4个组团相对独立，围合变化有序，功能明确，空间丰富。

2. 小区主干道采用了一个U形结构、3个机动车出入口，线形合理，交通方便。机动车停车以地下为主与地面停车相结合，组团内平时不进车，人车分流，较好地解决了机动车对居民居住安全、安静的干扰。4个地下车库分布于4个组团之下，居民停车及使用均很方便。

3. 小区规划设计了一个十字形景观绿轴，有机地把4个组团绿地连接为一个绿色系统，分布均衡，居民享用方便。

4. 小区公共服务设施配套齐全。

5. 几点建议：（1）小区技术经济指标计算有误，其中：不应把小区代征地面积作为小区的规划用地面积计入指标；小区用地平衡表中的住宅用地、公共绿地的计算办法有误，应按国家规定的定义计算；道路用地面积不应把代征地中的城市道路计入。建议对小区的技术经济指标及用地平衡表进行调整。

（2）小区北面、西面沿街公建前的城市道路的辅道不应纳入小区主干道交通系统。交通分析图表述有误。建议小区交通系统应与城市道路分别表述。（3）景观设计图纸与规划设计图纸有不少表述不一的问题：建议小区主干道应按规划图的主干道交通系统统一；组团级道路及宅前路两图纸表示完全不同，建议要统一起来，并应充分注意贯彻高层每幢建筑消防车的可达性及登高的规范要求；景观图中增加了一个步行内环路，是否需要，请研究统一。（4）有些公共建筑布局选址欠佳：小区会所放在集中商业楼3层，选位不当，建议尽可能选在一个位置适当、相对独立的地段；垃圾站放在住宅楼的地下室不妥；小学的运动场最好为南北向。（5）日照问题建议用清华大学日照分析软件再校对一下，以防有误。

（二）建筑设计评审意见

南山世纪华府是一个面向普通居民的住宅项目，地处城市重要地段，通过良好的室内外环境设计，将创造一个生活方便、环境舒适的国家康居工程。具体评审意见如下：

1. 套型组织与生活流程符合，功能分区明确，具有独立的互不干扰的各种功能空间。
2. 布置紧凑，交通顺畅，空间尺度适宜，面积利用充分。
3. 餐厨关系紧密，就餐空间独立稳定。
4. 有足够的储藏空间。
5. 空调室外机统一布置，隐蔽整齐。
6. 建筑造型简洁明快，统一中有变化。
7. 进一步深化设计中尚需优化设计之处：（1）某些户型北侧两户起居厅可作适当调整，以避免遮挡。（2）个别栋号户间均好性及好朝向的利用上均有调整余地。（3）某些户型凹口通风问题尚可进一步推敲，以求完善。

（三）成套技术评审意见

南山世纪华府项目的开发建设单位烟台南山置业发展有限公司对创建国家康居示范工程的认识高、决心大，态度积极，除了在可行性研究报告中提出的各项成套产业化技术外，在评审过程中与有关方面交流、探讨，使得拟在住宅区中所采取的住宅产业化的技术方案更加明晰、全面。

通过运用外墙外保温与高性能的门窗以及节水器具、中水系统、生化垃圾处理系统和双管接户水平管散热器系统等技术体系，符合国家有关节能、节水、环保等要求，也显著提升了居住环境质量。从总体来讲，该项目在住宅产业化技术方面达到较高的水平。

特别应提出的是，拟在600户住宅中采用住宅精装修，如此规模进行一次精装修到位，必定对在本地区推动这一产业化技术体系起到示范作用。

希望在已决定采用的产业化技术体系，诸如外墙饰面做法、中水处理技术、高层结构体系与建筑的一体配合等主要技术方面，应再作进一步的落实，以确保方案的可行性。

建议在部分高层住宅中采用太阳能生活热水技术体系，通过将成熟技术应用于一定规模的工程中，进行工程化探索，并取得经验，以发挥国家康居示范工程在集成、发展住宅产业化技术方面的积极作用。

区域位置

该项目位于烟台市东部新区，地块北侧及西侧分别临城市主要干道银海路与观海路，南侧及东侧分临规划之市政路，交通便捷。项目西可看山景，东临体育公园，远可观海，北靠烟台大学，人文景观及自然环境优越。

总平面图

1：2000

鸟瞰效果图

银海路街景效果图

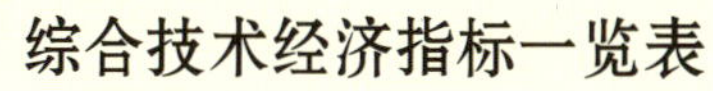

综合技术经济指标一览表

项目		计量单位	数值	所占比重（%）	人均面积（m^2/人）
总用地面积		hm^2	21.33	100	20.95
居住户数		户	2909		
居住人口		人	3.5		
户均人口		人／户	10181.5		
总建筑面积		万m^2	51.2042	100	50.29
计容积率建筑面积		万m^2	42.26	82.53	41.51
其中	住宅建筑面积	万m^2	38.1718	74.55	37.49
	商业（含内部办公）建筑面积	万m^2	3.3592	6.56	3.30
	小学建筑面积	万m^2	0.495	0.97	0.49
	幼儿园建筑面积	万m^2	0.234	0.45	0.23
不计容积率建筑面积（地下室部分）		万m^2	8.9442	17.47	8.78
住宅平均层数		层	32		
人口毛密度		人／hm^2	477		
人口净密度		人／hm^2	2273		
住宅建筑套密度（毛）		套／hm^2	136.38		
住宅建筑套密度（净）		套／hm^2	649.33		
住宅建筑面积毛密度		万m^2／hm^2	1.79		
住宅建筑面积净密度		万m^2／hm^2	8.52		
居住区建筑面积毛密度（容积率）		万m^2／hm^2	1.98		
停车率		%	86.80		
停车位		辆	2525		
地面停车率		%	13.92		
地面停车位		辆	405		
住宅建筑净密度		%	26.90		
总建筑密度		%	16.1		
绿地率		%	42.5		

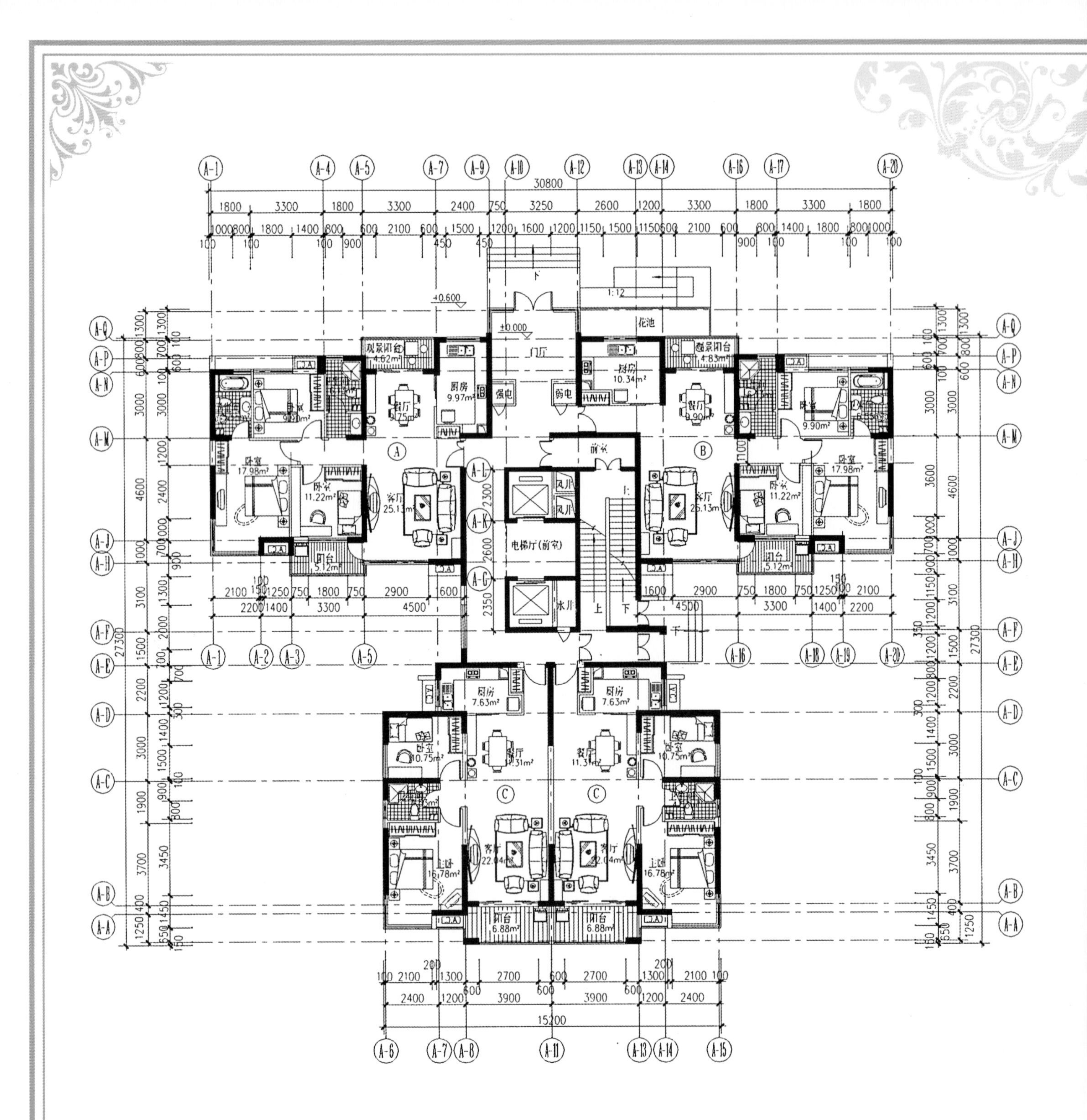

A型1层平面图

编号	户型	套内建筑面积（m²）	建筑面积（m²）	使用面积系数	一层建筑面积（m²）
Ⓐ	三室二厅	108.94	134.86	80.78%	484.55
Ⓑ	三室二厅	115.17	142.51	80.81%	（不含门厅）
Ⓒ	二室二厅	83.86	103.59	80.95%	门厅面积 12.68

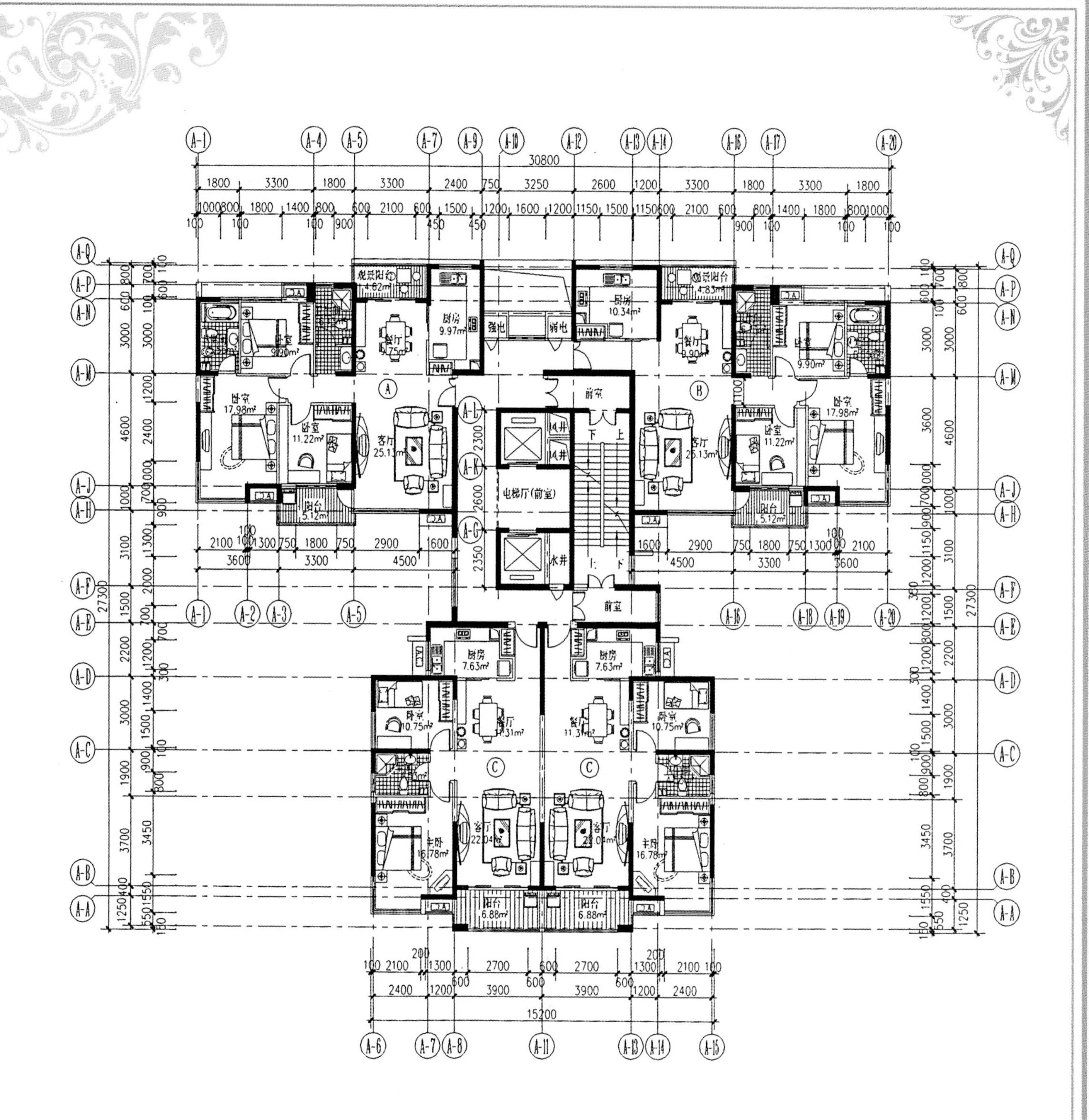

A型标准层平面图

编号	户型	套内建筑面积（m²）	建筑面积（m²）	使用面积系数	一层建筑面积（m²）
Ⓐ	三室二厅	108.94	134.86	80.78%	484.55
Ⓑ	三室二厅	115.17	142.51	80.81%	（不含门厅）
Ⓒ	二室二厅	83.86	103.59	80.95%	门厅面积 12.68

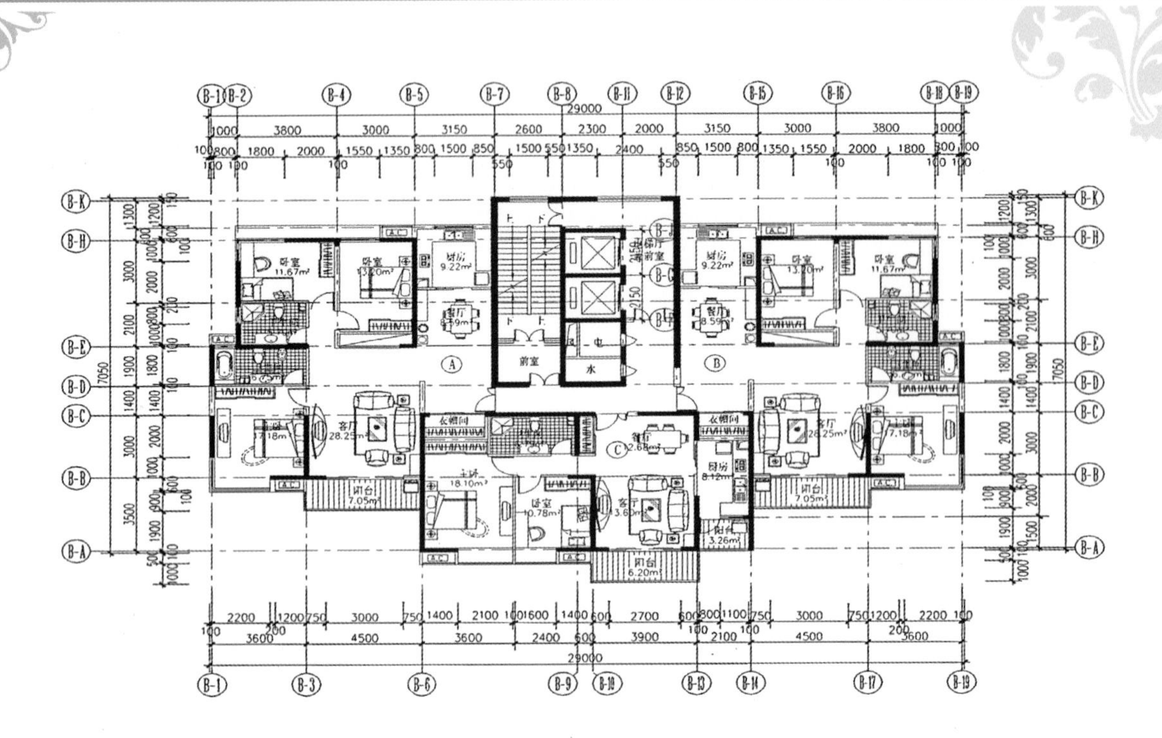

B型标准层平面图

编号	户型	套内建筑面积（m^2）	建筑面积（m^2）	使用面积系数	标准层建筑面积（m^2）
A	三室二厅	123.93	151.47	81.81%	398.73
B	三室二厅	123.93	150.81	81.81%	
C	二室二厅	78.44	96.45	81.32%	

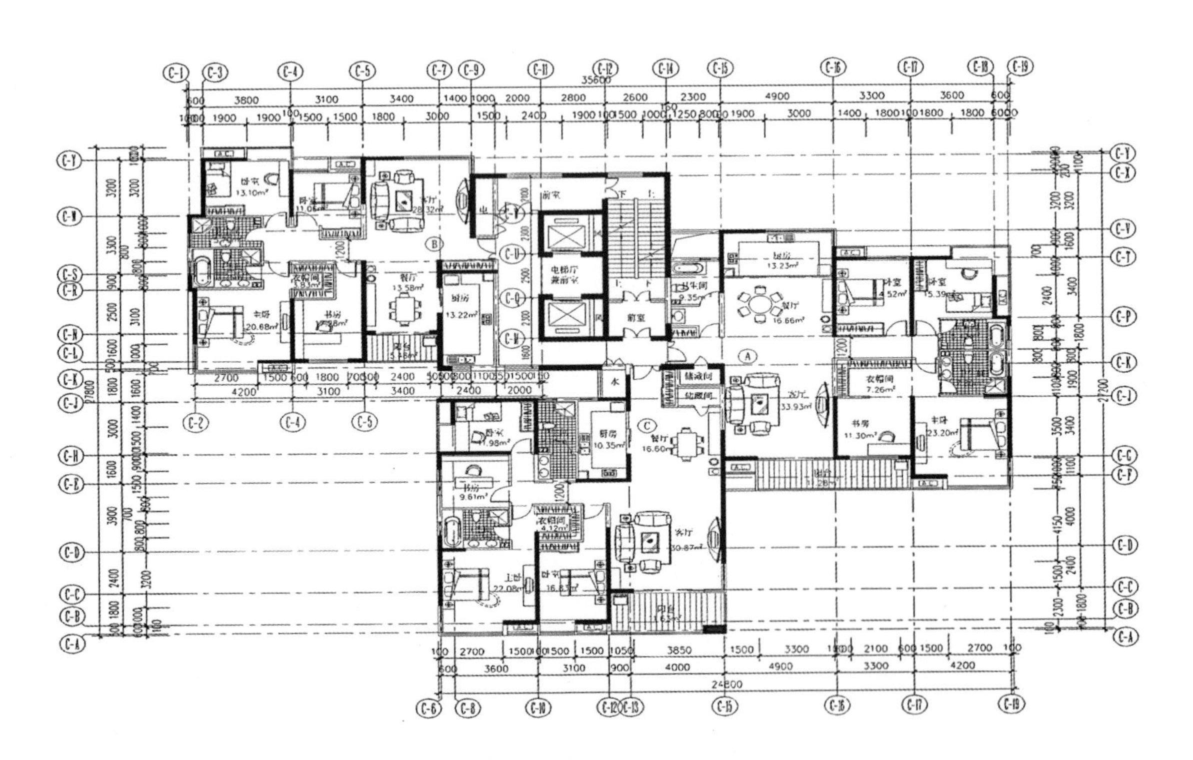

C型标准层平面图

编号	户型	套内建筑面积（m^2）	建筑面积（m^2）	使用面积系数	标准层建筑面积（m^2）
Ⓐ	四室二厅	180.72	213.45	84.66%	578.92
Ⓑ	四室二厅	117.72	174.18	84.80%	
Ⓒ	四室二厅	161.60	191.29	84.47%	

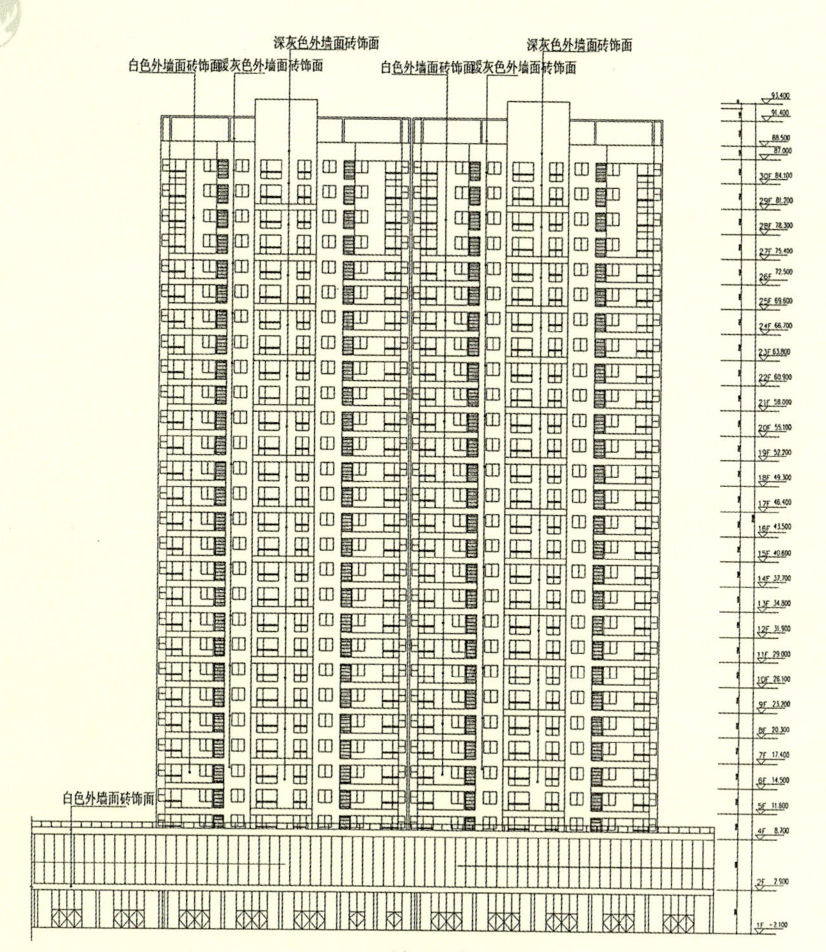

2栋北立面图

观海路街景效果图

淄博

淄盛家园

开发建设单位：淄博众信置业有限公司

专家评审意见

（一）规划设计评审意见

1. 住区形状方正，南受颐景园高层现状住宅限制，北有本地块保留住宅约束，本规划为4幢28~30层高层住宅，规划布局采用退让、错位的布置方式，住宅向内，商业和公建向外，并适当围合成既有机融合又相对独立的庭院环境空间，结构清晰，功能明确，布局合理。

2. 住区静态交通规划，采用人车分流的布局方式，机动车都停于地下车库，停车率达100%，三个车库进出口与城市道路直接相接，居民停车、用车可从家中直接下地下车库，便捷享用。平时机动车不进入地面庭院，完全解决了机动车对居民居住安静、安全的干扰。住区规划了一条曲线的南北主干道，平时不走车，规划中把步行休闲与景观同时体现于主路之上，若遇急救、消防、搬家，仍可顺畅通车。

3. 住区为4幢高层建筑组成，又规划了全地下停车库，地面所形成的庭院，空间宽敞，变化有序。加之2号楼1层架空，更增加了庭院空间流通和视角的层次感，整个庭院为居民创造了一个安静、适宜、优

美、安全的绿色大庭院。

4. 公共服务设施配套较齐全，布局相对集中。规划中提出公建、商业向外，住宅向内，社会人流与居住人流各行其道，互不干扰，保证了住区的安静。

5. 问题与建议：

（1）日照分析图2号楼若受影高度为10.35m，才可保证日照要求，但33页平面图示，2号楼2层是住宅用房，东单元仍有遮挡问题，请复核解决。

（2）规划宅前路图示为次要道路，应兼消防道路功能，但线形过于自由，距建筑远近差别很大，难以满足高层建筑消防道路的可到达长度及距建筑距离的要求。建议严格按高层防火规范要求进行调整，并做好防火通道及登高面的规划。沿街东面商业连接过长，封闭过死，应适当开口，并满足消防通道要求。

（3）建议在南北入口处，适当增加少量地面停车位，以方便临时停车之需。

（4）住区用地平衡表，要准确地按国家规范的办法计算，所提指标住宅用地只占32.28%，人均住宅用地不足4m^2，公共绿地比住宅用地还多，显然计算有误。建议对有关指标都应进行校核。

（5）地面各类道路欠通达顺畅，功能不够清晰，园林水面偏多，建议应进行全面、适当的调整。

（二）建筑设计评审意见

淄盛家园主要户型为89~118m^2/户，服务于普通居民家居需要，项目地处淄博市中心区、交通方便，优良的户型设计和产业化技术装备将创造一个宜人居住的住宅项目，将起到良好的康居示范作用。具体评审意见如下：

1. 采用总高超过20层的1梯4户的单元，其套型平面布局有一定的创新，面积标准适当，较好地改善了日照、通风条件。

2. 套型平面紧凑，功能分区明确，空间感良好，交通流线通畅，各房间尺度适宜。

3. 厨房设备、管线布置合理，厨房、餐厅联系紧密。卫生间平面基本满足要求。

4. 立面造型具有住宅建筑的特点，简洁清新，有现代感。

5. 下述问题需进一步改进：

（1）疏散楼梯间应有2个独立的出口，并距离75m。1梯2户的疏散楼梯，利用起居厅北阳台作疏散前室，应慎重处理。两单元之间的卧室应将分户挡墙延伸，以保证防火分区的构造要求。

（2）地下车库停车效率低，应重新布置，将60m^2/辆压缩至40m^2/辆。一、二期地下车库宜联成整体，以保持地面种植土厚度接近3m。

（3）2号楼首层架空不宜采用剪力墙落地的方式，应结合景观效果、结构体系、技术经济综合论证。

（4）套型布置应明确考虑洗衣机的位置及相应管线。

（5）顶层跃层套型，上部卧室28m^{2}与起居厅面积应考虑改进。该户型卫生间设在厨房上部，宜考虑可靠的构造措施。大户型宜考虑储藏空间。

（三）成套技术评审意见

1. 采用外墙外保温和断热铝合金中空玻璃窗。

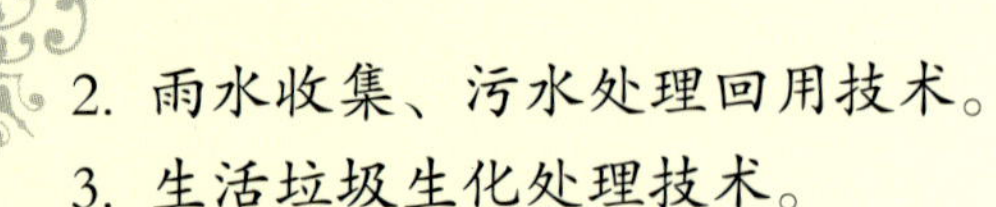

2. 雨水收集、污水处理回用技术。

3. 生活垃圾生化处理技术。

4. 智能化信息安防管理系统。

5. 太阳能光电转换照明技术。

6. 建议：

（1）按山东省节能65%的要求进行建筑节能设计。

（2）对外保温构造方案、饰面材料及施工技术作进一步论证，确保安全可靠。

（3）对中水处理方案及中水水源作进一步论证。

（4）建议在通过国家康居示范工程选用部品与产品认定或论证的目录中选用符合本项目要求的部品与产品。

区域位置

项目位于淄博市张店区新村西路与柳泉路交叉口西南，南侧为开发建设中的颐景园项目，西侧为太平村住宅楼，西北侧为供电公司的第二生活区、鲁能齐林超市、电力医院等，附近还有人民公园、淄博中心广场、中医院、餐饮等商业、文化及服务设施。

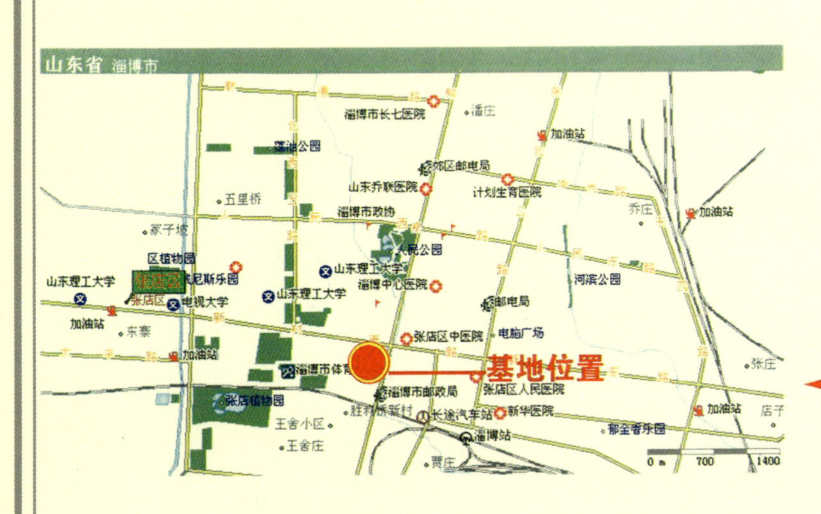

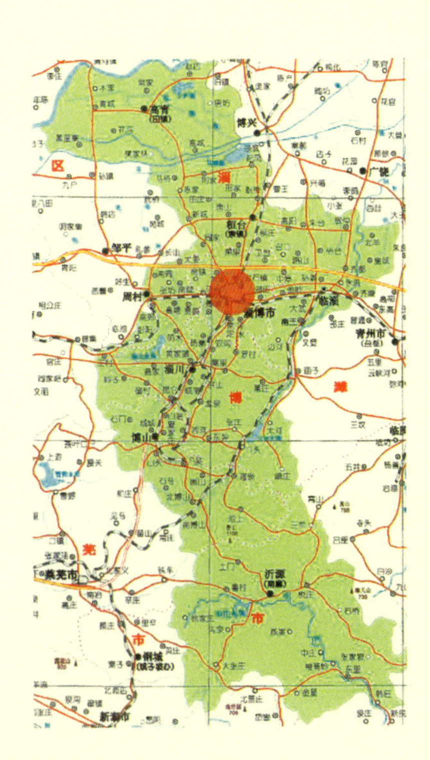

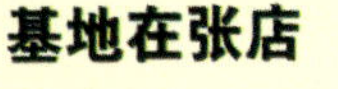
基地在张店

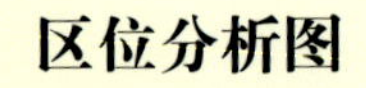
区位分析图

主要经济技术指标

项目		指标
规划用地面积		3.78hm²
总建筑面积		118994.6m²
其中	住宅建筑面积	104194.6m²
	沿街商业建筑面积	11000m²
	会所、市政建筑面积	3800m²
容积率		3.15
绿地率		41.6%
停车率		100%
地下建筑面积		61200m²
总户数		1022户

用地平衡表

	项　目	单位	数量	占居住用地（%）	m²/人	备注
	居住小区用地	hm²	3.78	100.00		
a	住宅用地	hm²	1.22	32.23		
b	商业、公建用地	hm²	0.36	9.52		
c	绿化用地	hm²	1.51	39.95		
d	道路用地	hm²	0.69	18.25		

说明：

1.本图依据甲方提供的规划设计任务书、地形图进行设计。

2.本图所注距离：建筑物指外墙皮，道路指道路红线。

3.图中所注距离以米为单位。

4.图中29+1F表示:建筑地上层数，最上层为复式。

总平面图

鸟瞰图

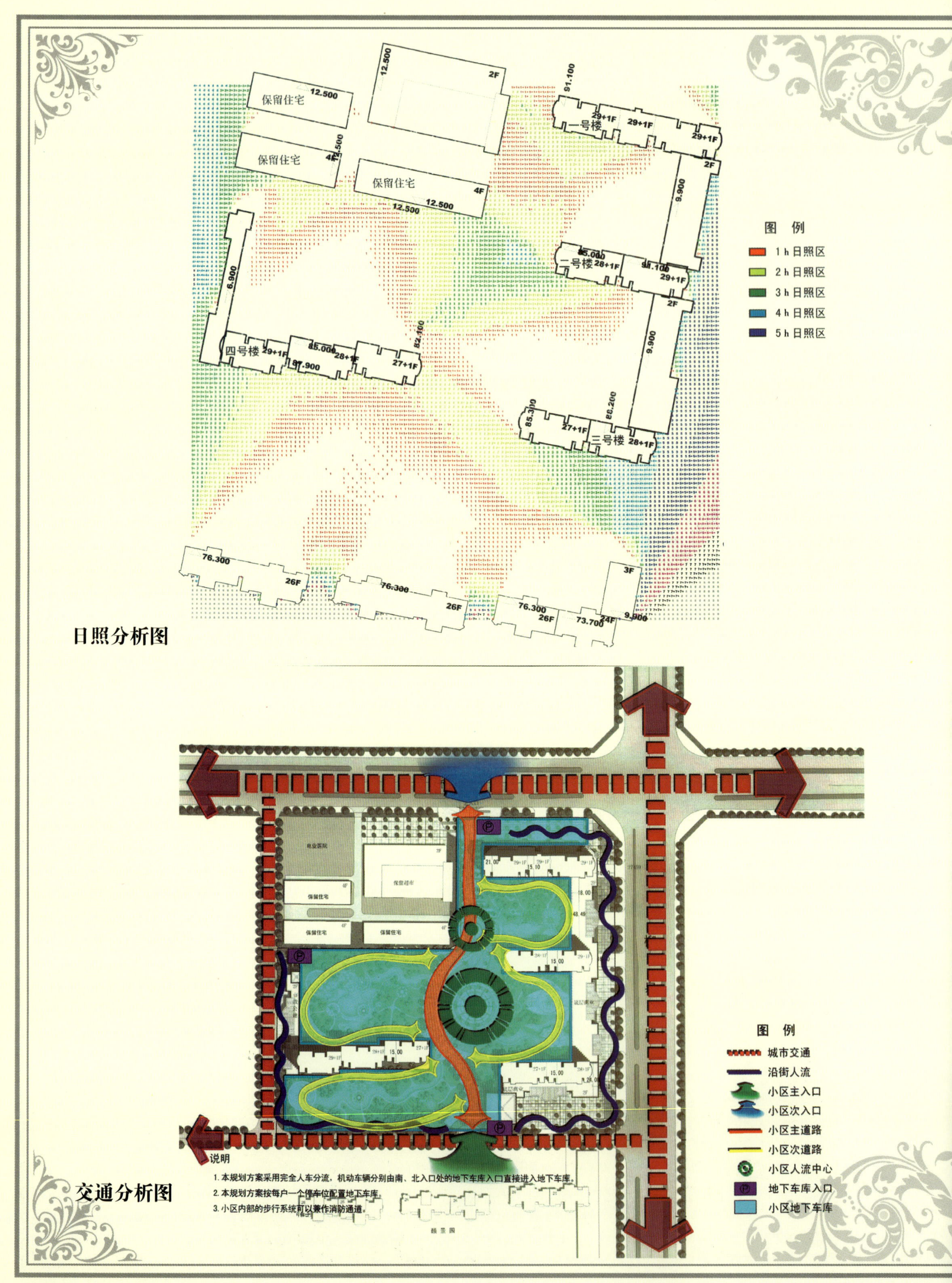
保留住宅
12.500
2F
91.100
一号楼
29+1F
4F
9.900
图 例
1 h 日照区
2 h 日照区
3 h 日照区
4 h 日照区
5 h 日照区
6.900
二号楼
28+1F
四号楼
27+1F
85.300
三号楼
76.300
26F
3F
73.700
24F
9.900
图 例
城市交通
沿街人流
小区主入口
小区次入口
小区主道路
小区次道路
小区人流中心
地下车库入口
小区地下车库
说明
1. 本规划方案采用完全人车分流，机动车辆分别由南、北入口处的地下车库入口直接进入地下车库。
2. 本规划方案按每户一个停车位配置地下车库。
3. 小区内部的步行系统可以兼作消防通道。
日照分析图

交通分析图

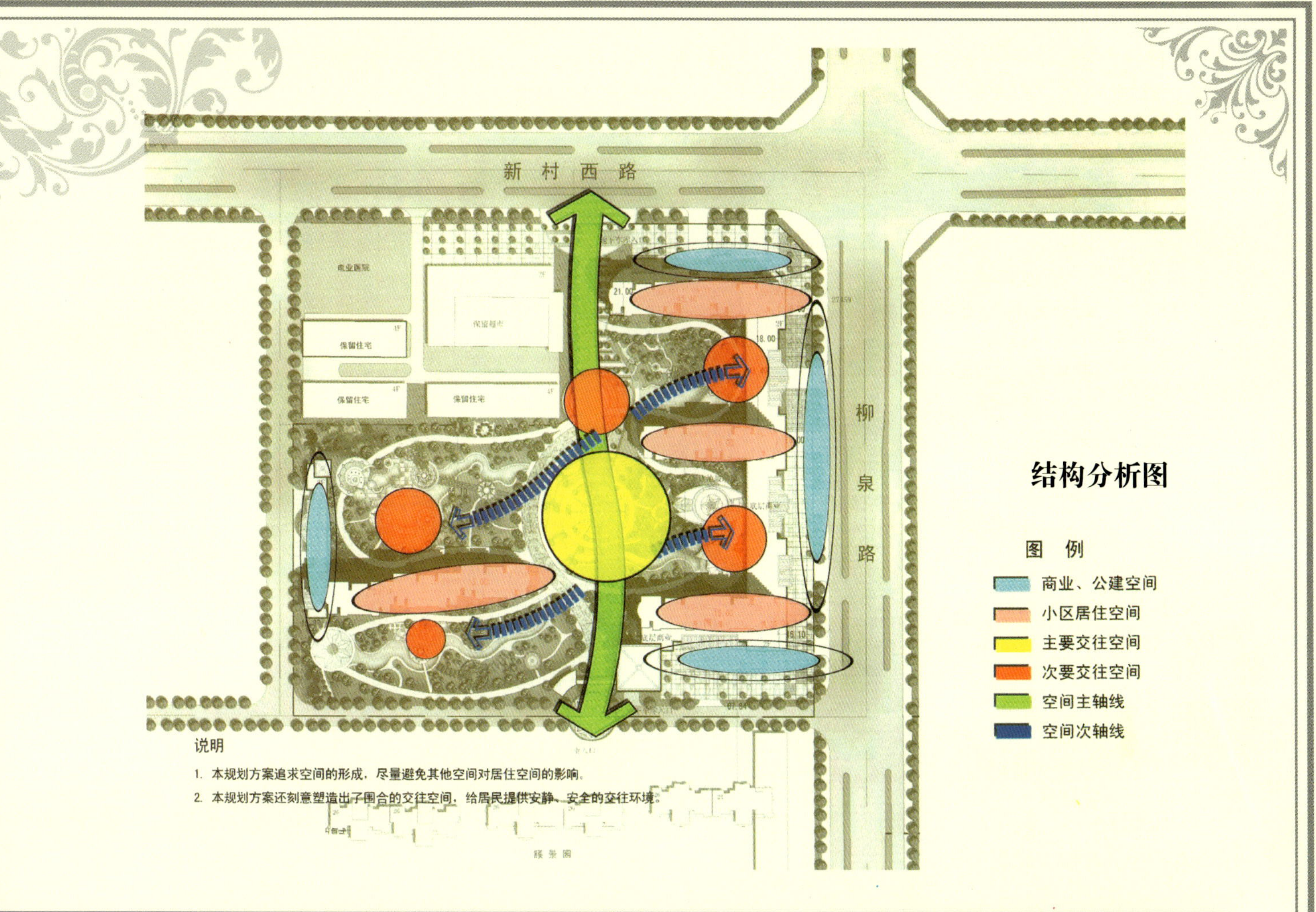

南立面图　　东立面图

1号楼立面图

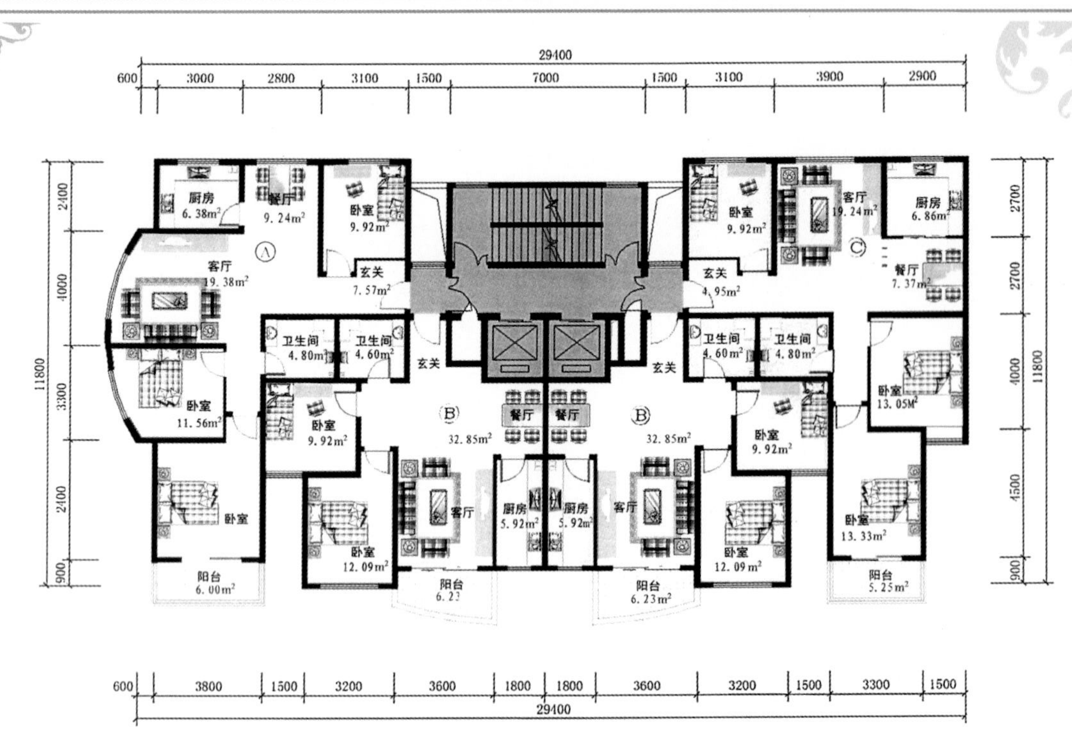

户型A、B、C平面图

户型	套型建筑面积（m²/套）	其中阳台面积（m²/套）
A	118.95	6.00
B	89.17	6.23
C	114.24	5.25

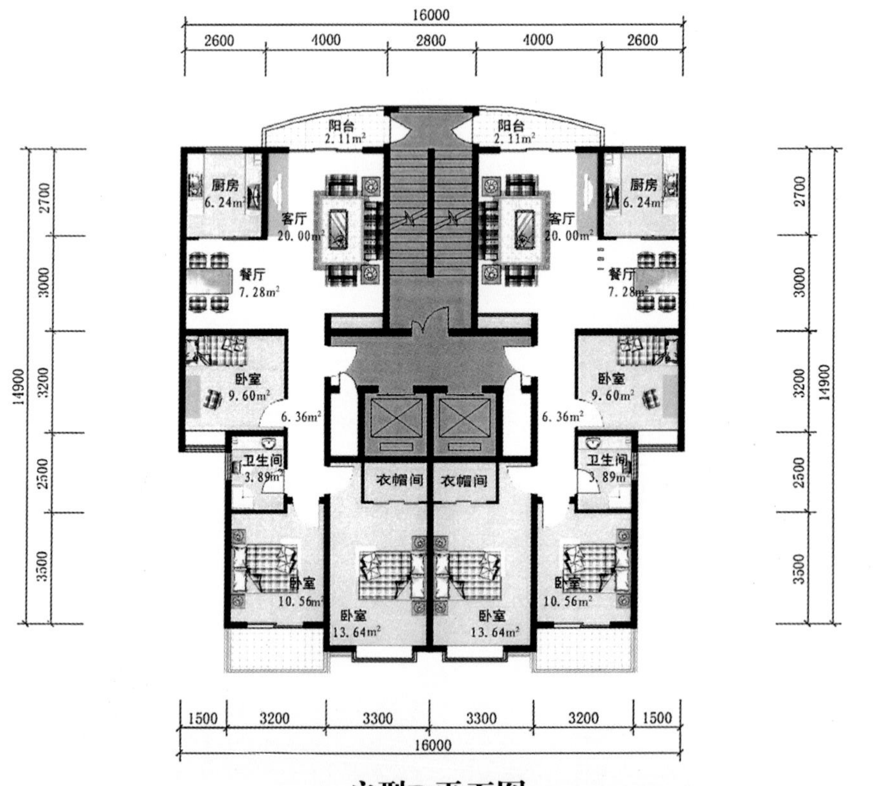

户型D平面图

户型	套型建筑面积（m²/套）	其中阳台面积（m²/套）
D	115.82	4.42

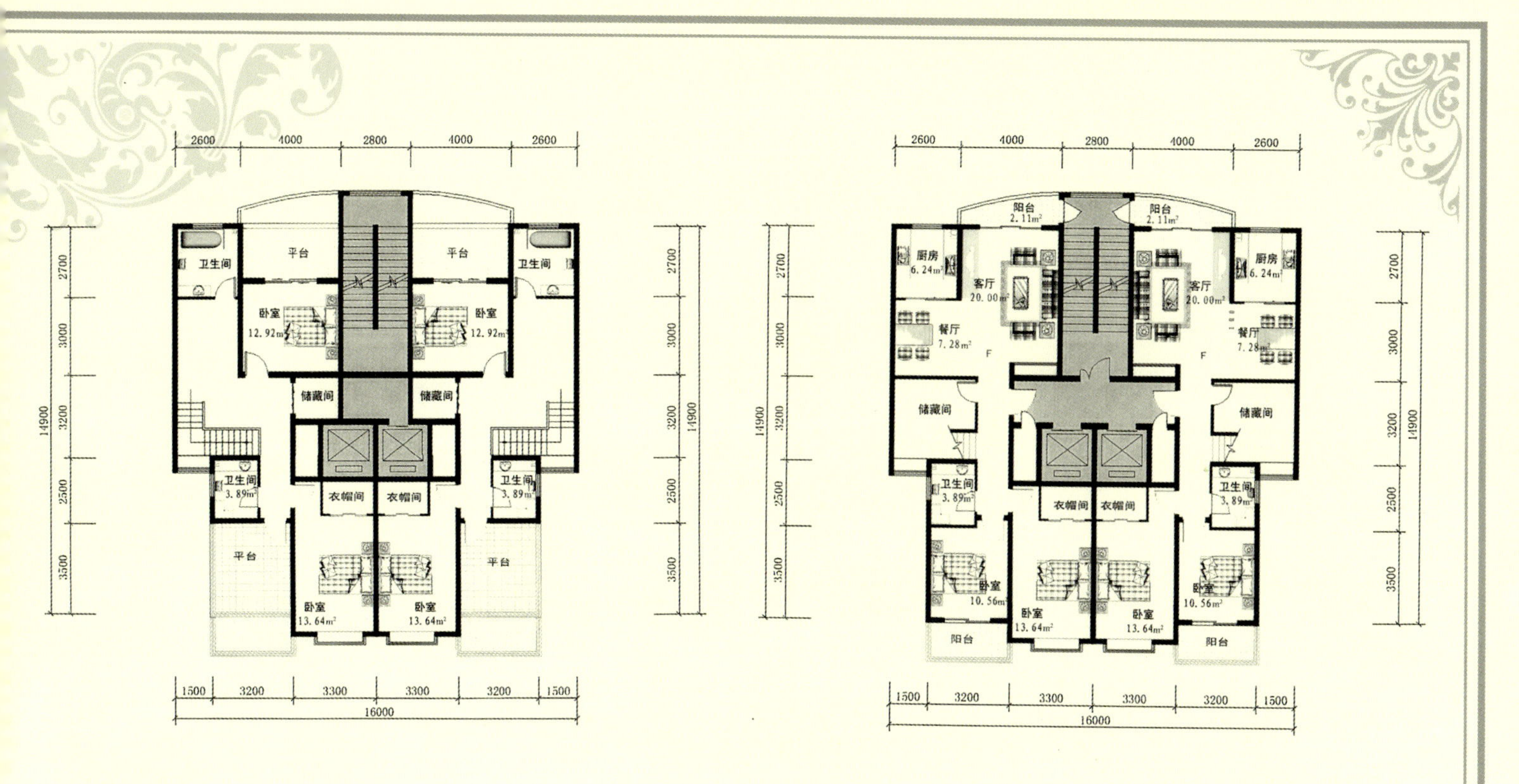

户型F一层、二层平面图

南立面图

东立面图

4号楼立面图

日照教授花园三期

开发建设单位：山海天城建集团
规划建筑设计单位：北京新型材料建筑设计研究院

专家评审意见

（一）规划设计评审意见

1. 小区建筑为行列式布局，朝向好，通风佳，布局较为合理。

2. 小区道路按一个内圆环的交通系统规划，道路分三级布置，可达性强，交通方便。小区停车以地下为主，地面为辅，机动车停车率高达97%，平常宅前路不走车，较好地解决了机动车对居民居住安静安全的干扰问题。

3. 规划中利用地形在小区中心开湖置景，并规划了较大的中心公共绿地，同时还设置了5块组团绿地，分布于各组团之中，形成了分布均衡的绿化系统，居民享用方便。

4. 小区公共服务设施配套基本齐全。

5. 小区技术经济指标符合国家有关规定。

6. 几点建议：（1）小区建筑布局空间比较单调，缺乏变化，如有可能请尽量加以优化调整。（2）小区道路交通系统还不够清晰，特别是组团级道路，有不少不能充分利用，请进一步优化调整，亦可节约道路面积。（3）规划中一层每户都作了前后私家小院，对一层住户是个很好的卖点，但实际感觉一层小院占公共环境空间过大，建议今后可适当减小一些私家小院，并建议要多植大树，以增加绿量。（4）幼儿园位置欠佳，过于靠城市主要道路及小区车行入口，幼儿园户外活动场地亦显不足，建议尽可能地进行调整。

（二）建筑设计评审意见

教授花园地理位置优越，通过方便舒适的规划设计与住宅设计，通过产业技术的装备，将创造一个优良的康居工程，会起到良好的示范作用。

1. 平面功能分区明确，布置紧凑，公共与私密区互不干扰。

2. 设置了必要的入户过渡空间。

3. 主要房间有足够的直接采光面，通风条件良好。

4. 餐厨布置紧密，方便生活。

5. 空调室外机与建筑立面统一考虑，整齐划一。

6. 建筑造型简洁，明快，比例协调，统一中有变化。

7. 在深化设计中尚需优化之处如下：（1）部分套型卧室受电梯干扰，厅内交通面积过大，交通线过长。（2）部分套型客厅与餐厅不分离，档次不够，提高北外墙的利用率可做出独立明餐厅。（3）1梯3户的朝南户大厅采光不足，宜与卧室转换位置。（4）部分套型（如72号）南入口坡道与邻近客厅有视线干扰，其11+1层出现主卧室内有2个卫生间的问题。（5）大套型厨房面积偏小，卫生间面积偏大，储藏面积不足。（6）E户型2室户配2个卫生间欠妥。（7）公共建筑平面与造型需进一步推敲。

（三）成套技术评审意见

日照市教授花园项目依照《国家康居示范工程建设技术要点》的要求，结合本地区实际，编制了住宅产业技术可行性报告，在项目的技术方案中采用多项符合住宅产业发展方向的成套技术，具有一定的先进性和适用性，基本满足国家康居示范工程的建设要求，对提高小区的居住品质、居住水平将起到积极作用。

1. 小区按照建筑节能65%的目标设计，选用多项成套技术：住宅外墙采用具有轻质、保温的水泥炉渣空心砌块，外贴EPX聚苯板保温复合外墙体系；屋面采用10cm厚的膨胀珍珠岩保温板；外窗采用断桥铝合金框、双层玻璃平开窗，形成了完整的建筑节能技术体系，技术先进、成熟、可靠。

2. 采用新能源利用技术。小区全部采用太阳能供热水系统，室外照明采用太阳能草坪灯，低层住宅和商业建筑部分采用地源热泵采暖制冷技术等。这些新能源的利用，进一步提高了小区的节能水平。

3. 采用节水、水资源循环利用成套技术。小区全部的生活污水能够在本区内自行处理，达到中水标准，用在小区景观用水和绿地的浇灌上。小区还采用了雨水回用技术，以充分利用水资源。

4. 采用了居住区环境质量保障技术、种植屋面技术，利用地形、地貌设置人工湿地等，对改善小区环境具有积极的促进作用。

5. 采用了智能化管理成套技术，设有安全防范系统、管理监控系统、信息网络系统等，符合居民现代化生活需求。

6. 小区的厨房、卫生间、客厅等基本装修到位，符合产业化发展方向。

7. 几点建议：（1）建议对小区全套节水技术作系统总结，除对建设过程中有关技术问题做好总结外，侧重对投入使用后其维护、管理问题作深入研究、总结。（2）对目前采用的装修方案进行完善，在可能的情况下，采用室内全部装修一次到位的做法，如部分装修需留给住户，希望加强对装修的物业管理。（3）建议就同一栋建筑既做种植屋面，又架设太阳能设施，二者如何结合好，同时还要与建筑本身有机结合，希望深入研究，作好总结工作，进一步升华为理论，再指导实践，充分发挥示范作用。

区域位置

教授花园（三期）规划基地面积39.6hm^2，位于日照市山海天地段旅游度假区，其南、北、西三侧均为规划居住用地。南紧临保留的排洪河道，北侧为太公三路，东侧为沿海路与沿海松树林带，与大海仅百米相邻。

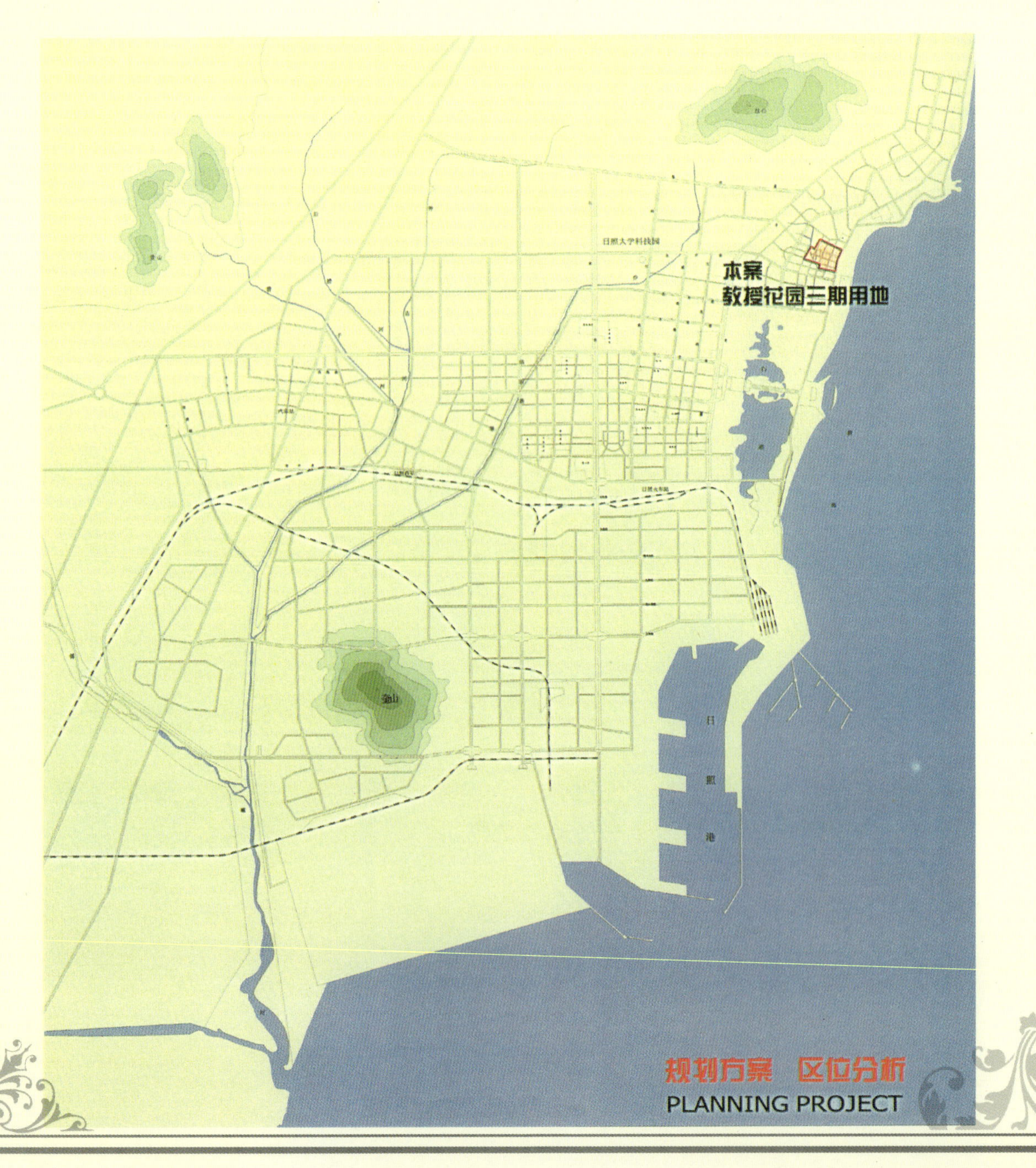

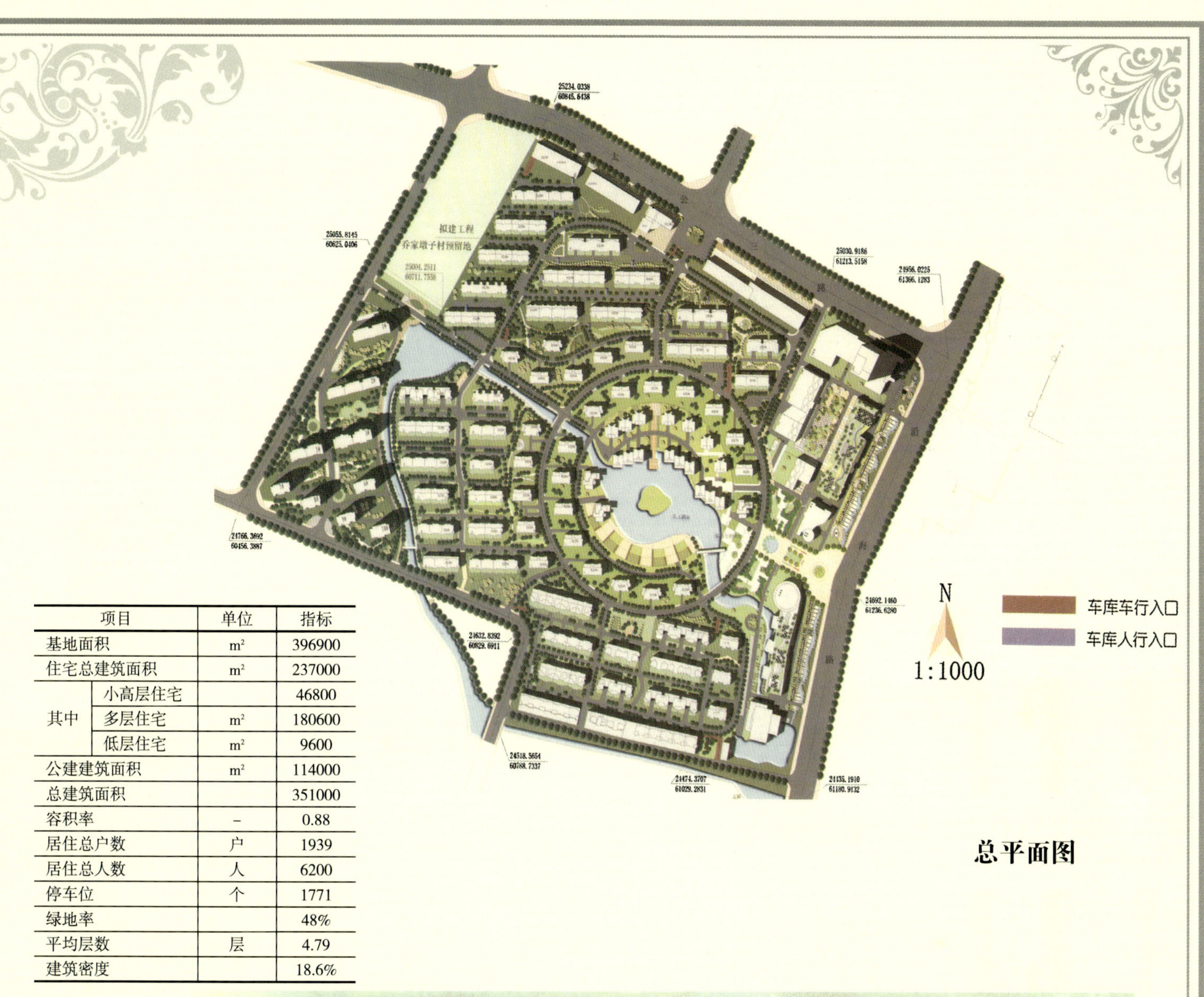

项目		单位	指标
基地面积		m^2	396900
住宅总建筑面积		m^2	237000
其中	小高层住宅		46800
	多层住宅	m^2	180600
	低层住宅	m^2	9600
公建建筑面积		m^2	114000
总建筑面积			351000
容积率		–	0.88
居住总户数		户	1939
居住总人数		人	6200
停车位		个	1771
绿地率			48%
平均层数		层	4.79
建筑密度			18.6%

总平面图

鸟瞰图

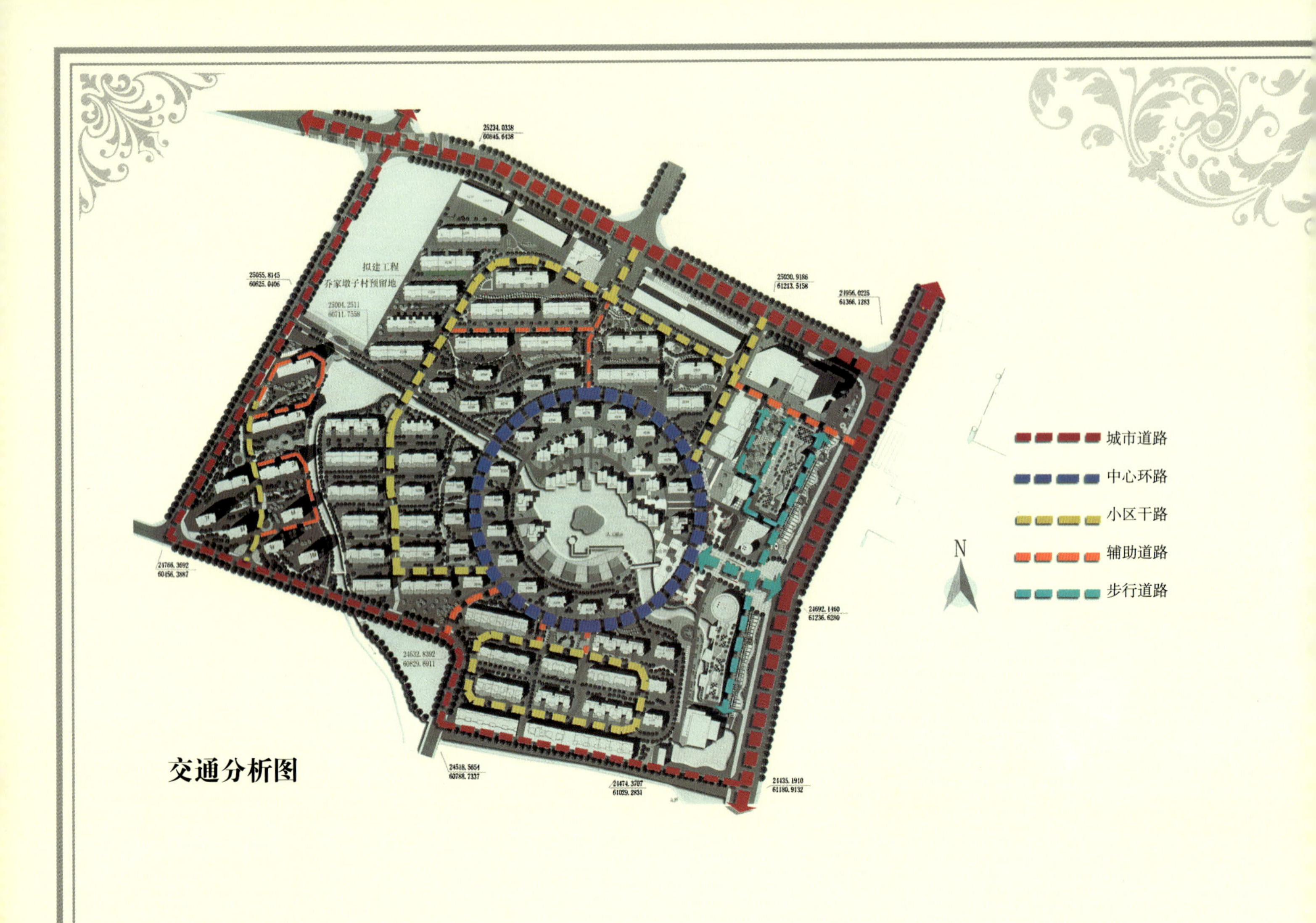

拟建工程
乔家墩子村预留地
城市道路
中心环路
小区干路
辅助道路
步行道路
N

交通分析图

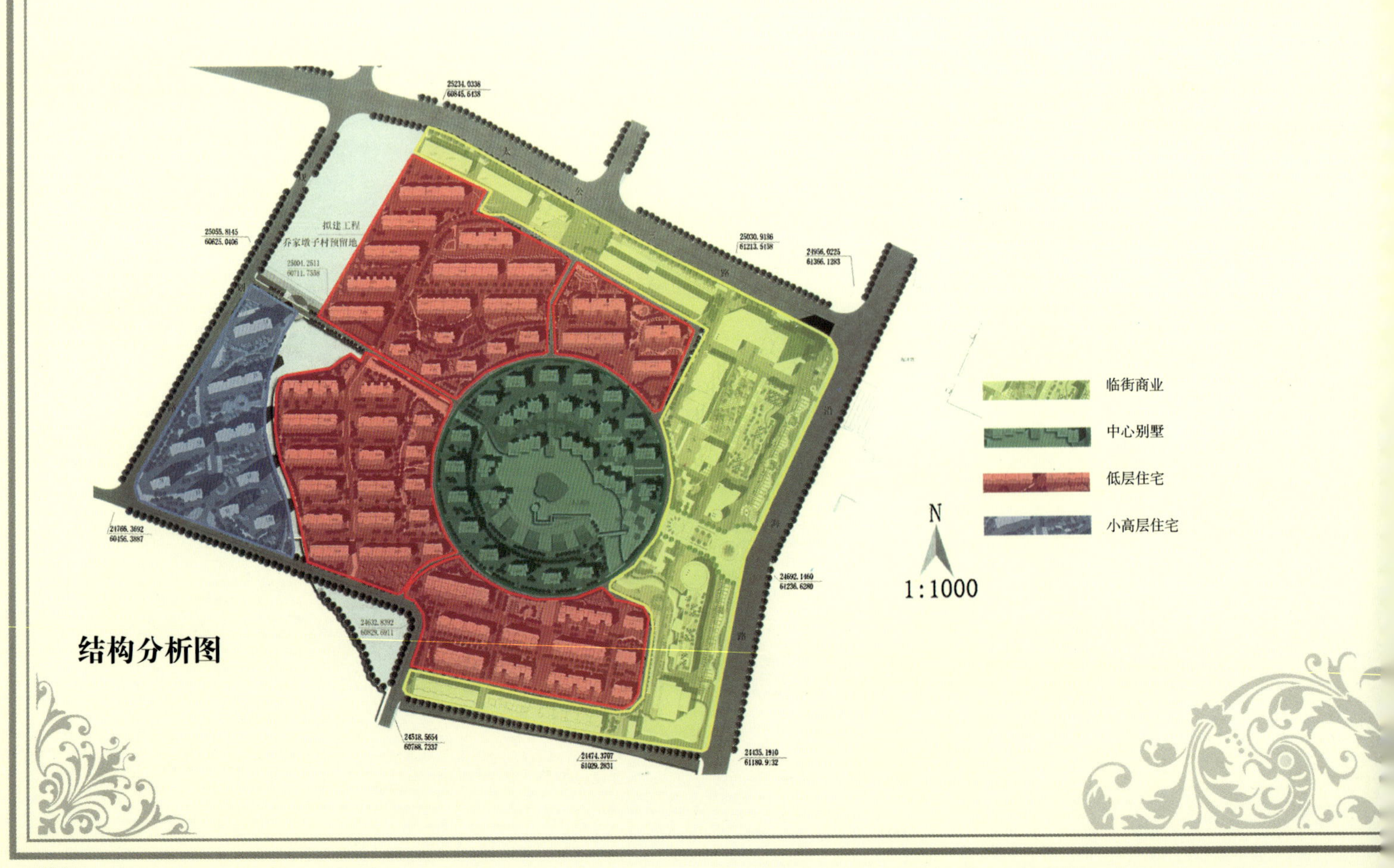

拟建工程
乔家墩子村预留地
临街商业
中心别墅
低层住宅
小高层住宅
N
1:1000

结构分析图

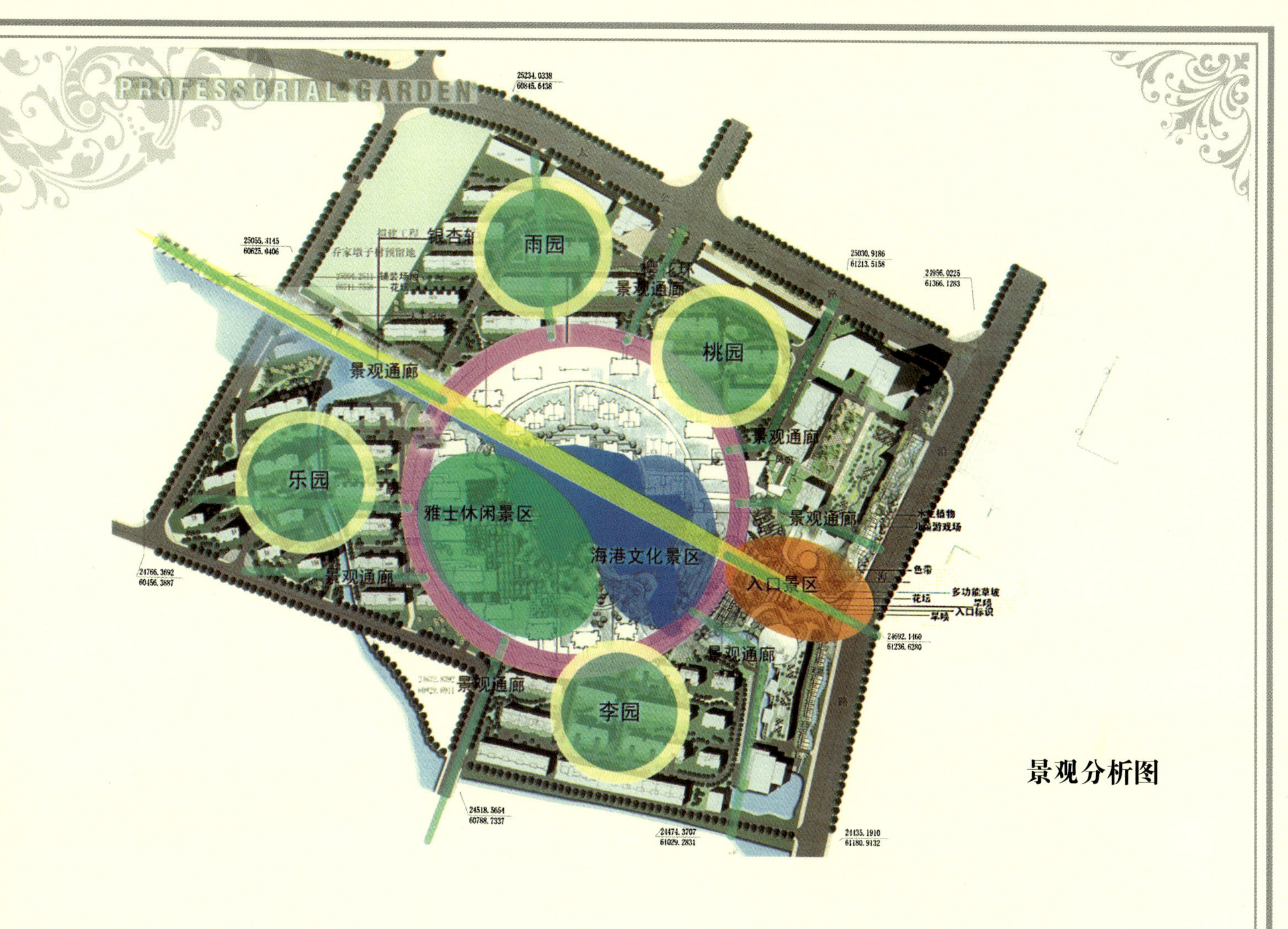

景观分析图

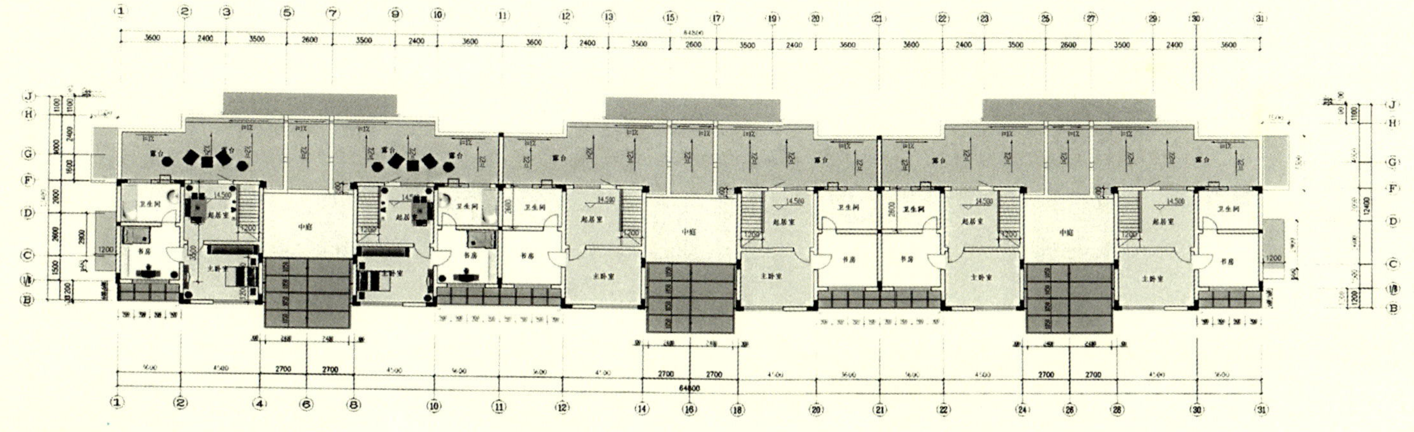

户型实测面积							
		一层（m^2）	二层（m^2）	三层（m^2）	四层（m^2）	五层（m^2）	六层（m^2）
A型	端户型	137	133	132	134	118	59
	中户型	137	125	124	126	110	59

A户型二层平面及透视图

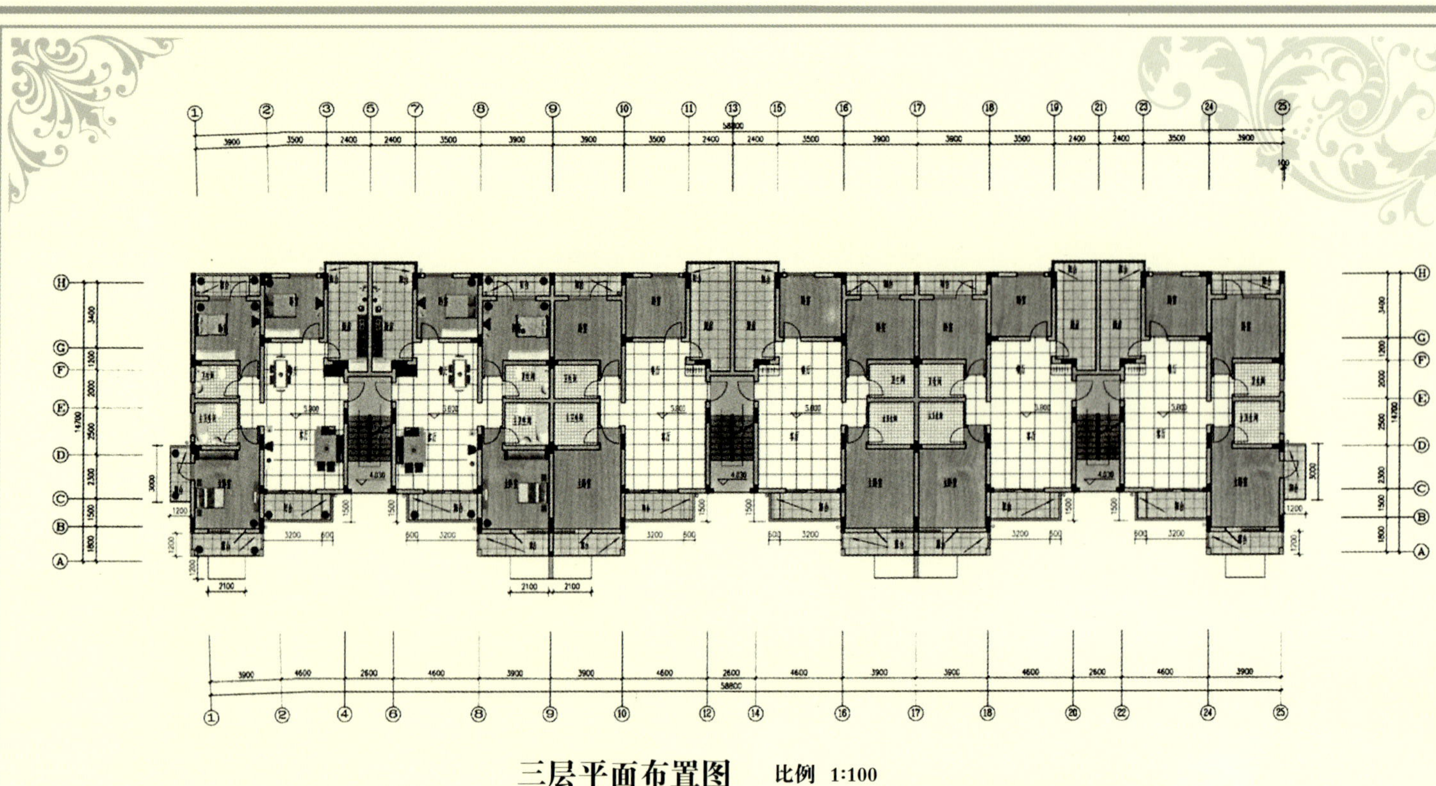

三层平面布置图　比例 1:100

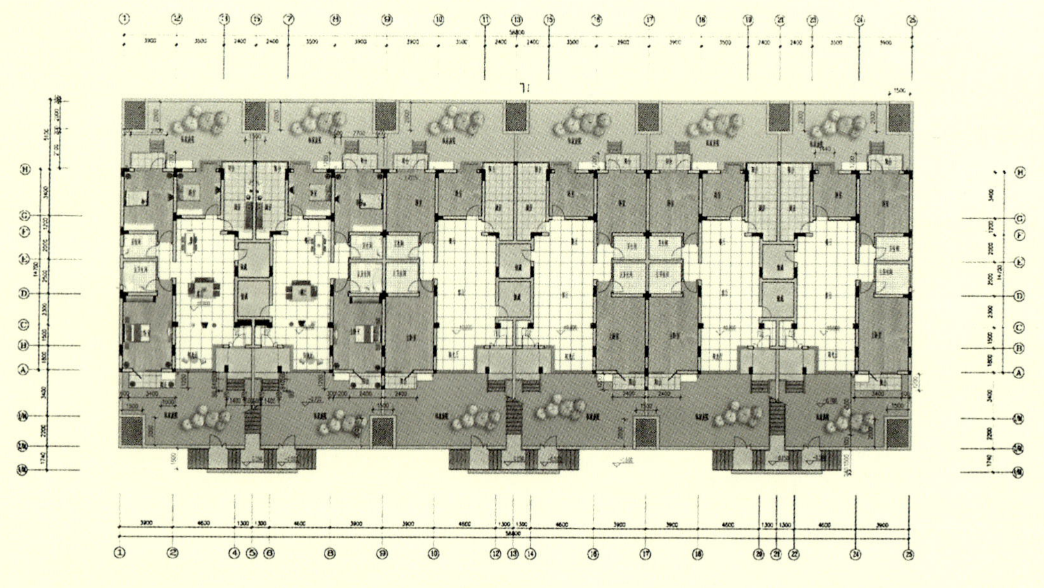

底层平面布置图　比例 1:100

		户型实测面积					
		一层（m²）	二层（m²）	三层（m²）	四层（m²）	五层（m²）	六层（m²）
C型	端户型	151	132	126	126	120	68
	中户型	151	130	124	124	117	66

C户型透视图

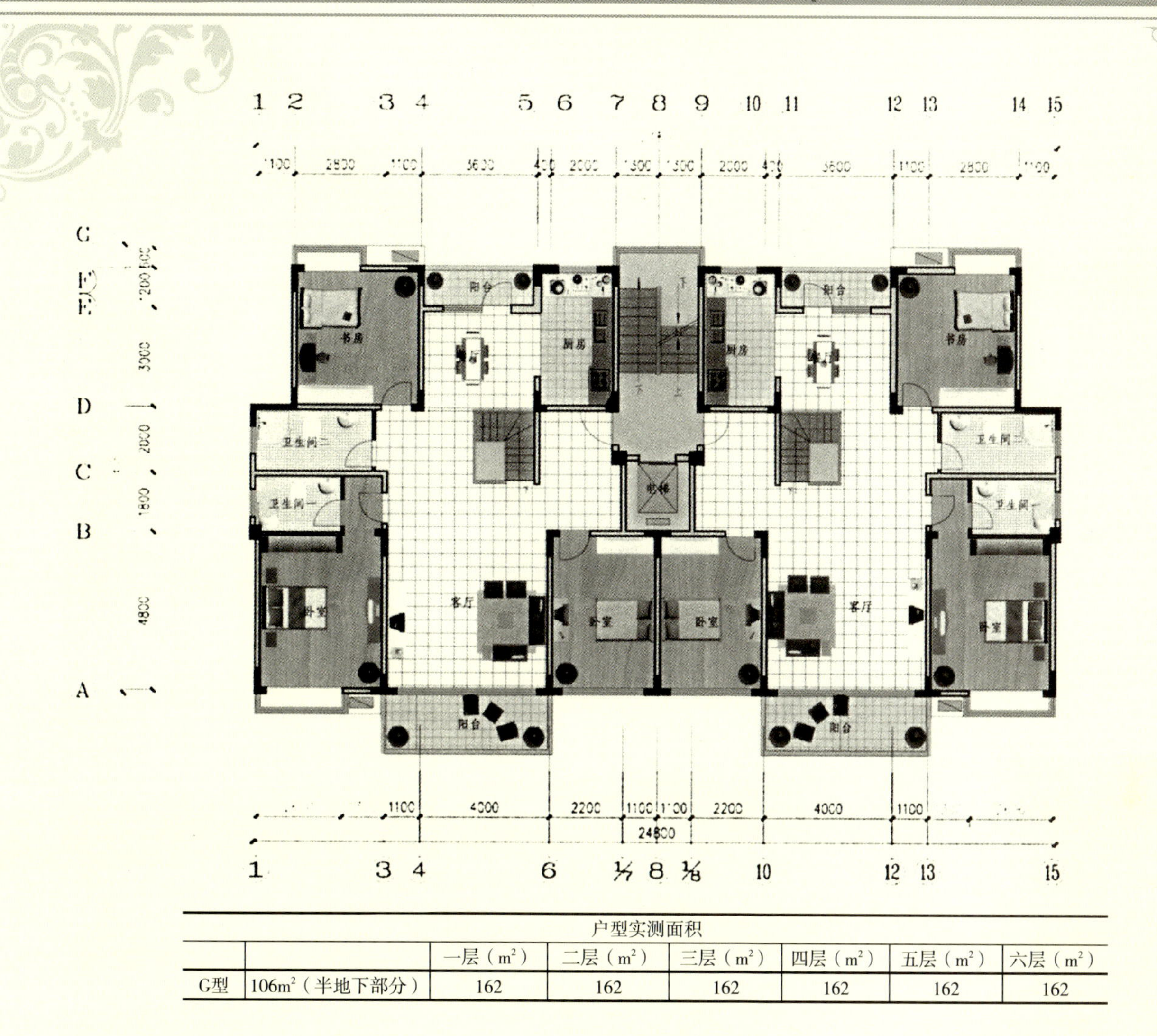

户型实测面积							
		一层（m²）	二层（m²）	三层（m²）	四层（m²）	五层（m²）	六层（m²）
G型	106m²（半地下部分）	162	162	162	162	162	162

G户型单元平面及透视图

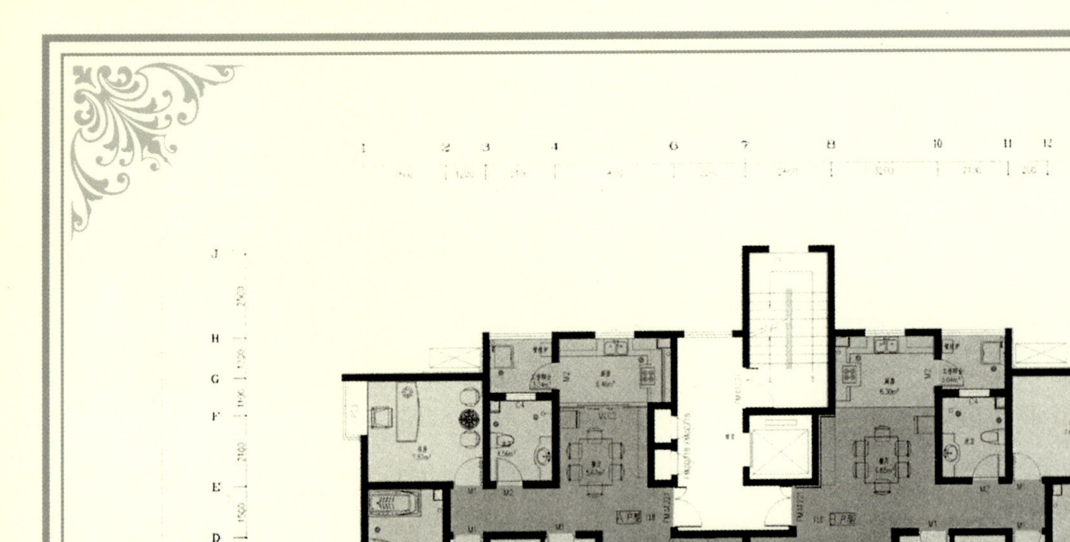

小高层7号楼户型平面及透视图

户型	类型	套内建筑面积	套型建筑面积	阳台建筑面积
A户型	三室二厅二卫	126.6m^2	126.6m^2	6.90m^2
B户型	三室二厅二卫	122.7m^2	127.7m^2	6.90m^2
	标准层建筑面积	274.1m^2		13.8m^2

小高层7号楼透视图

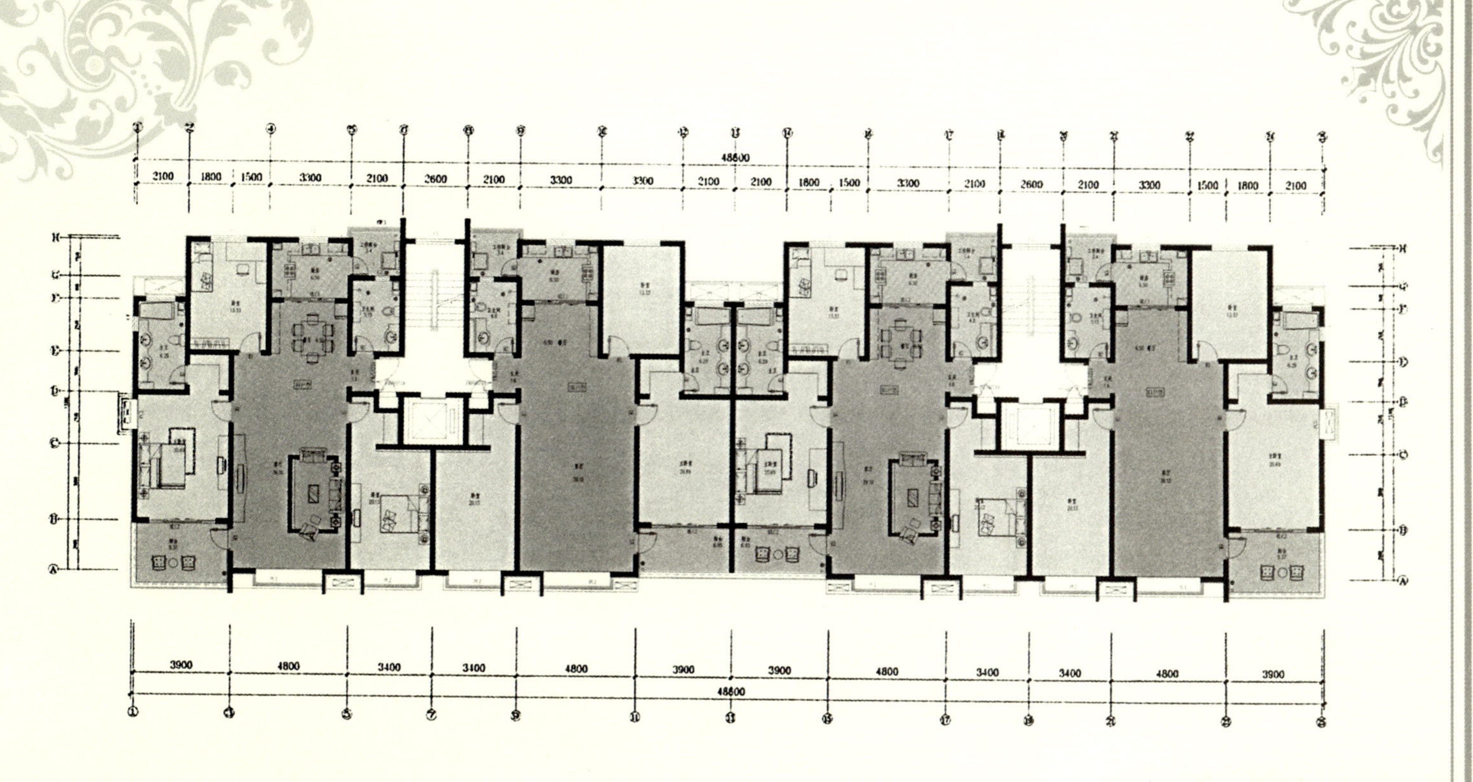

中高层1号楼户型平面及透视图

户型	类型	套内使用面积	套型阳台面积	套型建筑面积
A1	三室二厅二卫	119.29m²	14.18m²	149.1m²
B1	三室二厅二卫	118.94m²	11.53m²	147.8m²

中高层1号楼透视图

泰安奥林匹克花园

开发建设单位：泰安市华新房地产开发有限公司
规划建筑设计单位：同济大学建筑设计研究院

专家评审意见

（一）规划设计评审意见

1. 小区遵循奥林匹克精神和泰山地域文化的原则，空间布局强调“引山入园”、“傍水看山”的规划理念，通过中心环绕的绿化系统将主体景区连成一个有机的整体，结构清晰，整体协调有序。

2.小区各组团住宅满足日照、通风等要求，结合运动主题，空间丰富多样，为居民提供了良好的宜居、运动、交往生活环境。

3. 绿化景观设计贯彻一轴、两带、五节点的原则，做到集中绿地和组团绿地相结合，观赏性、实用性与运动性相结合，方便居民使用，使小区总体景观环境富有个性和活力。

4. 公共服务设施美观而有个性，与小区运动主体环境相协调。

5. 存在的问题和建议：（1）小区内道路需进一步明确划分，为居民创造安静的交通和流线。南侧主入口交通过于集中局促，应该解决行人与车流在主入口的交叉，道路应避免过多的转折。（2）在景点设计上要强化地域文化概念，空间形态在色彩、形式和景

观景点上要突出文化内涵，进一步提升空间的丰富变化，避免多层住宅的呆板。（3）幼儿园所处位置决定了其服务半径较小，在居民楼之间布置对居民干扰较大，建议调整到合理的地段。（4）小区公共绿地强化主体，减少硬铺装。（5）地下车库出入口与小区道路的关系要进一步明确，停车场与绿化用地需明确划分。（6）公共服务设施布局要合理，为居民提供方便、全面的服务设施，为儿童和老人提供更多的室外活动场地。（7）一期小区北侧东西向主路两侧的住宅间距要拉大，道路断面要加宽。运动城周边要明确划分出区内道路与区外道路的流线和出入口，两者不能交叉。同时下沉式广场要减少对北侧居民楼的噪声干扰。

（二）建筑设计评审意见

1. 小区因地制宜设有4＋1层、5＋1层多层住宅14栋，7种不同组合，平坡结合，高低错落，排列有序。

2. 住宅设计一梯二户板式楼，大面宽小进深，设有底层商店层、平层和屋顶退台层，满足不同住户需求。

3. 住宅户型以2～3室户为主，设计有二室二厅一卫、三室二厅一卫、三室二厅二卫、四室二厅二卫等多种户型，满足市场客户的需求。

4. 住宅套内空间功能比较齐全，布局较好，实现内外有别、动静分区、洁污分离。

5. 户型南北朝向，户户向阳，明厨、大部分明卫、明餐厅，穿堂风好，有利于节能，厨卫设施齐全，洗衣机部分设在卫生间前室内，有的住户楼下设有半地下室贮藏间，自然采光通风，方便住户使用。

6. 不足之处和建议：（1）首层有半地下室，室外进户高差1m，单元入口可设坡道以方便住户使用。（2）B1型3室2厅1卫住宅，建议改为2卫布置，可与B3型住宅合并。（3）有4层厨房设计面积为12m^2，尺度过大，可调整增加储藏空间。卫生间可增加前室放置洗衣机，功能利用更加方便。（4）地下车库位置、数量以及建筑面积进一步核实，调整完善。（5）底商应增加卫生间，并考虑上层住宅厨房、卫生间管道的转换，方便商户使用。（6）运动城的公建设计，标准层无卫生间、开水间、清污间，也未考虑残疾人及无障碍设计等。（7）飘窗、低窗台的节能保温和安全应按有关规定严格执行。

（三）成套技术评审意见

1. 开发单位针对建筑节能、节地、节水、节材要求，采用了多项成套技术和新产品、新材料，技术方案基本符合国家康居示范工程对产业化技术方面的要求。项目采用了CL复合剪力墙体系、断热铝合金中空玻璃窗和聚苯板屋面保温构造做法，为实现建筑节能目标提供了技术保障。

2. 采用了太阳能分户供热水技术和太阳能光电转换照明技术，在新能源利用方面具有较好的示范意义。

3. 采用了厨卫一次性装修到位及厨房整体标准化设计等厨卫体系成套技术。

4. 采用了节水型卫生洁具、雨水回收技术和中水处理系统等节水产品和技术。

5. 除以上技术外，还采用了小区智能化管理、建筑防水及饰面、建筑施工和汽车停放等多项成套技术。

6. 建议按建筑节能65%的要求对CL复合墙体聚苯板厚度作进一步测算，并在实践中积累经验。

区域位置

项目位于泰安市南部，东临向南的主要交通道路10号大路，西为规划的高新技术开发区的行政中心，南侧为规划的200亩凤凰河公园，北为工业区，地块地形较平坦，环境好，交通便利，开发条件良好。

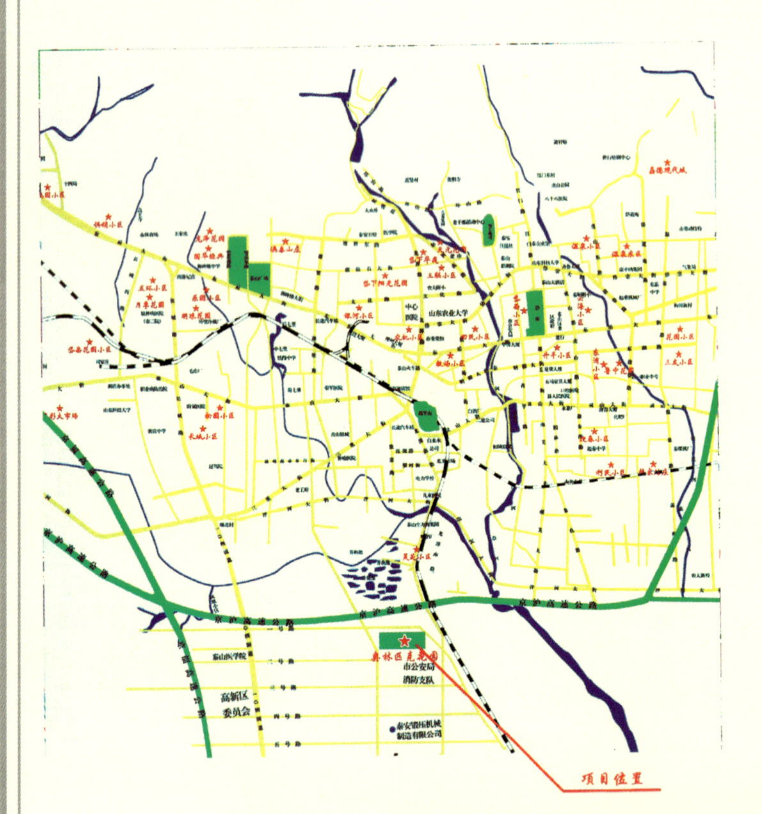

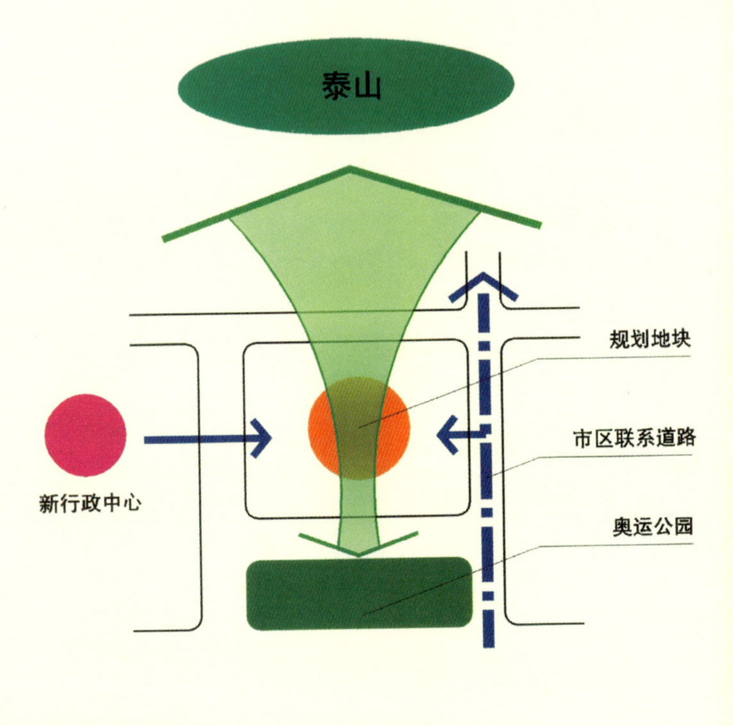

首期总平面图

技术经济指标

序号	项目		单位	数量
1	总用地		m^2	327000
2	地上建筑面积		m^2	359700
	其中	小高层住宅	m^2	71883
		多层住宅	m^2	180098
		叠拼住宅	m^2	62785
		联排住宅	m^2	22434
		运动城	m^2	5000
		商业服务	m^2	10000
		小学	m^2	5000
		幼儿园	m^2	1500
		社区中心	m^2	2000
3	地下建筑面积		m^2	7888
4	小高层住宅比例		%	21.3
	多层住宅比例		%	53.4
	叠拼住宅比例		%	18.6
	联排住宅比例		%	6.7
5	总户数		户	1936
6	居住人数		人	6776
7	户均人口		人/户	3.5
8	建筑占地面积		m^2	68514
9	建筑密度		%	21.0
10	容积率			1.1
11	绿地率		%	38
12	集中绿地率		%	17.1
13	汽车停车位		辆	1398
	其中	地下停车	辆	276
		地面停车	辆	910
		入户停车	辆	212

总平面图

用地平衡表

项目		用地面积（hm^2）	用地比例（%）	人均面积（m^2/人）
居住用地		32.7	100	48.3
其中	住宅用地	20.44	62.5	30.2
	公建用地	4.15	12.7	6.1
	道路用地	4.22	12.9	6.2
	公共绿地	3.89	11.9	5.7
其他用地		0		
居住区规划总用地		32.7		

首期鸟瞰图

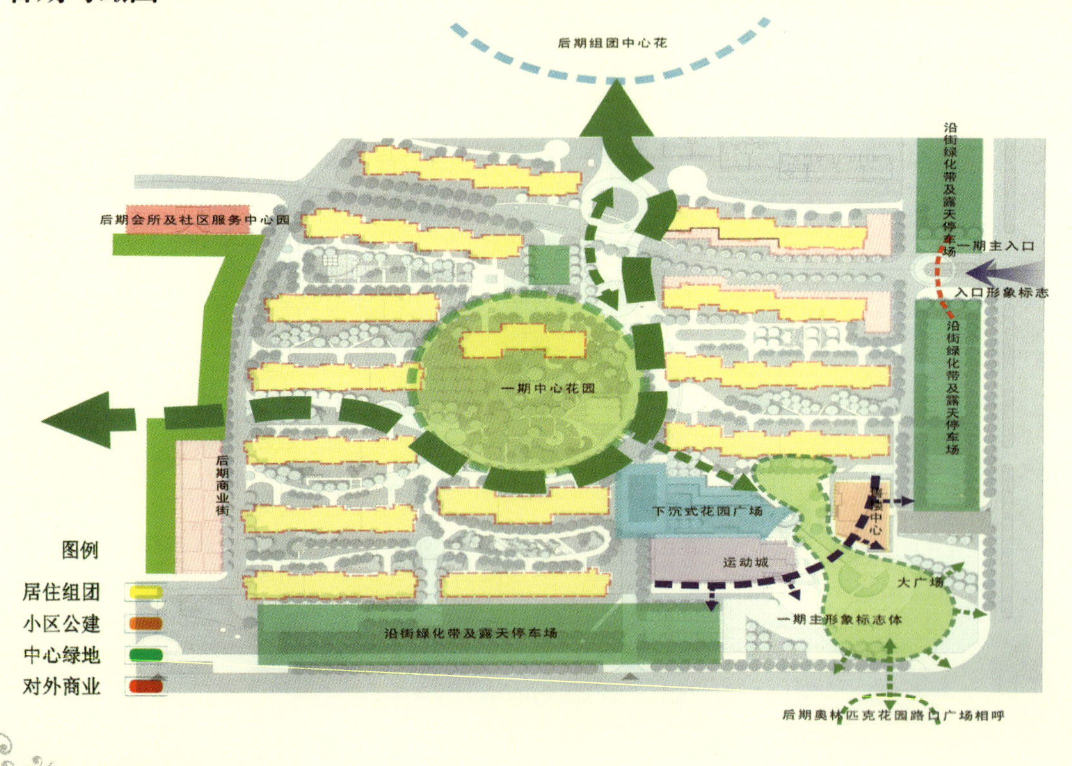

规划功能结构分析图

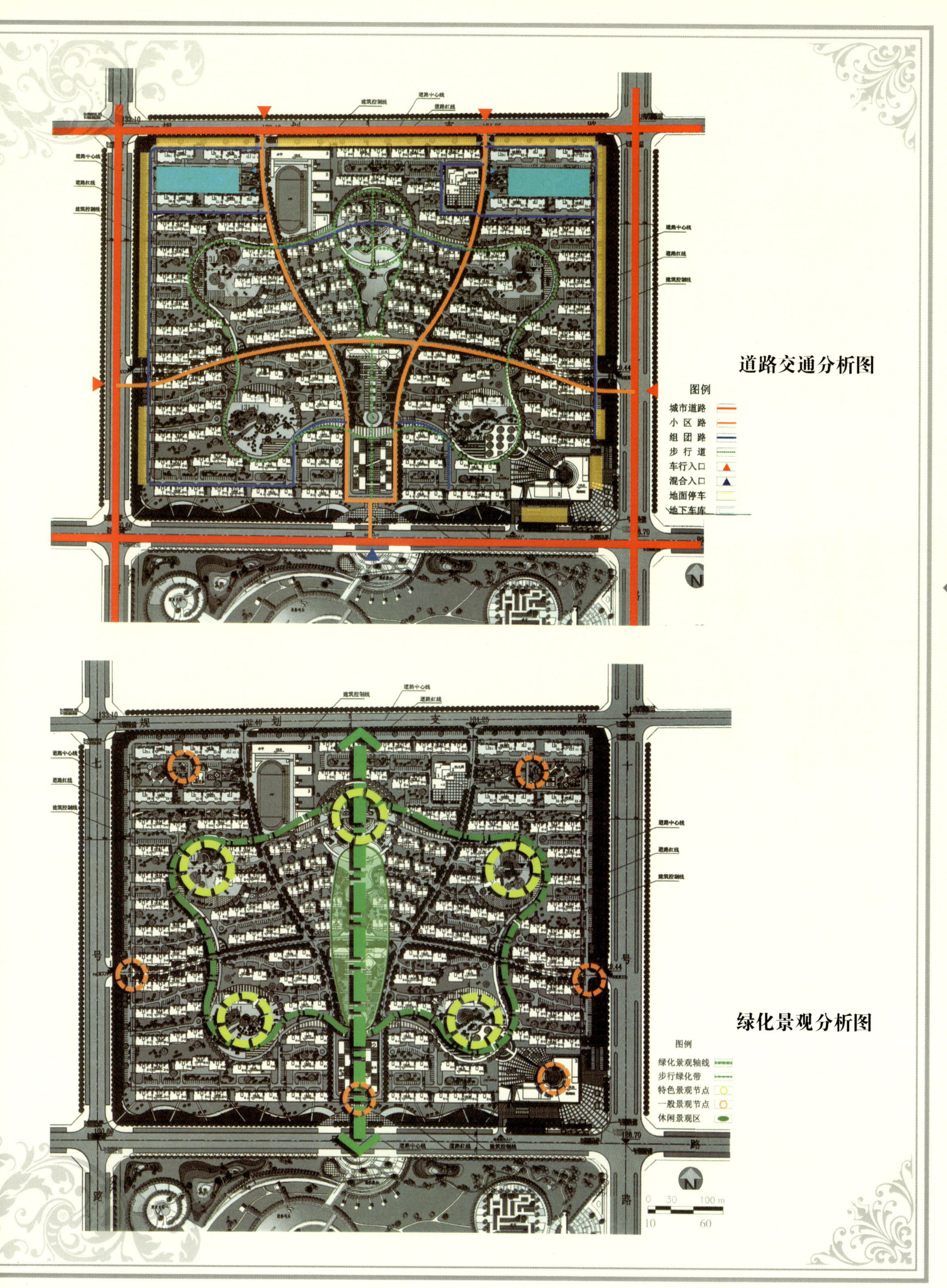
道路交通分析图
图例
城市道路
小 区 路
组 团 路
步 行 道
车行入口
混合入口
地面停车
地下车库
绿化景观分析图
图例
绿化景观轴线
步行绿化带
特色景观节点
一般景观节点
休闲景观区
规 划 支 路

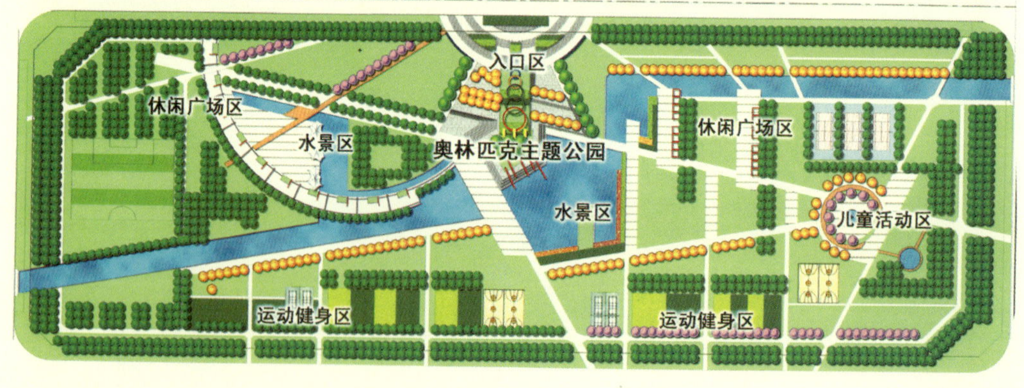

景观环境概念性设计方案

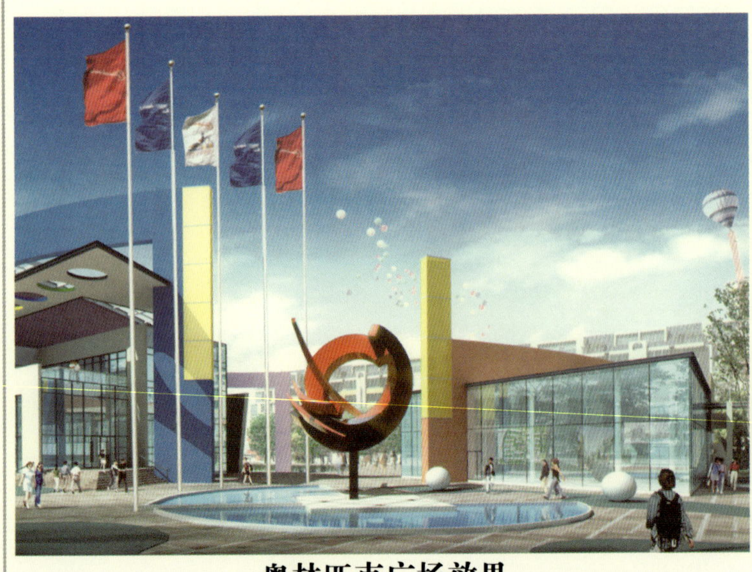

奥林匹克广场效果

主入口广场与商业效果

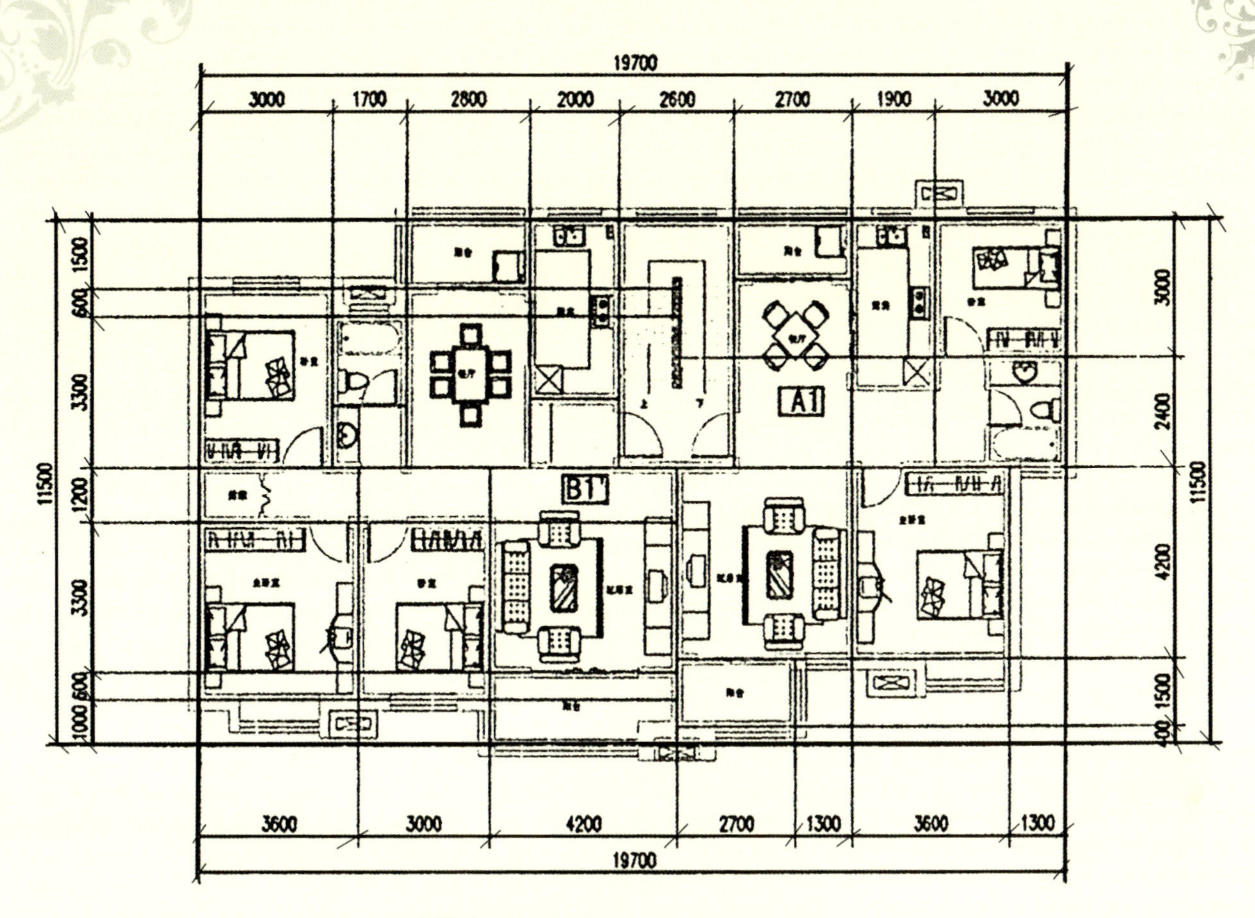

首期标准层平面（A1型、B1型）

编号	户型	建筑面积（m^2/套）
A1型	二室二厅一卫	87.15
B1型	三室二厅一卫	117.98

中心花园效果

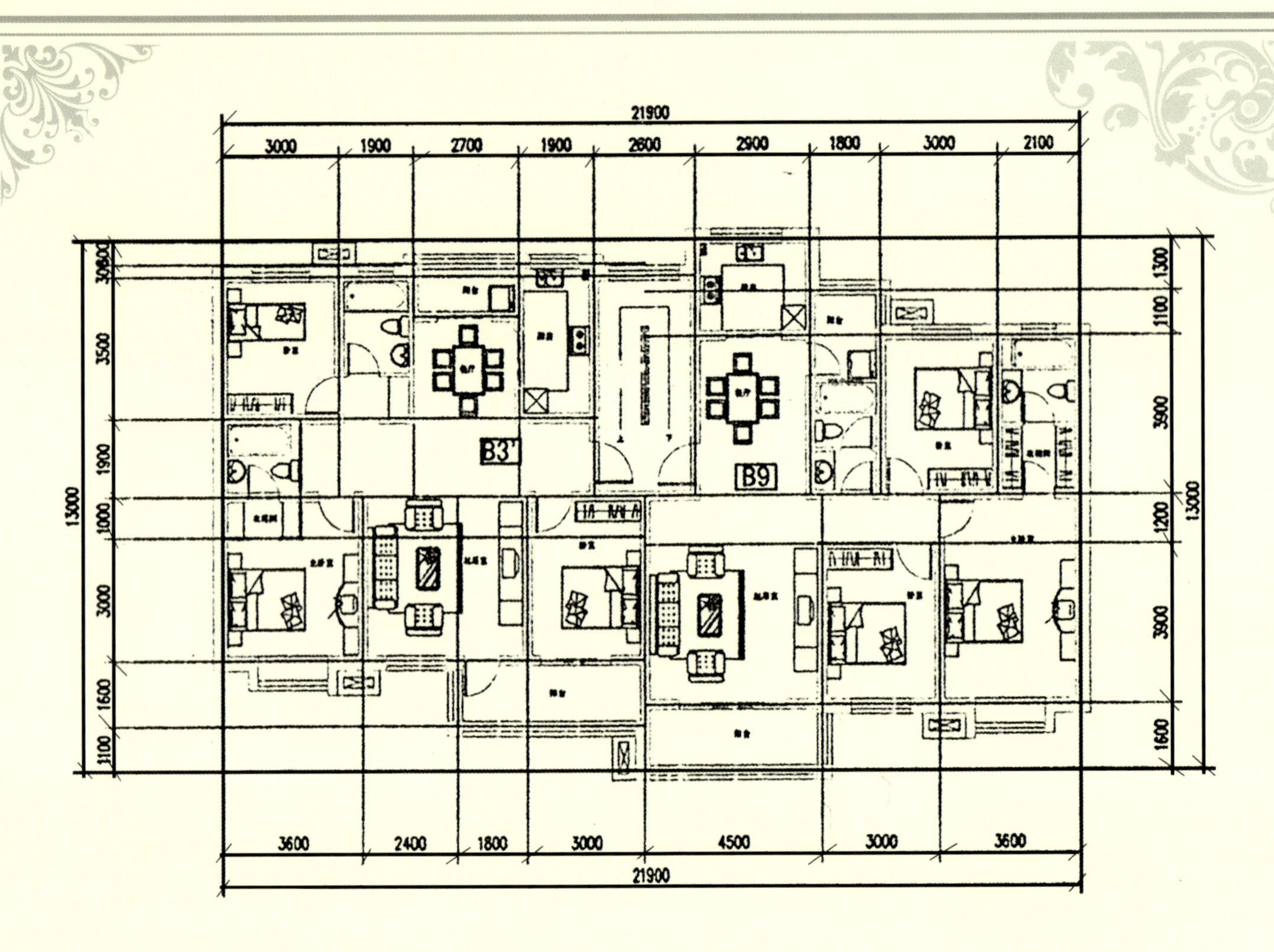

首期标准层平面（B3型、B9型）

编号	户型	建筑面积（m²/套）
B3型	三室二厅二卫	118.84
B9型	三室二厅二卫	126.89

南向沿街立面

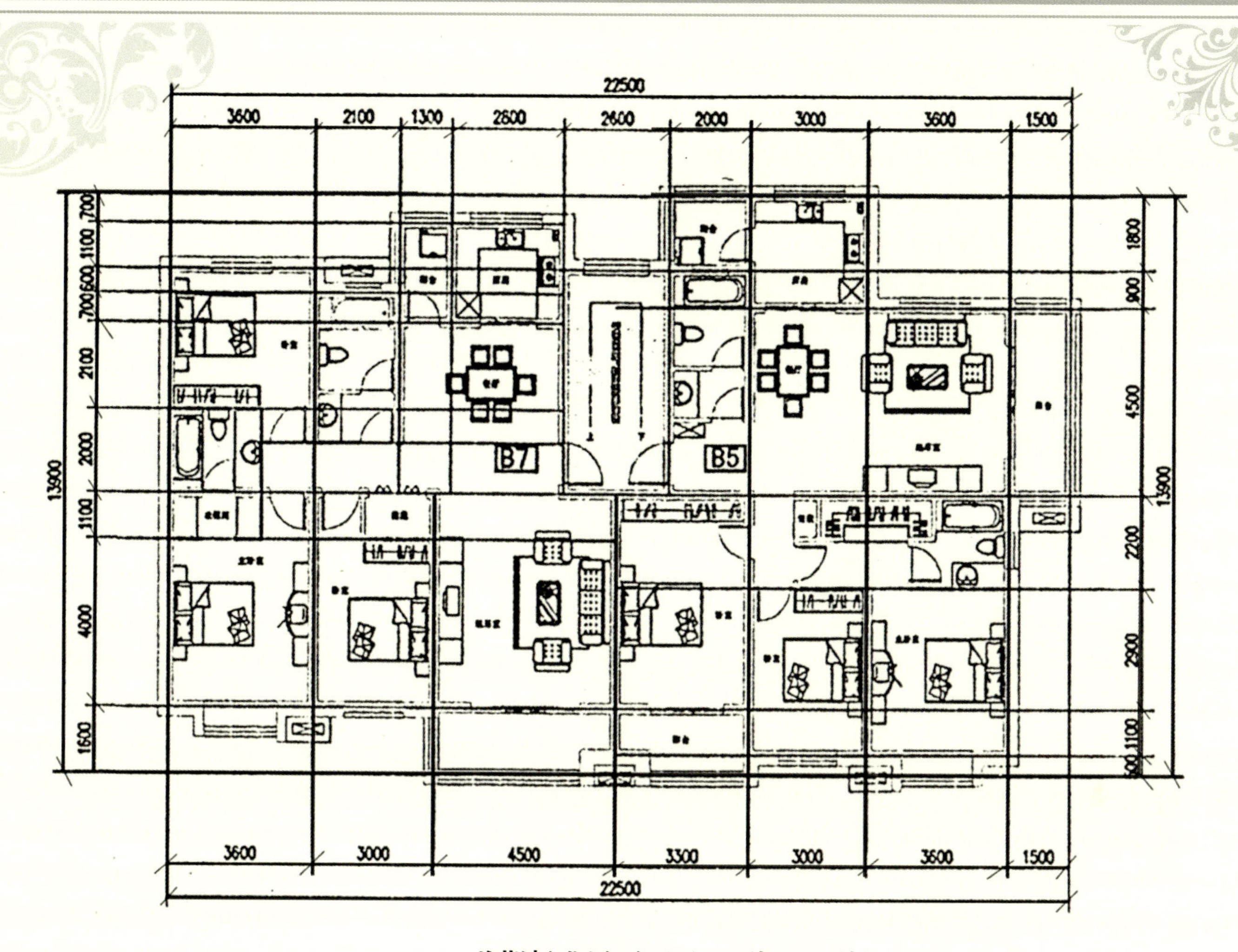

首期标准层平面（B7型、B5型）

编号	户型	建筑面积（m²/套）
B7型	三室二厅二卫	136.30
B5型	三室二厅二卫	138.50

南向沿街立面

济宁冠亚星城

开发建设单位：济宁怡景地产有限公司

规划建筑设计单位：济宁市建筑设计研究院
北京概念源建筑设计咨询有限公司

专家评审意见

（一）规划设计评审意见

1. 小区建筑按高层、小高层、中高层和低层公共建筑相结合的形体组合，高低错落，空间有变化，建筑布局朝向好，通风好。

2. 小区设置了一个较突出的南北主轴及东西辅轴的景观绿带，从北面步行入口广场起，空间有大有小，有收有放，为居民创造了一个空间丰富、绿量充足、曲水流觞的中心公共绿地。

3. 小区采用了一个"Y"形的主路交通系统，停车地上地下相结合，总停车量1456辆，停车率达50%以上，较好地解决了居民机动车的停放问题。

4. 小区公建配套基本齐全。

5. 规划技术经济指标基本符合国家有关规定。

6. 需要改进完善之处：

（1）小区有23hm2之大，仅用一个"Y"形主路交通系统，有覆盖不够及不便之弊。小区道路只有主路及宅前路二级，缺少了组团级道路，造成宅前路过长、穿越户门过多及车行道少的问题。

小区都是高层及中高层住宅，应充分考虑消防车的通达性及消防登高面的问题，现在规划宅前路曲曲弯弯，难以满足消防车能顺利通行、到达的要求。

单身宿舍交通应与小区车行交通系统形成一个有机的完整的交通系统。小区北入口（面包括步行入口）有4个之多，不但管理不便，同时也影响城市交通的顺畅。

小区有8个地上停车场，应利用住宅采用南北入口所形成的消极空间停车，以解决停车对居民安全、安静的干扰，同时要特别注意停车场前住宅的均好性。

小区有5个地下停车库，按其规模均需要两个出入口，目前规划未能很好地解决车行道有两个出入口的问题。

（2）小区共有68幢建筑，两个单元组合及塔楼的建筑就有61幢之多，尽管短板有通风好的优点，但太短了就会大大违背土地应充分利用的原则，增强建筑空间的有序感。

（3）幼儿园位置可能有被遮挡的问题，建议补充作一个日照分析图。幼儿园的户外场地也应充分保证。

（二）建筑设计评审意见

1. 功能分区基本合理，内与外、洁与污均有很好的分区。餐厅均有独立的空间。

2. 平面布置紧凑、空间有序、尺度适当。

3. 通风朝向较好，争取享用更多的室外景观条件。

4. 部分套型（E'、H'、E2、H2）入户花园处理较好，富有创造性。

5. 尚需改进之处如下：

（1）较多套型为探索南入户花园而牺牲了起居厅的安静环境及日照采光条件，得不偿失。建议扩展E'、H'和E2、H2的“战果”，形成既有室外花园条件，又有室内安静适用的环境的作品。

（2）好朝向应更好地利用，楼梯占用南向房间得不偿失。

（3）体形系数不利于节能、节地。

（4）储藏面积不够，建议调整加大。

（5）部分套型及公共建筑应严格执行消防、日照等有关规范规定，认真做好进一步的深化设计。

（6）立面色彩需进一步推敲，使之更调和统一。

（三）成套技术评审意见

1. 该项目采用框架剪力墙住宅结构体系，墙体全部采用新型墙体材料，外墙采用外墙外保温系统，外窗采用塑钢中空玻璃窗，供暖采用低温热水辐射采暖，达到了建筑节能65%的标准要求。

2. 热水利用太阳能集热和辅助加热系统，并采用热水循环系统，保证了小区的热水供应，实现了太阳能的有效利用。

3. 在济宁地区率先采用了污水活性滤料生物滤池处理，达到了中水回用的目的，可节约大量水资源。

4. 厨卫装修采用一次性装修，装修率达20%，减少了二次装修带来的一些弊端，带动了当地一体化装修技术的发展。

5. 小区管理在济宁地区第一次全面采用智能化成套技术，实现了水、电、气数据自动采集的安防系统的智能化管理，达到2A标准的要求。

综上所述，该示范项目采用的结构体系合理，配套技术较为齐全、先进，基本达到了国家康居示范工程的要求。

6. 建议：

（1）以建筑节能65%为标准要求，进一步优化确定单体工程的体形系数、窗墙比和围护结构各部分的限值，并进行热工计算。

（2）进一步优化选用围护结构材料、内隔墙材料和保温、防水材料。

（3）增配生活垃圾有机物生化处理装置。

（4）小区主路三个入口的三组公共建筑深入小区过深，不便管理，也影响小区入口处的交通。

（5）小学校主入口处学生们要经沿街商业很长的停车场才能进入学校，对小学生的安全有很大的影响。小区建筑布局与道路交通应充分考虑与东面河流及绿带的融合与协调。

区域位置

项目位于济宁市东郊，东侧为洸府河，沿河西岸已建成生态景观带，西侧与香港大厦、圣地酒店及联通、移动通讯大楼相邻，为济宁市区最具有现代化所处的繁华商务区。项目北、南、西均为城市主要交通干道。服务设施齐全、交通方便、环境优美。

技术经济指标

项目	指标	单位
规划总用地面积	28.09	hm^2
其中：建设用地面积	23.42	hm^2
城市道路代征用地面积	3.71	hm^2
城市绿化用地面积	0.96	hm^2
居住户数	2864	户
居住人数	9178	人
户均人数	3.2	人／户
总建筑面积	553157	m^2
其中：高层公寓面积	398196	m^2
中高层公寓面积	41997	m^2
单身公寓面积	25975	m^2
公建面积	50489	m^2
地下设备用户洗车库面积	35800	m^2
地下人防面积	28000	m^2
住宅平均层数	12.5	层
建筑密度	21.1	%
建筑容积率	1.84	
绿地率	38.5	%
停车位	1456	辆
其中：地面停车	256	辆
地下停车	1200	辆

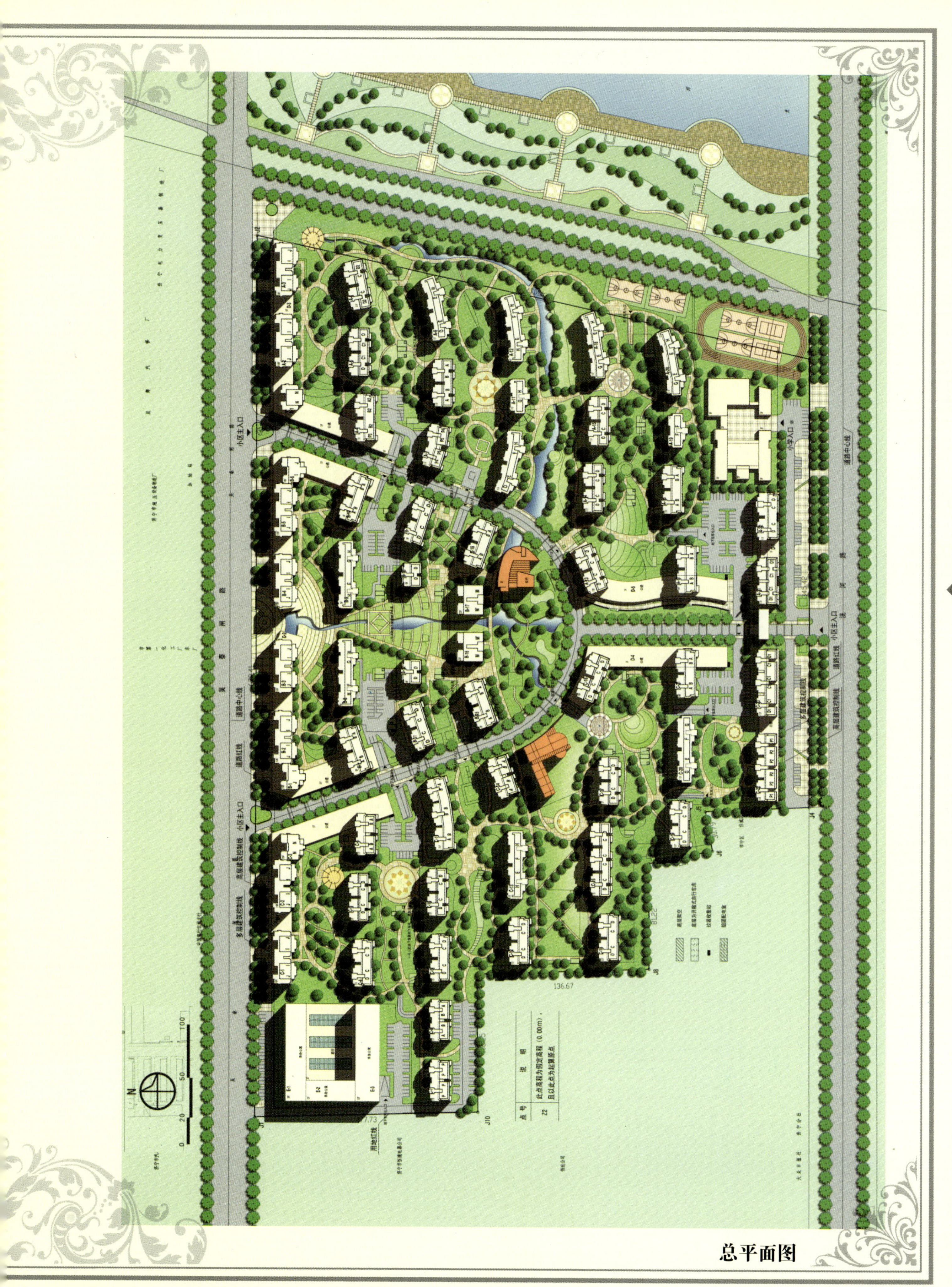

总平面图

鸟瞰图

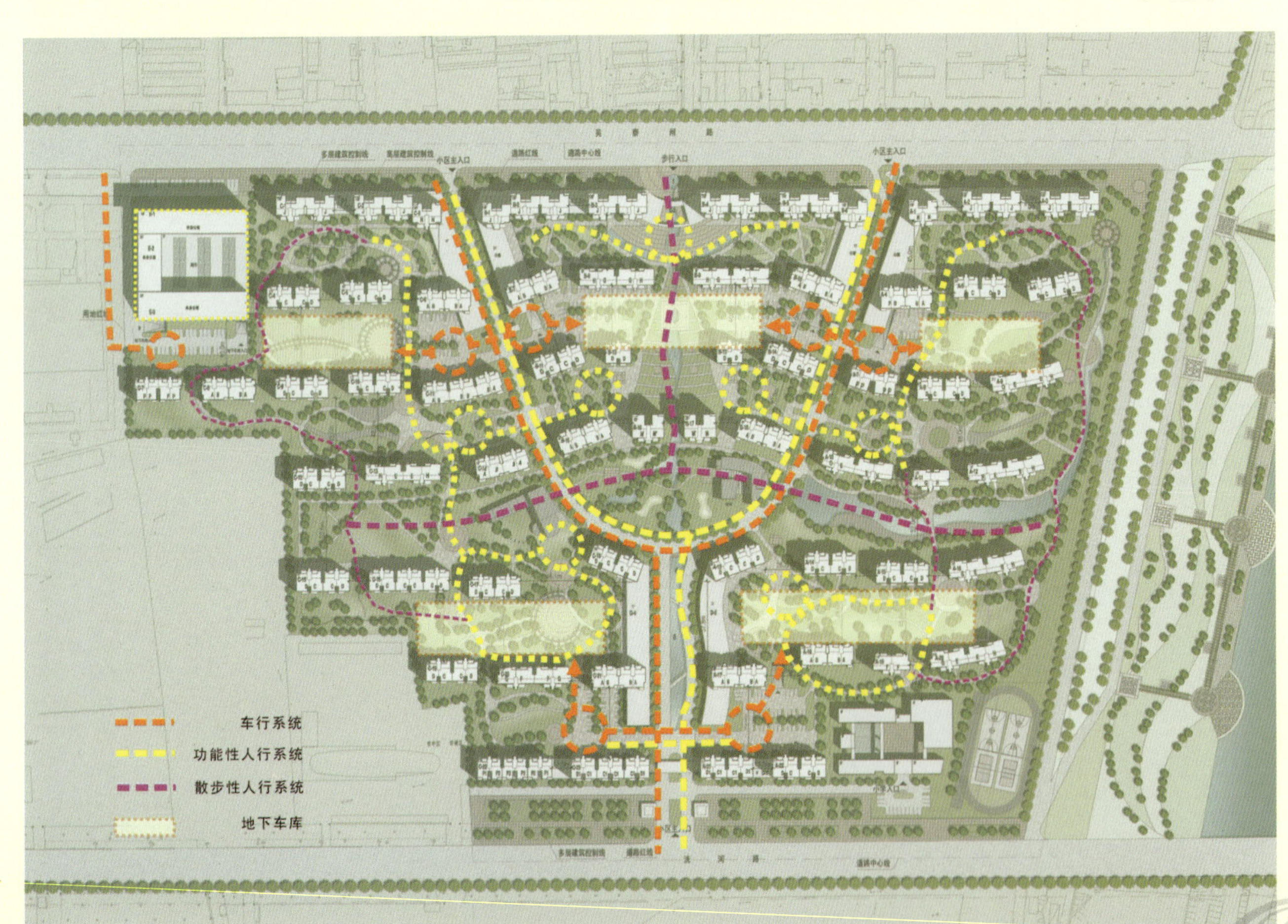

交通体系构成图

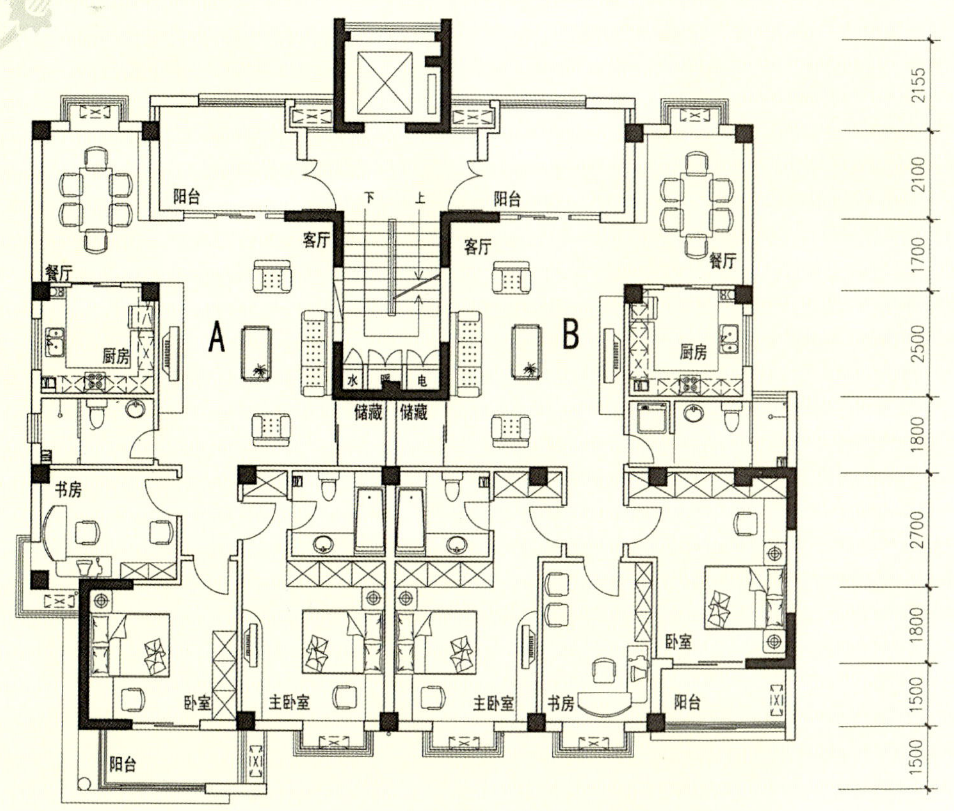

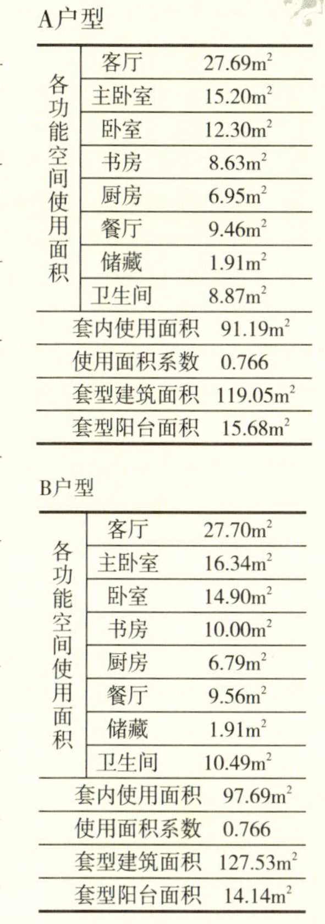

A户型

各功能空间使用面积	客厅	27.69m^2
	主卧室	15.20m^2
	卧室	12.30m^2
	书房	8.63m^2
	厨房	6.95m^2
	餐厅	9.46m^2
	储藏	1.91m^2
	卫生间	8.87m^2
套内使用面积		91.19m^2
使用面积系数		0.766
套型建筑面积		119.05m^2
套型阳台面积		15.68m^2

B户型

各功能空间使用面积	客厅	27.70m^2
	主卧室	16.34m^2
	卧室	14.90m^2
	书房	10.00m^2
	厨房	6.79m^2
	餐厅	9.56m^2
	储藏	1.91m^2
	卫生间	10.49m^2
套内使用面积		97.69m^2
使用面积系数		0.766
套型建筑面积		127.53m^2
套型阳台面积		14.14m^2

AB套型标准层平面图

吴泰闸路沿街透视图

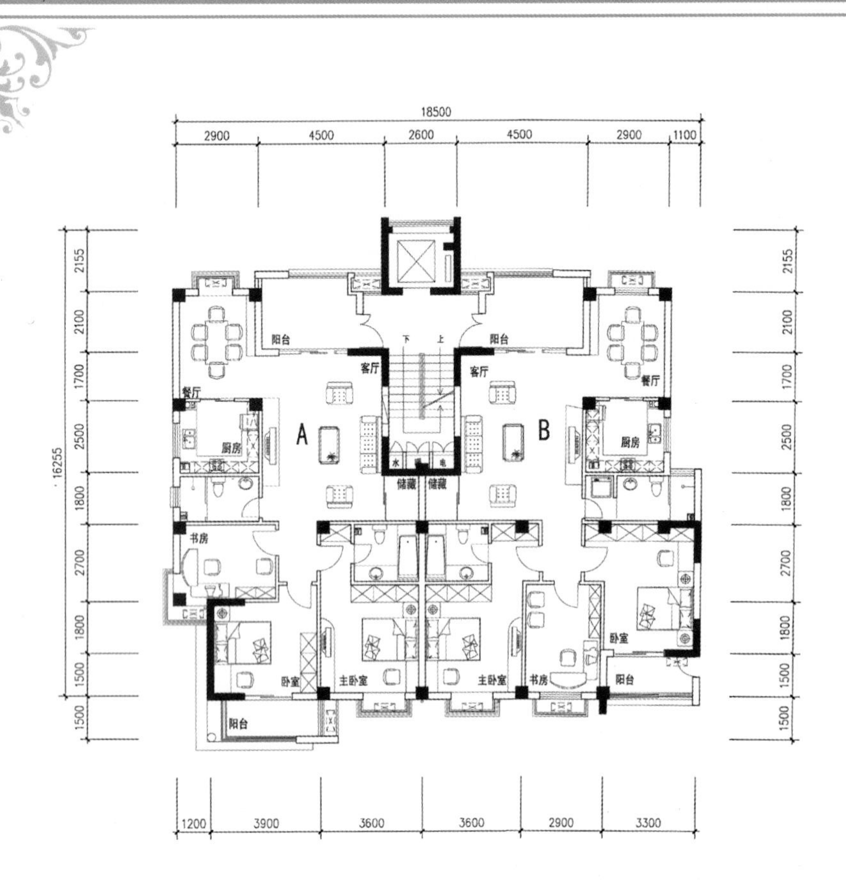

AB套型复式下层平面图

A户型

各功能空间使用面积		
	客厅	27.69m^2
	主卧室	15.20m^2
	卧室	12.30m^2
	书房	8.63m^2
	厨房	6.95m^2
	餐厅	9.46m^2
	储藏	1.91m^2
	卫生间	8.87m^2
套内使用面积		91.19m^2
使用面积系数		0.766
套型建筑面积		119.05m^2
套型阳台面积		15.68m^2

B户型

各功能空间使用面积		
	客厅	27.70m^2
	主卧室	16.34m^2
	卧室	14.90m^2
	书房	10.00m^2
	厨房	6.79m^2
	餐厅	9.56m^2
	储藏	1.91m^2
	卫生间	10.49m^2
套内使用面积		97.69m^2
使用面积系数		0.766
套型建筑面积		127.53m^2
套型阳台面积		14.14m^2

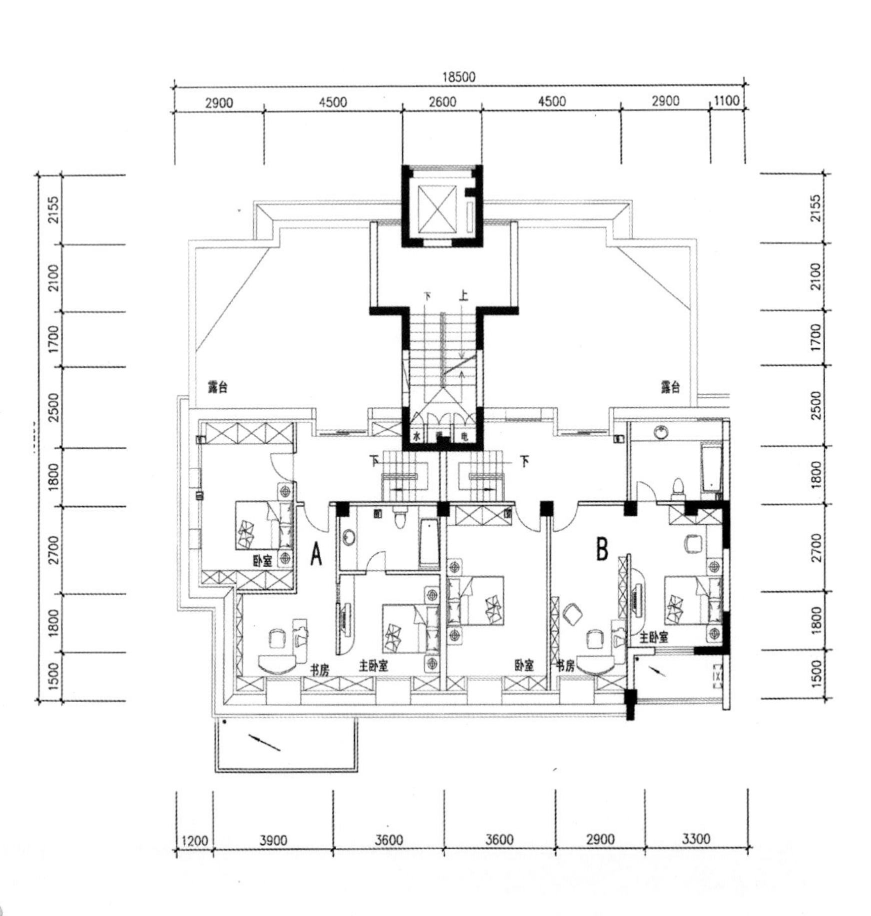

AB套型复式上层平面图

A户型

各功能空间使用面积		
	过道	6.81m^2
	卧室	14.84m^2
	主卧室	24.26m^2
	书房	
	厨房	
	餐厅	
	储藏	
	卫生间	8.82m^2
套内使用面积		52.73m
使用面积系数		0.766
套型建筑面积		68.84m^2
套型阳台面积		

B户型

各功能空间使用面积		
	过道	9.60m^2
	卧室	18.78m^2
	主卧室	27.86m^2
	书房	
	厨房	
	餐厅	
	储藏	
	卫生间	7.38m^2
套内使用面积		63.62m^2
使用面积系数		0.766
套型建筑面积		83.05m^2
套型阳台面积		

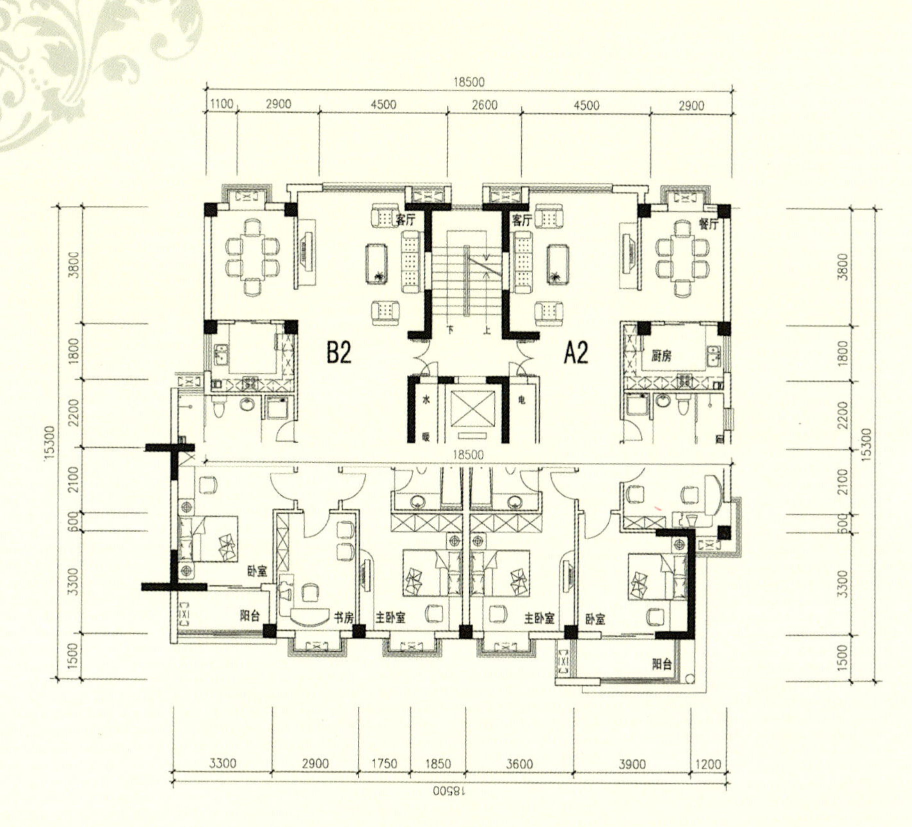

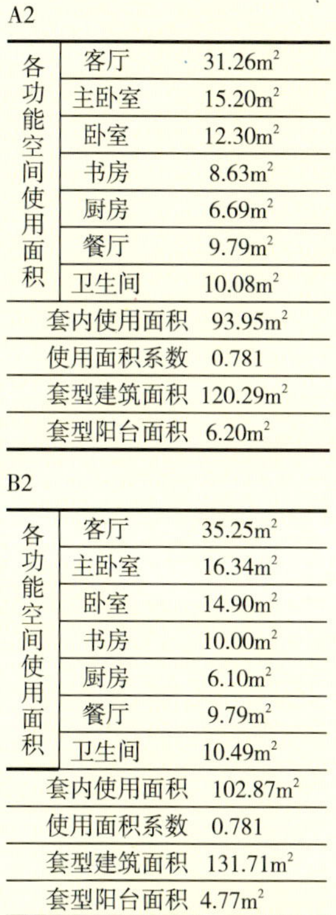

A2

各功能空间使用面积		
	客厅	31.26m²
	主卧室	15.20m²
	卧室	12.30m²
	书房	8.63m²
	厨房	6.69m²
	餐厅	9.79m²
	卫生间	10.08m²
套内使用面积		93.95m²
使用面积系数		0.781
套型建筑面积		120.29m²
套型阳台面积		6.20m²

B2

各功能空间使用面积		
	客厅	35.25m²
	主卧室	16.34m²
	卧室	14.90m²
	书房	10.00m²
	厨房	6.10m²
	餐厅	9.79m²
	卫生间	10.49m²
套内使用面积		102.87m²
使用面积系数		0.781
套型建筑面积		131.71m²
套型阳台面积		4.77m²

A2、B2套型标准层平面图

中庭沿海透视图

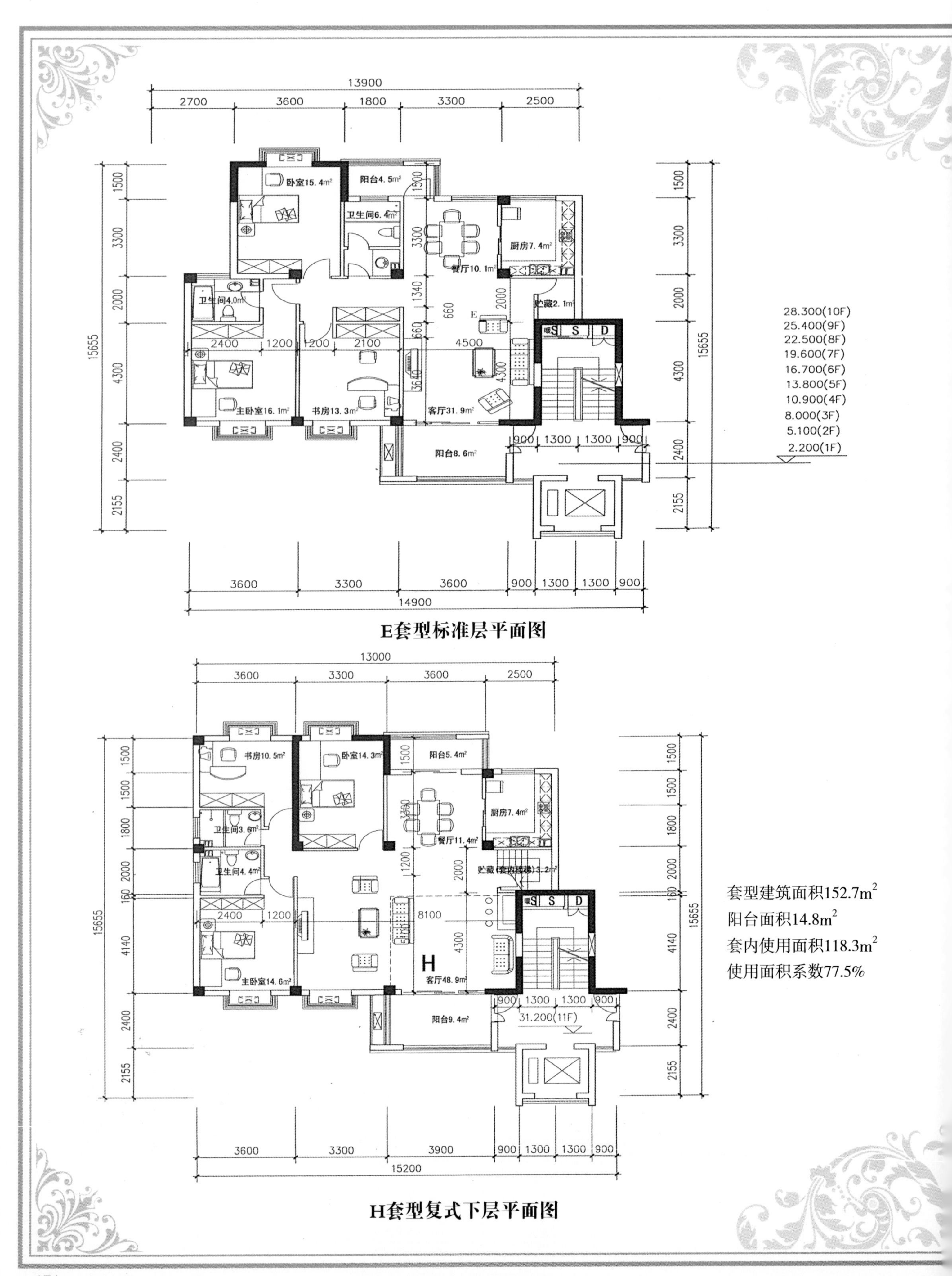

E套型标准层平面图

套型建筑面积152.7m²

阳台面积14.8m²

套内使用面积118.3m²

使用面积系数77.5%

H套型复式下层平面图

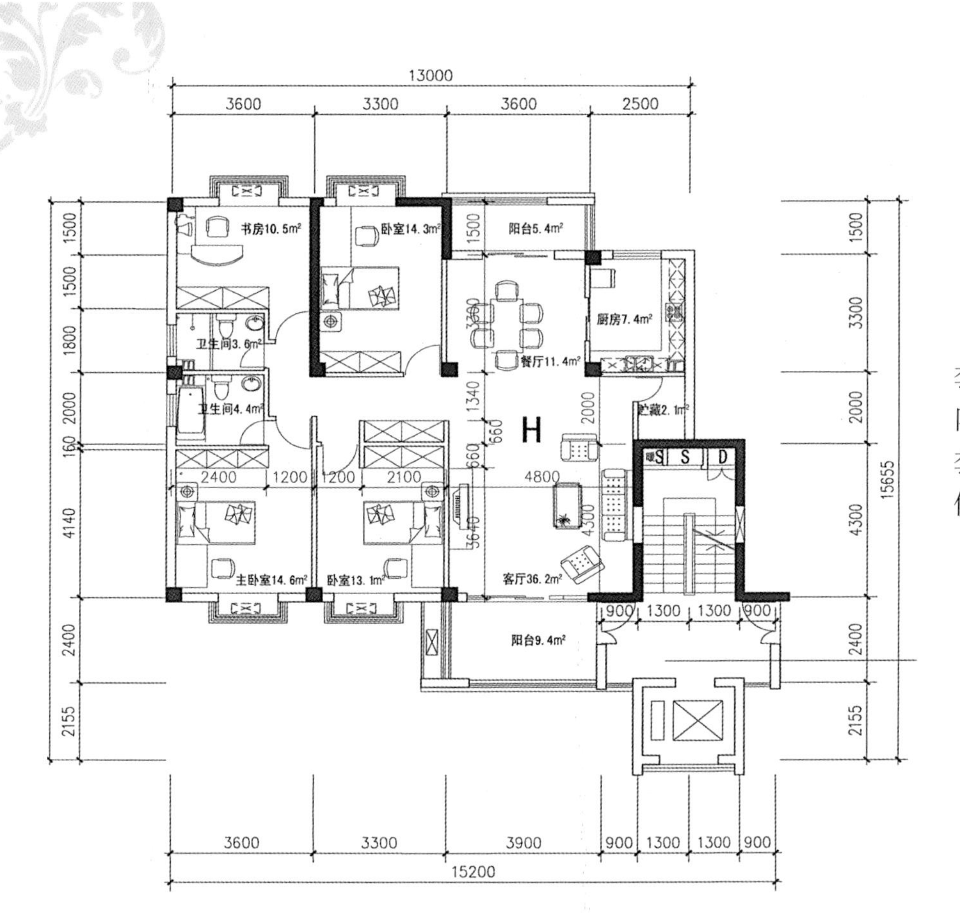

套型建筑面积152.7m²
阳台面积14.8m²
套内使用面积118.3m²
使用面积系数77.5%

H套型标准层平面图

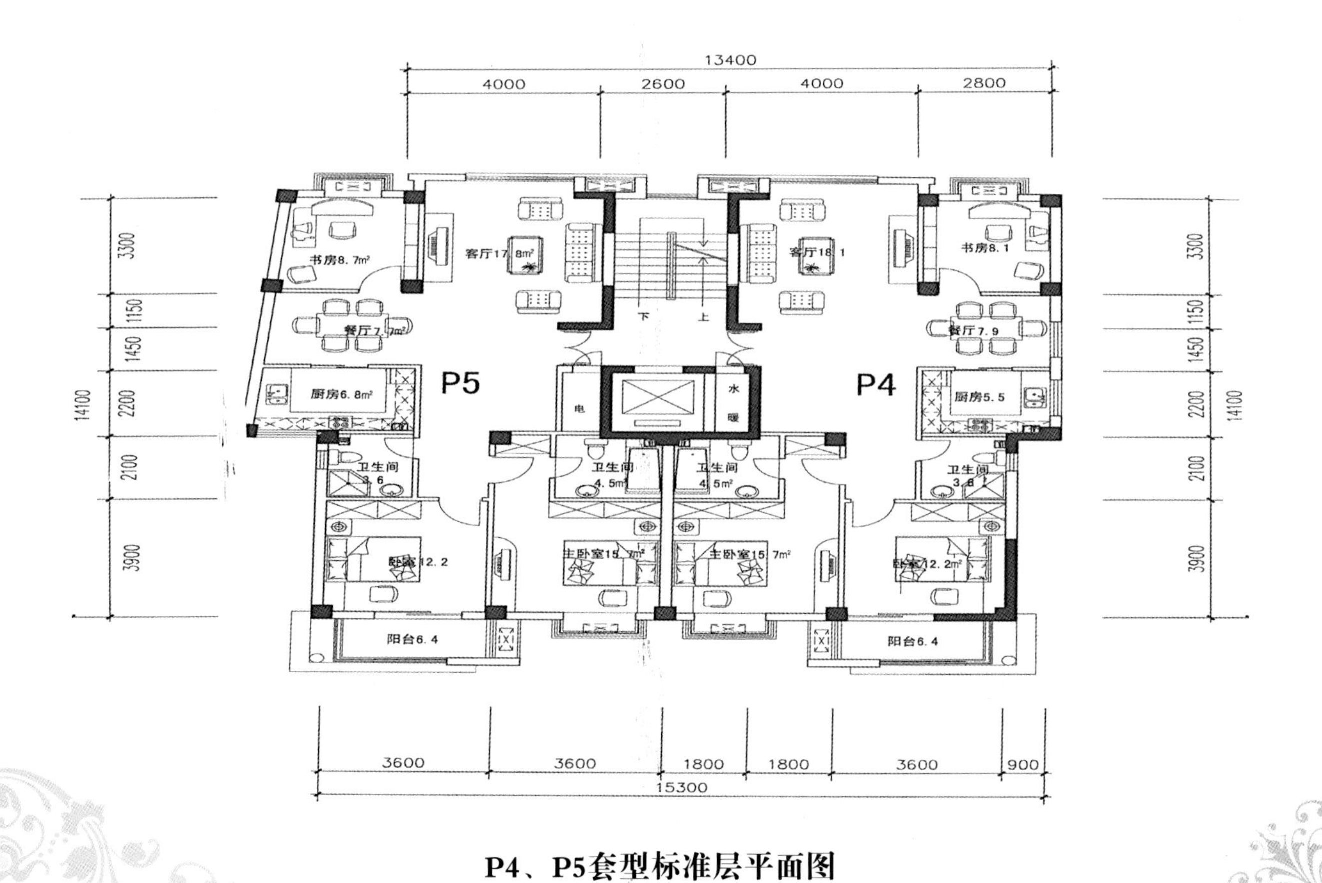

P4、P5套型标准层平面图

潍坊双羊新城丽景园

开发建设单位：山东天同城市建设集团有限公司

规划建筑设计单位：香港时代规划建筑设计有限公司
上海东方建筑设计研究院

专家评审意见

（一）规划设计评审意见

1. 小区布局采用组团的办法进行规划，结构清晰，布局合理。

2. 小区道路交通采用了一个环形的交通系统，分布均衡，线形顺畅，交通方便。小区停车以地下停车为主、地面停车为辅，停车率达65%以上，较好地解决了居民的停车问题。

3. 规划中能较好地利用天然河流，较自然地规划为中心公共绿地，加之两个组团绿地，布局自然均衡，绿化充分。

4. 小区公共服务设施配套基本齐全。

5. 问题与不足：（1）整个小区建筑布局形式过于规整，空间显得有些单调，缺少变化。建议建筑宜适当地前后、高低错落，以丰富空间。（2）规划中还有较多的住户直接在单元门前停车，建议建筑可以作南北入口处理，利用消极空间停车，以解决机动车对居民居住安静、安全的干扰。（3）整个小区因规模较大，有60多公顷大，建议设置一个配套小学，以便孩子们就近上学。（4）建议进一步复核一下技术经济指标。

（二）建筑设计评审意见

天同双羊新城位于自然条件优越的地段，合理的规划设计与方便生活的户型设计，还有产业化技术的装备，将在潍坊市起到良好的康居示范作用。具体评审意见如下：

1. 多数户型功能分区明确，有各自独立的功能空间，动静与洁污分离良好。

2. 多数户型平面布置紧凑，交通便捷，房间尺寸合宜。

3. 主要房间通风、采光与景观条件良好。

4. 餐厨关系紧密，有独立就餐空间。

5. 空调室外机统一布置，整齐隐蔽。

6. 建筑造型简洁而富于变化。

7. 在进一步深化设计中应改进之处：（1）部分户型由于入户花园的布置方案造成客厅或餐厅成为交通厅，且采光条件恶化，需进一步调整以求优化。（2）部分户型入户过渡空间处理不够，应排除视线对客厅的干扰。（3）跃层楼梯应进一步推敲，以克服尺寸过大与对餐厅环境的干扰。（4）边单元尚须推敲其尺寸，改善厨房间的尺寸，减少大阳台的尺寸，还要补充储藏间的面积，克服户内高差造成的生活不便。（5）幼儿园楼梯首层应直接通向室外。

（三）成套技术评审意见

潍坊双羊新城丽景园项目以创建国家康居示范工程，提高住宅综合质量为目标，在节能、节地、节水、节材和环境保护等方面拟采用多项成套新技术和新部品，技术方案基本符合国家康居示范工程申报要求。具体评审意见如下：

1. 采用EPS板薄抹灰外墙外保温系统、XPS板屋面保温层和塑钢中空玻璃外窗等围护结构节能技术。

2. 住宅全部采用太阳能供热水技术，一户一供，整体规划，同步安装。

3. 利用当地资源，采用加气混凝土砌块、煤矸石等新型墙体材料。

4. 采用中水处理和节水器具等节水技术。

5. 采用生活垃圾生化处理技术。

6. 采用一次性装修到位技术。

7. 采用设备监控、安全防范和家庭现代通信等智能化技术。

8. 建议：（1）按山东省节能设计标准进行节能细化设计。（2）结合当地情况，对采用的技术，如中水处理、太阳能利用与建筑现代化等方案作进一步落实和完善。

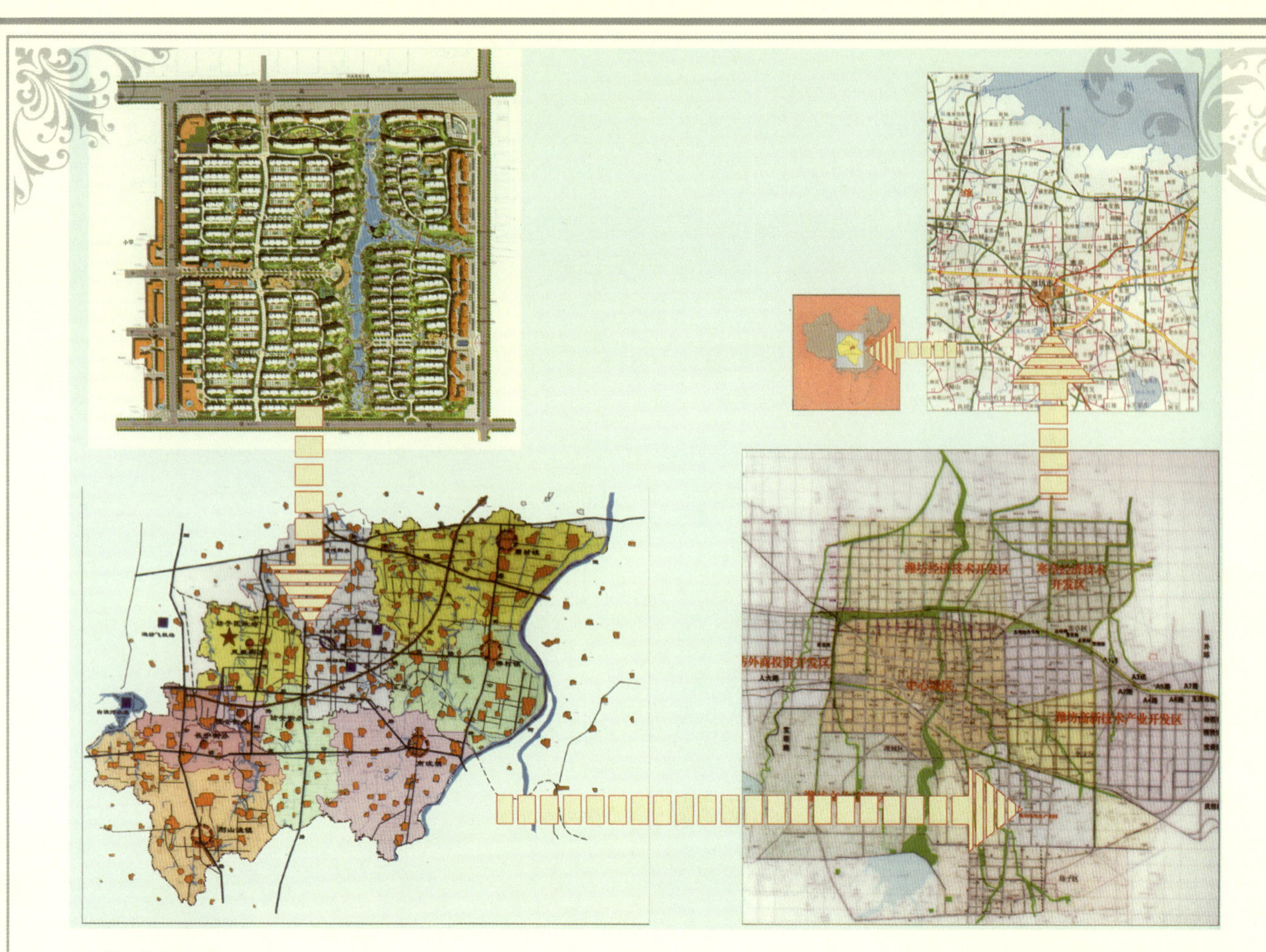

区位分析图

总平面图

经济技术经济指标系列一览标

	计量单位	数值	所占比重（%）	人均密度（m^2/人）
居住区规划总用地		68.21		
1.居住区用地（R）	hm^2	49.26	100	41.29
①住宅用地（R01）	hm^2	29.20	59.28	24.48
②共建用地（R02）	hm^2	8.45	17.15	7.08
③道路用地（R03）	hm^2	7.83	16.89	6.56
④公共用地（R04）	hm^2	3.78	7.67	3.17
2.城市道路用地	hm^2	7.08		
3.城市绿化用地	hm^2	5.57		
①道路绿化用地	hm^2	0.61		
②河流绿化用地	hm^2	4.96		
4.河流用地	hm^2	1.86		
5.朝风路西侧商业用地	hm^2	2.46		
居住户数	户	3728		
居住人数	人	11930		
	人/户	3.2		
总建筑面积	万m^2	70.28		
1.居住区用地内建筑面积	万m^2	66.60	100	58.83
①住宅建筑面积	万m^2	53.22	78.91	44.51
②配套公建面积	万m^2	13.38	20.09	11.22
2.朝风路西侧商业建筑用地	万m^2	3.68		
人口毛密度	人/hm^2	242.18		
人口净密度	人/hm^2	408.56		
住宅建筑套密度（毛）	套/hm^2	75.68		
住宅建筑套密度（净）	套/hm^2	127.67		
住宅建筑面积毛密度	万m^2/hm^2	1.08		
住宅建筑面积净密度	万m^2/hm^2	1.82		
居住区建筑面积毛密度（容积率）	万m^2/hm^2	1.35		
停车场	%	66		
停车位	辆	24.59		
总建筑密度	%	24.59		
绿地率	%	32.1		

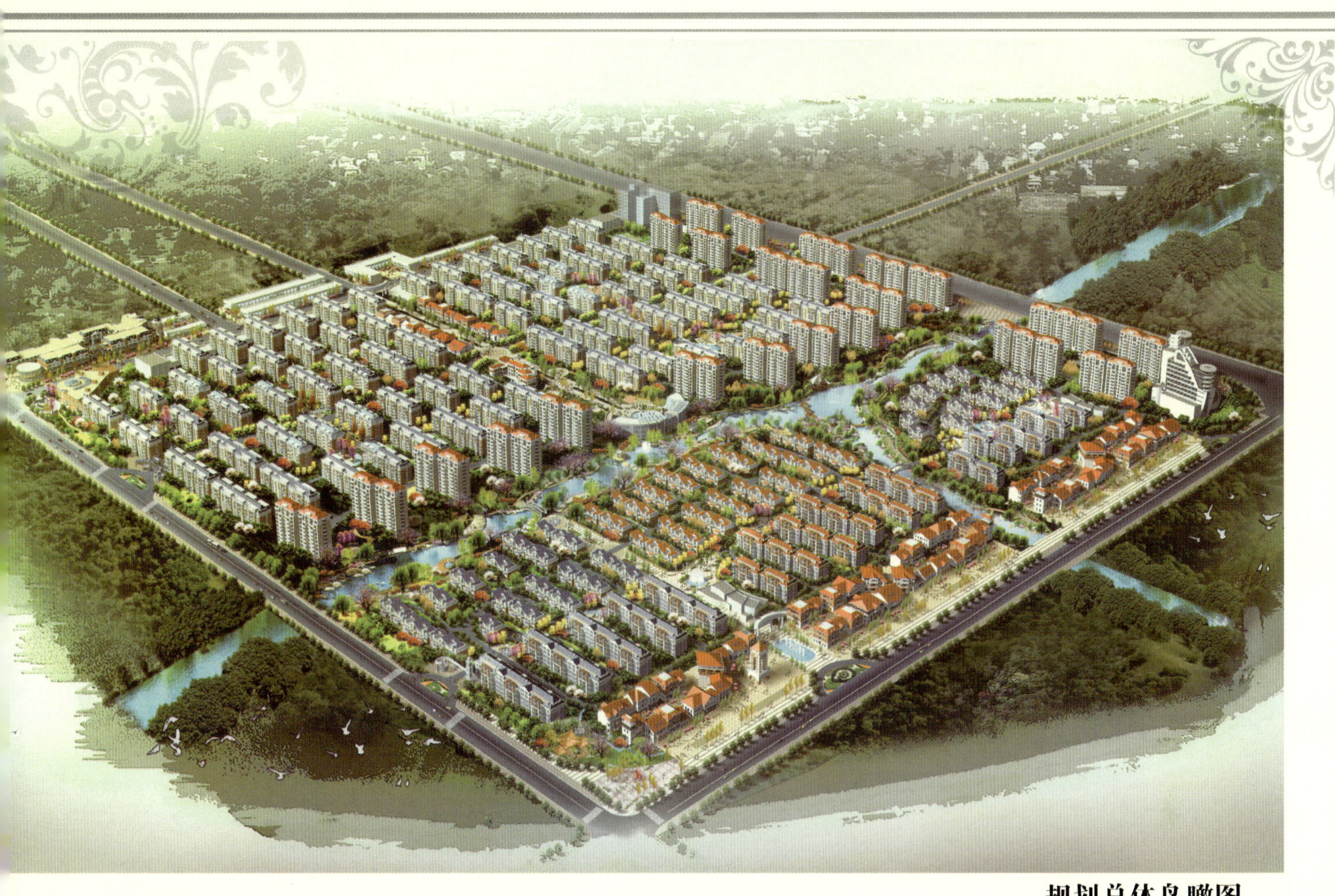

规划总体鸟瞰图

鸟瞰图

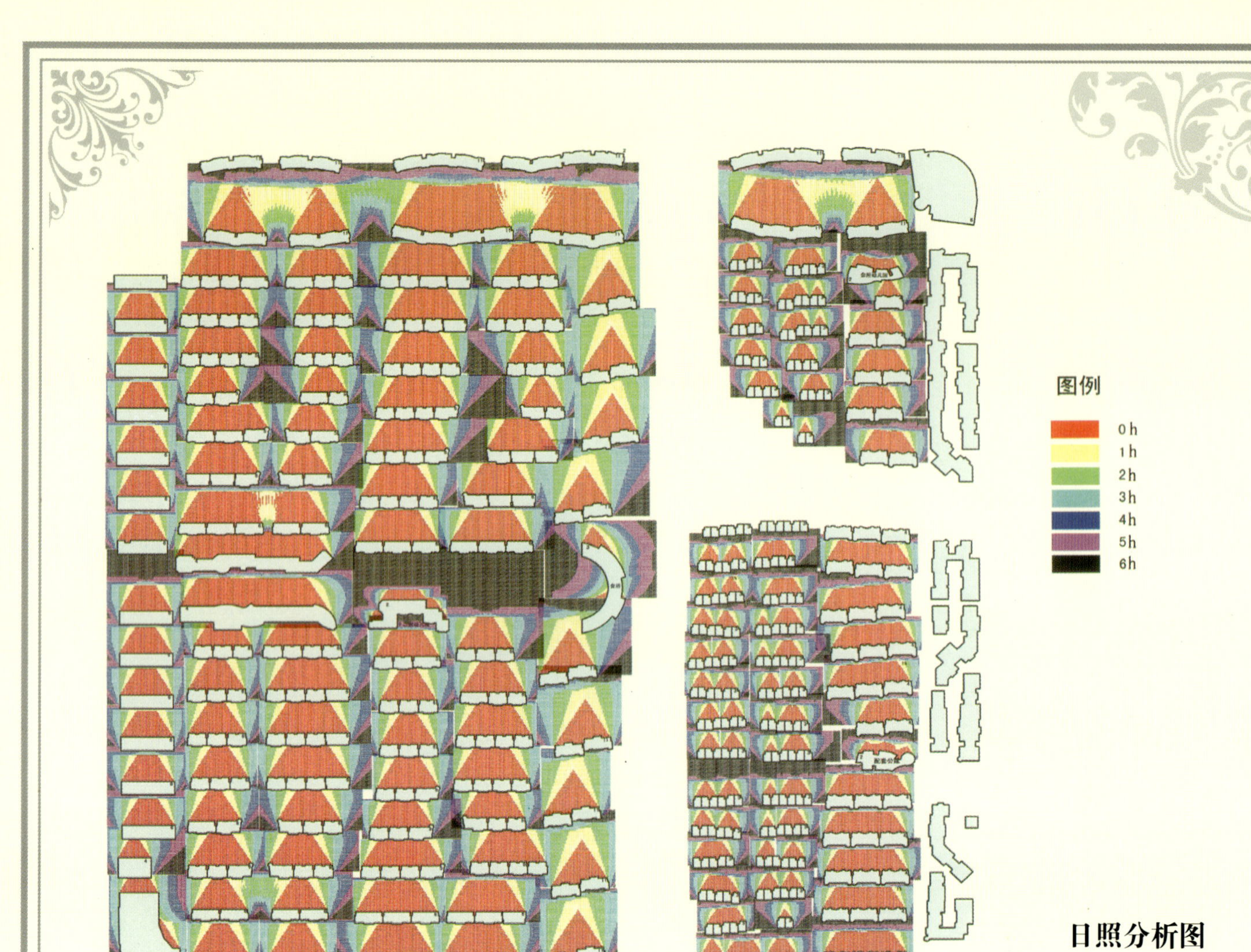

日照分析图

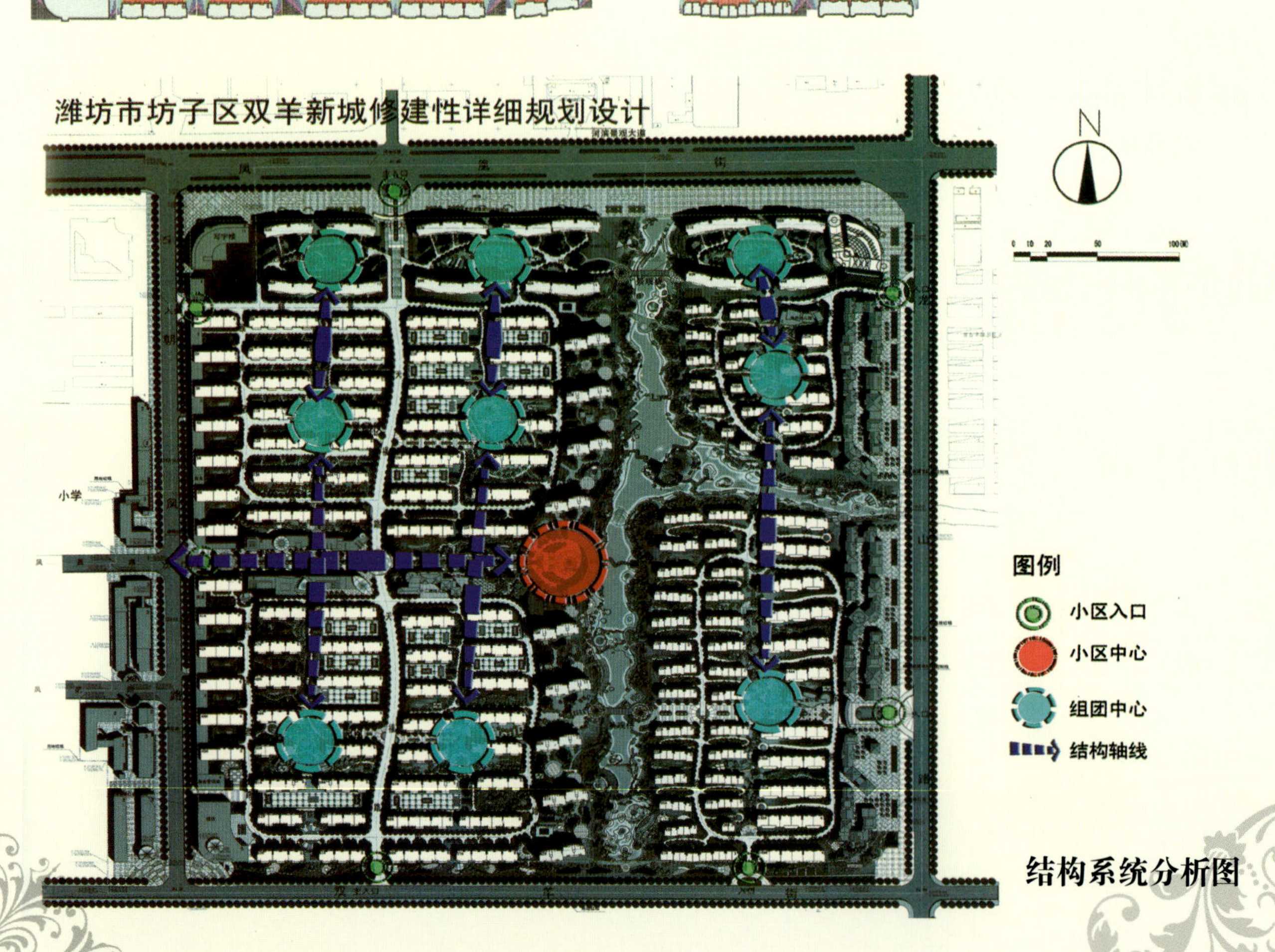

结构系统分析图

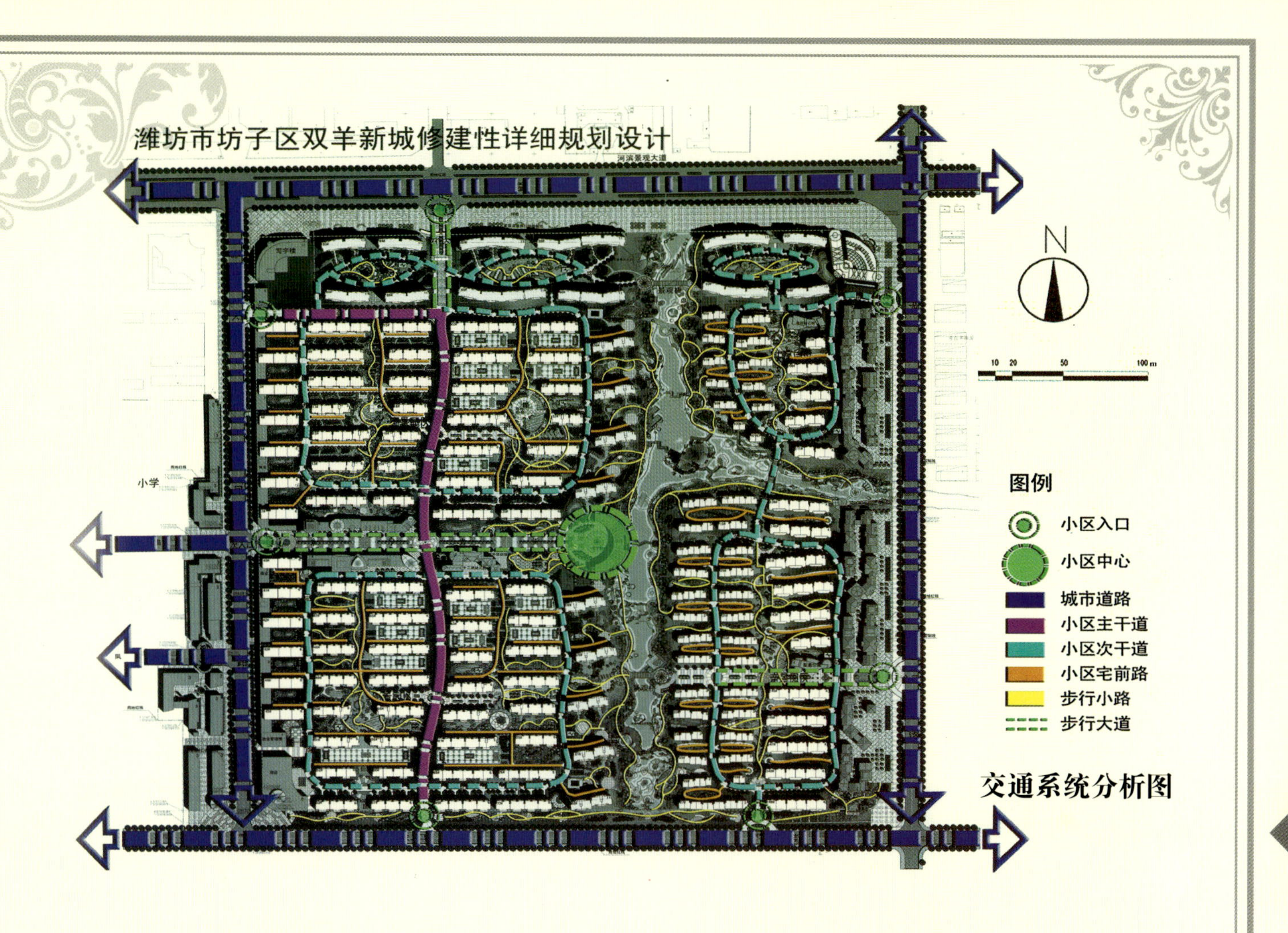

交通系统分析图

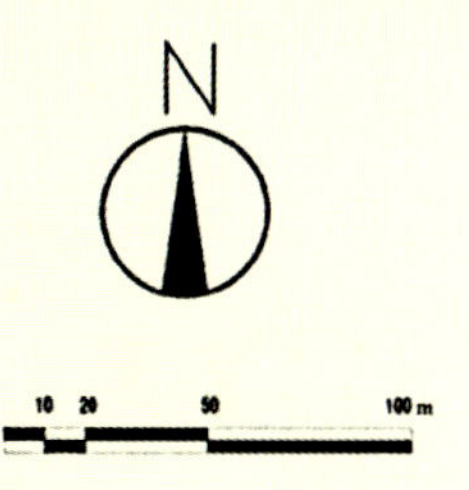

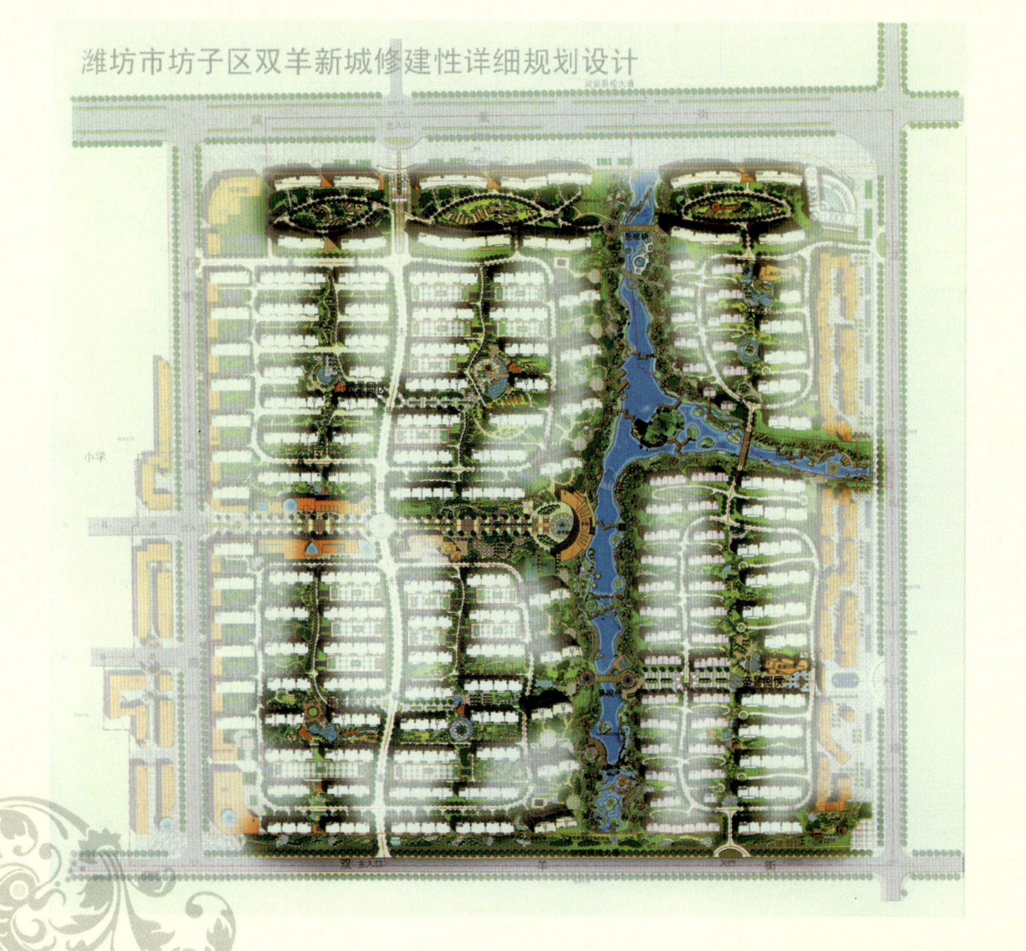

绿化系统分析图

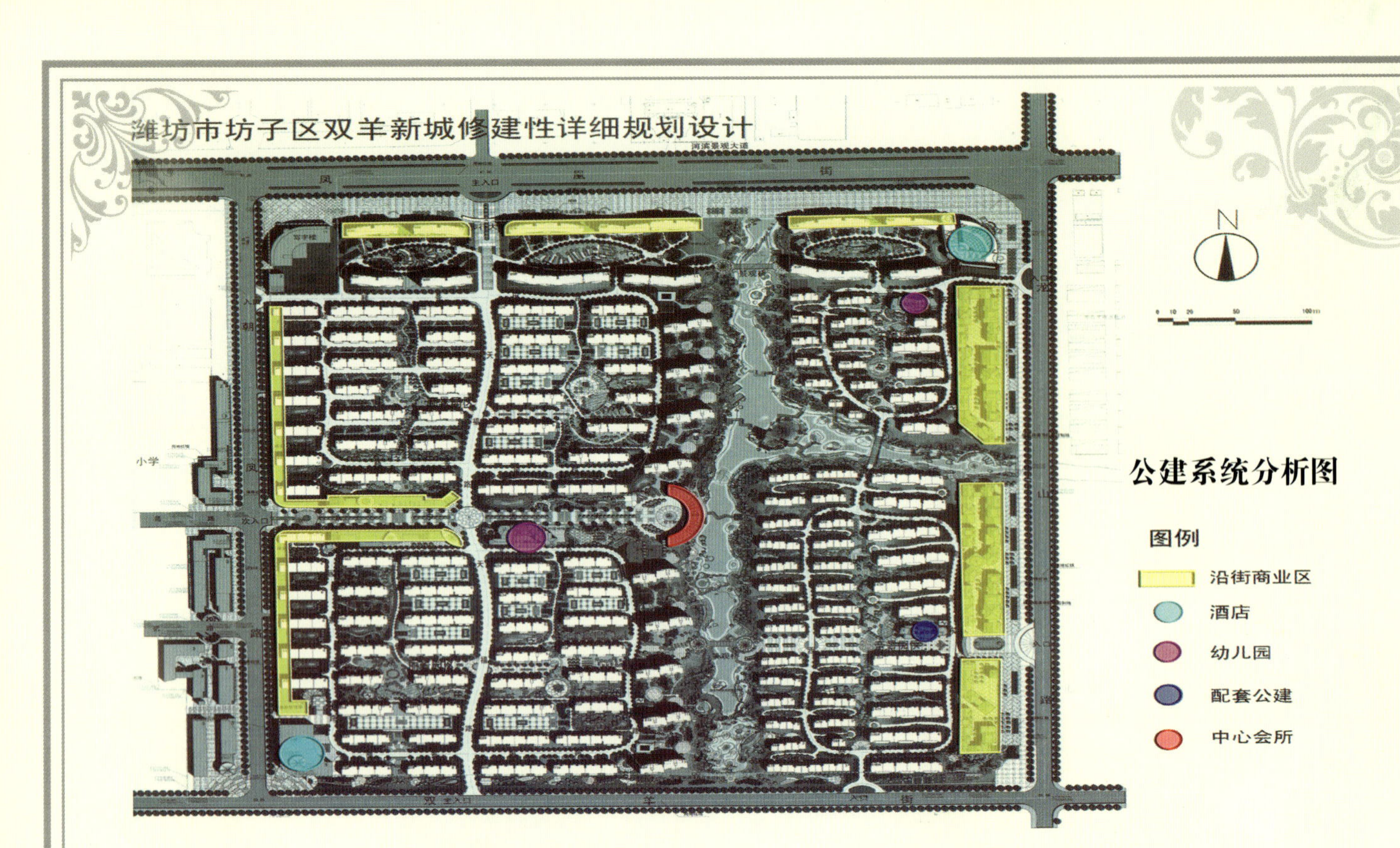

公建系统分析图

白沙河景观示意图

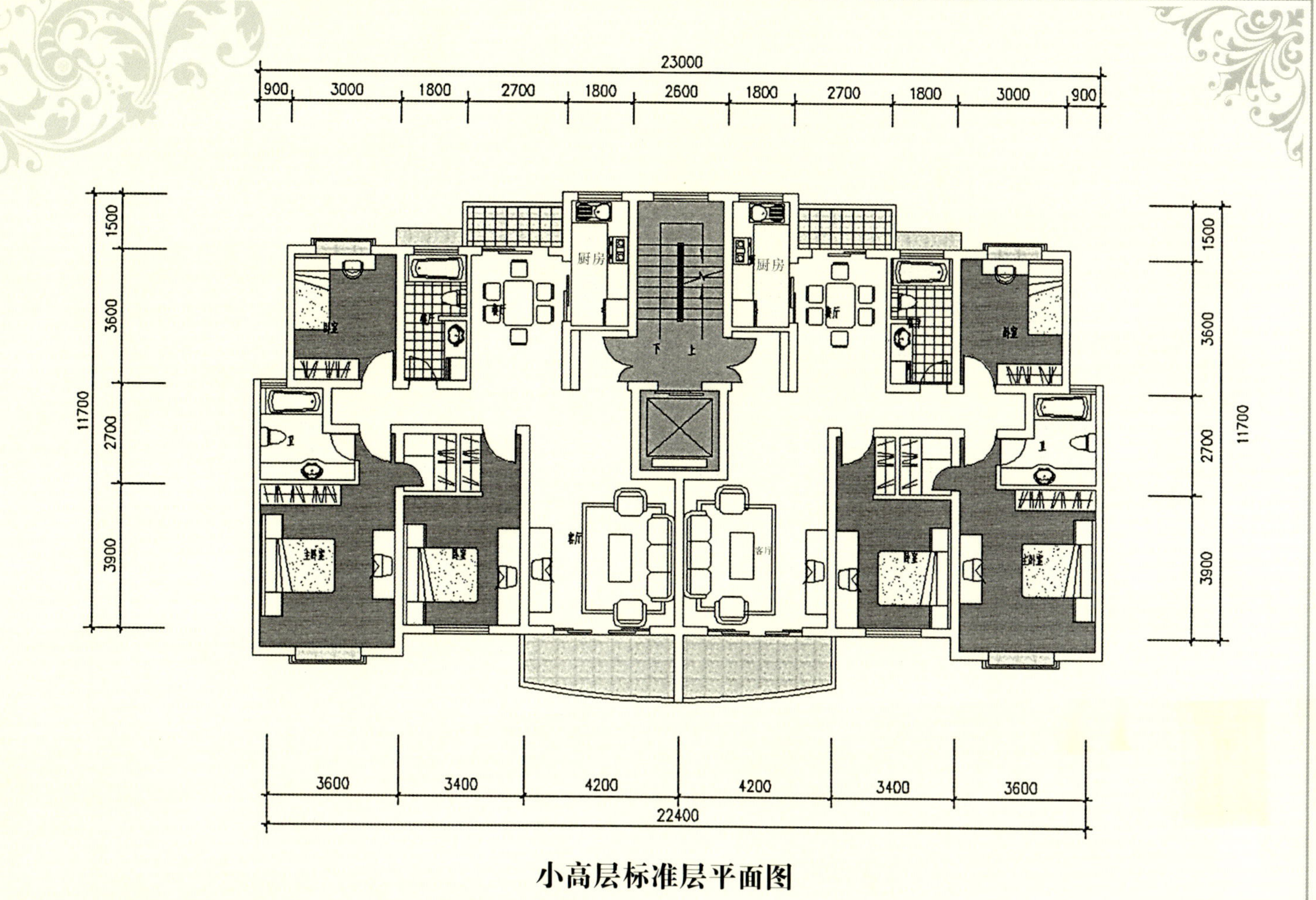

小高层标准层平面图

联排别墅效果图

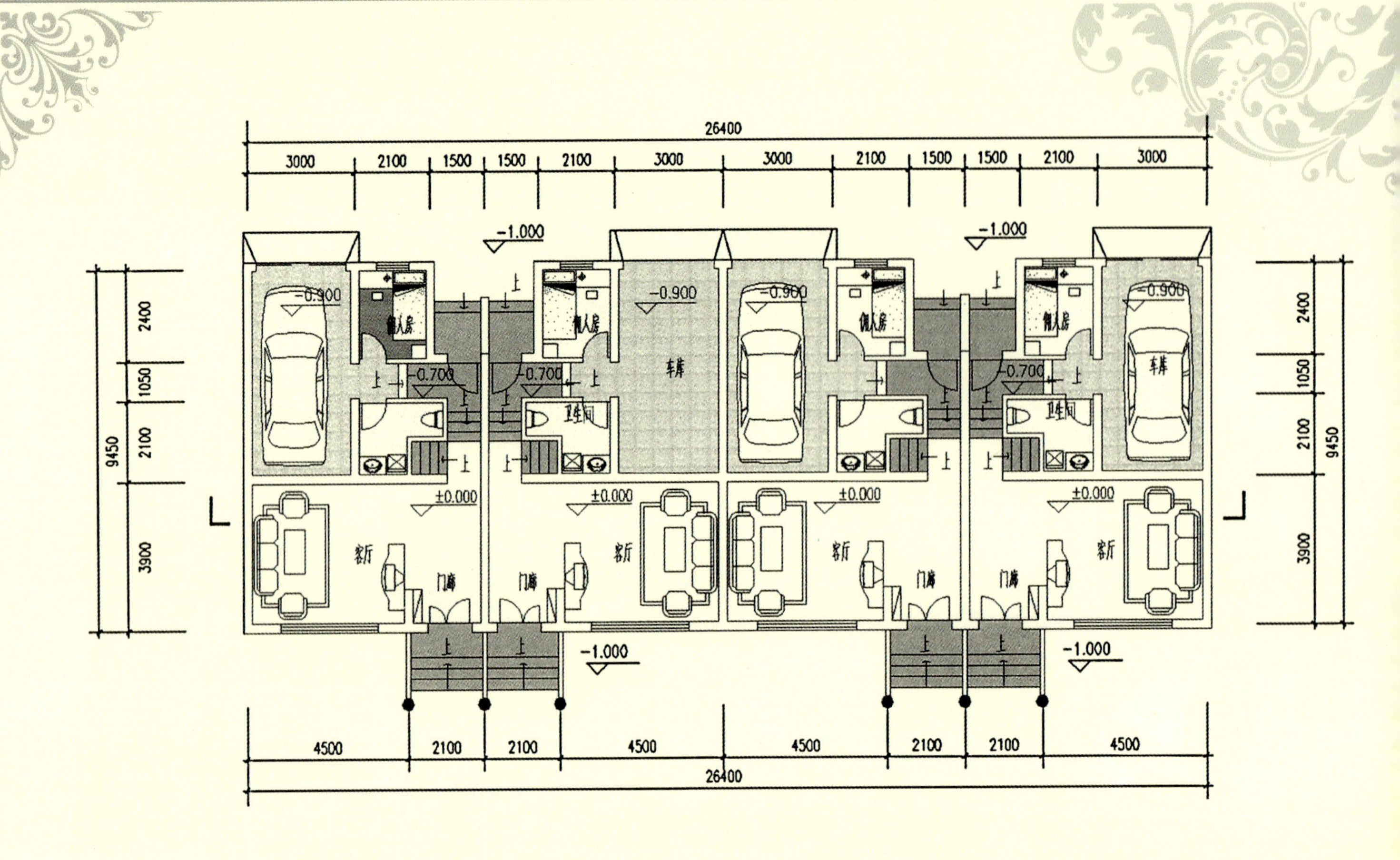
26400
3000
2100
1500
1500
2100
3000
3000
2100
1500
1500
2100
3000
-1.000
-1.000
-0.900
-0.900
-0.900
-0.900
-0.700
-0.700
-0.700
-0.700
佣人房
佣人房
佣人房
佣人房
车库
车库
卫生间
卫生间
±0.000
±0.000
±0.000
±0.000
客厅
客厅
客厅
客厅
门廊
门廊
门廊
门廊
上
-1.000
-1.000
2400
1050
2100
3900
9450
4500
2100
2100
4500
4500
2100
2100
4500
26400

一层平面图

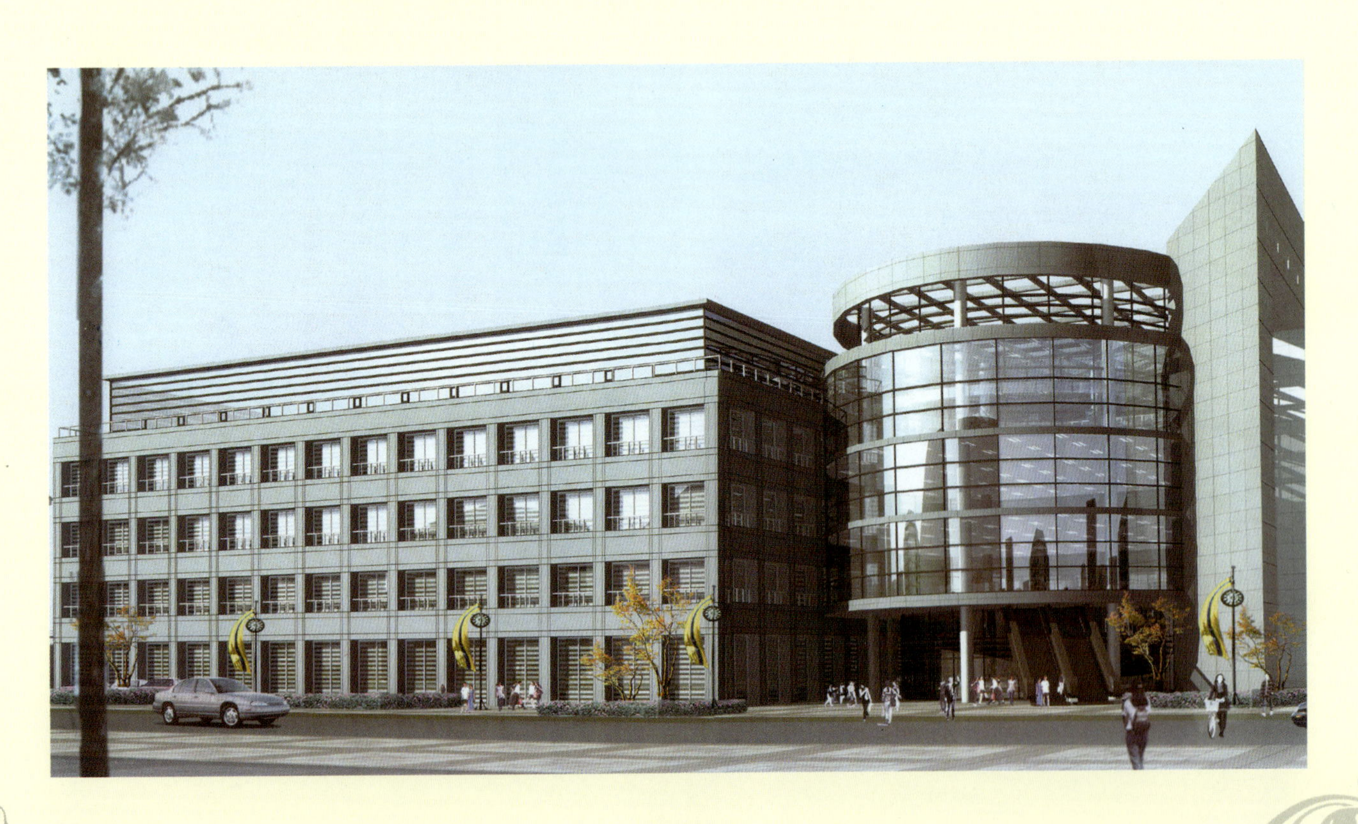

效果图

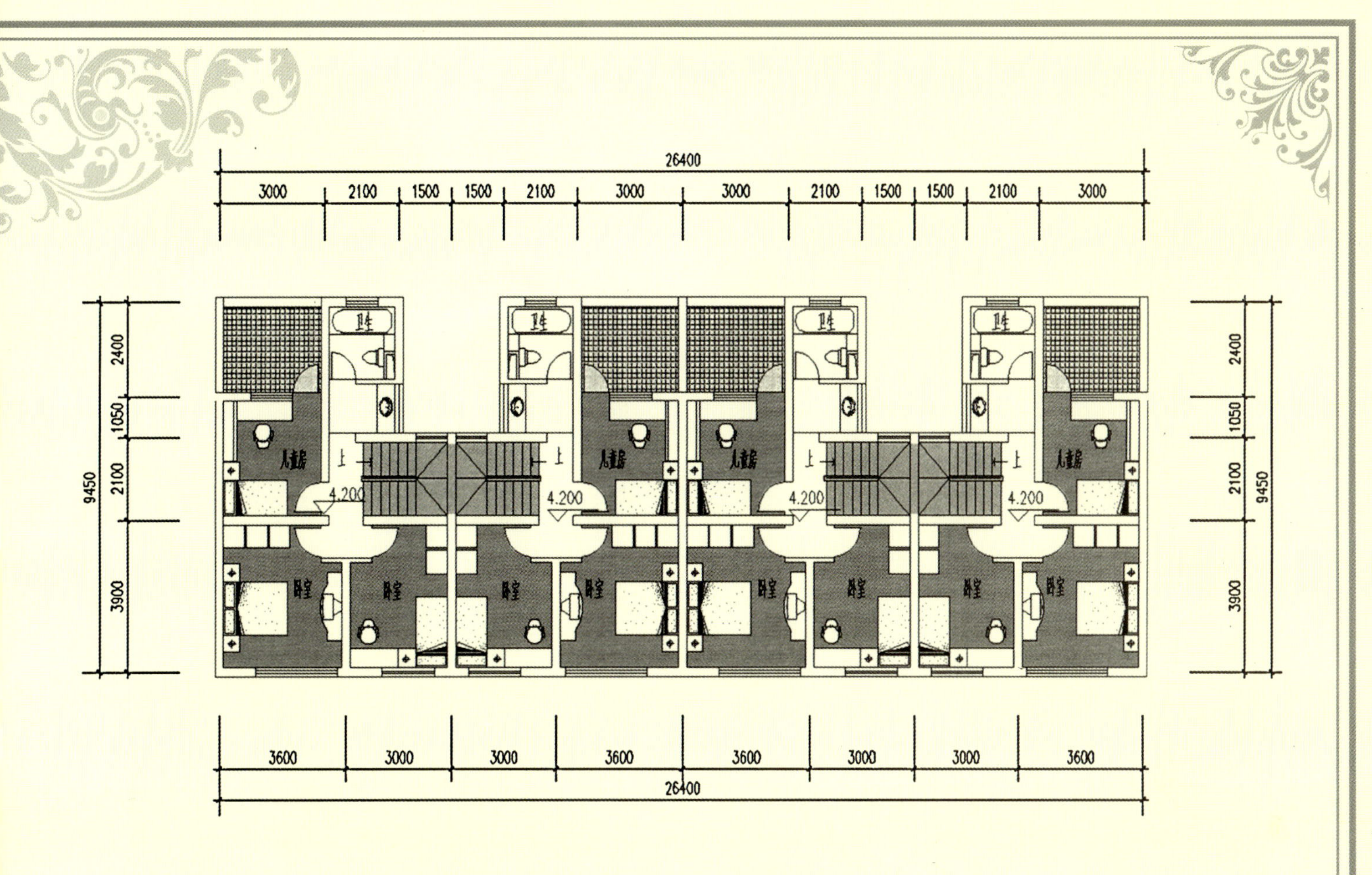

二层平面图

沿河高层效果图

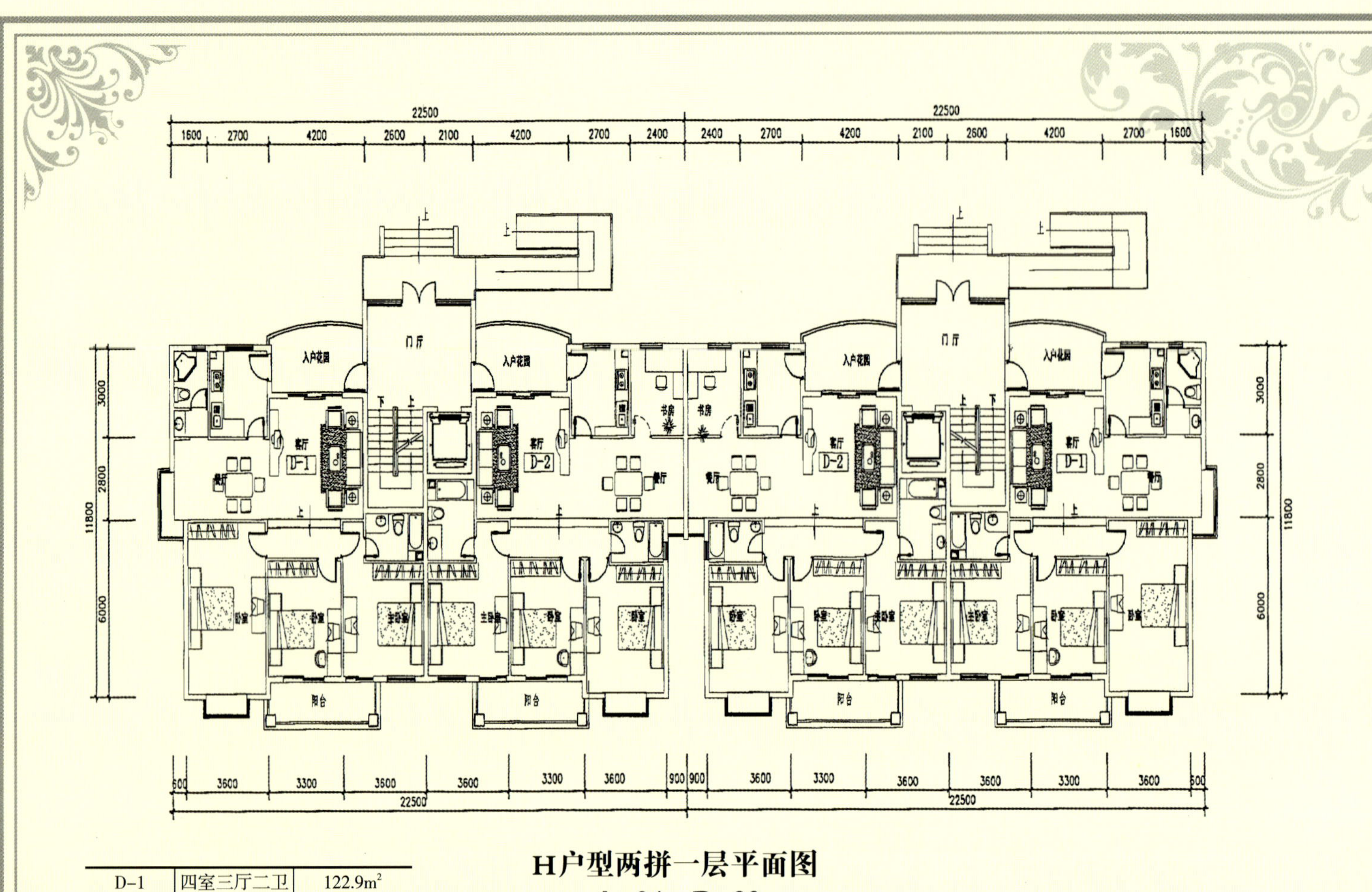

D-1	四室三厅二卫	122.9m²
D-2	四室三厅二卫	129.1m²
本层建筑面积：515.9m²		

H户型两拼一层平面图
A-24、B-23

商业内街效果图

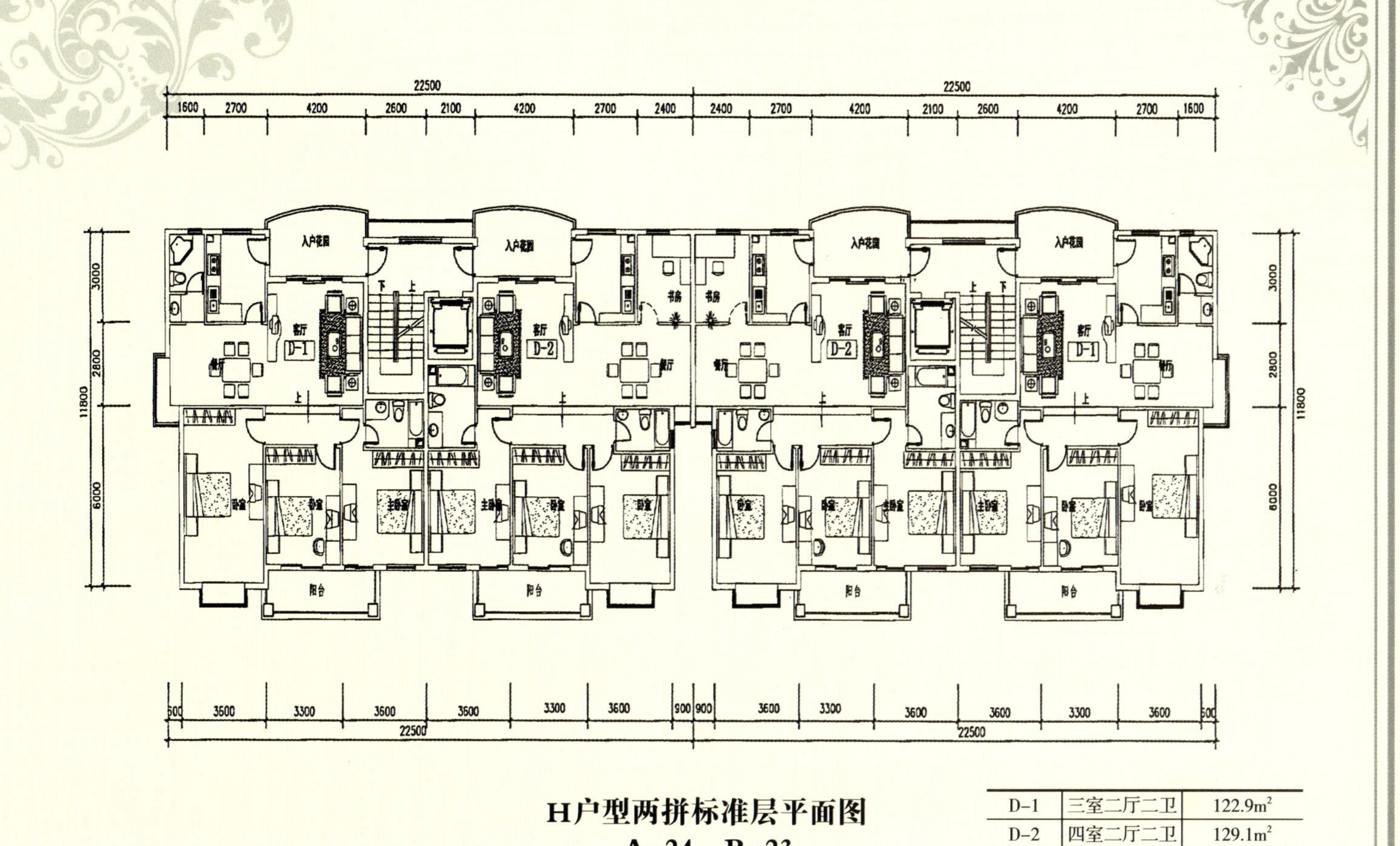

H户型两拼标准层平面图
A-24、B-23

D-1	三室二厅二卫	122.9m²
D-2	四室二厅二卫	129.1m²
本层建筑面积：504m²		

小高层效果图

常州 陈渡新苑

开发建设单位：常州市经济适用房发展中心

规划建筑设计单位：常州市规划设计院

专家评审意见

（一）规划设计评审意见

1. 环境规划布局按行列式4个组团进行，多层、小高层相结合，布局结构清晰、空间丰富、变化有序。

2. 小区建筑形式采用了我国传统的建筑符号，建筑风格既有了传统文化的韵味，又富有现代的风格，且色彩清晰、淡雅，建筑整体效果较好。

3. 小区道路规划了一个环形交通系统，三个出入口与南、西、北三面的城市道路相连，分布均衡，线形流畅，交通方便。

小区机动车以半地下、地下停车为主，地面停车为辅，停车率达40%以上，平时宅前庭院不进机动车，较好地解决了机动车的停车问题及机动车对居民居住安静、安全的干扰。

4. 小区公共绿地规划了一个十字形景观轴及一个运河景观带，并组成了一个有机的绿地系统，贯通了小区东西南北，形成了一个临水又分布均衡、步移景异的绿色环境空间。

5. 小区公共服务配套较齐全。

6. 小区技术经济指标符合地方、国家的有关规定。

7. 问题与建议：

（1）小区个别高层住宅消防车可到达，建筑的长度及登高面有问题，建议一定要按国家高层建筑防火规范要求进行改正。

（2）小区有6000多人，幼儿园要到附近小区去上，还是有很不方便的问题。

（3）个别地下车库出口与小区主路之间的平坡距离偏小，建议应改善视角环境或加装警示牌等。

（二）建筑设计评审意见

1. 陈渡新苑项目采用多层与小高层两类单元形式的配置方式，户型较多样，能满足不同层次的客户需求。

2. 套型功能基本合理，动静、洁污、公私分区基本明确。平面布置紧凑，空间尺度基本合理，交通组织顺畅。

3. 厨房、卫生间尺度适当，并考虑了精细化设计。厨房与餐厅联系紧密。

4. 基本套型的物理环境条件，节能、采光、通风等设施及条件较好。

5. 结构体系合理，适应建筑平面布局。

6. 建筑体形简洁，造型处理朴实大方，适当考虑了地方特点。

7. 下列问题应进一步调整改进：

（1）个别套型起居室面宽偏小，不利于家具布置及使用。

（2）外飘窗应按要求，从窗台面起沿外窗设900mm高的护栏。

（3）顶层复式套型面积偏大。

（4）管井设在楼梯中间平台，不利于管线入户及维护检修。

（5）外立面色彩可作适当丰富变化。

（6）11层独单元住宅的消防疏散安全应按规范并按当地消防审核意见核对。

（三）成套技术评审意见

陈渡新苑住宅项目作为中低收入群体的保障性住房——经济适用房，在项目实施中，虽然建造成本高，但控制严格，价格较低，而且开发企业仍能坚持按照国家相关产业政策要求和康居工程建设技术要点的要求，结合当地社会、经济发展实际，当地市场住宅产、部品供应实际，以及当地的地理、气候特点，因地制宜，积极采用住宅产业化成套技术，保证了住房的产品品质。主要有：

1. 采用短肢剪力墙（小高层）与砖混（多层）结构体系，便于室内空间的灵活、充分利用。内外墙全部采用加气混凝土砌块和小型混凝土砌块，达到了节能省地效果。

2. 采用新型墙体材料，建成墙体自保温系统和屋面保温系统，取得了良好的保温节能效果。

3. 采用与建筑一体化的太阳能热水系统、太阳能庭院照明灯，能有效节约能源。

4. 采用雨水收集处理回用系统，实现了水资源的重复利用，节约了用水。

5. 住区采用电话、电视、宽频数据综合布线系统及包括消防、安防、车库管理等内容的智能化信息管理系统等。

以上成套技术的应用，显著提升了该项目的自身品质，并将对今后的经济适用房建设和城市其他住宅项目的建设产生积极的示范作用。

6.建议：

（1）建议对该项目应用的成套技术（例如厨卫管网综合技术等）进行总结、跟踪研究，便于今后的广泛推广应用及技术提升。

（2）建议对太阳能热水系统作进一步调研、总结。希望在今后的住宅建设中扩大太阳能热水系统应用，进一步提升太阳能建筑现代化水平。

区域位置

陈渡新苑位于常州市凌家塘地区改造区域内，北临清潭路，南至紫荆西路，东靠南运河，西为白云路，居住氛围良好，交通方便。

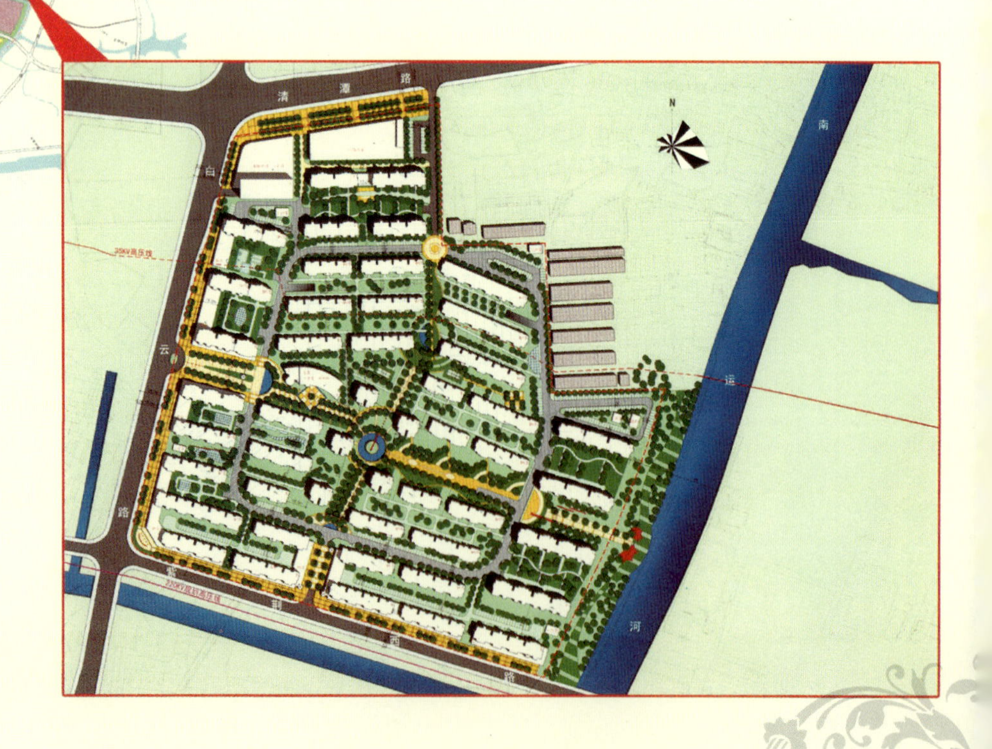

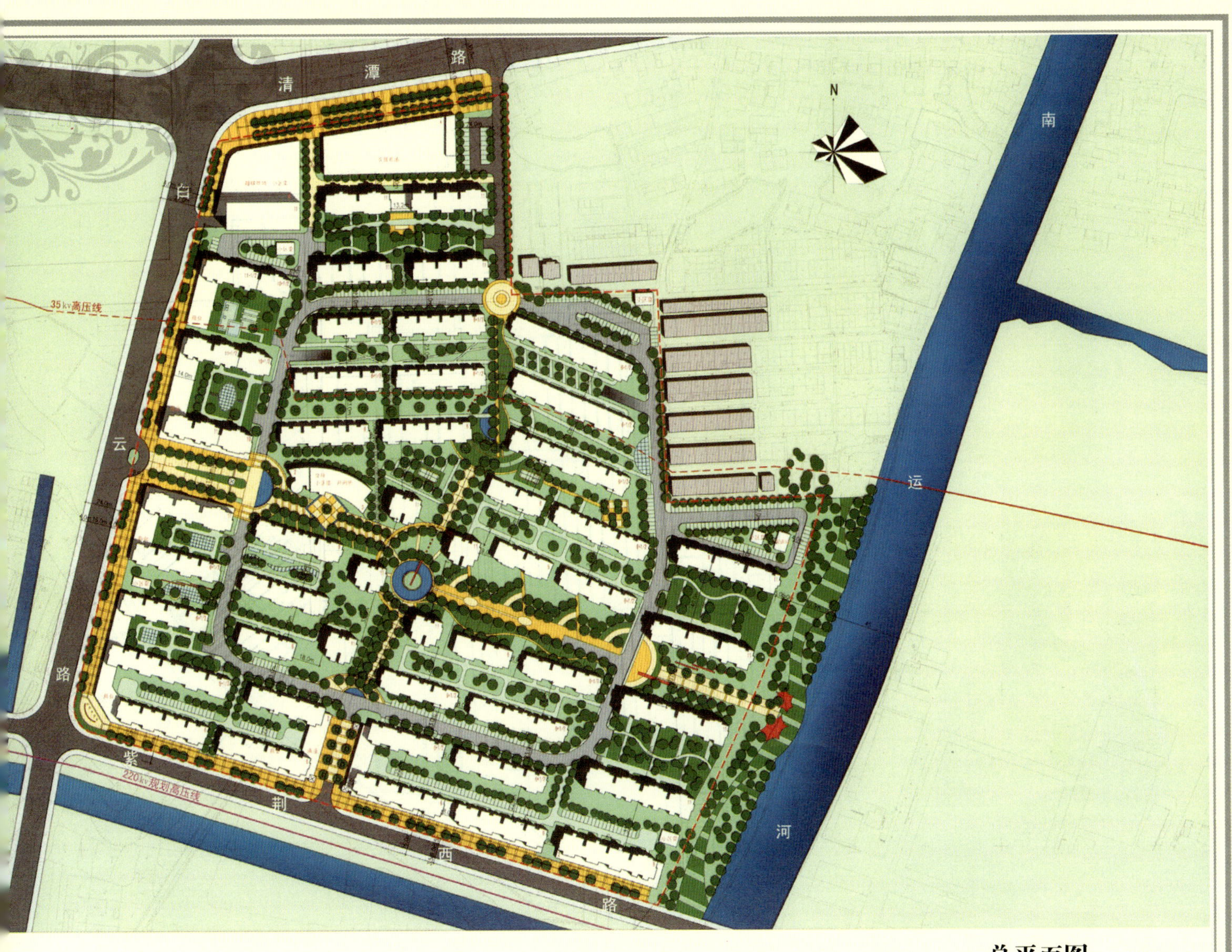

总平面图

小区主要技术经济指标一览表

序号	项目	指标	单位
1	小区规划用地	15.7	hm^2
2	居住户（套）数	2029	户
3	居住人数	6696	人
4	总建筑面积	28.49	万m^2
5	住宅建筑面积	23.46	万m^2
6	公建建筑面积	5.03	万m^2
7	住宅面积毛密度	1.49	万m^2 / hm^2
8	住宅面积净密度	2.38	万m^2 / hm^2
9	人口毛密度	426	人 / hm^2
10	人口净密度	679	人 / hm^2
11	容积率	1.81	万m^2 / hm^2
12	建筑密度	30	%
13	绿地率	>30.0	%
14	日照间距	满足大寒日2h日照标准	
15	规划机动车停车泊位	1148	位
16	非机动车及杂物间	13760	m^2

鸟瞰图

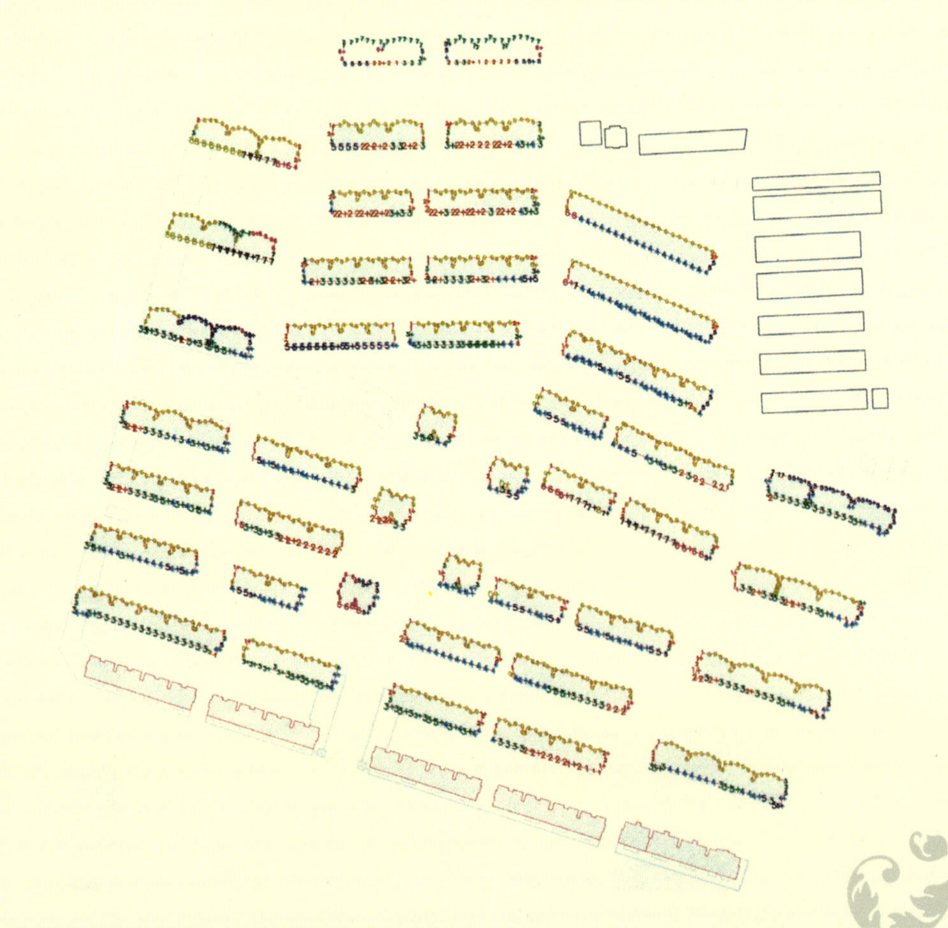

日照分析图

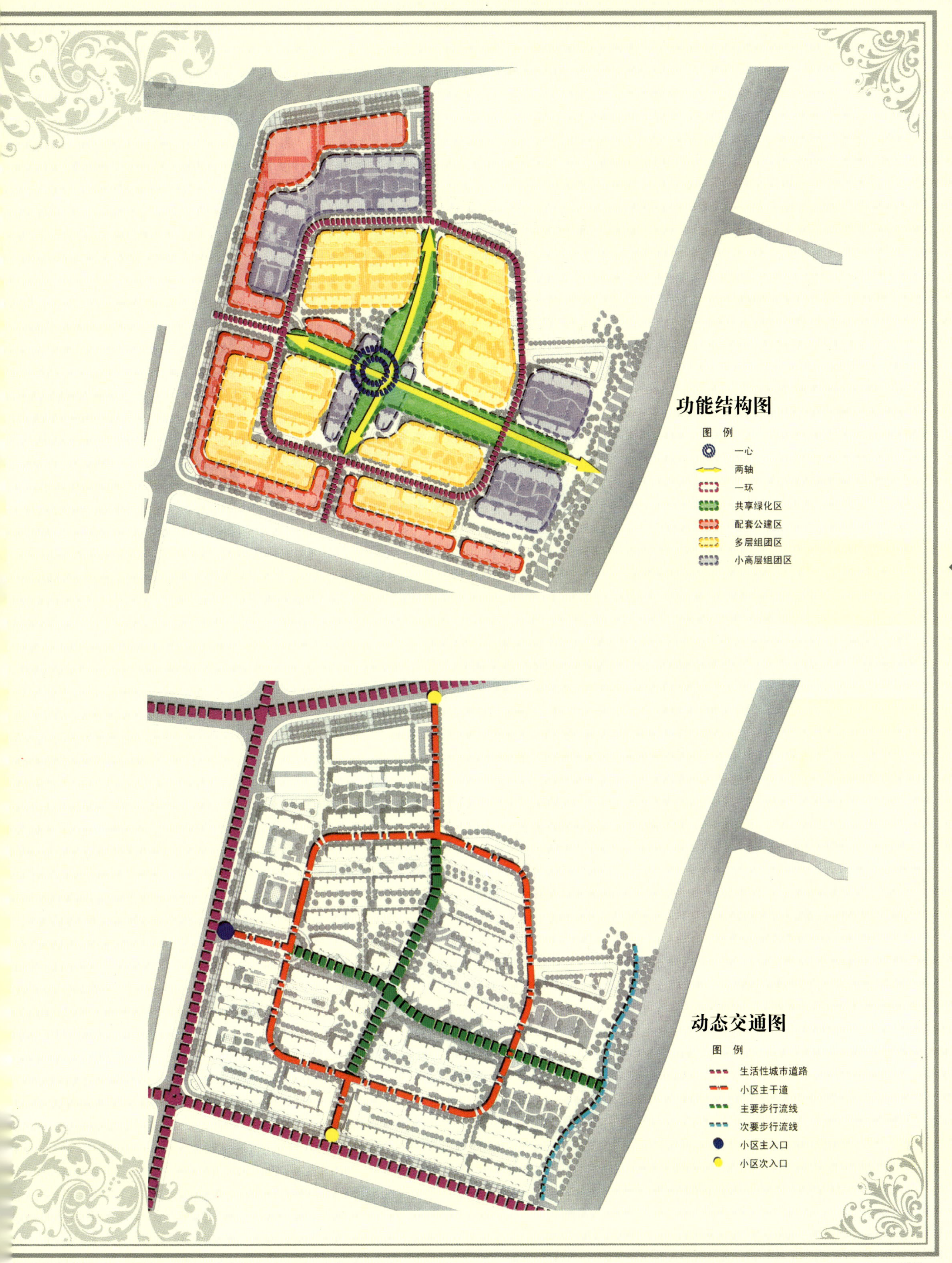
功能结构图
图 例
一心
两轴
一环
共享绿化区
配套公建区
多层组团区
小高层组团区
动态交通图
图 例
生活性城市道路
小区主干道
主要步行流线
次要步行流线
小区主入口
小区次入口

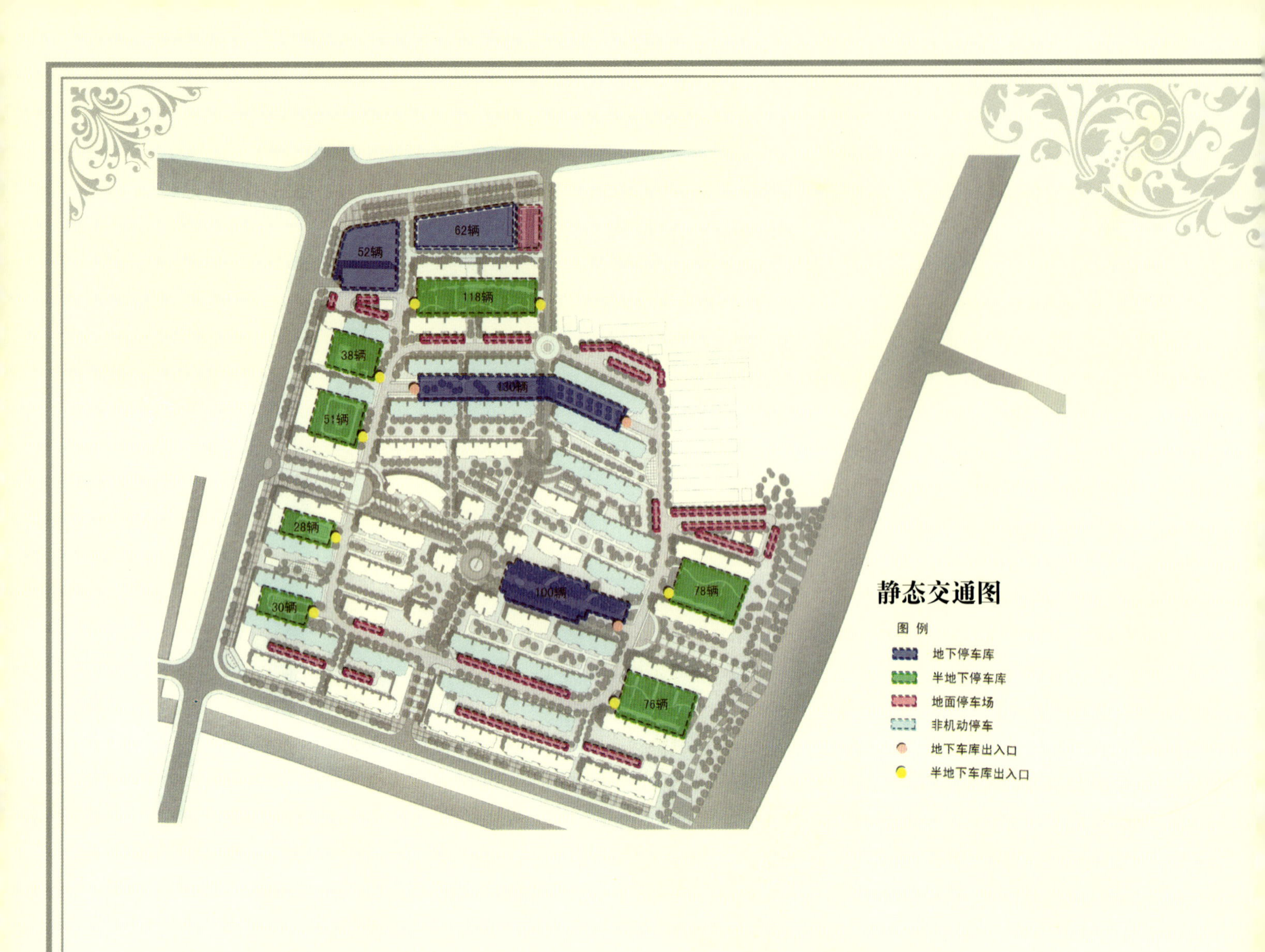
52辆
62辆
118辆
38辆
130辆
51辆
28辆
100辆
78辆
30辆
76辆
静态交通图
图例
地下停车库
半地下停车库
地面停车场
非机动停车
地下车库出入口
半地下车库出入口

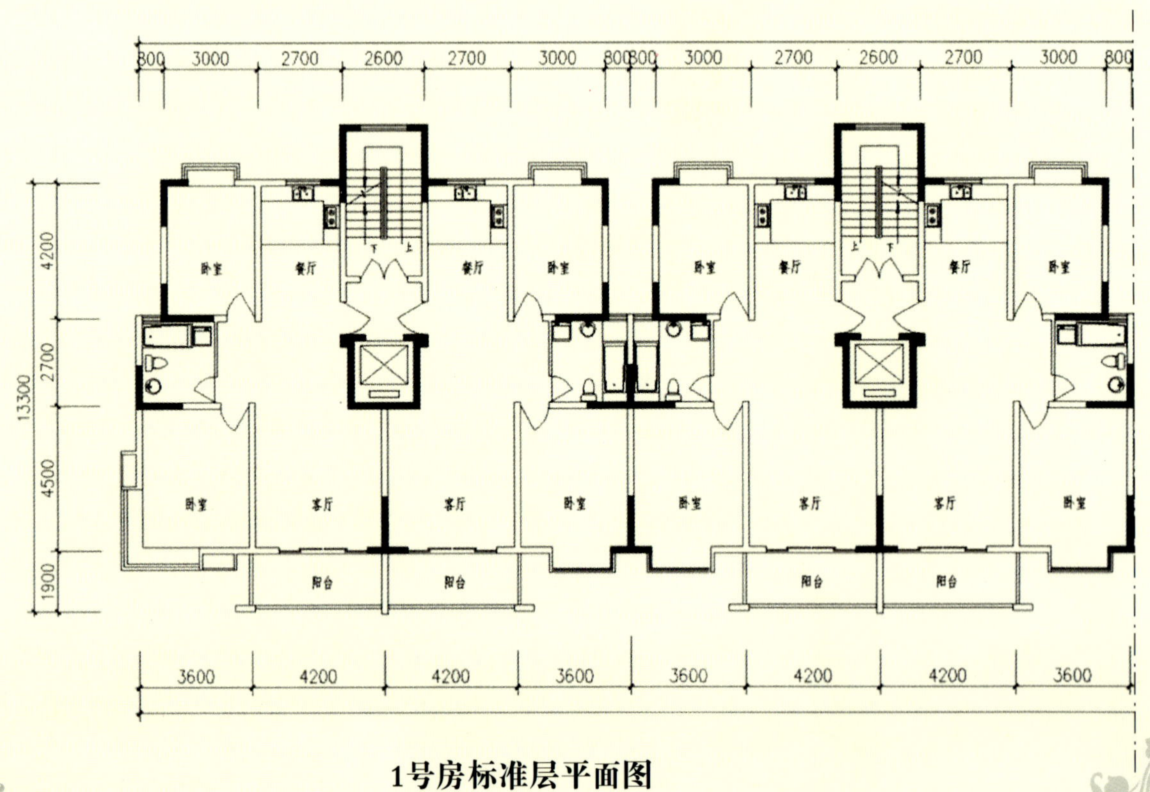
800 3000 2700 2600 2700 3000 800 800 3000 2700 2600 2700 3000 800
4200
2700
13300
4500
1900
卧室
餐厅
下 上
餐厅
卧室
卧室
餐厅
上 下
餐厅
卧室
卧室
客厅
客厅
卧室
卧室
客厅
客厅
卧室
阳台
阳台
阳台
阳台
3600 4200 4200 3600 3600 4200 4200 3600

1号房标准层平面图

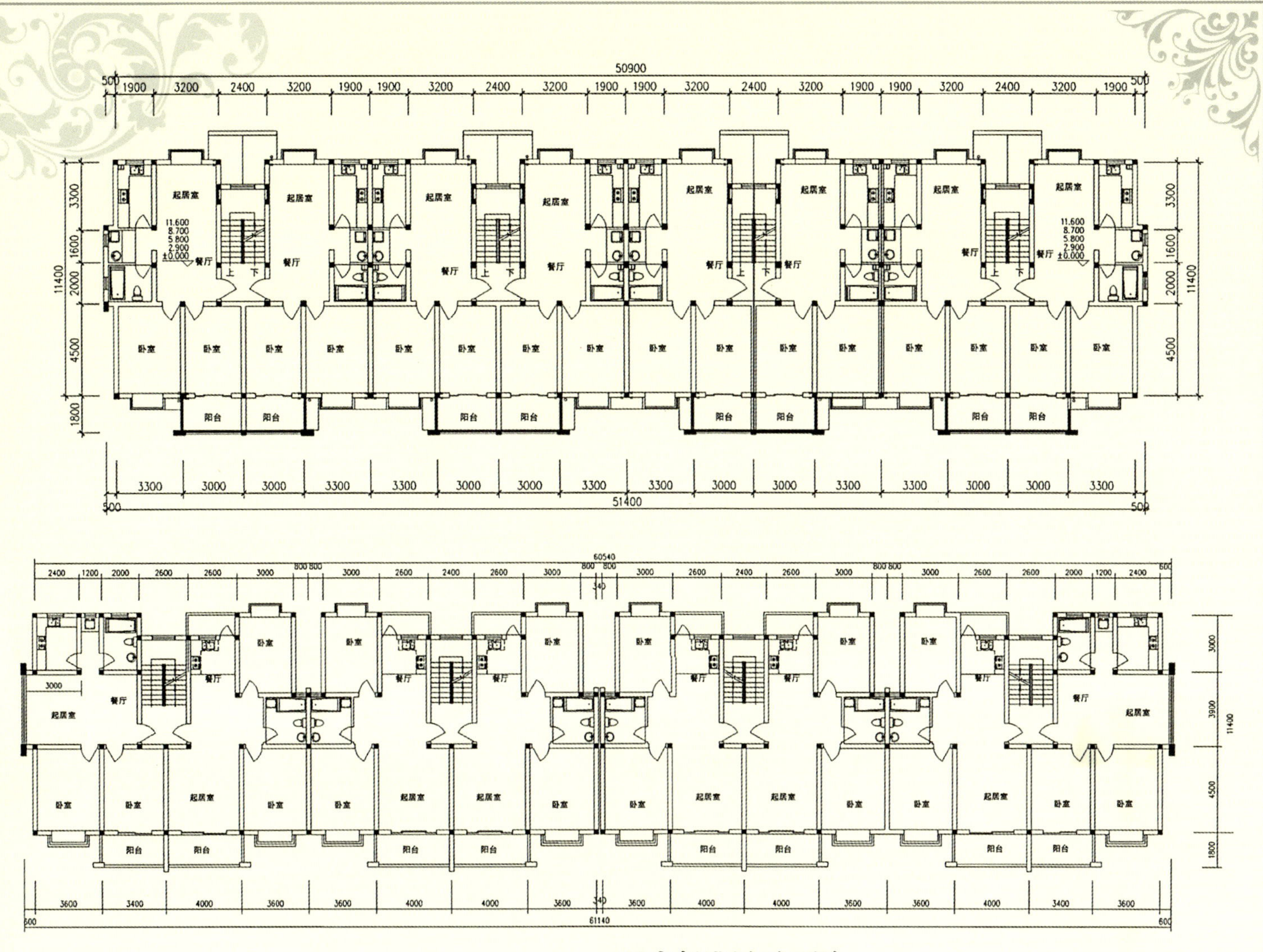

3、5、9、10号房标准层平面图

透视效果

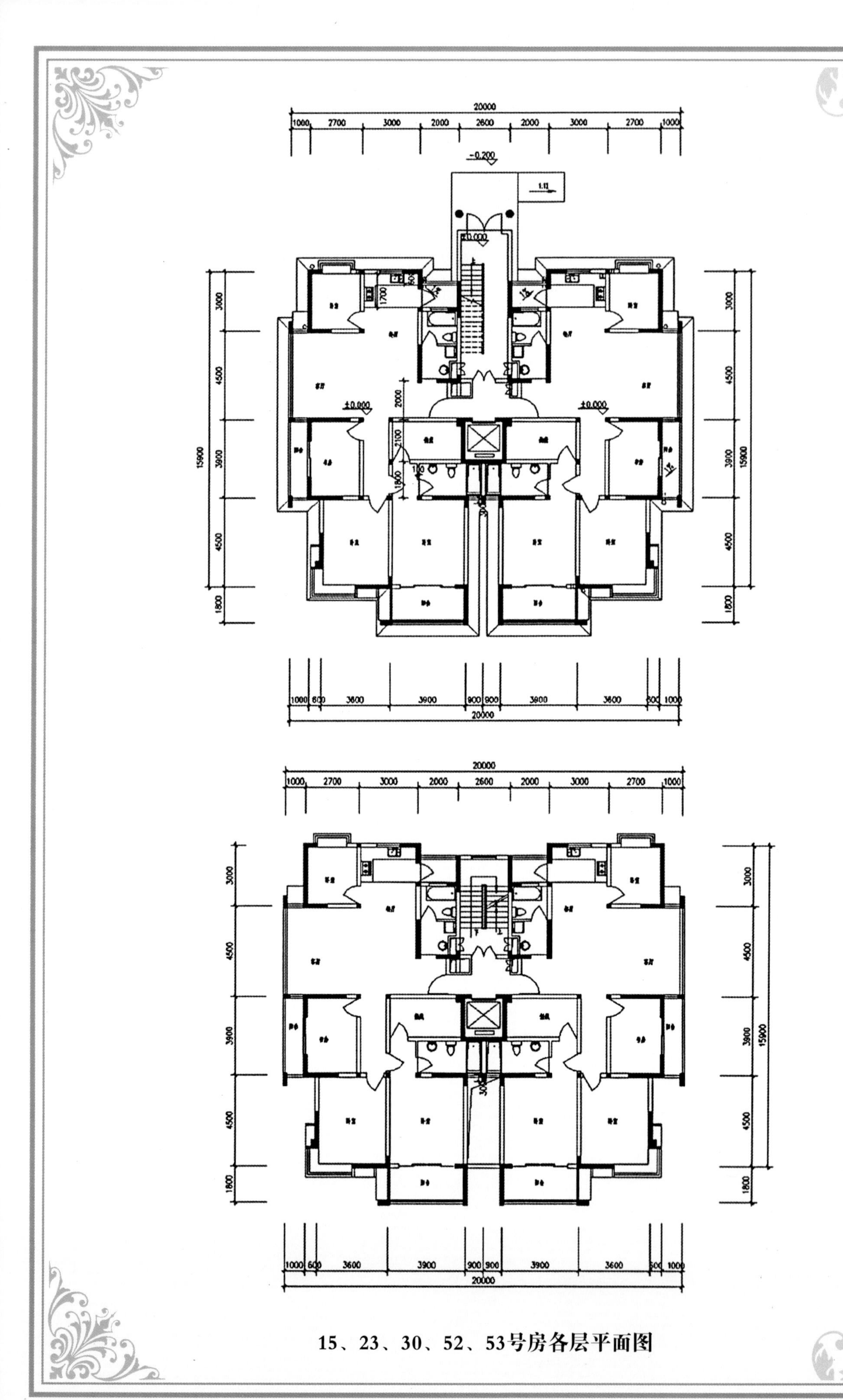

15、23、30、52、53号房各层平面图

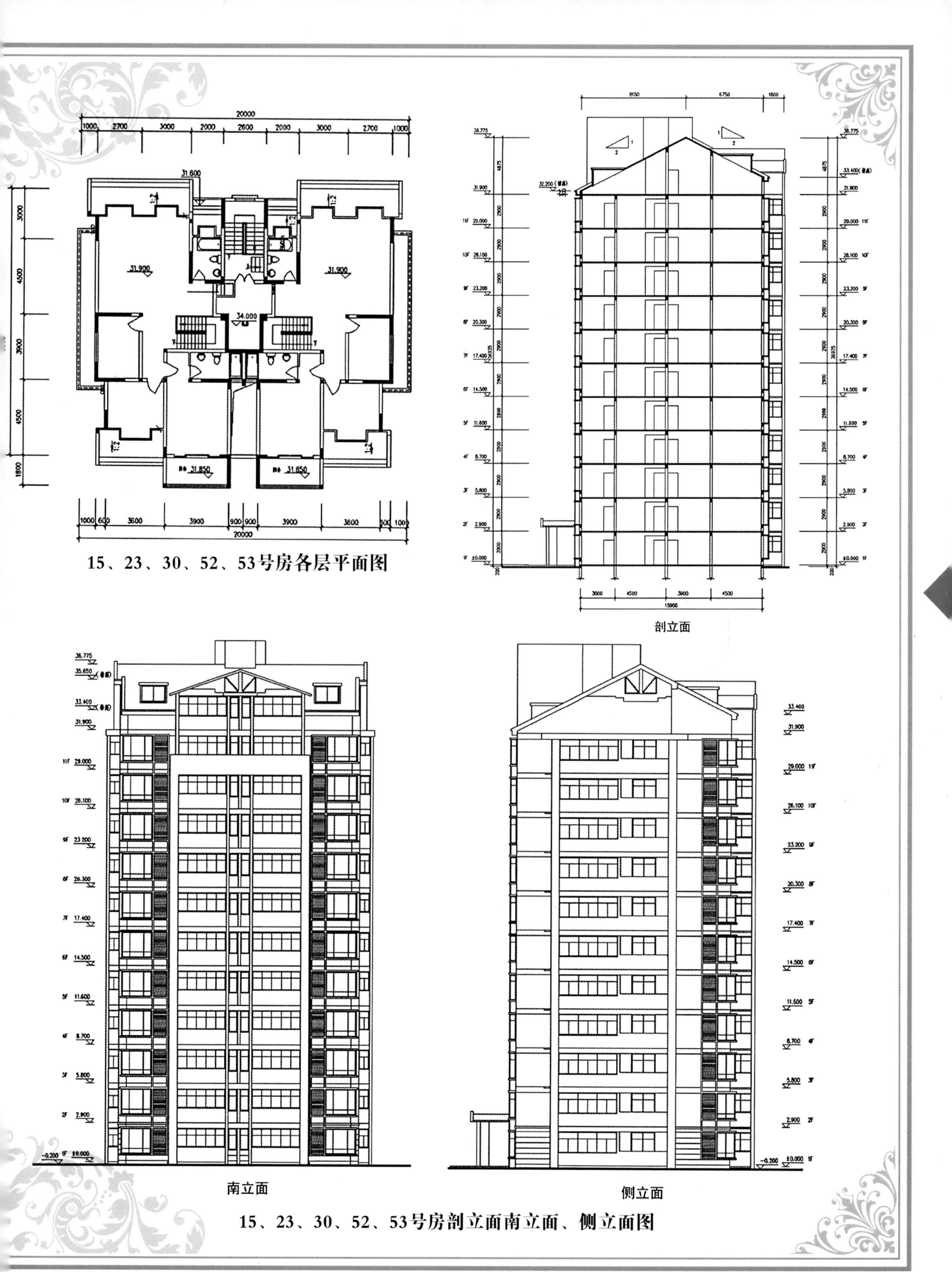

15、23、30、52、53号房各层平面图

15、23、30、52、53号房剖立面南立面、侧立面图

湖滨国际

张家港

开发建设单位：张家港市新城置业有限公司
规划建筑设计单位：深圳市建筑设计研究总院

专家评审意见

（一）规划设计评审意见

1. 小区选址适当，紧临暨阳湖，有大面积的水面及绿地，大环境好，是个宜人居住的地方。

2. 小区采取基本南北向的建筑布局，南低北高、高中低层相结合的手法，布局合理，特别是北面的高层部分，用适当的围合办法，对建筑作了南北入口的处理，形成了不同大小的宅前庭院，空间丰富，温馨可亲。但是南部低层部分布局过于规整，缺乏变化，手法与北部不统一。

3. 小区道路交通采用一个外环的办法，小区停车以地下为主，结合少量的地面停车，平时宅前庭院不进车，较好地解决了小汽车对居民居住安全、安静的干扰。但小区主环路还有不足之处，建议北面的环路要环起来，最好在第二幢的近北面，这幢住宅改为南入口。环路的南面，4幢联排式别墅的户门都在小区主环路开口，影响交通，也不安全。建议改在第二排的消极空间通过。

4. 小区紧临东面的托幼、小学服务设施配套齐全。

5. 小区技术经济指标符合国家有关规范、规定。

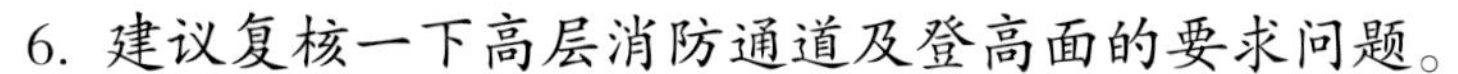
6. 建议复核一下高层消防通道及登高面的要求问题。

7. 关于建筑形式及风格还在简单地移植其他项目的做法是不妥当的。

（二）建筑设计评审意见

张家港湖滨国际小区周边具有优越的自然环境，此项目为较高档次的住宅小区，具有方便舒适的户型设计，又具有先进的产业化技术装备，对于推进国家康居工程有良好的示范作用。具体评审意见如下：

1. 户内功能分区明确，有各自独立的功能空间，动静与洁污分离。
2. 平面布置紧凑有序，交通流线合理，平面尺寸合适。
3. 人文奥运建筑与结构布置结合紧密，有二次分隔的灵活性。
4. 设置一定的储藏空间，布置合理，形式多样。
5. 主要房间有良好的通风、采光与景观条件。
6. 餐厨布置紧密，有独立就餐及景观条件。
7. 空调室外机统一布置，整齐隐蔽。
8. 在进一步深化设计过程中，建议改善之处如下：（1）优化入户过渡空间，保证客厅环境的安静。（2）个别户型（如J型、T型）有主次卧室面积标准倒置情况，建议调整户内楼梯及卫生间位置，来改善平面功能及面积标准。（3）个别户型（如E型）户内楼梯占用宝贵的南外墙面，建议将其移至电梯附近或其对面位置，以使客厅环境完整、安静。（4）组合体转折连接处的三角形空间应作壁柜利用起来，也改善立面。（5）公寓楼宜作平面调整，使各户均有一定的日照条件。

（三）成套技术评审意见

张家港湖滨国际小区住宅产业化成套技术方案依据《国家康居示范工程建设技术要点》的要求，结合本地区实际，积极采用一批先进、成熟、适用的技术与产品加以集成运用，其技术与产品的选择和所采取的相应措施基本上满足了国家康居示范工程的建设要求。项目开发建设单位对产业化技术要求认识明确，并有一定的创新意识。

在建筑节能成套技术应用方面，屋面采用挤塑保温板，外墙采用聚苯颗粒保温砂浆，外门窗为铝合金中空玻璃，形成外围护结构比较完整的技术体系。

在部分住宅中采用机械新风系统和中央吸尘系统、纯净水供应系统等，对提高居住生活质量有积极意义。

小区采用了有机垃圾生化处理系统，以及透水性铺装等，提高了小区的总体生态环境质量。

小区利用城市电厂余热，设置24h集中供应热水系统，既提高了利用水平又有利于小区总体环境质量的提高。

建议：

1. 应结合本项目的定位和本地区实际进一步研究和探索，适当扩大住宅精装修的比例，通过本项目的开发建设，在实施住宅精装修方面作出实践与探索。
2. 建议将拟设的推拉窗改为平开窗，以增强围护结构的保温隔热性能。
3. 建议增加遮阳措施，提高建筑热工性能。
4. 小区的水景及绿化用水均取自暨阳湖水，应保证区内用水的水质达到标准。
5. 由于本项目采用了多项产业化技术，应在实施中进一步做好专业协调、综合集成，精心设计、精心施工，以确保工程质量，为推进住宅产业化作出贡献。

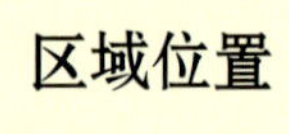

区域位置

湖滨国际小区位于张家港市暨阳湖生态园区东侧，为张家港市的南大门，东沿馨苑路，西接暨阳湖生态园区、金港大道，南近南二环路，北临馨苑路。该地段处于对外交通非常便利的地理位置，交通方便、环境优美。

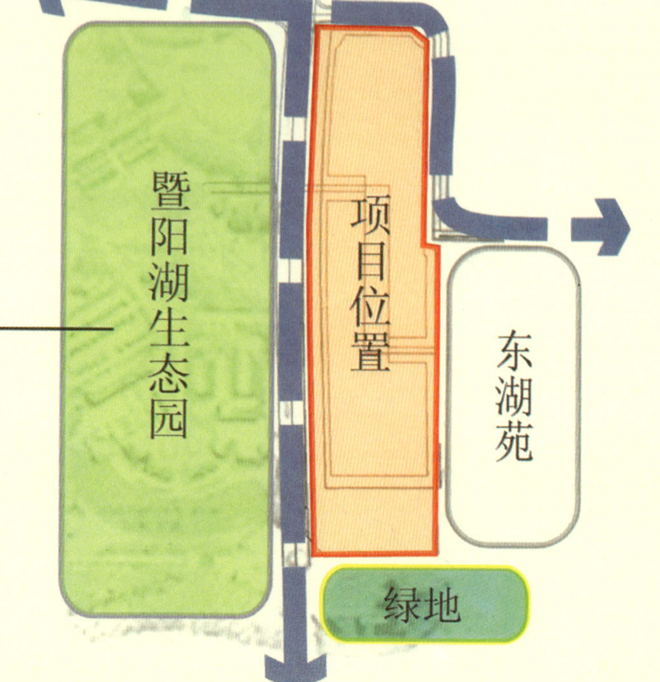

总平面图

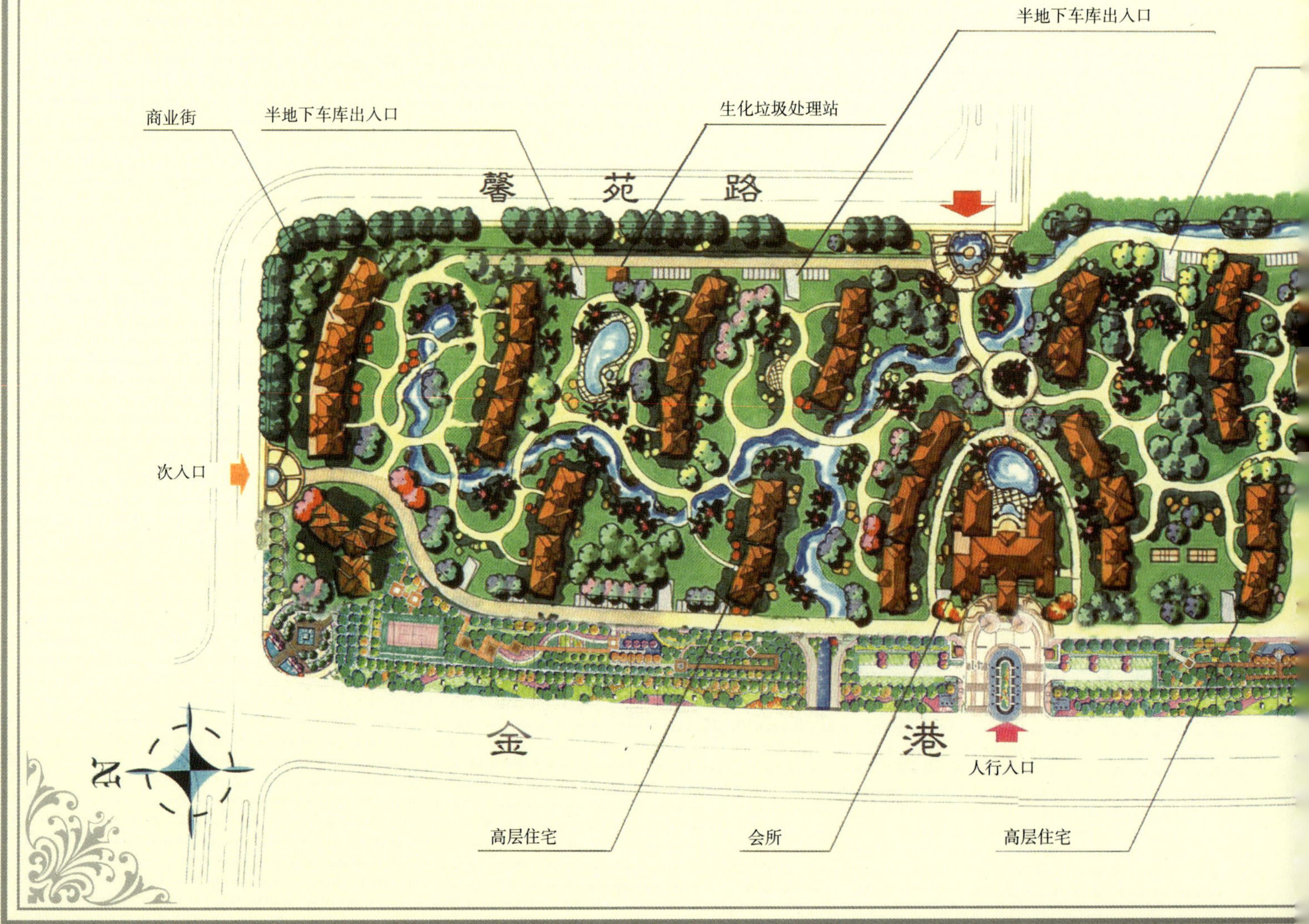

鸟瞰图

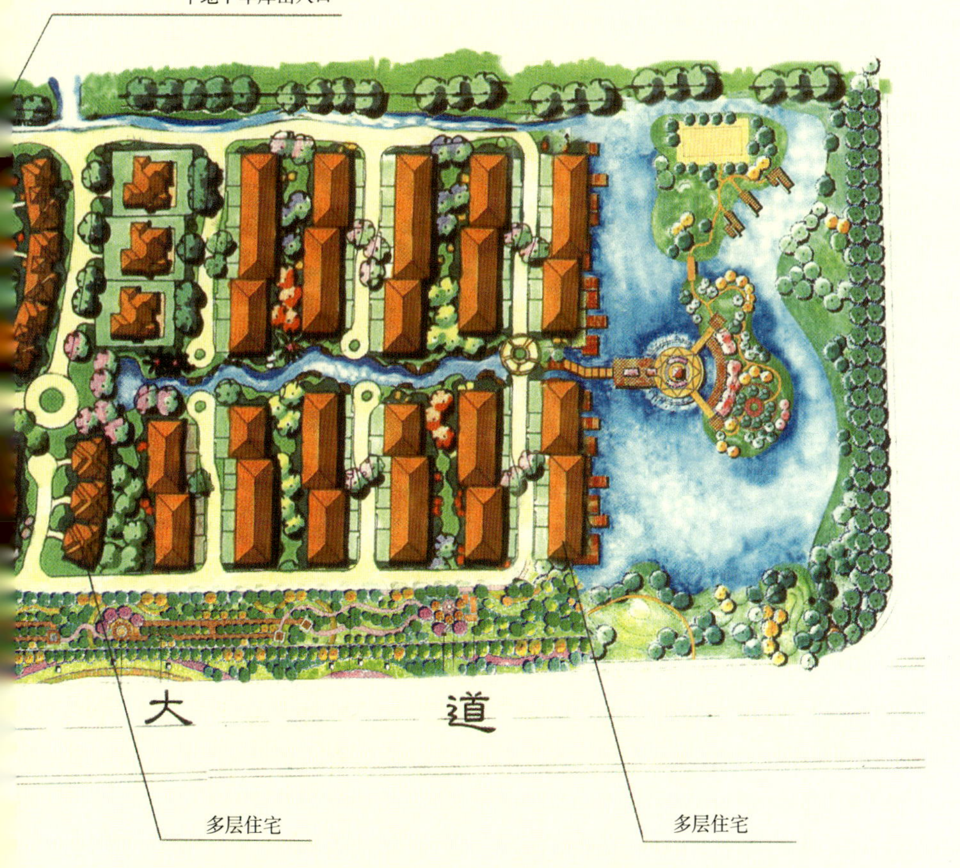

技术经济指标

总建筑面积	28.12万m^2
住宅建筑面积	21.15万m^2
小区配套公建面积	0.555万m^2
居住人口	4610人
居住户数	1317户
户均人口	3.5人／户
人口毛密度	348人／hm^2
住宅建筑套密度（毛）	套／hm^2
住宅建筑套密度（净）	99套／hm^2
住宅建筑面积毛密度	1.6万m^2／hm^2
住宅建筑面积净密度	万m^2／hm^2
容积率	1.6
绿化率	47.10%

居住区-组团二级结构

居住区级  组团级

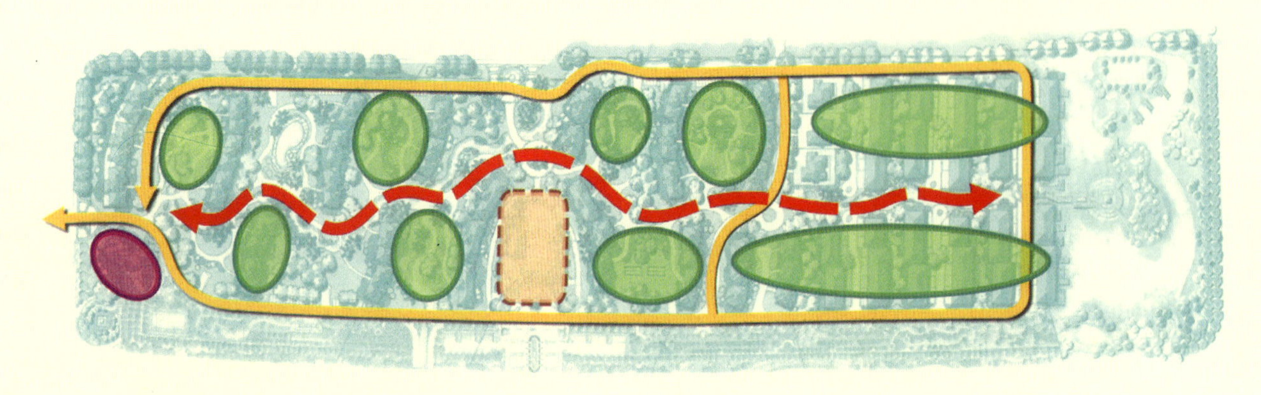

结构分析图

住宅组团　　车行道
公建会所　　人行道
公寓

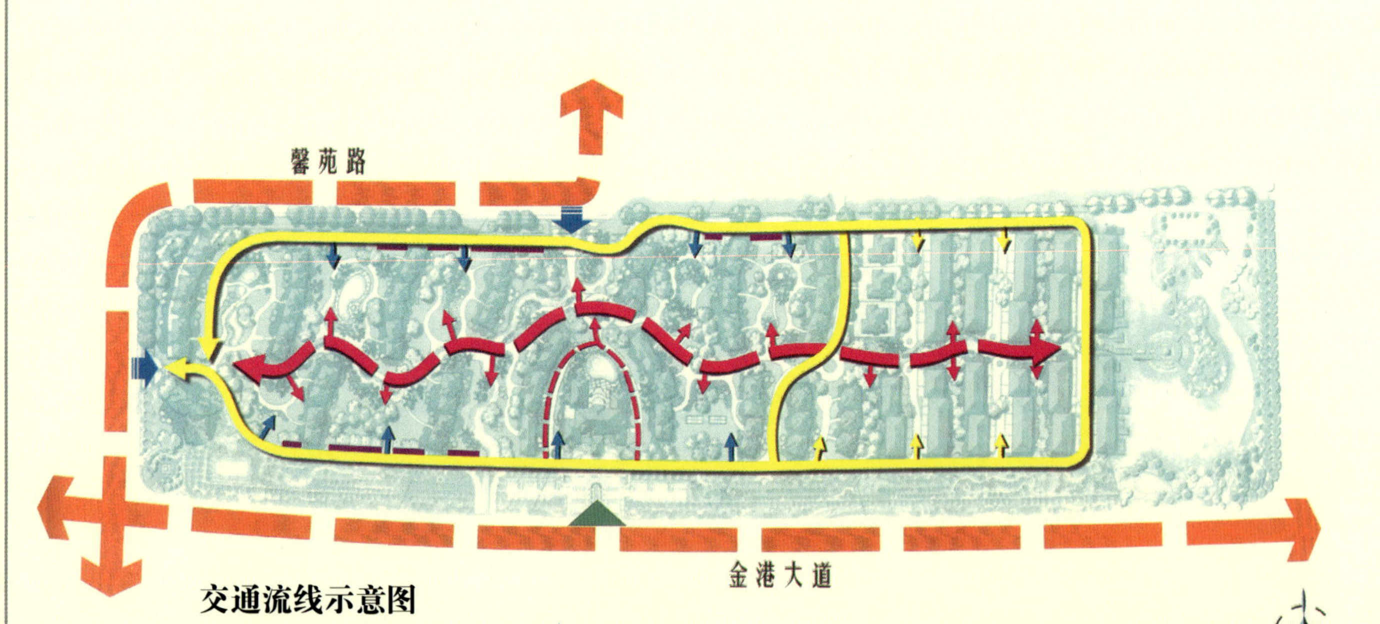

交通流线示意图

城市道路　　车行入口　　地面停车
小区车行流线　　地下车库出入口
小区步行流线　　人行入口

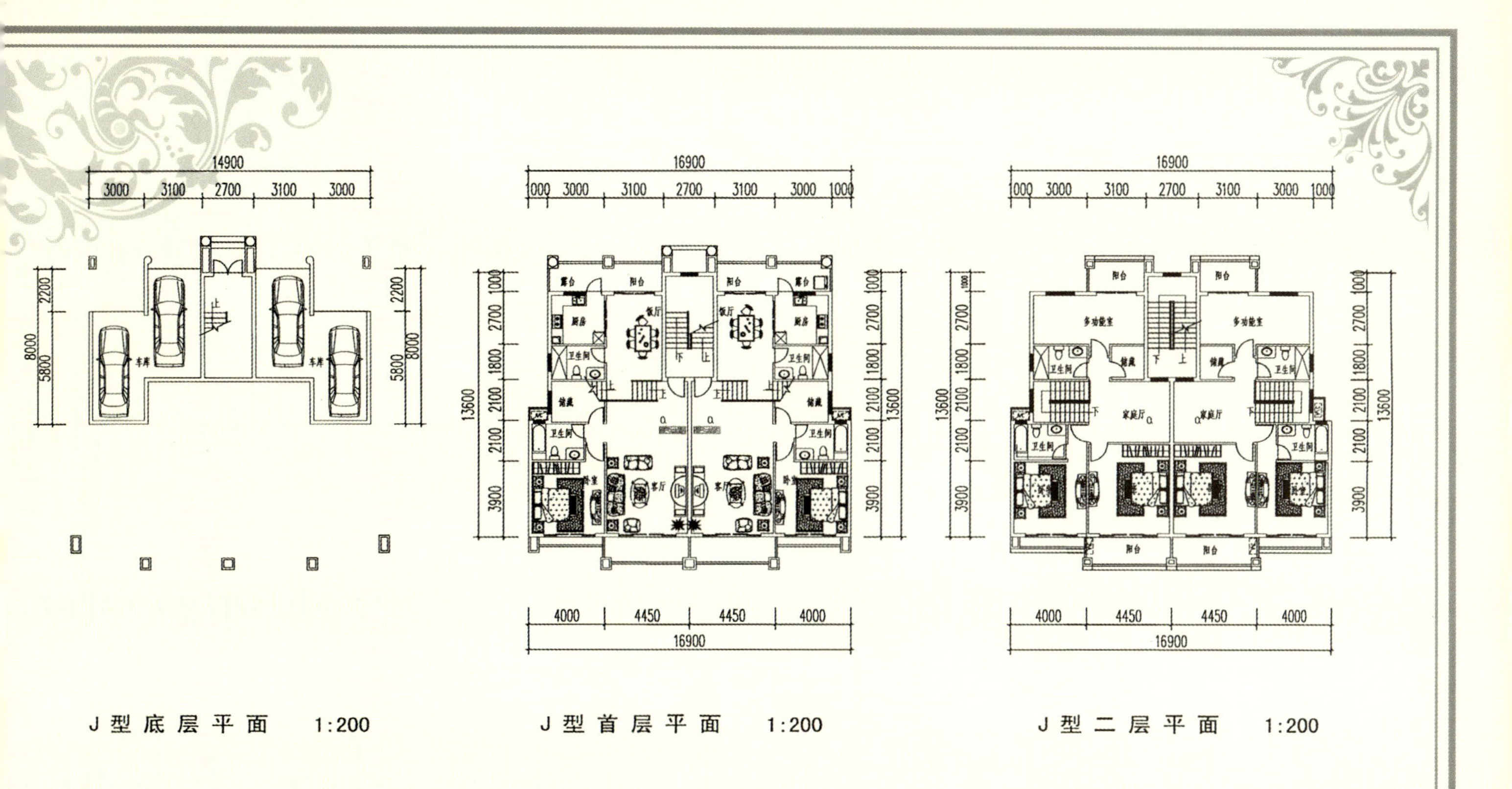

J型底层、首层、二层平面图

户型	套内面积（m²）		建筑面积（m²）
a	首层	93.7	219.4
	二层	90.6	
a型楼梯分摊面积		18.1	
a型车库		17.0	

多层住宅效果图

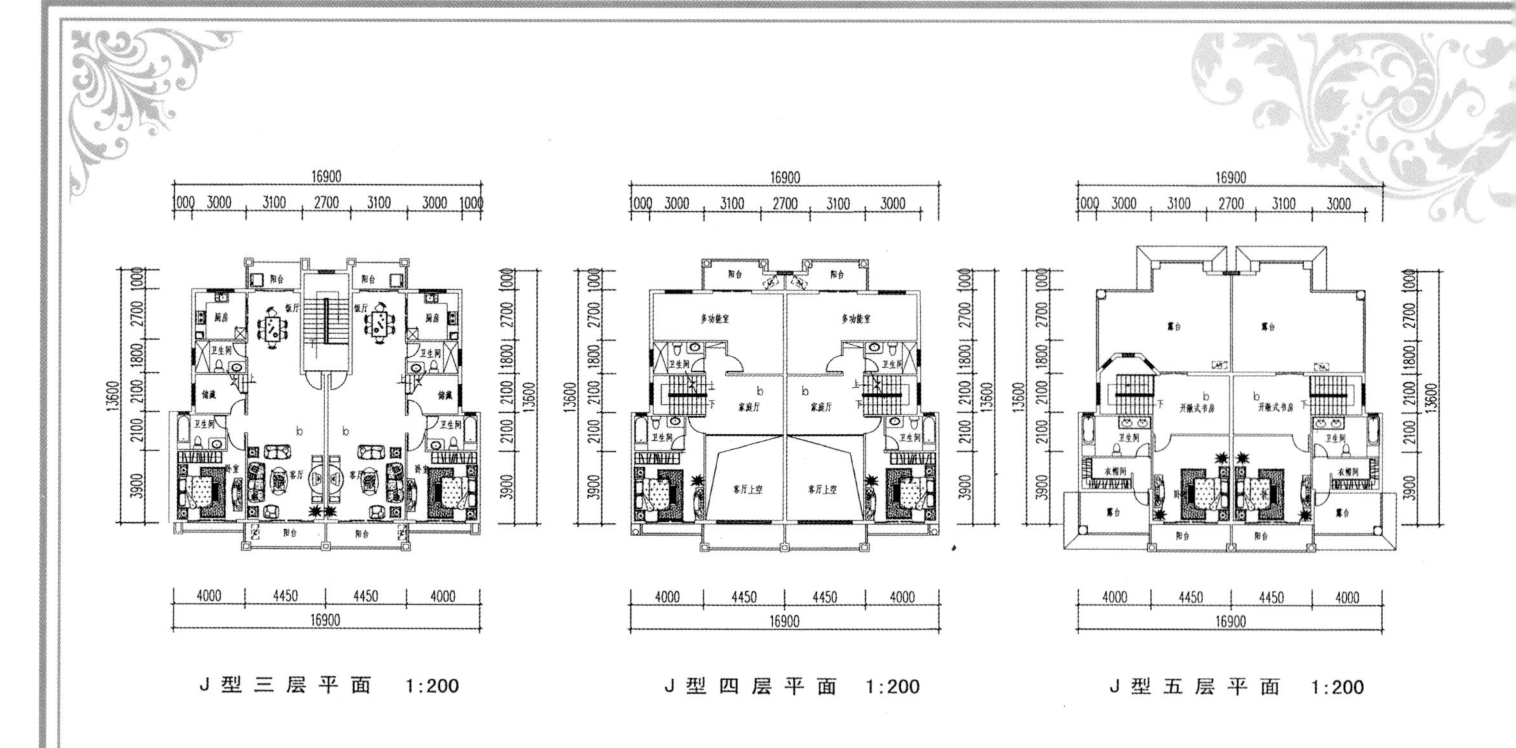

J型三层平面 1:200
J型四层平面 1:200
J型五层平面 1:200

J型三层、四层、五层平面图

户型	套内面积（m^2）		建筑面积（m^2）
b	三层	94.3	263.3
	四层	67.4	
	五层	59.4	
b型楼梯分摊面积		25.2	
b型车库		17.0	

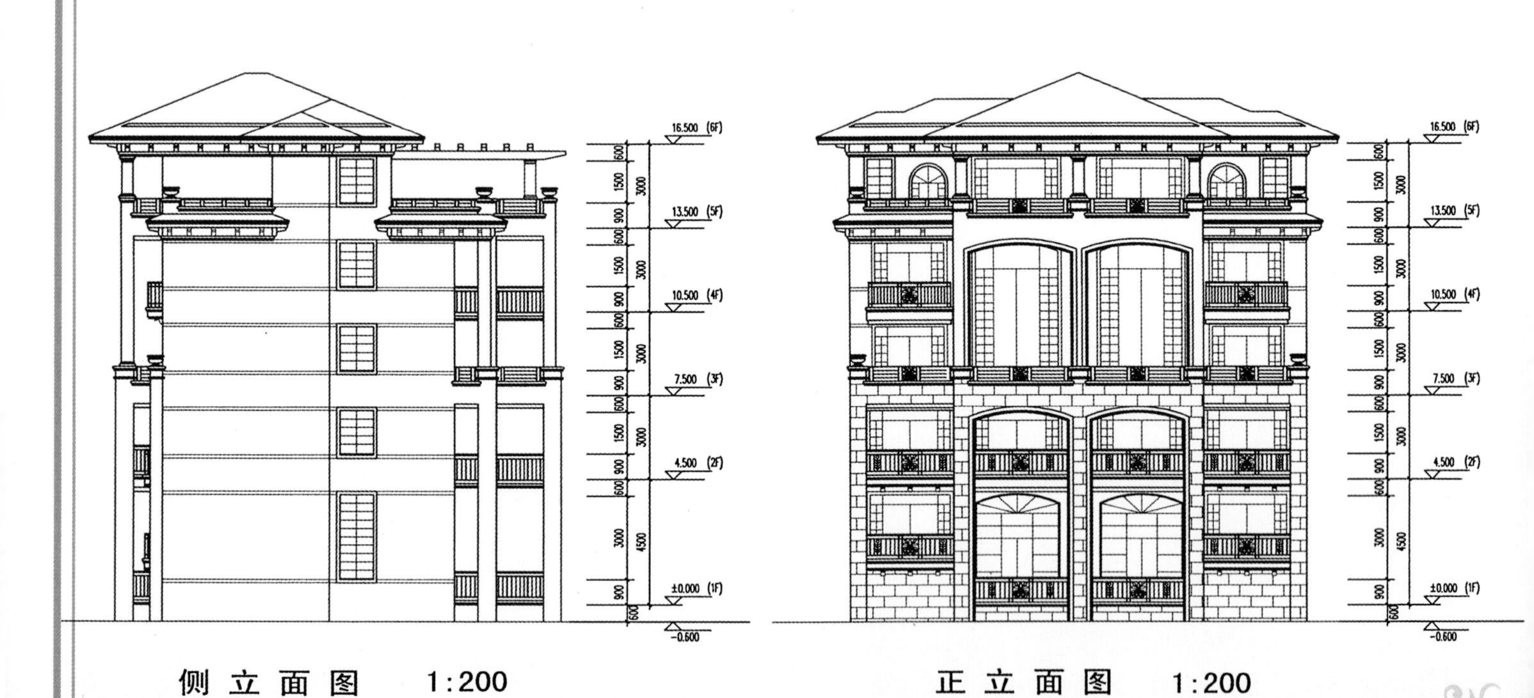

J型立面图

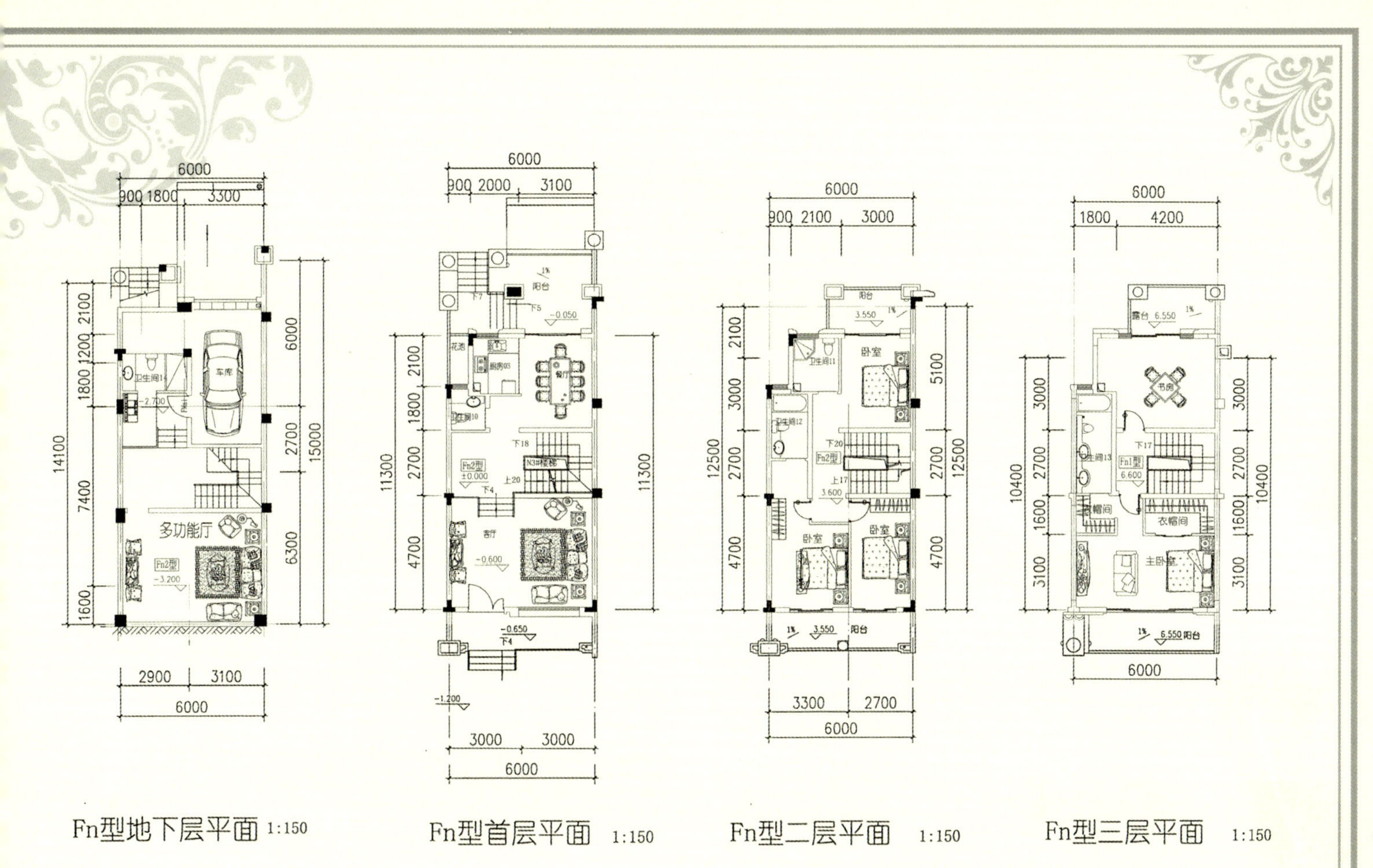

Fn型地下、首层、二层、三层平面图

首层面积：81.7m²
二层面积：74.1m²
三层面积：65.7m²
地上建筑面积：221.5m²
车库面积：20m²
地下层面积：65.3m²
总建筑面积：306.8m²

叠加式住宅效果图

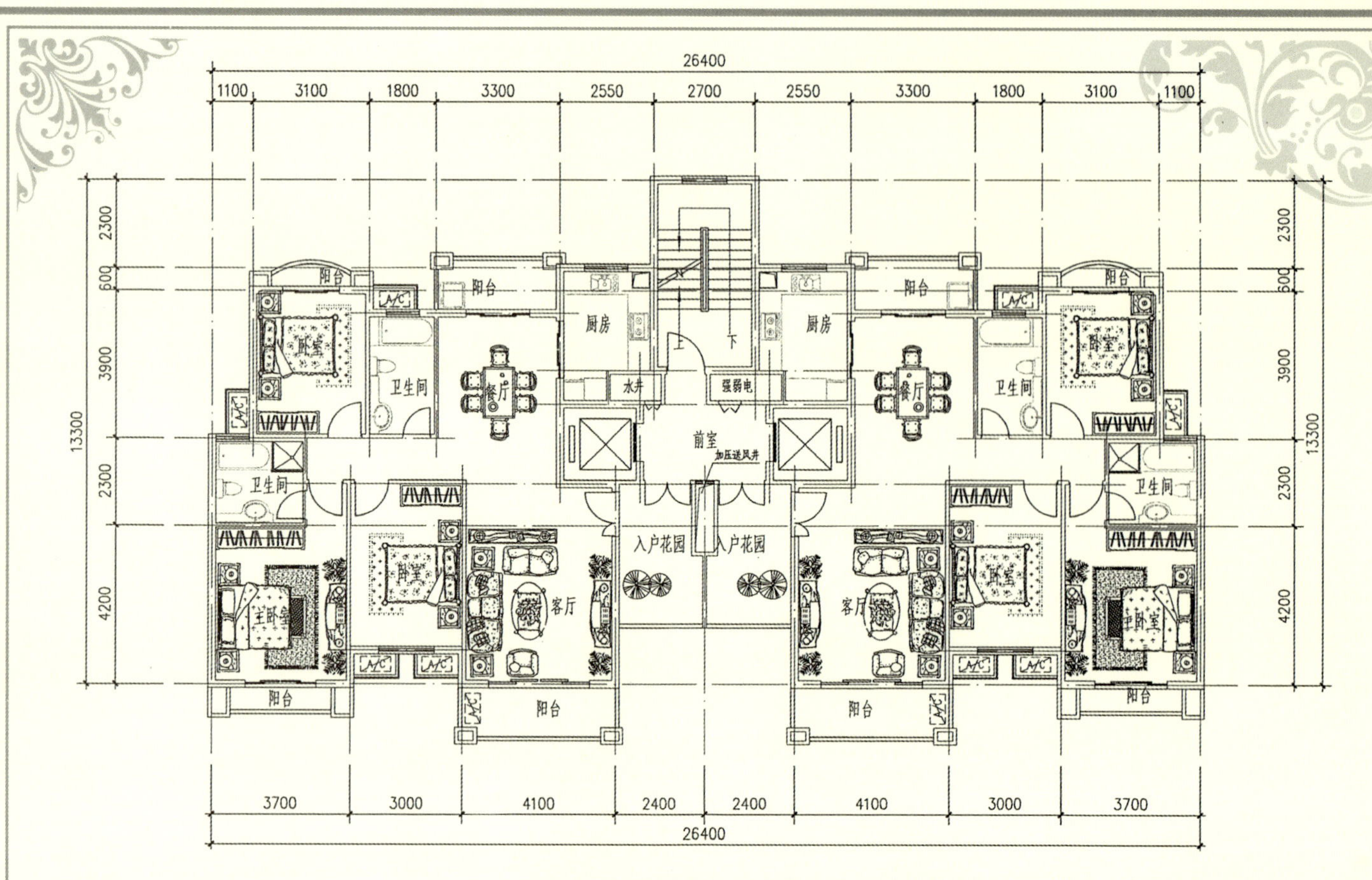

高层A型平面图

单位：m^2

	户型	套内面积	建筑面积
A型	三室二厅二卫一厨	118.78	136.2
楼梯面积		34.84	
每层建筑面积		272.4	

高层住宅效果图

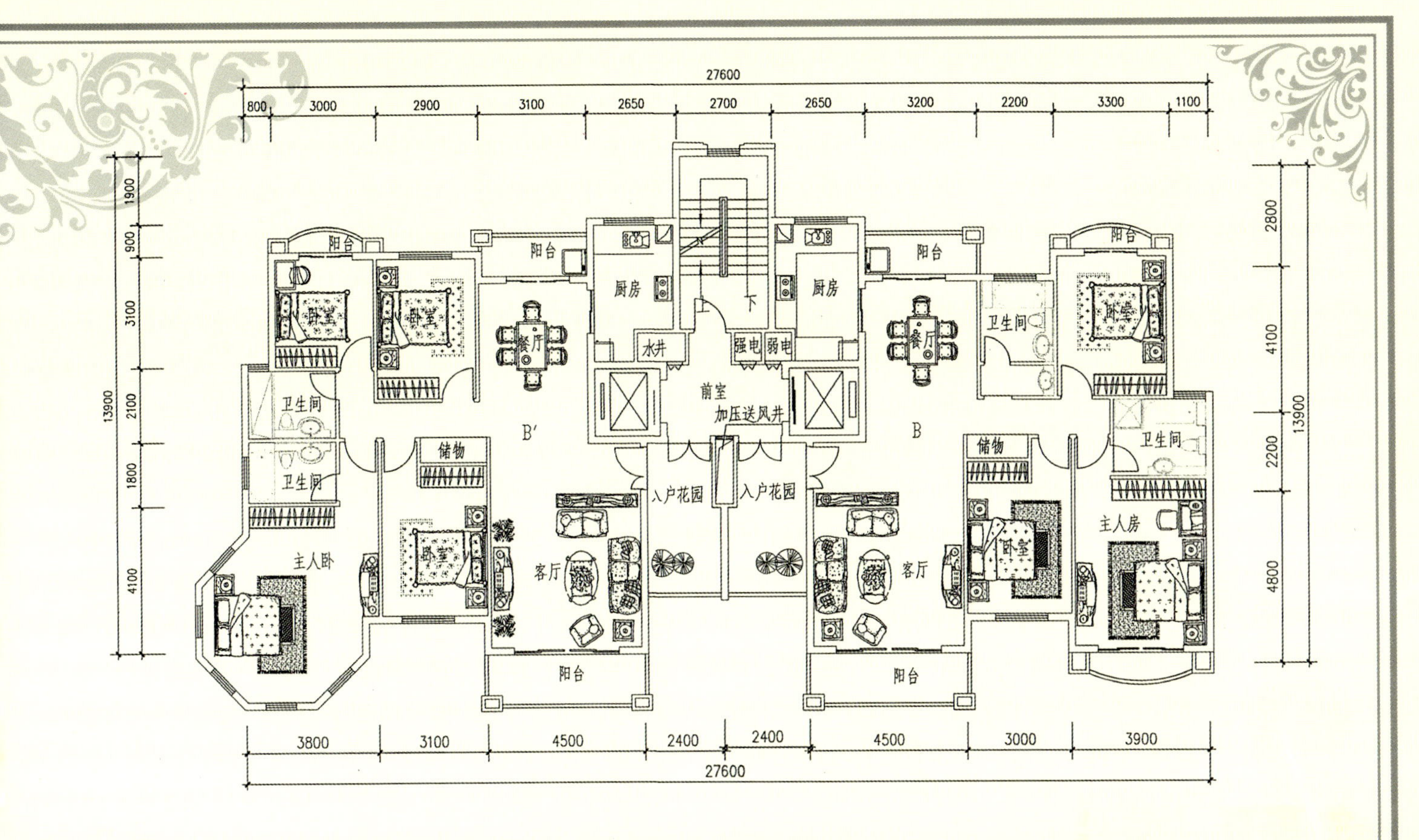

高层B'、B型平面图

单位：m²

	户型	套内面积	建筑面积
B'型	四室二厅二卫一厨	144.47	162.64
B型	三室二厅二卫一厨	134.10	151.67
楼梯面积		35.14	
每层建筑面积		312.4	

小区主入口效果图

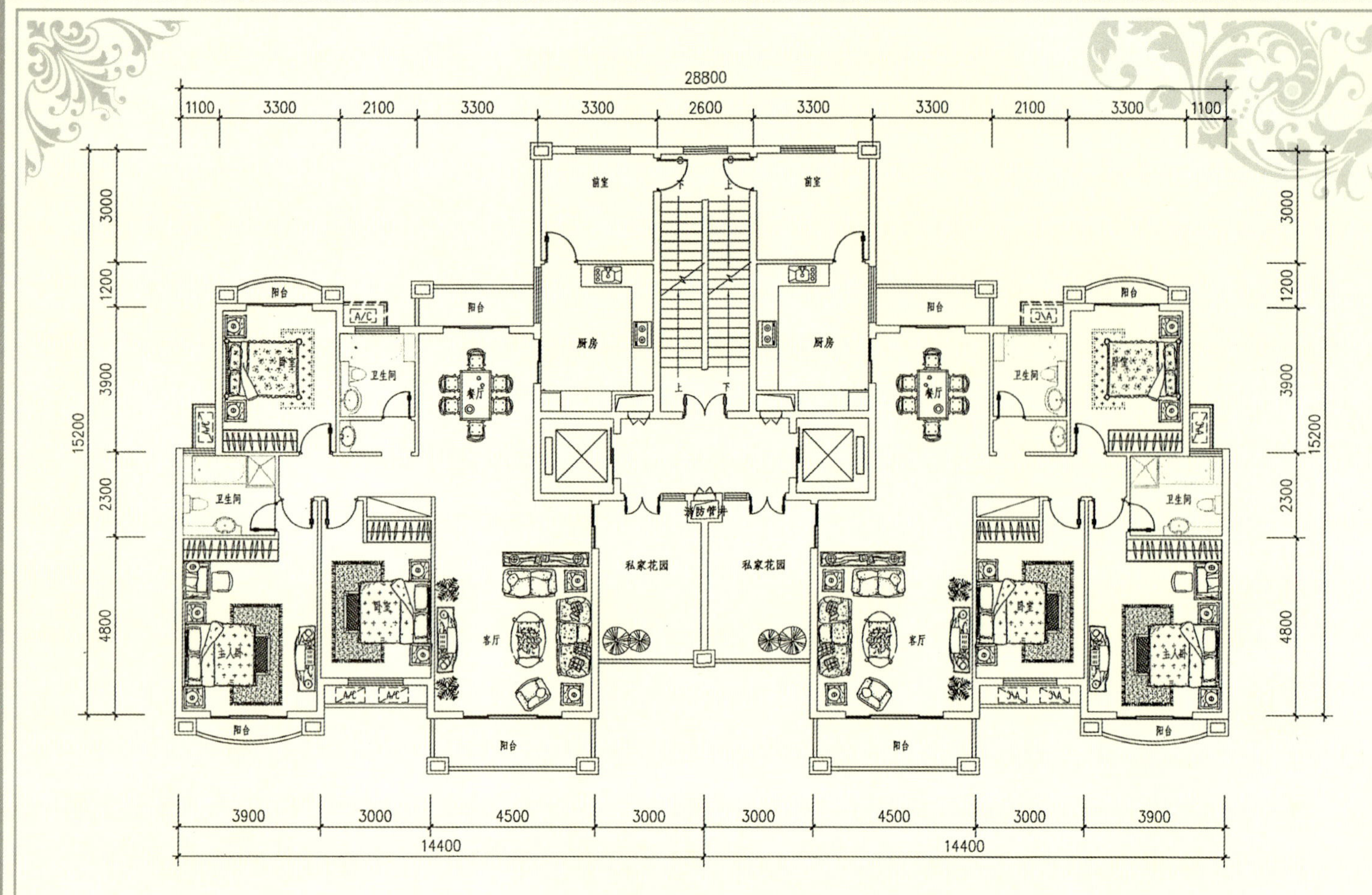

高层Bx型平面图

单位：m^2

	户型	套内面积	建筑面积
Bx型	三室二厅二卫一厨	148.6	168.8
楼梯面积		40.4	
每层建筑面积		337.6	

西沿街效果图

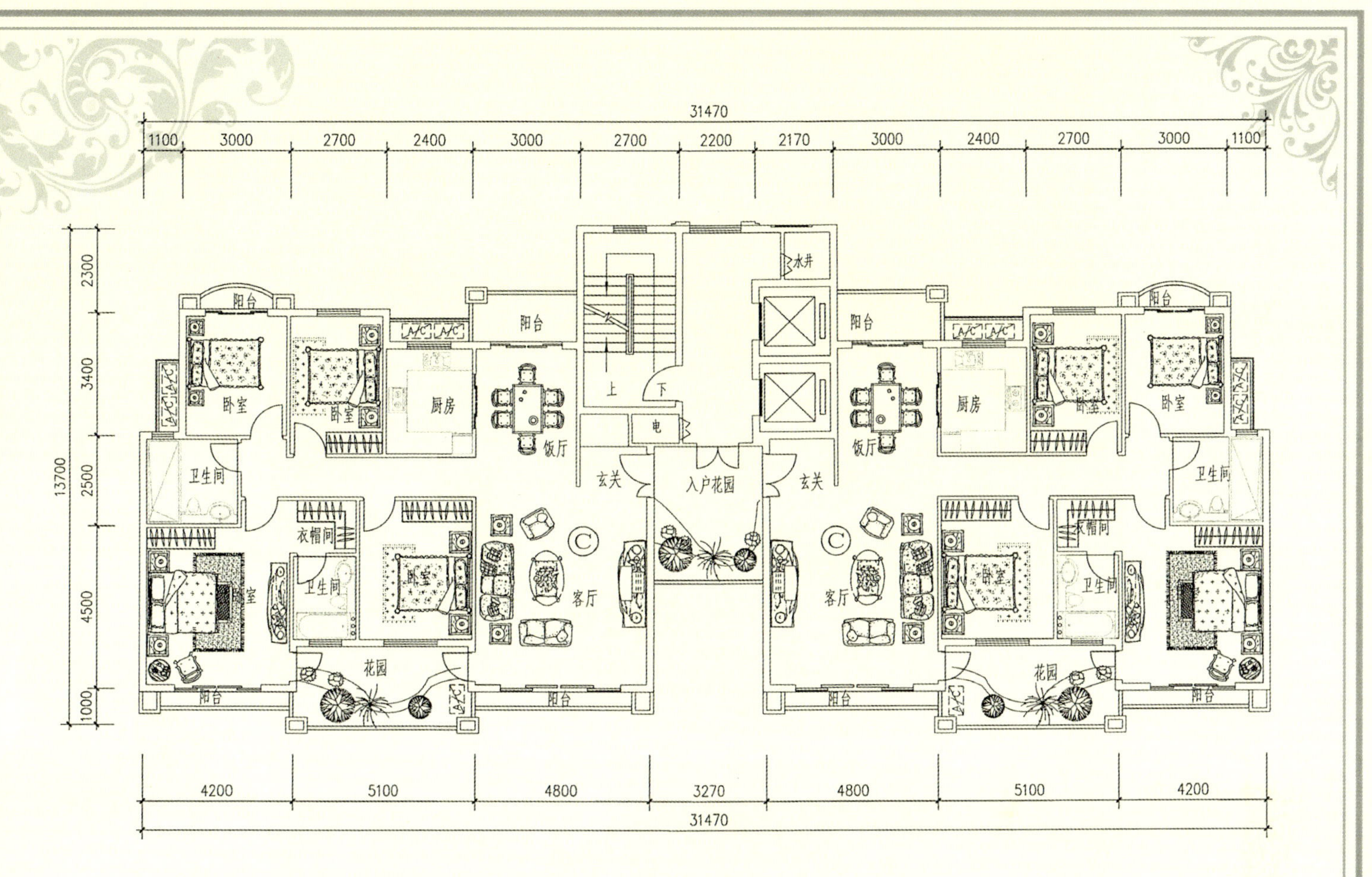

高层C型平面图

单位：m²

	户型	套内面积	建筑面积
C型	四室二厅二卫	141.5	165.5
楼梯面积		48.0	
每层建筑面积		331.0	

西沿街效果图

扬中长江花城

开发建设单位：镇江市恒中房地产开发有限公司
规划建筑设计单位：合肥工业大学建筑设计研究院

专家评审意见

（一）规划设计评审意见

1. 长江花城1～2期住宅小区规划因地制宜，条件比较好，交通便利，环境较优越，周边配套设施比较齐全。

2. 总体规划结构清晰，组团比较明确，停车率达到50%。

3. 建筑布局有良好的日照、通风。

4. 小区有集中绿地、组团绿地。

5. 主要问题和几点建议：（1）申报国家康居示范工程的1～2期项目需要进一步补充区位图、规划总图以及1期的主要图纸和规划技术经济指标。（2）规划应严格按照国家有关规定对超长超高建筑进行调整。（3）小区公建配套设施如会馆、车库、托儿所等无方案图。（4）商业用房的布局，沿街商业过多、过于封闭，要综合考虑城市景观和小区居住环境，宜作适当调整。（5）环境设计应体现人性化、可用性和适应性，应多种树，避免大广场、大硬地、大草坪、大水面，做到春有花、夏有荫、秋有景、冬有青，真正成为名副其实的长江花城。

（二）建筑设计评审意见

长江花城是一个以多层为主，配有少量小高层，以2、3、4室户为主要套型的住宅项目，套内设置齐全，能满足市场需要。

1. 平面功能分区明确，动静与洁污合理分离。

2. 平面布置紧凑有序，各居住空间尺度合理。

3. 主要空间采光、通风与景观条件良好。

4. 餐厨关系紧密、生活方便。

5. 空调室外机整齐统一，有统一的隐蔽设计。

6. 住宅造型简洁、色彩明快。

7. 尚需改进之处：（1）多层住宅应调整入户过渡空间、储藏面积和建筑总高度，使之更趋合理。（2）建筑与结构布置应更紧密结合，跃层楼梯与短肢异型柱应有更好的配合，并且应更为通达醒目。（3）1梯3户小高层在功能布局及居住质量上应进行设计调整，使之更完善。

（三）成套技术评审意见

扬中长江花城小区编制的住宅成套技术可行性研究报告结合本地区实际，对小区的成套技术方案进行技术优化和系统集成，积极采用新技术、新产品、新材料，突出体现节能、节水、节地、节材，以及新能源利用等符合住宅产业发展方向的先进适用技术，基本上满足了国家康居示范工程实施大纲和成套技术要点的要求。

1. 在住宅结构体系成套技术应用方面，小区住宅的小高层部分采用短肢剪力墙结构体系，多层部分采用框架结构体系，符合当地的实际，结构体系可行。

2. 在住宅建筑节能成套技术应用方面，小区住宅按照节能50%的目标设计，外墙采用自保温砌块和保温砂浆，屋面采用倒置聚苯板保温隔热技术，外窗采用铝合金双玻窗，其技术措施基本满足国家节能标准的要求。

3. 在新能源利用方面，小区全部采用了太阳能热水系统，按照建筑一体化进行设计，小区道路照明全部采用太阳能路灯，对资源节约的能源利用起到积极的促进作用。

4. 在室外环境保障技术方面，小区采用了雨水收集技术、生化垃圾处理技术、小区智能化信息管理系统。对引导居住质量提高起到积极的示范作用。

5. 在住宅室内装修方面，10%的住宅采取了装修一次到位，其他部分采用菜单式装修，对引导地方住宅进行装修一次到位具有一定的示范作用。

6. 建议：（1）在住宅建筑节能方面小高层短肢剪力墙部分应采用节能保温措施，多层部分的外墙填充砌块，建议采用自保温砌块。（2）应深入研究太阳能一体化设计，在保证功能质量的前提下，注重建筑立面外观效果。（3）应结合当地市场情况，进行调查研究，适当提高住宅室内全装修的比例。（4）对住宅外窗应考虑遮阳措施。（5）对于室内管网系统应考虑集中布置，并设置管井。（6）建议对雨水收集系统进一步完善技术措施。（7）应按照地区抗震设防烈度要求进行设计。

区域位置

长江花城位于江苏省扬中市老城商业中心和新城行政中心之间，东依春柳路南临江洲北路，西侧河流（保留水系）经过，交通方便，自然景观条件优越。

总平面图

鸟瞰图

综合经济技术指标

项目		指标
总用地面积		82911.87m^2
总建筑面积		151726.30m^2（不包括地下车库）
其中	住宅建筑面积	117973m^2
	公建建筑面积	841.36m^2
	商业建筑面积	9049.66m^2
	不计容积率面积	23861.69m^2
	（地下室和架空层）	
	人防面积	4767m^2
住宅户数：		766户
计算容积率建筑面积		127864.61m^2
建筑基底面积		21662.12m^2
容积率		1.54
覆盖率		25.58%
绿化率		＞33%
停车数		381辆

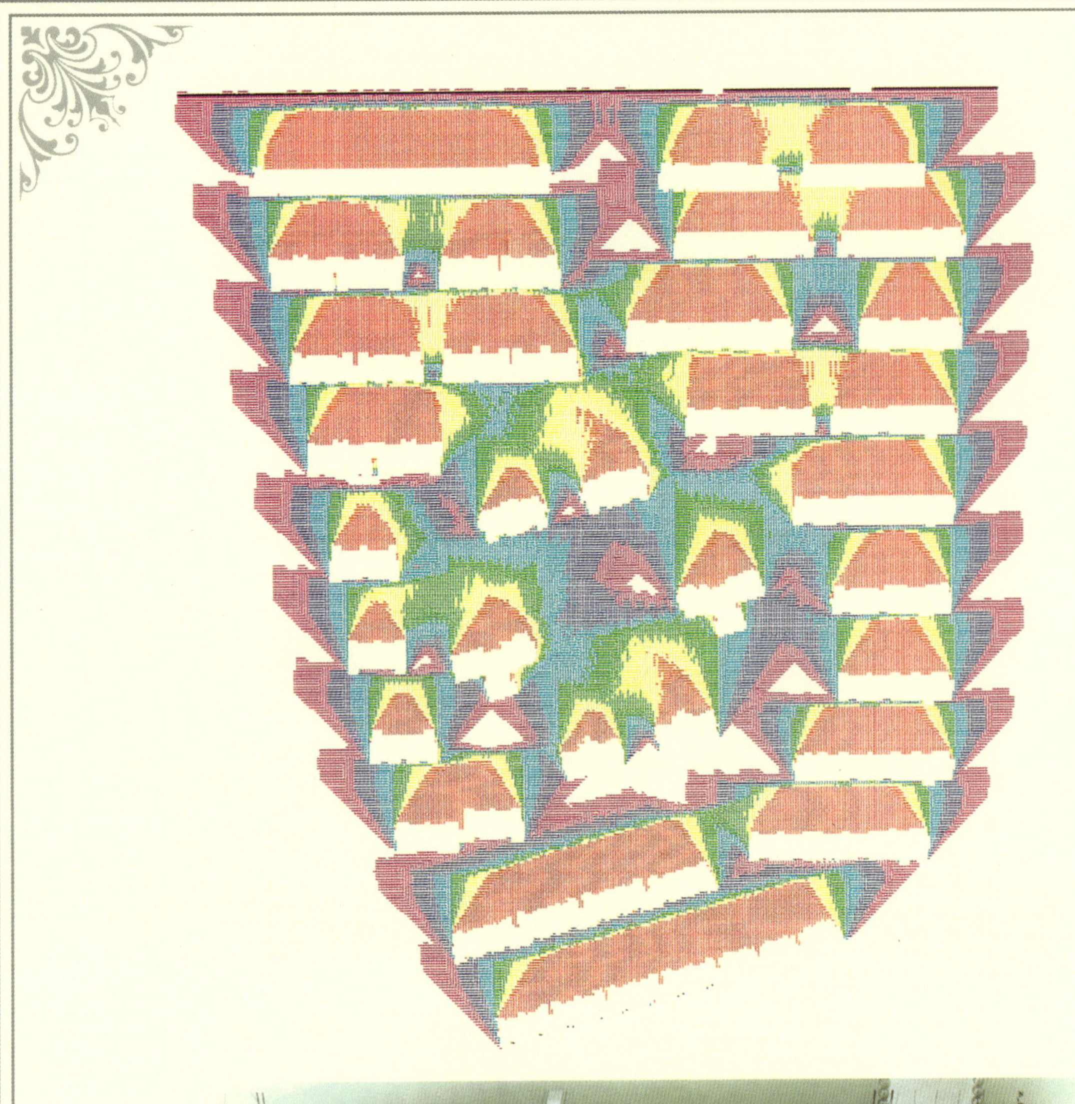

日照分析图

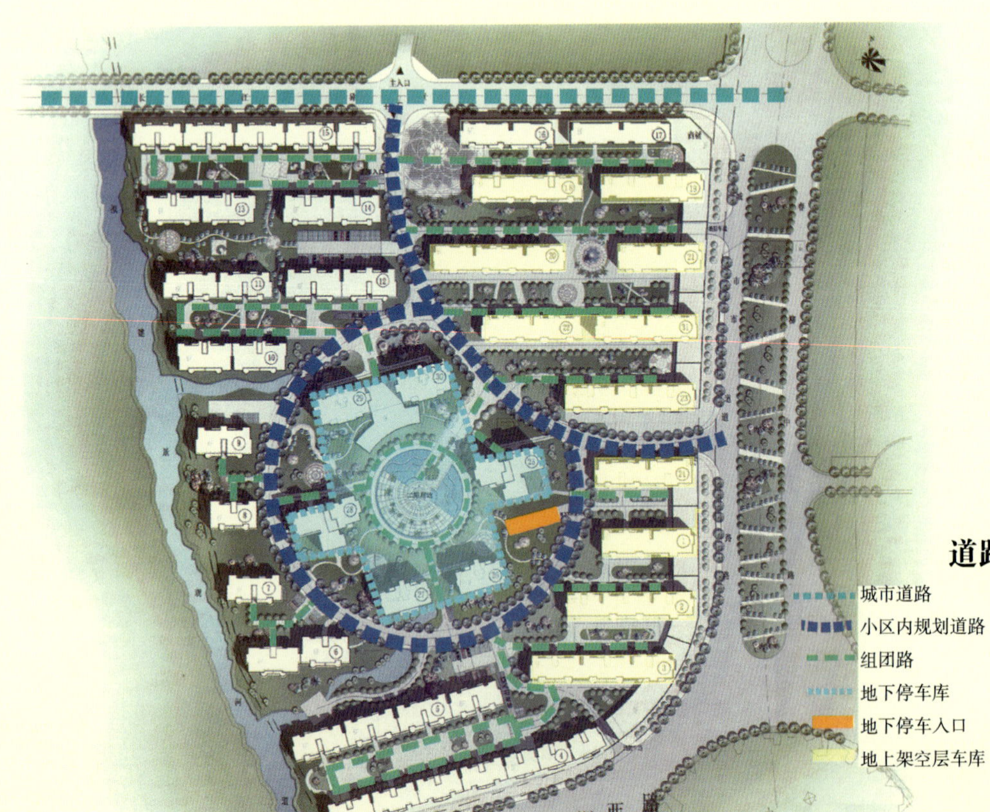

道路及停车分析图

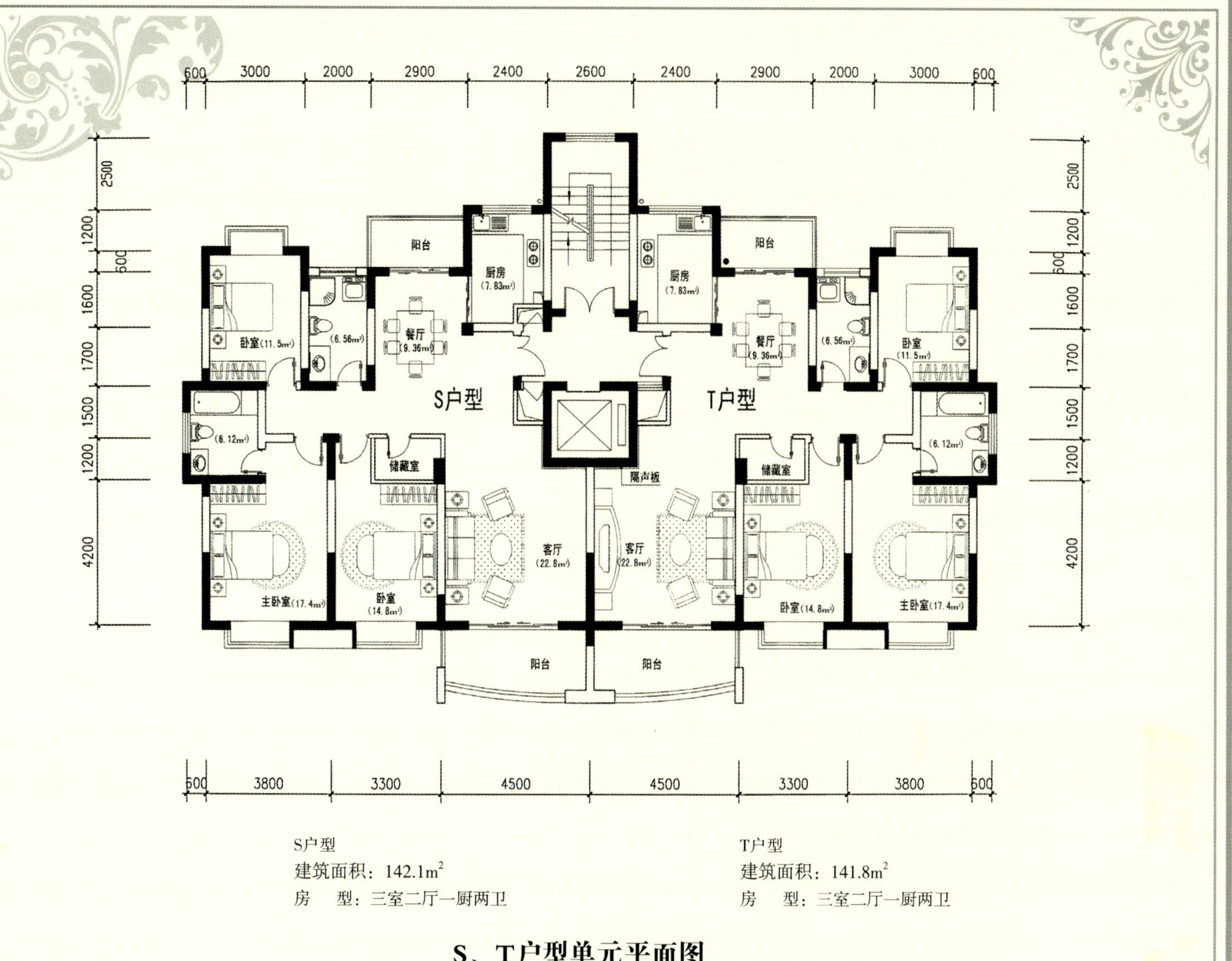

S户型
建筑面积：142.1m²
房　型：三室二厅一厨两卫

T户型
建筑面积：141.8m²
房　型：三室二厅一厨两卫

S、T户型单元平面图

小高层透视

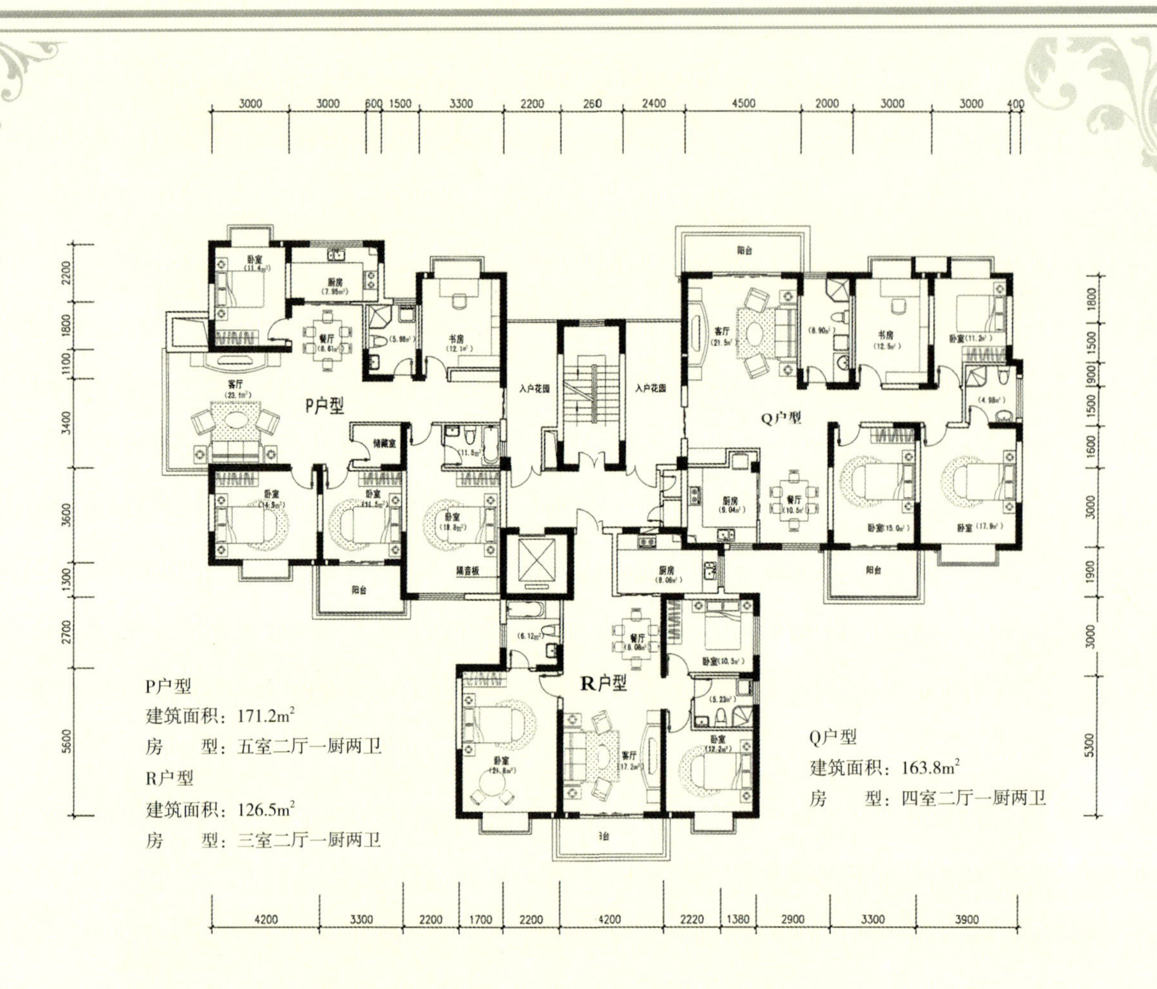

P、Q、R户型单元平面图

多层内院

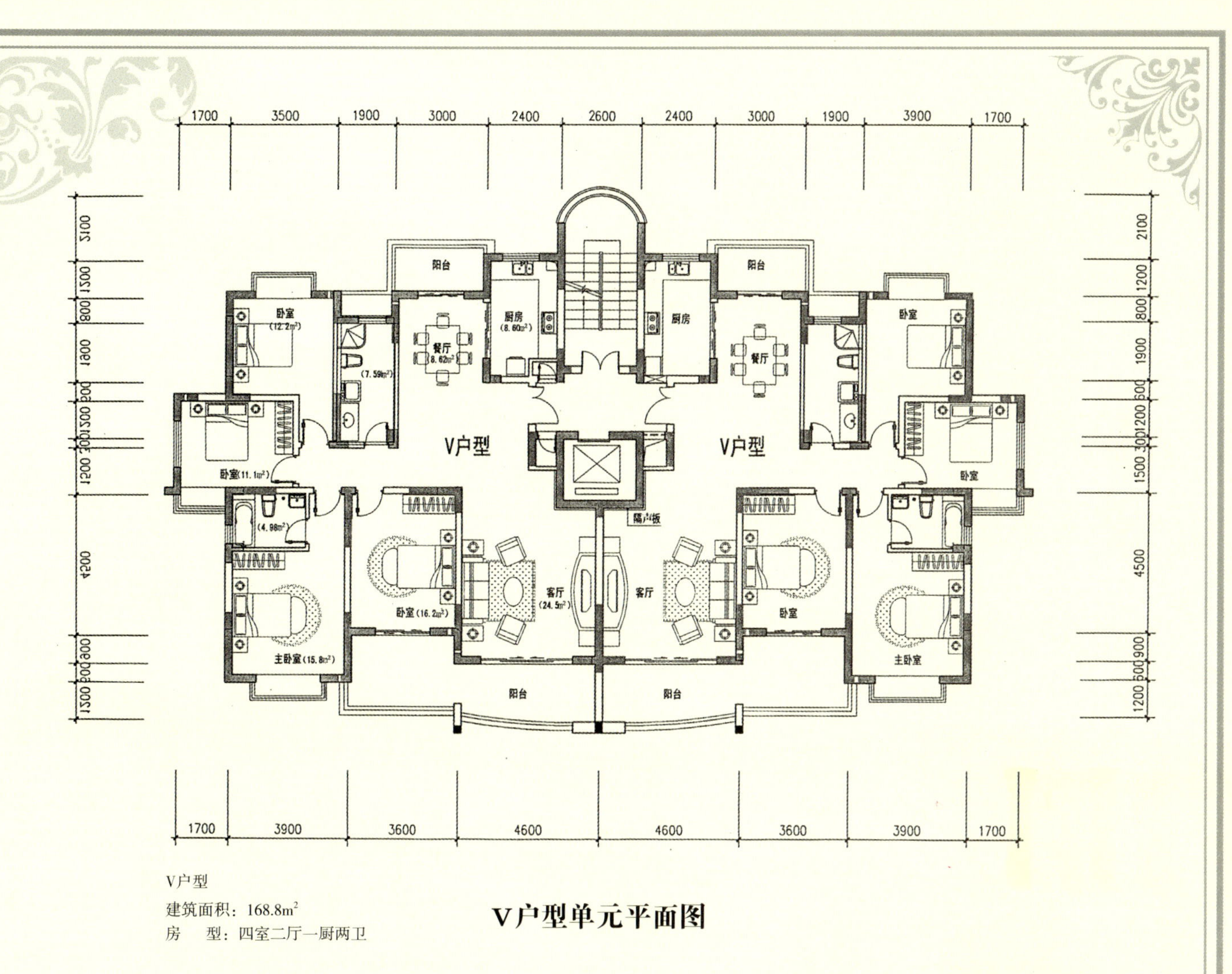

V户型

建筑面积：168.8m²

房　型：四室二厅一厨两卫

V户型单元平面图

延街透视

盱眙

金诺墨香苑

开发建设单位：江苏金诺置业有限公司
规划建筑设计单位：瑞士HEMISS（瑞士回秀）工程设计顾问有限公司
上海同济城市规划设计研究院

专家评审意见

（一）规划设计评审意见

1. 小区规划采用分片行列式的布局，结构清晰，布局较合理，朝向好，通风好。

2. 小区道路交通采用一个曲折的南北主干道，加一个小内环的结构，线形流畅，交通方便。

3. 小区公共服务设施配套较齐全。

4. 问题与建议：

（1）建议首先解决好小区中间一条路用地的使用权问题。

（2）布局过于单调、平直、一般高，空间缺乏变化，建议适当调整。

（3）住宅的日照、间距及部分建筑侧面间距未能满足地方、国家规定的大寒3h的要求及规定。建议一定要按地方、国家规定修改。

（4）中心公共绿地都在南面高层住宅阴影之内，按国家规定就不能算公共绿地。建议一定要进行修改。

（5）建议停车率要满足40%以上，停车要以地下为主，并应结合地方政府对人防的规定进行修改。地面停车不宜都停在户门前，可作建筑南北入口设

计，车停在消极空间。

（6）幼儿园规划了一个环路，必要性不大，建议按功能需要进行设计。

（7）西北角住宅楼靠地界太近，应大于日照间距之半，并不应遮挡北面现状住宅日照。

（8）南入口大门中心布置儿童超市欠妥，建议修改。

（9）东面商业街都是一层，过于平直单调，也连接过长，建议进行调整。

（10）建议规划要认真按规划管理部门下发的规划设计要点进行修改。

（二）建筑设计评审意见

墨香苑是一个88~121m^2/户的以面向普通市民为主的住宅项目，通过良好的户型设计与恰当的产业化技术装备提高住宅品质，将创造一个宜人居住的小区，将为盱眙提供良好的康居示范工程。对其建筑设计的具体评审意见如下：

1. 建筑造型清新明快，又富于变化，采用当地片石做勒角墙效果良好。

2. 多数套型平面功能分区明确，各空间尺度合宜，交通便捷，面积利用率高。

3. 主要房间有良好的通风、采光、视野条件，阳台位置适当。

4. 多数套型餐厅与厨房布置紧密，联系方便，有独立、安静的就餐空间。

5. 在进一步深化设计中建议改进之处：

（1）A户型与C户型有相同标准的成熟套型可取代，建议取消此两种套型。

（2）G户型148m^{2}却没有独立的就餐空间，且错层不便生活，不主张此做法。

（3）储藏面积不够。

（4）H2户型建议厨房与其阳台换位置，改善餐厅条件。

（5）B、D、E户型换户门为侧向入口，改善视线条件。

（6）建议按照国家住宅设计规范及江苏省住宅设计标准对建筑户型设计进行调整。

（三）成套技术评审意见

盱眙金诺墨香苑住宅建设项目可行性研究报告结合苏北实际情况，按照《国家康居示范工程建设技术要点》要求，提出了智能化太阳能热水技术、中水回用技术、住宅全装修技术以及住宅智能化成套技术等拟采用的新技术和成套技术。该项目的实施将对苏北地区住宅产业化发展作出贡献。

建议：

1. 对墙体构造及平屋面保温防水构造方案的可行性作进一步论证。

2. 按照有关节能设计标准进行建筑节能设计。

3. 适当增加住宅全装修比例，争取达到20%。

4. 对可行性研究报告中提出的各项技术按照规划、建筑设计的要求逐一完善落实。

5. 建议在通过“国家康居示范工程选用部品与产品”认定或论证的目录中选用符合本项目要求的部品与产品。

区域位置

项目位于盱眙县城镇东部，紧临旧城区，其南、北、东侧均为城市道路，交通方便，区位周边商业教育及市政设施十分完备。

经济指标

项目		计量单位	数值
居住户（套）数		户（套）	700
住宅建筑套密度（毛）		套 / hm^2	96
居住人数		人	2450
户均人数		人 / 户	3.5
人口毛密度		人 / hm^2	337
总体	用地面积	hm^2	7.26
	建筑面积	m^2	108972
	容积率		1.50
	建筑密度	%	28.76
	绿地率	%	37.28
住宅	用地面积	hm^2	5.19
	住宅建筑面积	m^2	89804
	其他配套设施建筑面积	m^2	2600
	容积率		1.78
幼儿园	用地面积	hm^2	1.66
	幼儿园建筑面积	m^2	12138
	儿童超市建筑面积	m^2	688
	容积率		0.78
托老院	用地面积	hm^2	0.40
	托老院建筑面积	m^2	4720
	容积率		1.18
停车位	地下	个	98
	室外	个	167

户型比

户型	100m^2以下	105～125m^2	150m^2左右
户数	156	472	72
比例（%）	22	68	10

居住区用地平衡表

项目		用地面积（hm^2）	比例（%）	人均面积（m^2/人）
居住区用地（R）		7.26	100	29.63
住宅用地（R01）		3.26	44.9	13.30
公共建筑用地（R02）	幼儿园建筑用地	1.67	23.0	6.81
	托老院建筑用地	0.40	5.5	1.63
	其他建筑用地	0.60	8.3	2.45
道路用地（R03）		0.87	12.0	3.55
公共绿地（R04）		0.46	6.3	1.89

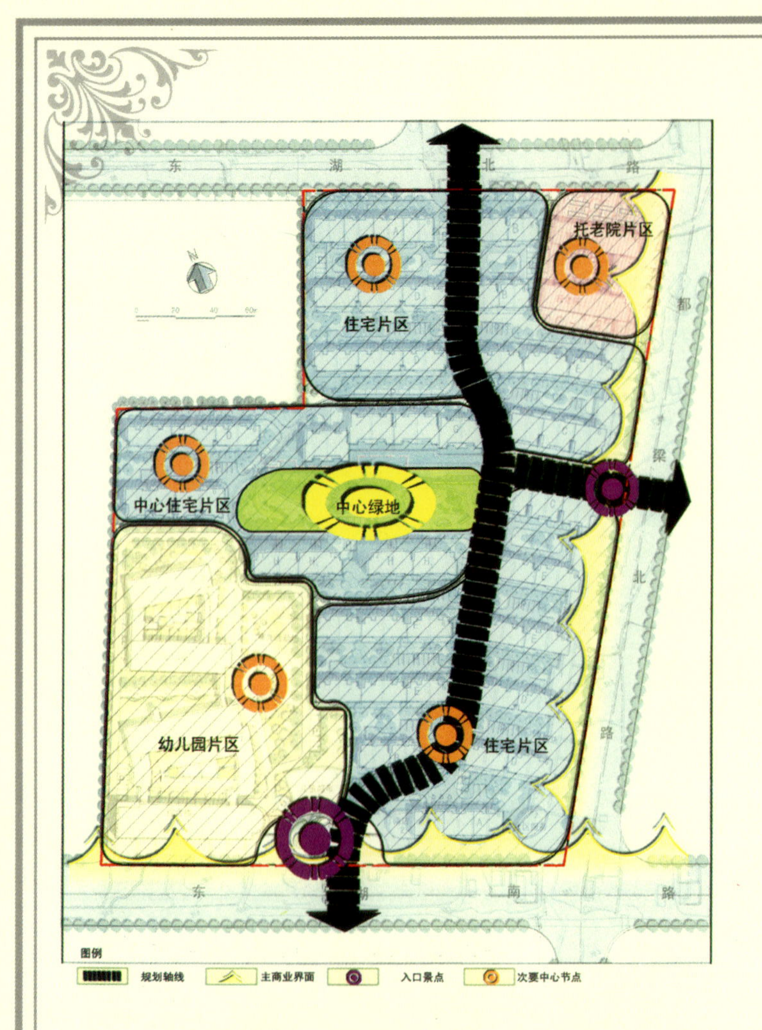

功能结构分析图

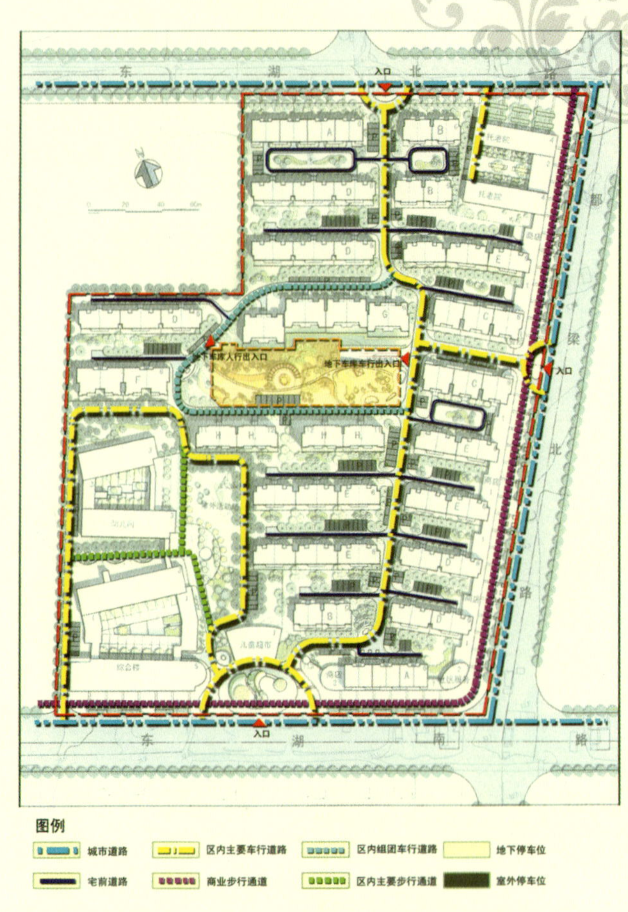

交通系统分析图

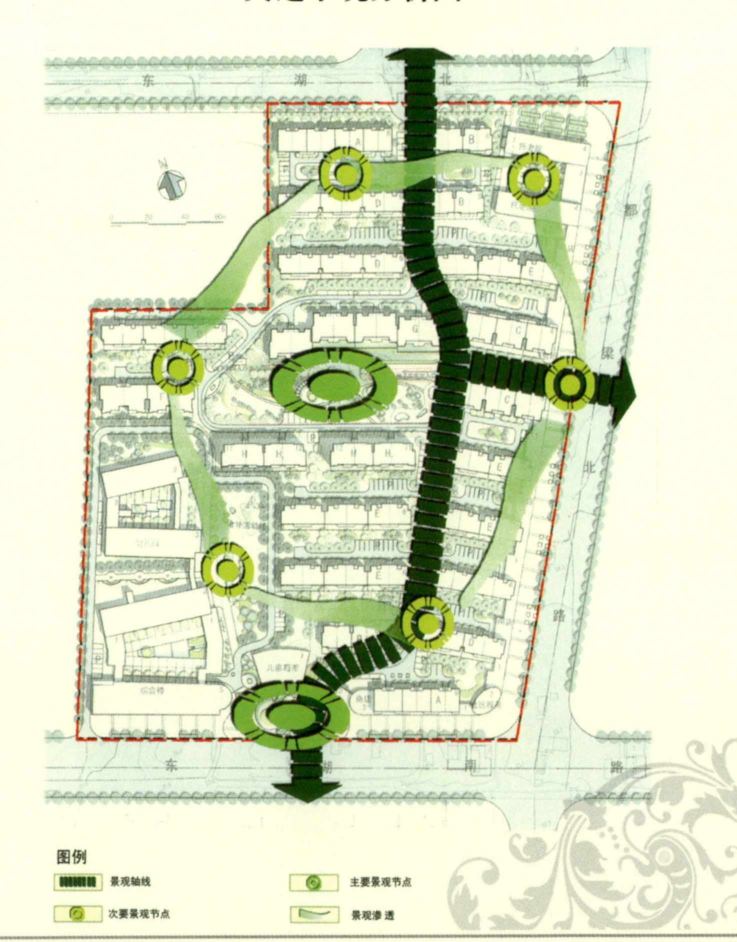

景观结构分析图

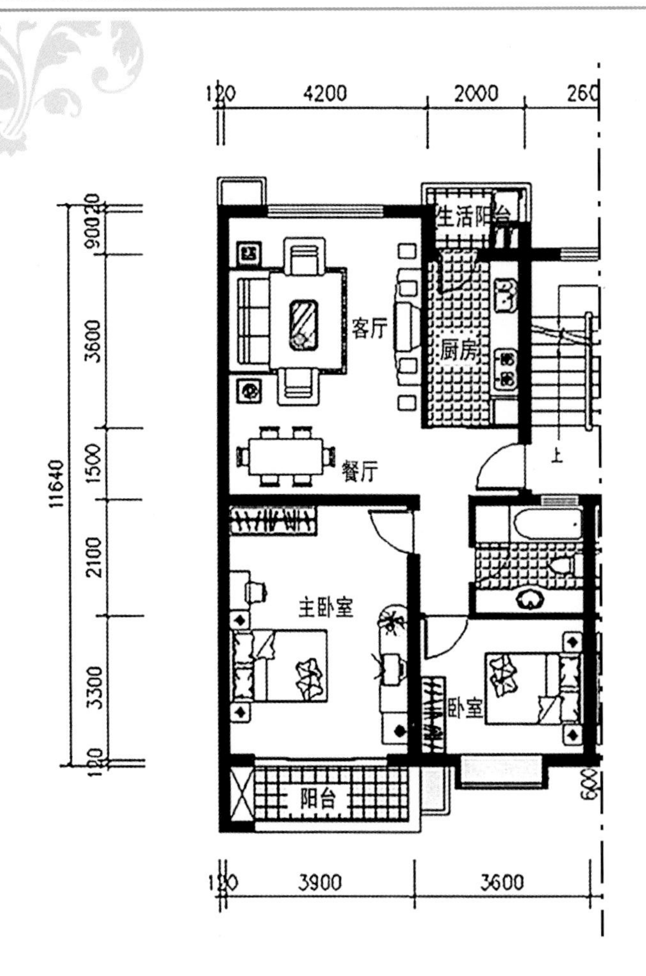

A户型标准层平面图

	A户型
建筑面积（m^2）	89.98
其中阳台面积（m^2）	3.8

A户型南立面

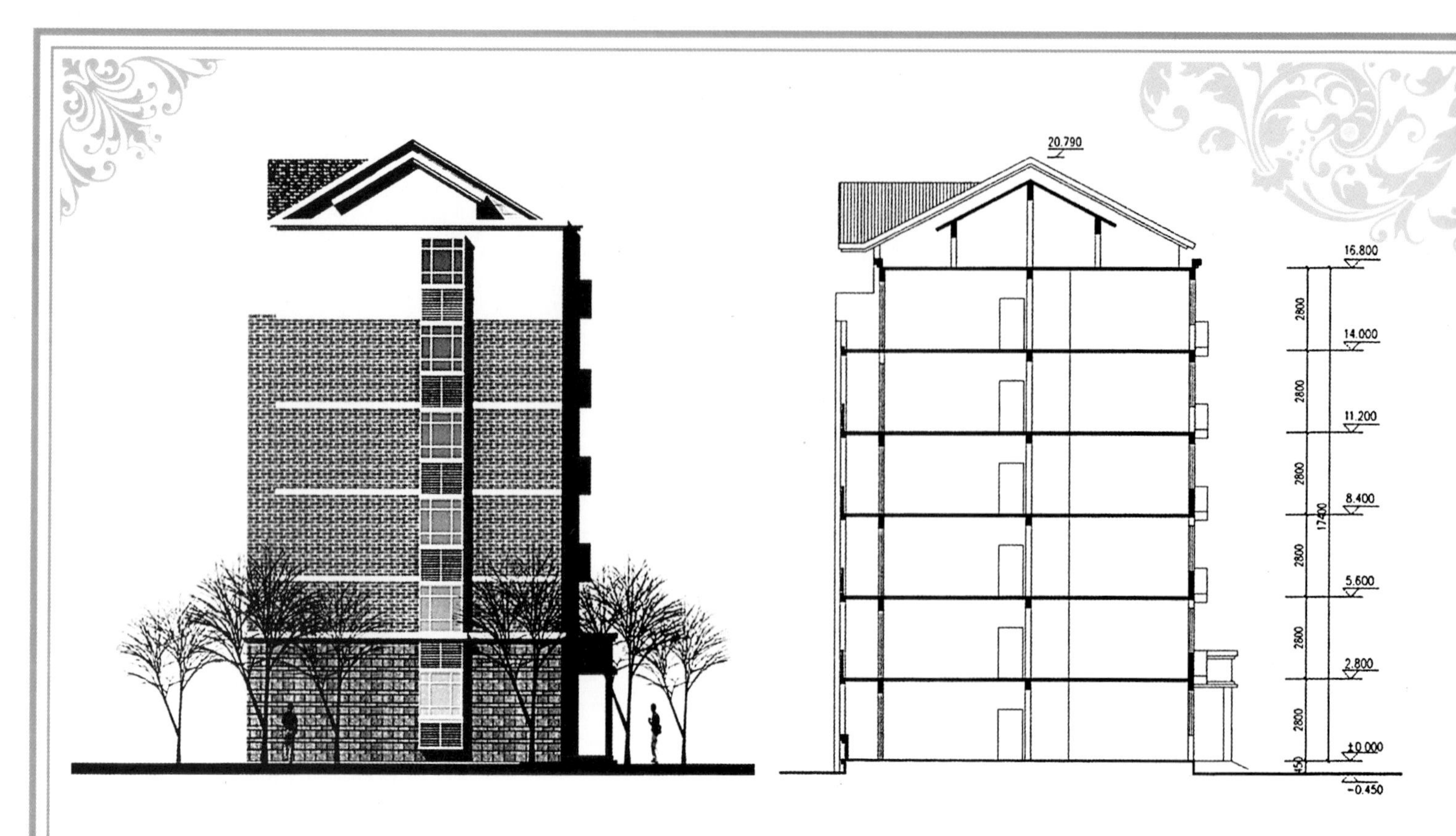

A户型东立面、A-A剖面图

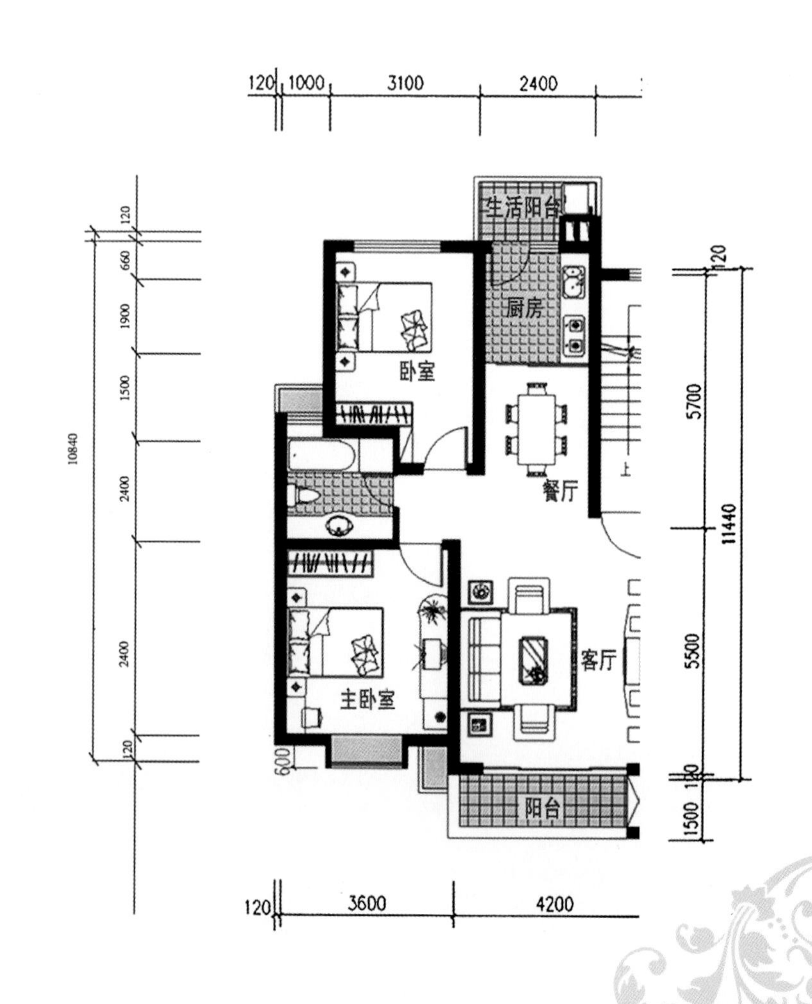

B户型标准层平面图

	B户型
建筑面积（m²）	88.99
其中阳台面积（m²）	4.44

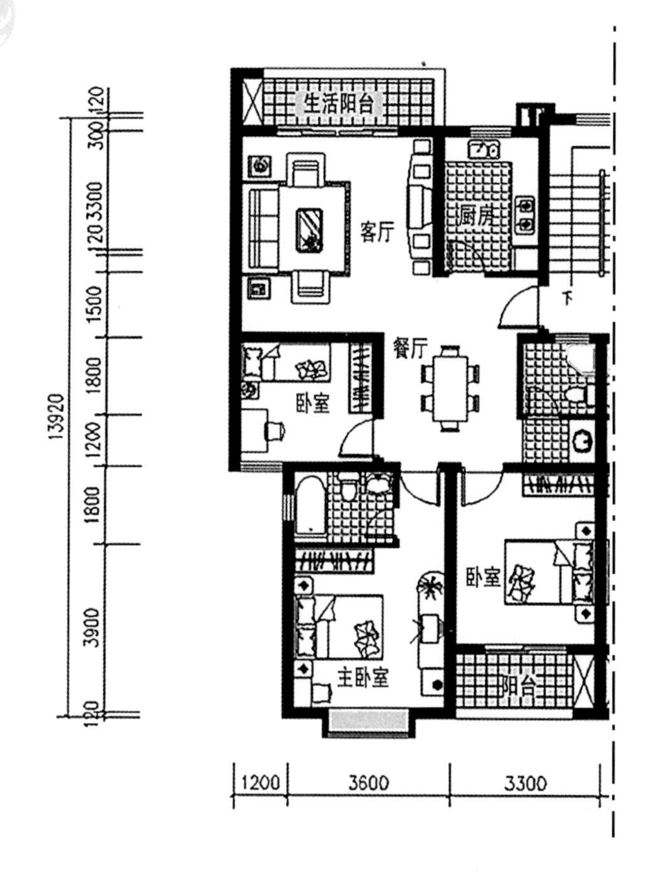

C户型标准层平面图

	C户型
建筑面积（m²）	108.13
其中阳台面积（m²）	4.71

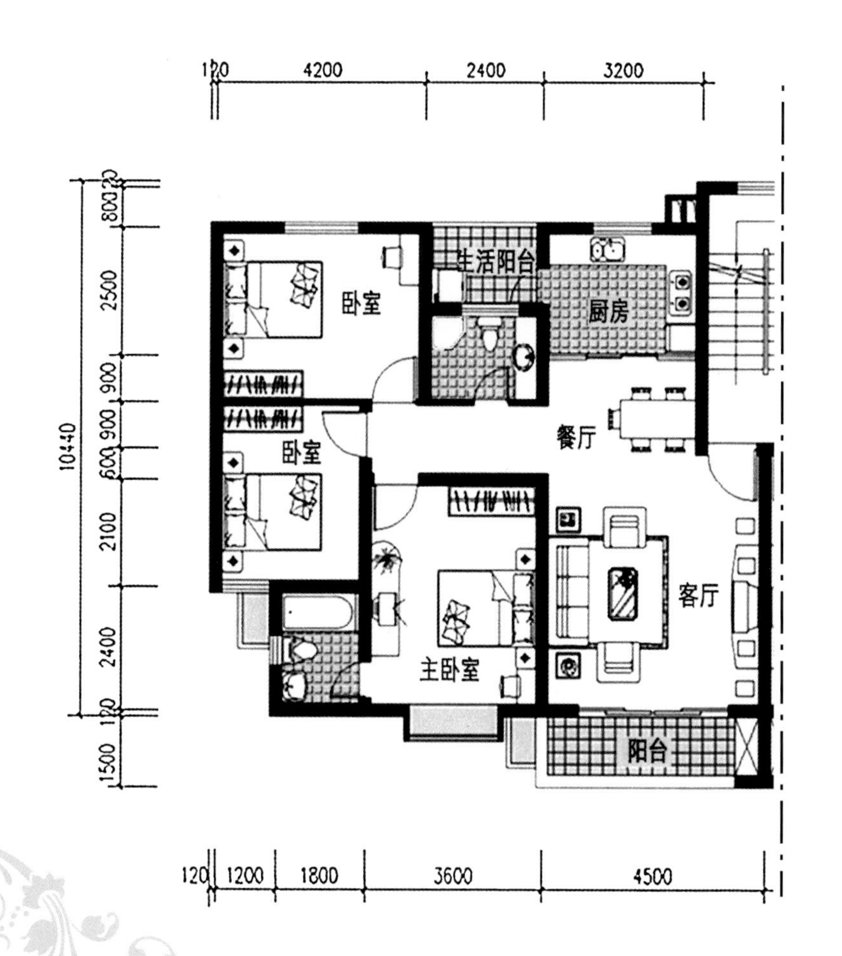

D户型标准层平面图

	D户型
建筑面积（m²）	108.39
其中阳台面积（m²）	4.51

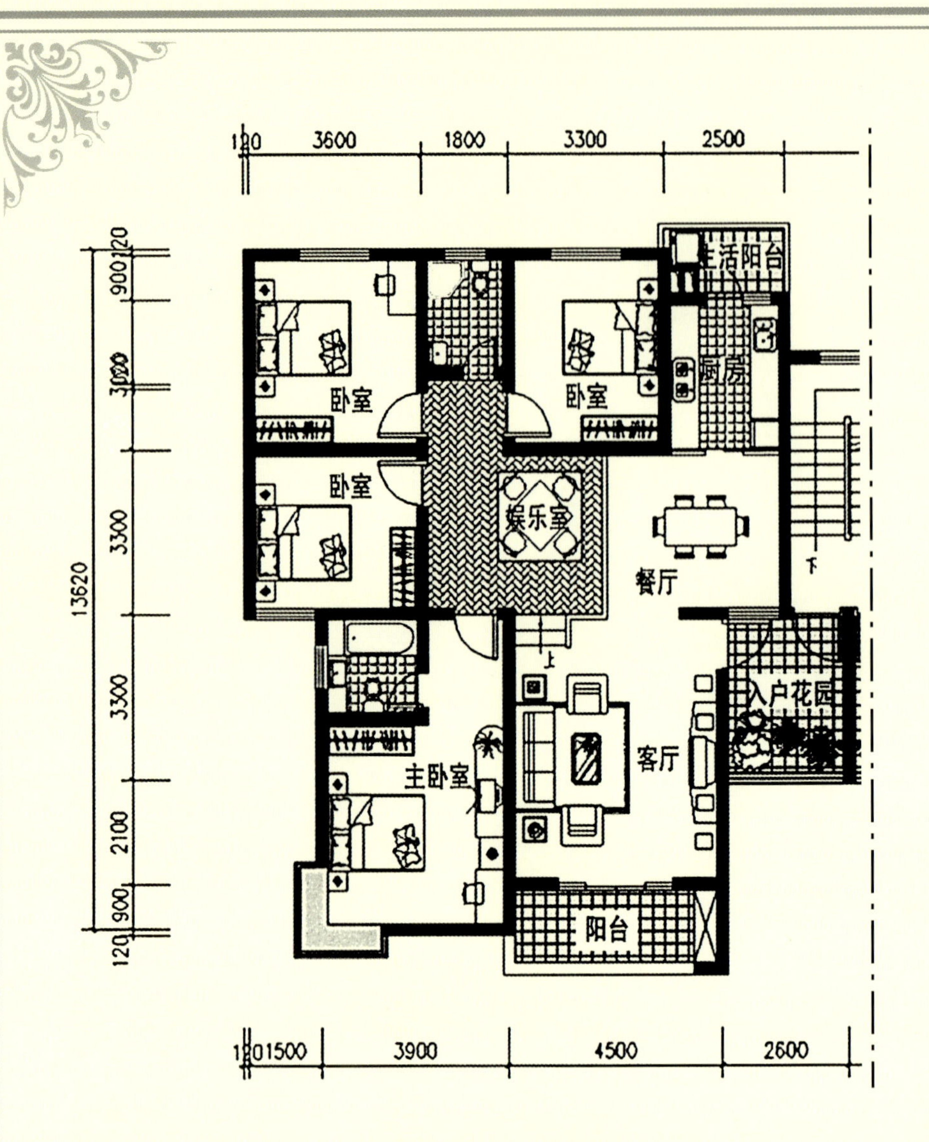

F户型标准层平面图

	F户型
建筑面积（m²）	156
其中阳台面积（m²）	5.06

效果图一

效果图二

F户型南立面

F户型东立面、F-F剖面图

合肥 天下锦城

开发建设单位：浙江广厦集团安徽置业有限公司
规划建筑设计单位：东华工程科技股份有限公司

专家评审意见

（一）规划设计评审意见

1. 选址与规划结构。天下锦城一期R3地块选址得当，依据地块总体规划整体格局的前提下，利用建筑错位形成斜向主轴线，营造更大景观面和院落空间，总体规划结构清晰，功能分区明确，用地配置基本适当。

2. R3地块以11层小高层板式住宅的定位较好，在此前提下所形成的既有秩序、又有变化的规划布局，空间形态、日照、通风都有较好的效果。

3. 道路与交通。R3地块道路框架基本清楚，简捷、顺达、分级明确，采用适度人车分流的交通组织，尽量减少人车干扰，基本满足消防、救护、避灾要求。

4. 绿地与室外环境。规划注重绿地景观与水系规划相结合，初步构成良好的邻里交往、户外健身的居住环境。

5. 问题与建议：（1）建议适当调整小区道路结构及交通组织，以方便居民使用，保障居住环境的安静与安全。建议取消小区南侧尽端式外环路，适当

调整地下车库布局（包括出入口选择）。（2）建议适当缩小景观水面，减少硬铺装地面。（3）小区东侧2号、3号楼之间设置城市商业广场，对住区环境质量影响较大，建议应予以取消。（4）建议进一步补充完善公共服务配套设施。（5）建议对地下停车采用方式作调查和技术经济分析后再作抉择。

（二）建筑设计评审意见

天下锦城（R3区）是一个以每户建筑面积84~120m^{2}为主的面向大众的居住区项目，其成熟的套型设计、良好的产业化技术装备，将起到良好的康居工程示范作用。具体评述如下：

1. 平面功能分区明确，交通组织顺畅。布置紧密有序，房间尺度合宜，空间利用率高。
2. 建筑设计与结构布置结构紧密，有二次分隔的灵活性。
3. 主要房间通风、采光与视野条件良好。
4. 厨房与餐厅布置紧密，多数套型有稳定的就餐空间。
5. 建筑造型明快、色彩调和、统一中有变化。
6. 空调室外机统一安排，整齐隐蔽。
7. 在进一步深化设计中尚有如下优化之处：（1）部分套型为入户花园而牺牲了稳定的就餐空间，得不偿失。（2）部分套型缺少入户过渡空间，视线遮挡与更衣换鞋无保证。（3）部分套型缺少储藏空间；有的储藏室又开了外窗。（4）跃层露台数量过多、面积过大。（5）外墙变化过多，不利于节能（如人形书房、空调机压入卧室等）。（6）阳台数量过多，面积过大；飘窗落地既算面积又不利于节能。

（三）成套技术评审意见

由广厦集团开发的合肥天下锦城住宅小区，以创建国家康居示范工程、全面提高住宅质量为目标，在节能、节地、节材、节水和环境保护等方面，拟采用多项成套技术和部品，技术方案基本符合国家康居示范工程申报要求，具体评审意见如下：

1. 在建筑节能方面：小区拟采用ZL胶粉聚苯颗粒外墙保温成套技术，新型节能防水保温隔热屋面技术、中空玻璃铝合金窗等建筑围护结构节能技术和产品符合本地区节能要求。
2. 在新能源利用方面：小区拟采用太阳能照明和集中太阳能热水供应技术，符合国家新型清洁能源产业政策。
3. 在节水和水资源利用方面：小区拟采用节水器具，一体化装置中水回用和雨水收集利用技术，为发展节约型社会提供了保障。
4. 在环境保护和可持续发展方面：小区拟采用垃圾袋装、分类收集、有机垃圾生化处理和小区绿地控制技术，将为城市垃圾减量化奠定基础。
5. 在住宅一次装修成套技术方面：小区拟在小高层住宅实施装修一次到位的技术，满足住房和城乡建设部商品住宅装修一次到位的要求。
6. 在其他成套技术和部品的应用方面：小区拟采用住宅智能化控制技术、新型建筑结构体系以及标准化、工业化设计等技术和部品，将推动当地住宅产业发展。
7. 建议：（1）在墙体改革方面，应结合建筑节能对住宅建筑结构体系作综合考虑，采用新型墙材及隔热保温技术体系，以为在本地区探索新型外围护结构体系作出示范。（2）已计划采用的中水回用、雨水收集技术、中高层住宅太阳能热水体系以及住宅精装修等技术体系尚需作深入研究和分析，与相关专业技术单位配合抓紧落实，以保证各项住宅产业化技术体系的实施，为推动本地区住宅产业技术的发展作出贡献。

区域位置

天下锦城位于合肥市西南区域，包河区长青镇地界，南靠馆驿路，东临三河路，西接新仓路，北为东风路，交通便捷。项目东隔三河路直接面对合肥最大的黄山公园和体育公园，南为十五里河沿河绿化景观带，有着十分优越的环境优势。

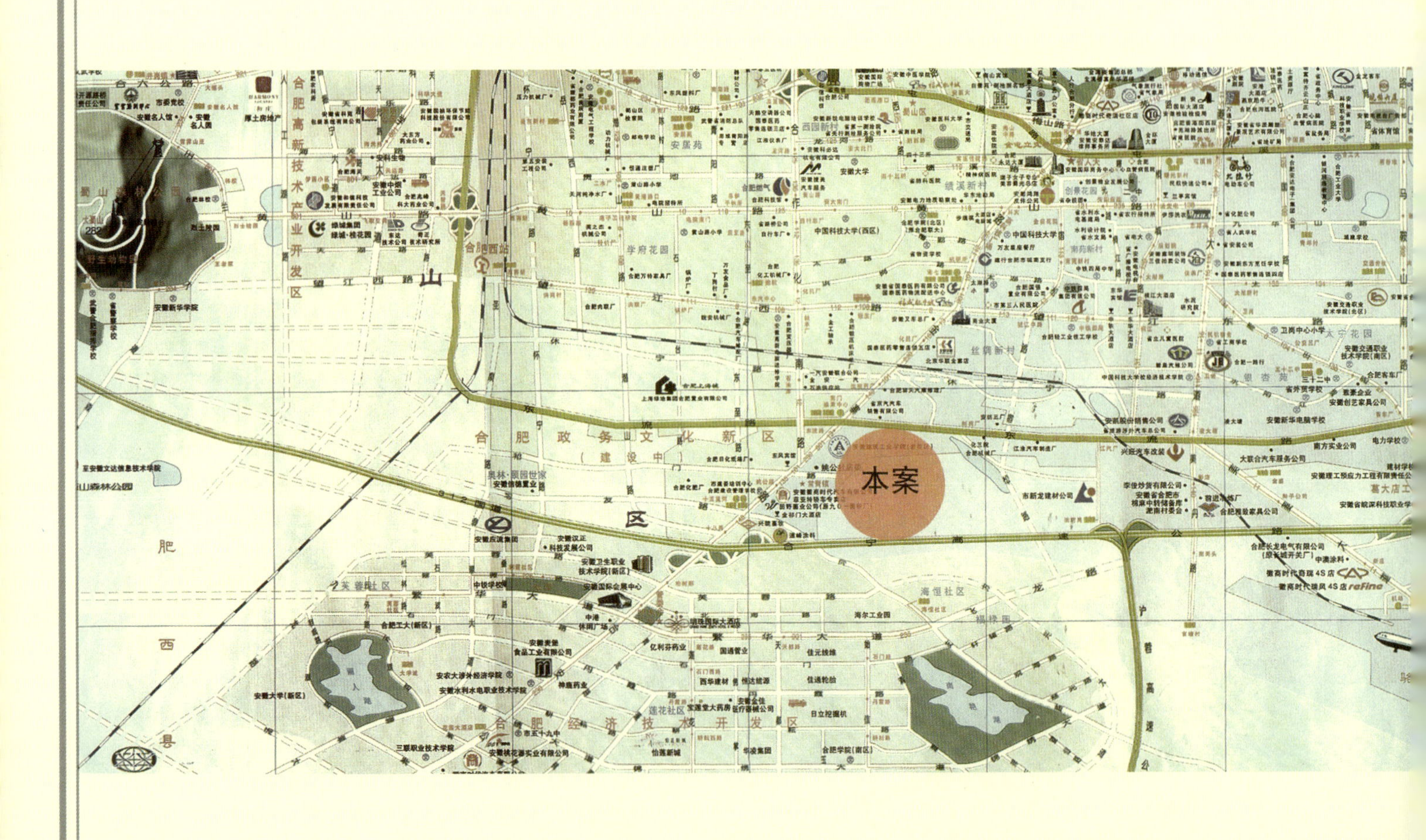

总平面图

用地平衡控制指标

用地构成	单位（m^2）	百分比（%）
住宅用地面积（R01）	45265	56
公建用地面积（R02）	16315	20
道路用地面积（R03）	13800	17
公共绿地面积（R04）	5600	7
居住区面积（R）	80980	100

技术经济指标

项目	数量	单位
总用地面积	80980（不含代征道路及回迁用地）	m^2
总建筑面积	143706（含地下车库及架空层面积）	m^2
住宅建筑面积	99545	m^2
商业建筑面积	9164	m^2
学校建筑面积	11142	m^2
容积率	1.5	
建筑密度	20	%
绿化率	40	%
总户数	946	户
机动车位	858（地上182，地下676）	辆

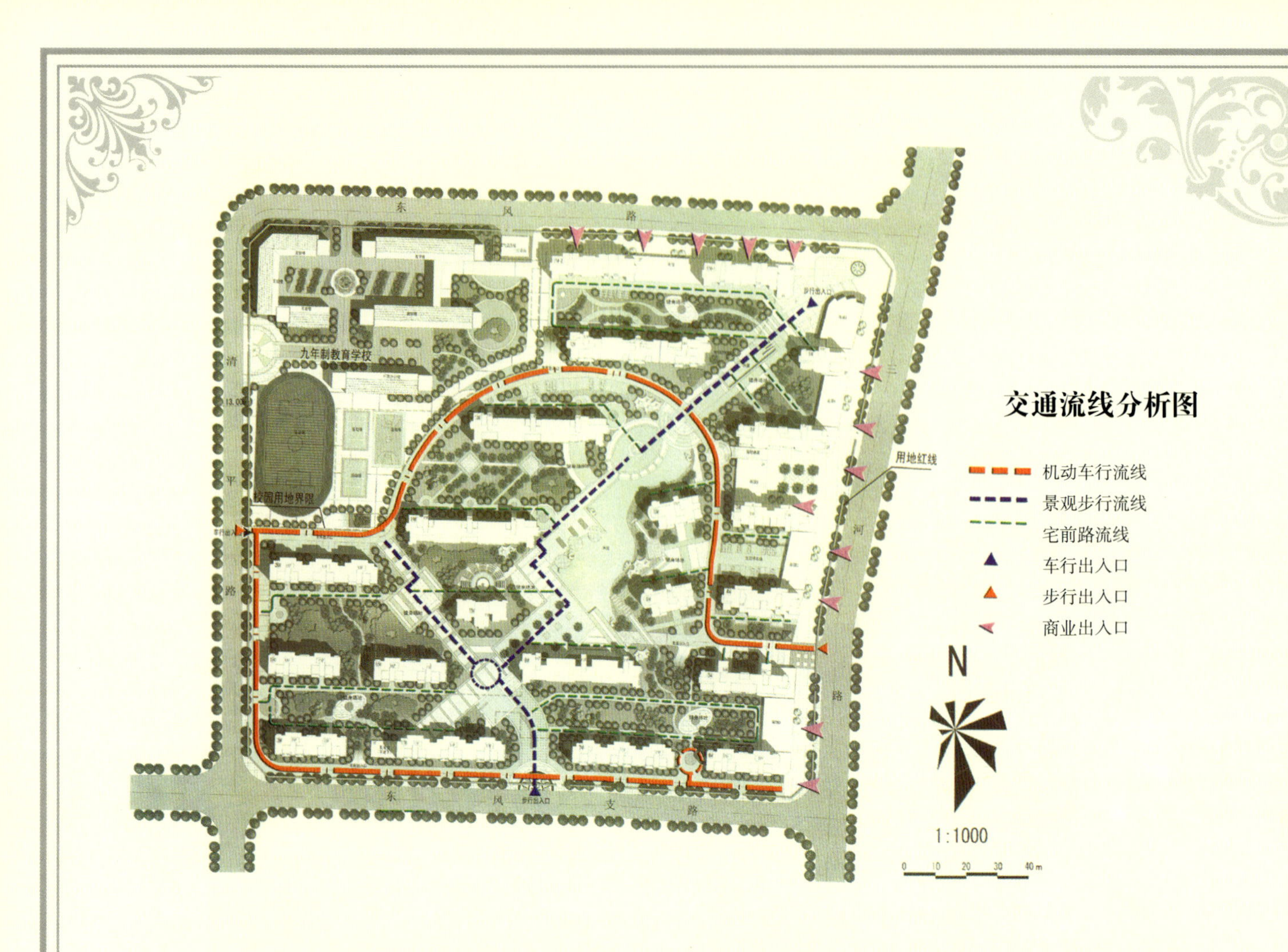
交通流线分析图
东 风 路
九年制教育学校
校园用地界限
清 平 路
用地红线
三 河 路
东 风 支 路
机动车行流线
景观步行流线
宅前路流线
车行出入口
步行出入口
商业出入口
N
1:1000

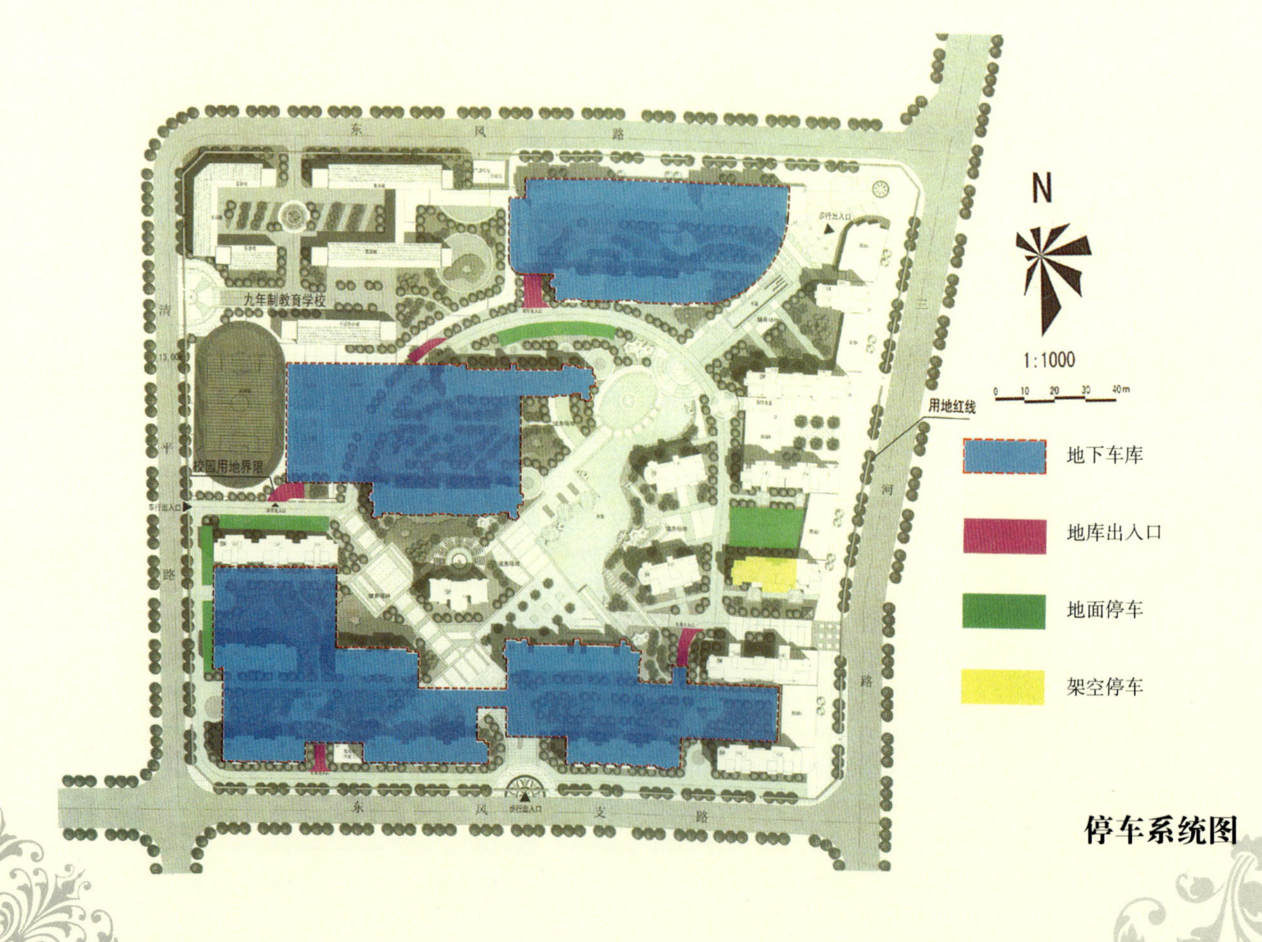
东 风 路
九年制教育学校
校园用地界限
清 平 路
用地红线
三 河 路
东 风 支 路
N
1:1000
地下车库
地库出入口
地面停车
架空停车
停车系统图

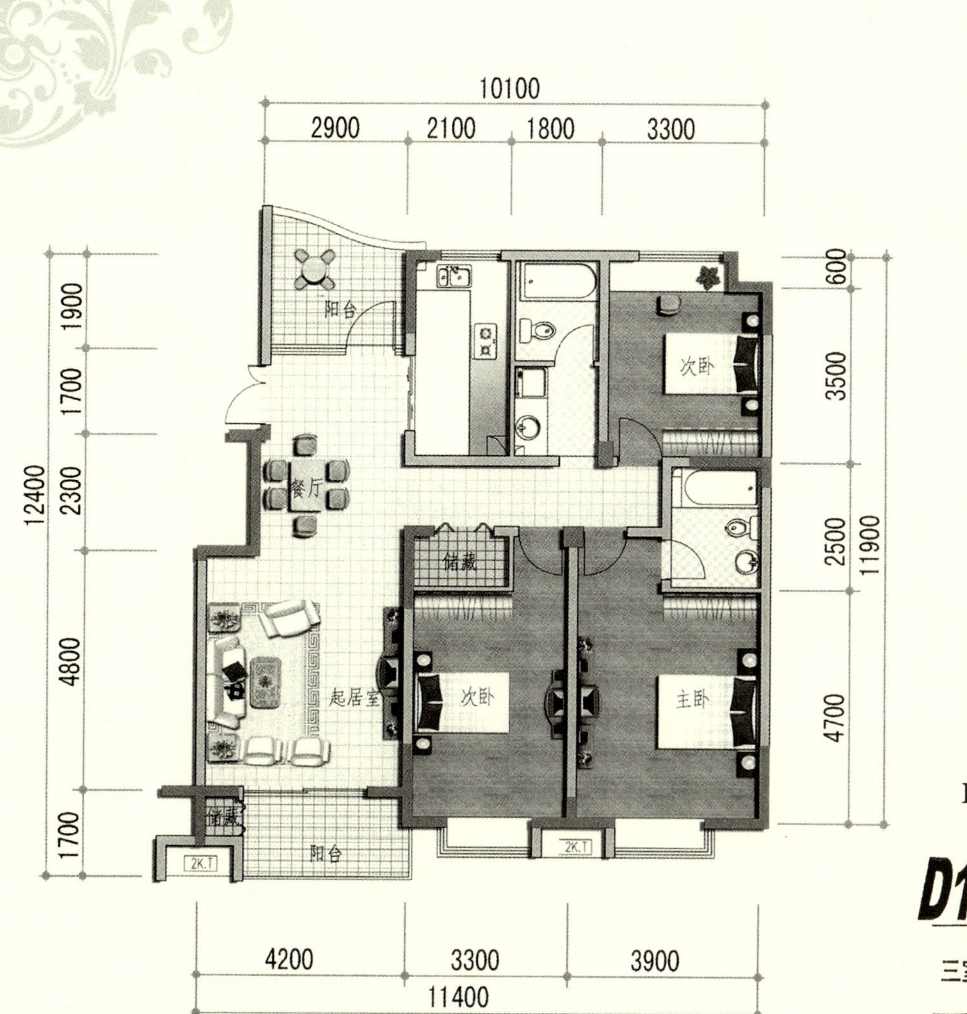

D133户型单元平面图

D133	套型建筑面积	$127.26\ m^2$
三室二厅二卫	阳台面积：$12.48\ m^2$	
	公摊面积：$10.98\ m^2$	
	使用系数：80.73%	

入口大门透视图

9810
510 900 3300 1800 2000 1300
次卧
起居室
餐厅
储藏
书房
主卧
阳台
储藏
K.T
2K.T
15100
4000 4000 4800 1600 700
700 5000 2300 4800 1600
14400
2400 4000 4800 1600
12800
700 3900 3900 800
9300

C120户型单元平面图

C120	套型建筑面积	118.04m²
三室二厅二卫	阳台面积：5.28m²	
	公摊面积：10.39m²	
	使用系数：77.67%	

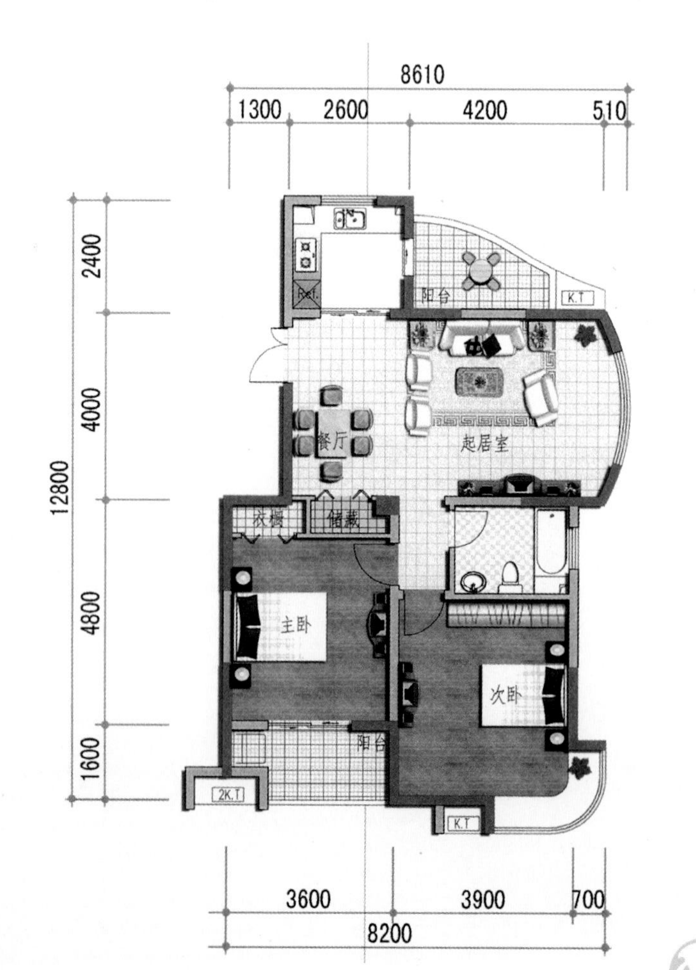

A94户型单元平面图

A94	套型建筑面积	88.95m²
二室二厅一卫	阳台面积：9.45m²	
	公摊面积：9.03m²	
	使用系数：79.07%	

D166户型单元平面图
D166
套型建筑面积
152.69 m²
四室二厅二卫
阳台面积：26.48 m²
公摊面积：16.24 m²
使用系数：78.24%
11900
1200
3600
3000
2300
1800
13300
2500
3900
3600
3300
13500
3000
4500
1800
4200
1500
3600
2400
4300
900
600
阳台
次卧
餐厅
起居室
储藏
更衣间
主卧
次卧
书房
2K.T
D134户型单元平面图
D134
套型建筑面积
128.92 m²
三室二厅二卫
阳台面积：11.34 m²
公摊面积：13.71 m²
使用系数：78.47%
10200
2100
2700
1800
3600
11400
3300
4200
3900
1000
2900
2400
1700
2800
1600
2500
1800
1200
4300
12400
次卧
更衣间
储藏间
书房
起居室
主卧
2K.T

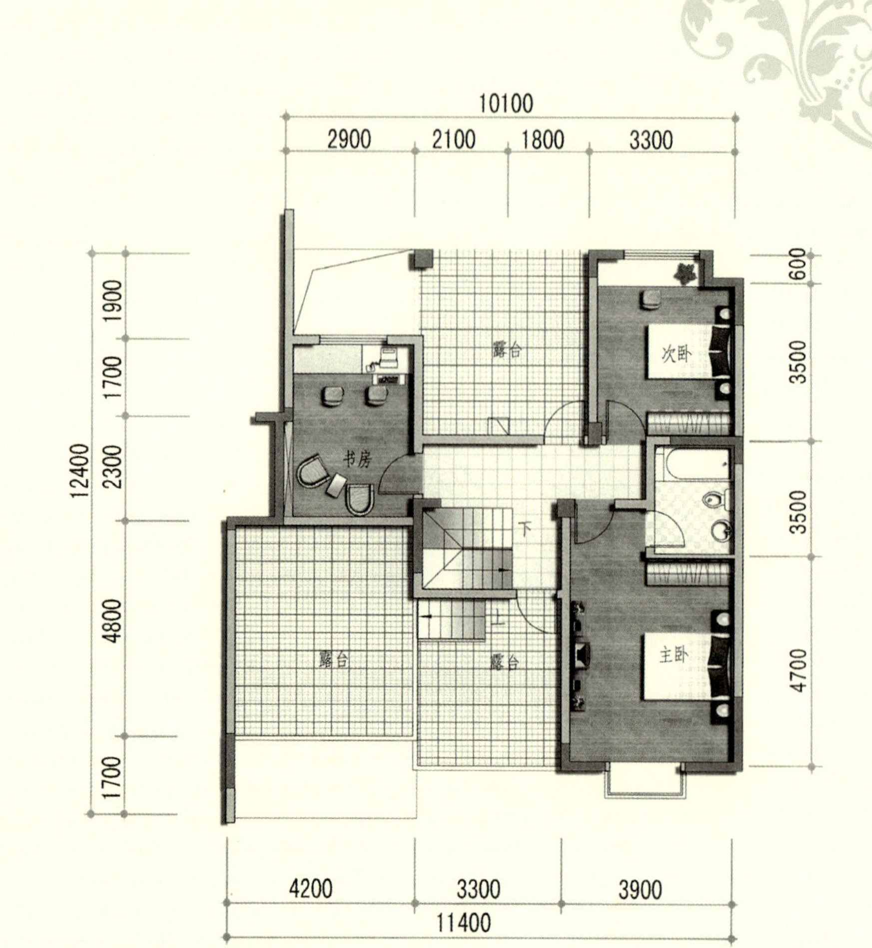

D133跃户型单元平面图

D133跃	套型建筑面积	207.49 m²
六室二厅三卫	阳台面积：12.72 m²	
	公摊面积：21.95 m²	
	使用系数：77.42%	

小区日景透视图

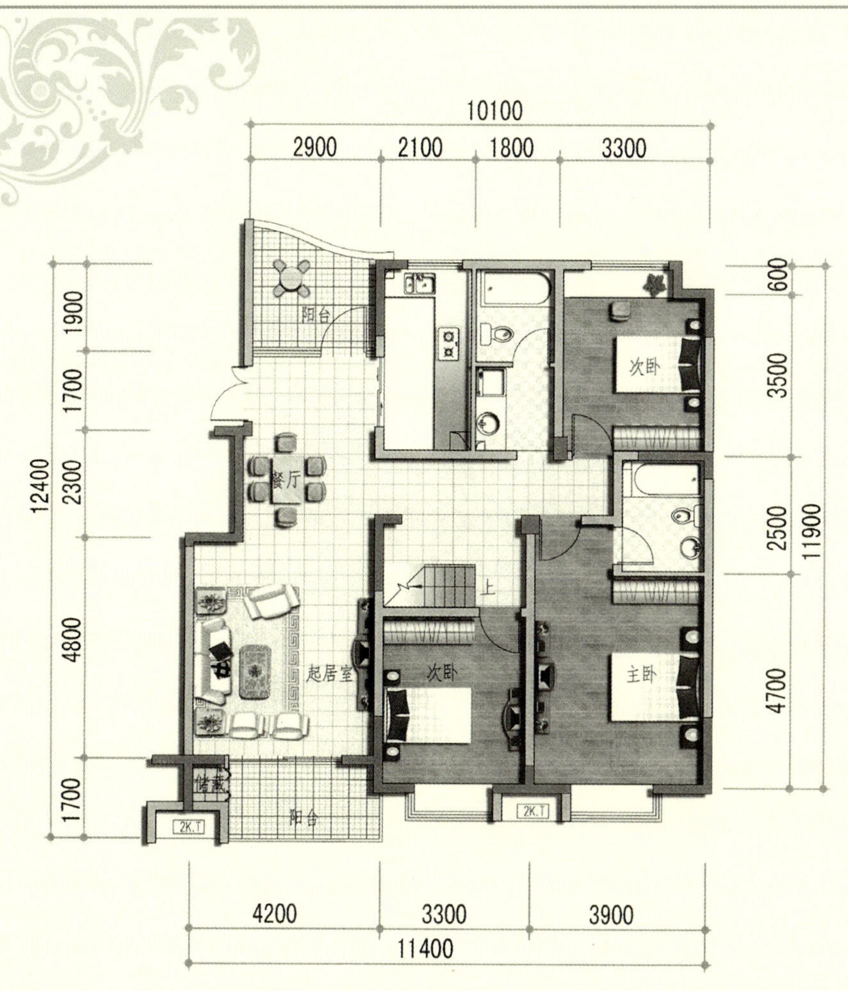

D133跃户型单元平面图

D133跃	套型建筑面积	207.49 m²
六室二厅三卫	阳台面积：12.72 m²	
	公摊面积：21.95 m²	
	使用系数：77.42%	

沿三河路透视

合肥 琥珀名城

开发建设单位：合肥城建发展股份有限公司

规划建筑设计单位：深圳大学建筑设计研究院

专家评审意见

（一）规划设计评审意见

1. 琥珀名城住宅小区选址合理，小区规划布局功能分区明确，用地配置基本合理，合理利用原有地形和地貌体现了小区的特色。

2. 住宅布置基本满足日照要求，注重自然通风，注重室内外环境的质量，同时小区空间有利于邻里交往和居民生活的安全性。

3. 小区内道路系统构架基本清楚，根据住宅的品质不同采用不同的交通方式，具有一定的特色。小区的主次出入口符合城市人流方向，方便居民与外界的联系。同时能满足消防、救护和无障碍通行等要求。

4. 小区绿化率满足30%以上要求，结合原有小景能够形成集中与分散绿化相结合的绿地环境系统。景观空间也富有变化，有利于居民活动的需要。

5. 小区按当地规定设置了公共服务设施，布局有利于居民日常使用，并避免对居民生活造成干扰，此外相关规划技术指标较齐全，符合相关规定。

6. 需进一步调整与完善的地方：

（1）应进一步对小区的道路交通系统进行研究与推敲,使其更加符合居民的生活需要，进一步方便物业管理要求。

（2）应进一步加强户外绿地场地的设计，使其更能满足居民户外活动的需要。

（3）应进一步加强对停车及相关交通的设计，减少迂回和紧急情况车行道过长，不方便使用的现象。

（二）建筑设计评审意见

1. 建筑单体基本采用南北向板式布置，日照、采光、通风、视野等均较好。

2. 以单元式多层住宅为主，辅以单元式高层、小高层等形式，户型较多样，并能执行国家90/70政策，效果较好。

3. 户型采用全明卫生间的布局方式，起居厅基本朝南，功能齐全，交通线基本合理。

4. 各主要房间的面积、尺度控制较好，模数系列基本合理。

5. 结构体系与建筑布局结合较好。

6. 下列问题须进一步调整、改进、完善：

（1）厨房、卫生间的基本设备、器具的布局及选型，管线布置及走向、操作流线及台面应精心设计、深化整合，节省空间，便捷使用（其中，北阳台不宜设置洗衣机）。

（2）储藏空间应与户型整体设计布局有机结合。

（3）北向居室不宜设飘窗，外墙深凹口不宜过深，以利于建筑节能。

（4）太阳能设备及管线走向应充分考虑与造型结合。

（5）应按国家住宅性能评定技术标准，完善技术措施。

（6）A区二期工程的SOHO外廊跃层小户型应在市场调研基础上慎重选用。

（7）A–E单元外墙较多、面宽大，不利于节能、节地，应予大幅度调整。

（三）成套技术评审意见

琥珀名城项目技术方案经专家组讨论评议，一致认为该项目按照节能省地型住宅的要求，在节能、节地、节水、节材和环境保护等方面采用了一系列技术和产品，基本达到了国家康居示范工程的要求，具体意见如下：

1. 在建筑节能方面主要采用挤塑聚苯板倒置式屋面保温技术、聚苯颗粒保温浆料外墙外保温技术、中空玻璃塑钢窗及局部外遮阳技术，形成了较为完整的住宅节能技术体系。

2. 水资源利用方面主要采用NARS生态水自净化技术、ETS中水回用技术和雨水收集利用技术，可满足景观用水和节水要求。

3. 环保方面采用有机垃圾微生物处理技术，做到了垃圾无害化和减量化处理。

4. 新能源利用方面采用太阳能热水系统和景观太阳能照明技术。

5. 部分住宅采取装修一次到位做法，具有积极的示范作用。

6. 建议：

（1）建议多层住宅100%安装太阳能热水系统，并做到与建筑一体化和一次安装到位。

（2）建议结合市场需求，增加住宅一次装修到位的比例。

区域位置

琥珀名城A区是整个琥珀名城项目分期开发中的一期示范区，位于合肥市东部龙岗经济开发区，距市中心约7km，南临城市主要交通干道长江东路，西临龙岗路，附近有长江批发市场、义乌小商品批发市场等大型商贸中心，交通方便，城市基础设施及服务设施配套齐全。

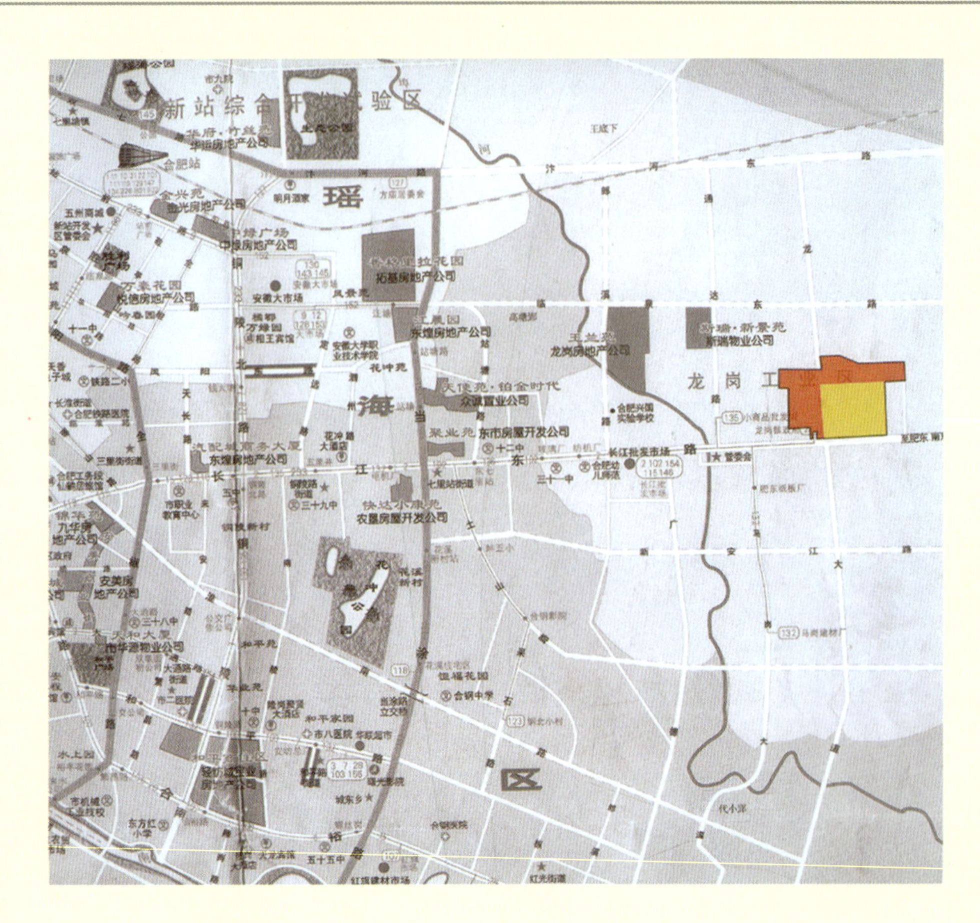

经济技术指标

类别		数值	单位	备注
总用地面积		136470（123242）	m^2	括弧内为不含退让道路绿化带
总建筑面积		265229.71	m^2	包括地下室
地上建筑面积		227921.71	m^2	
其中	住宅建筑面积	208187.91	m^2	
	商业建筑面积	14975	m^2	
	综合楼	2933.61	m^2	
	小区服务、管理用房	300	m^2	在综合楼内
	幼儿园	1525.19	m^2	6班
地下室建筑面积		37308	m^2	
容积率		1.67（1.85）		括弧内为不含退让道路绿化带
建筑密度		24.8	%	
绿化率		41.5	%	
小区中心绿地面积		13181	m^2	
住宅面积净密度		2.38	m^2/hm^2	
机动车位		1877	辆	1.居住停车位 1733辆。 2.商业停车位143辆
其中	地上室外停车位	889	辆	
	地下停车位	987	辆	
	车户比	1/120（住宅） 08/100（商业）	辆/m^2	
住宅总户数		2397	户	
规划总人口数		7670	人	人口系数：3.2人/户
90m^2以内户数		1726	户	
90m^2以内住宅总面积		145939.7	m^2	70.1%
90m^2以上住宅总面积		62248.2	m^2	29.2%

用地平衡控制指标

用地构成	单位（m^2）	百分比
居住小区总用地	136470	含退让道路绿化带
1. 居住小区用地（R）	123242	100%
住宅用地（R01）	76410	62%
公建用地（R02）	22184	18%
道路用地（R03）	12324	10%
公共绿地（R04）	12324	10%
2. 市政绿化带	13228	

总平面图
图例
用地红线
建筑红线
公共绿地红线
定位点坐标
建筑腿界/间距
户型编号和层数
栋号
室内大堂标高
屋顶标高
建筑高度
道路标高
注：1. 采用当地城市坐标系高程系统；
2. 图中所注尺寸均以米为单位。
广兴路
长江东路
用地红线
N

鸟瞰图

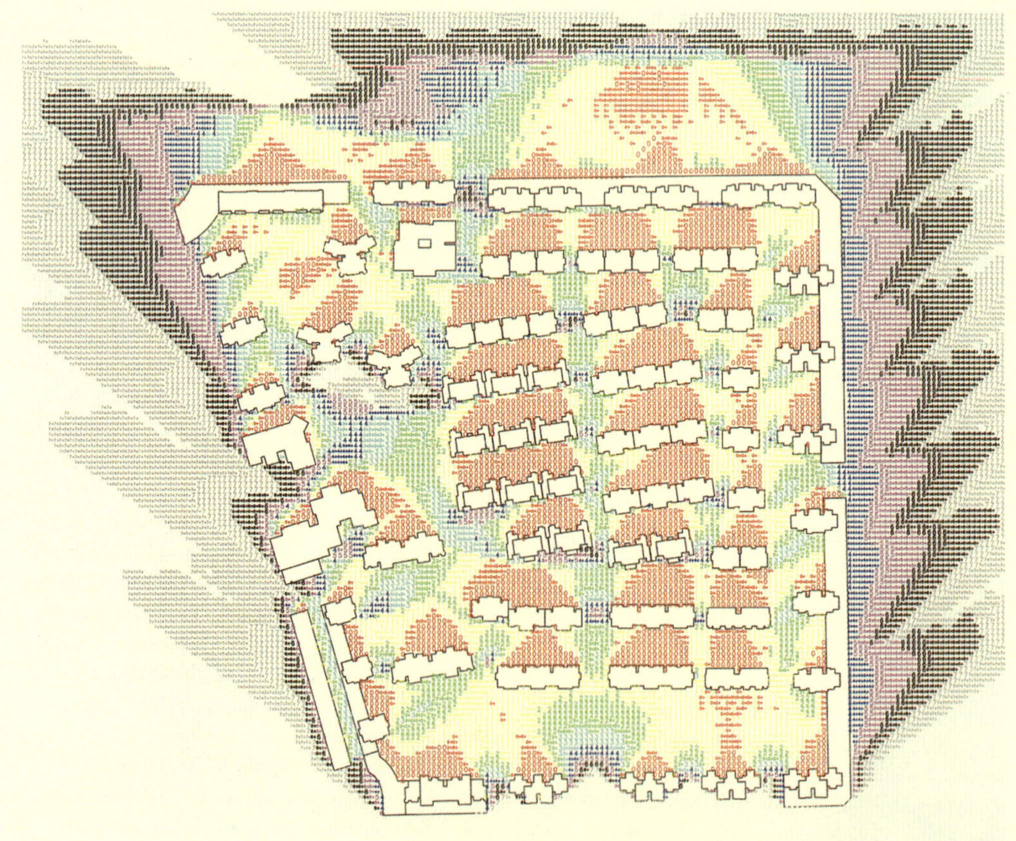

图例

0 日照时间0h区域
1 日照时间1h区域
2 日照时间2h区域
3 日照时间3h区域
4 日照时间4h区域
5 日照时间5h区域
6 日照时间6h区域

日照分析图

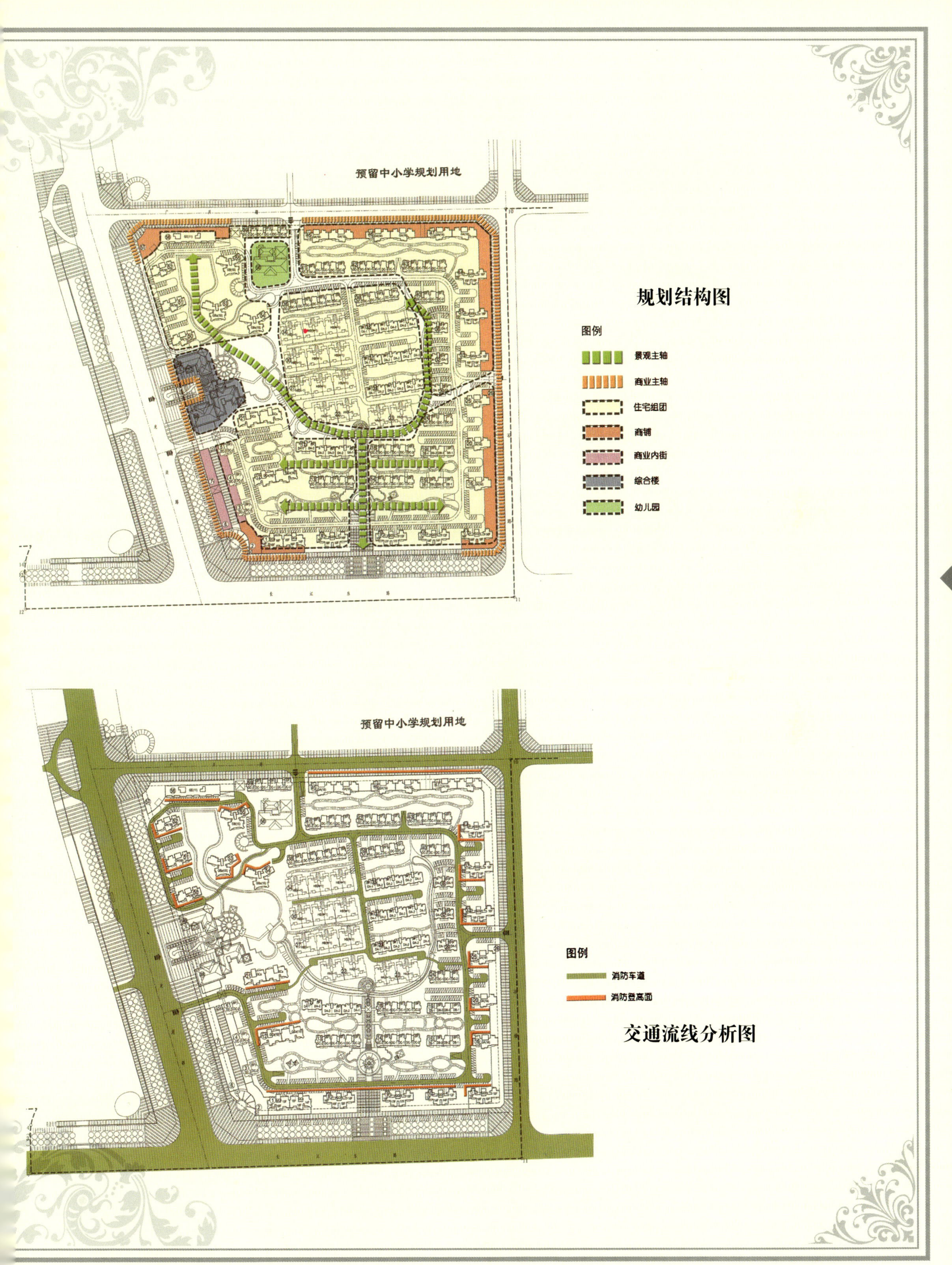
预留中小学规划用地
规划结构图
图例
景观主轴
商业主轴
住宅组团
商铺
商业内街
综合楼
幼儿园
预留中小学规划用地
图例
消防车道
消防登高面
交通流线分析图

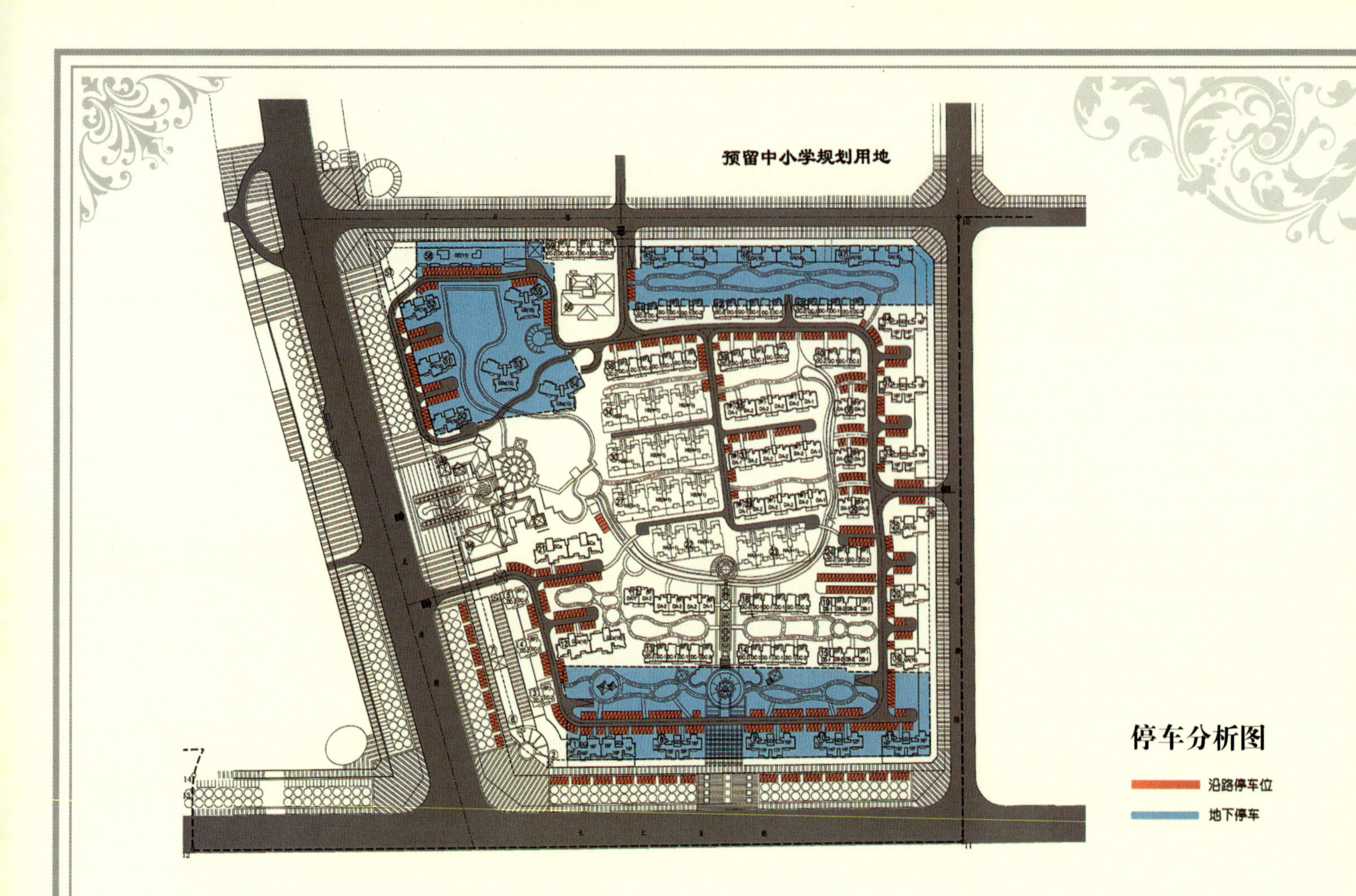
预留中小学规划用地
停车分析图
沿路停车位
地下停车

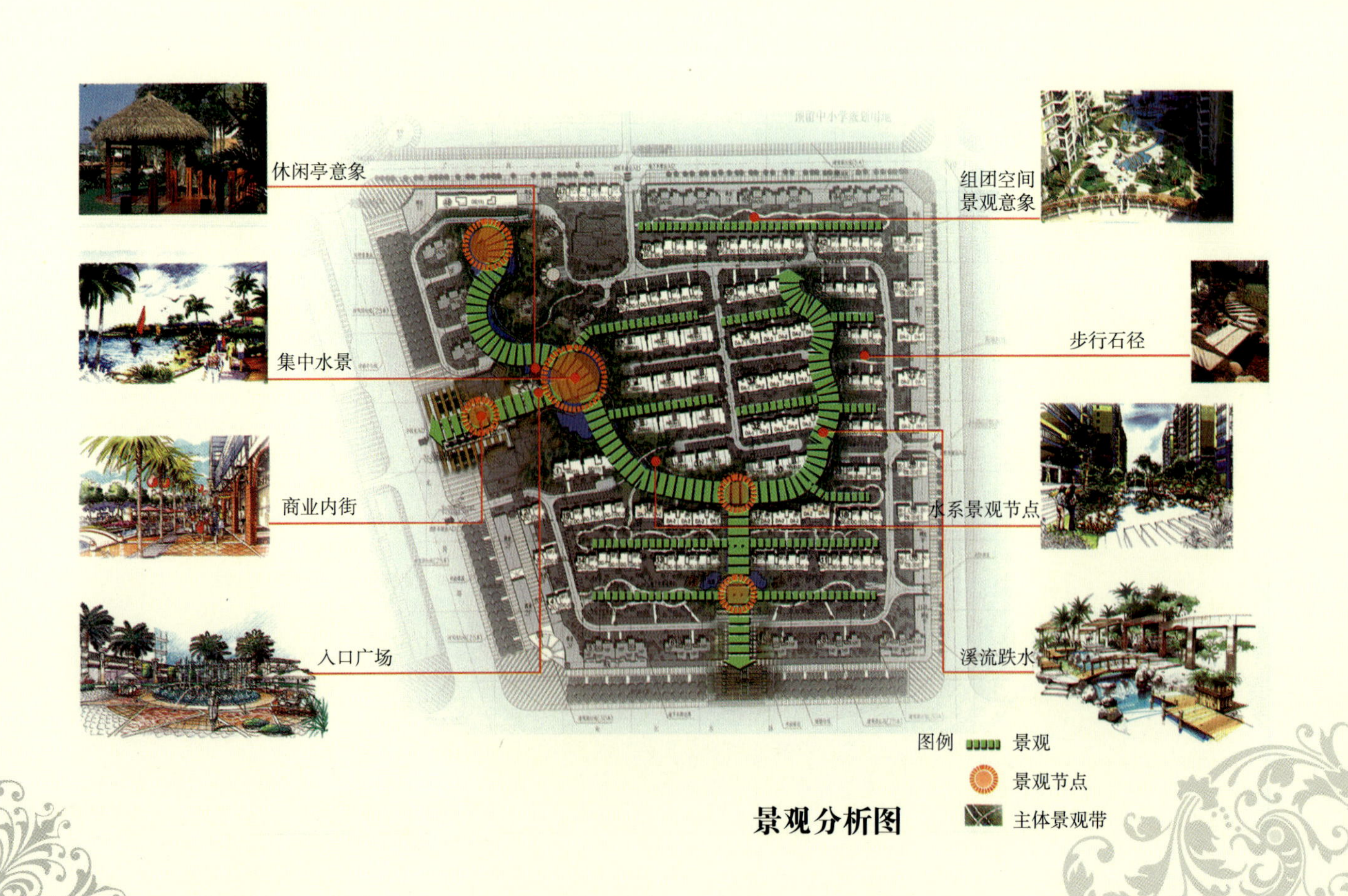
休闲亭意象
集中水景
商业内街
入口广场
组团空间
景观意象
步行石径
水系景观节点
溪流跌水
图例
景观
景观节点
主体景观带
景观分析图

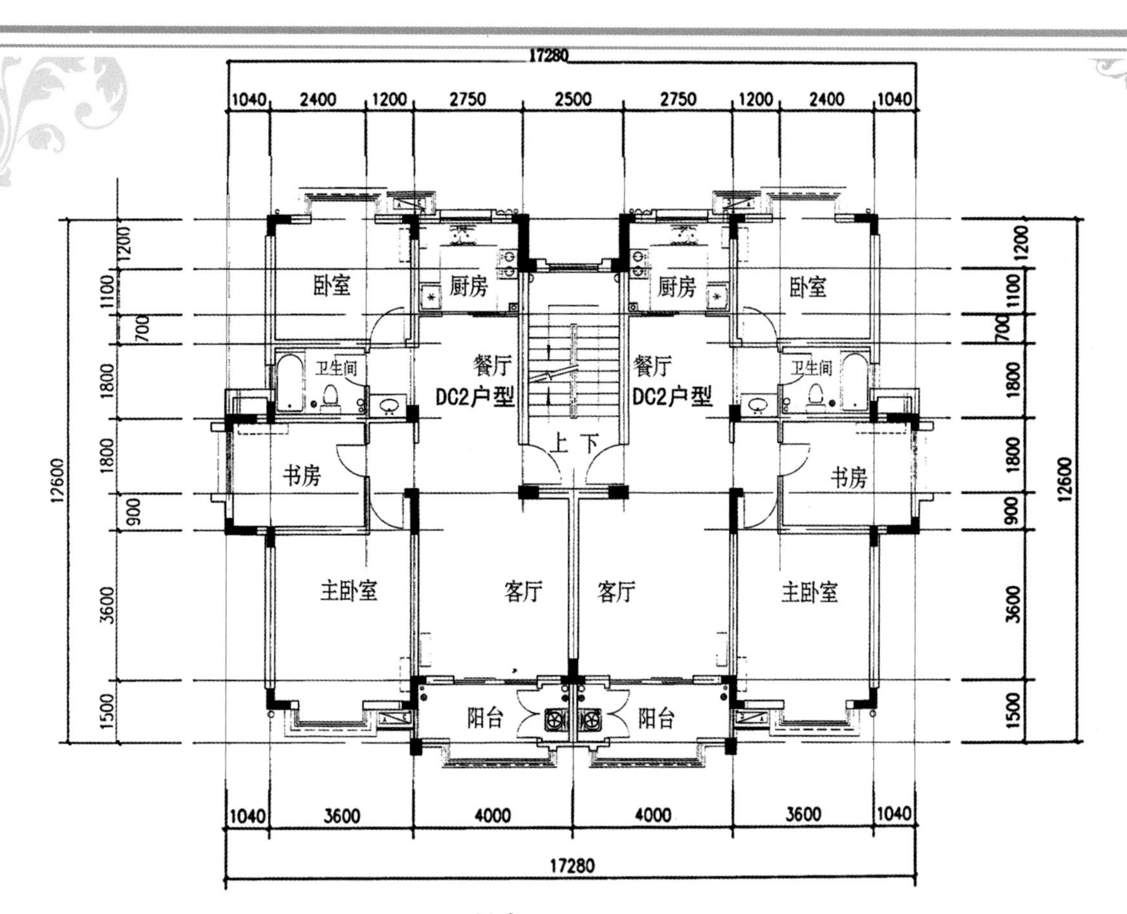

3、4、5号楼标准层平面图　1：100

编号	户型	建筑面积（m²）（不包含阳台面积）	阳台面积（m²）	建筑面积（m²）
DC2	三室二厅一卫	89.8	3.71	93.51

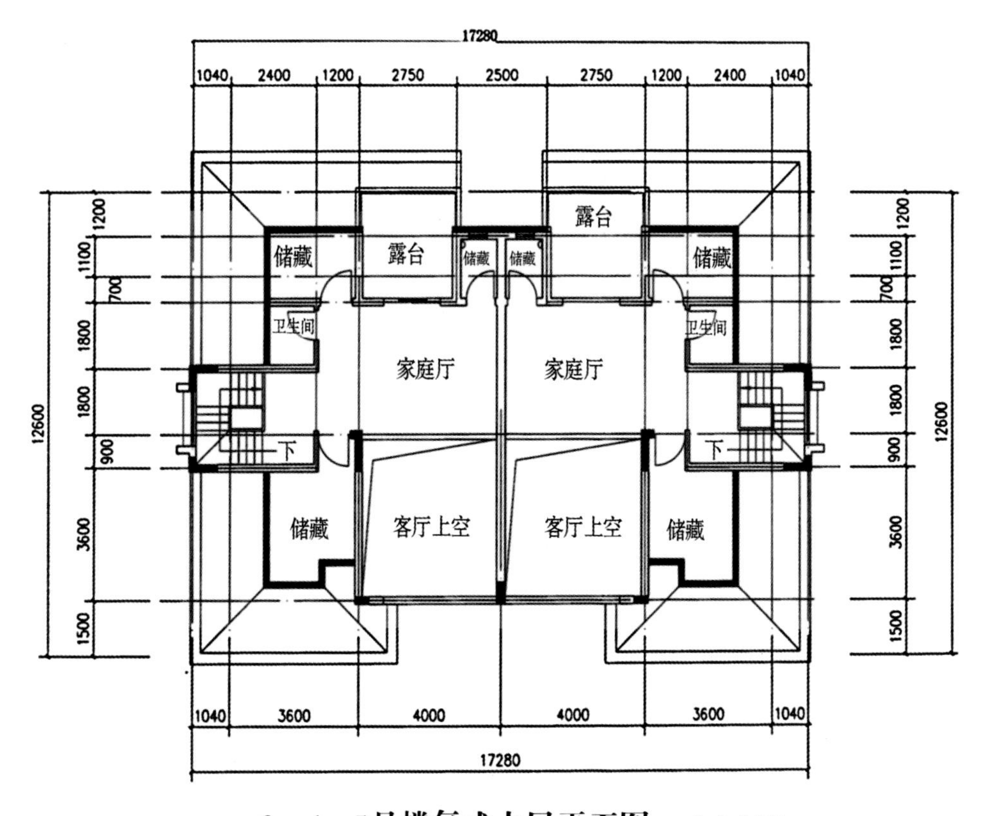

3、4、5号楼复式上层平面图　1：100

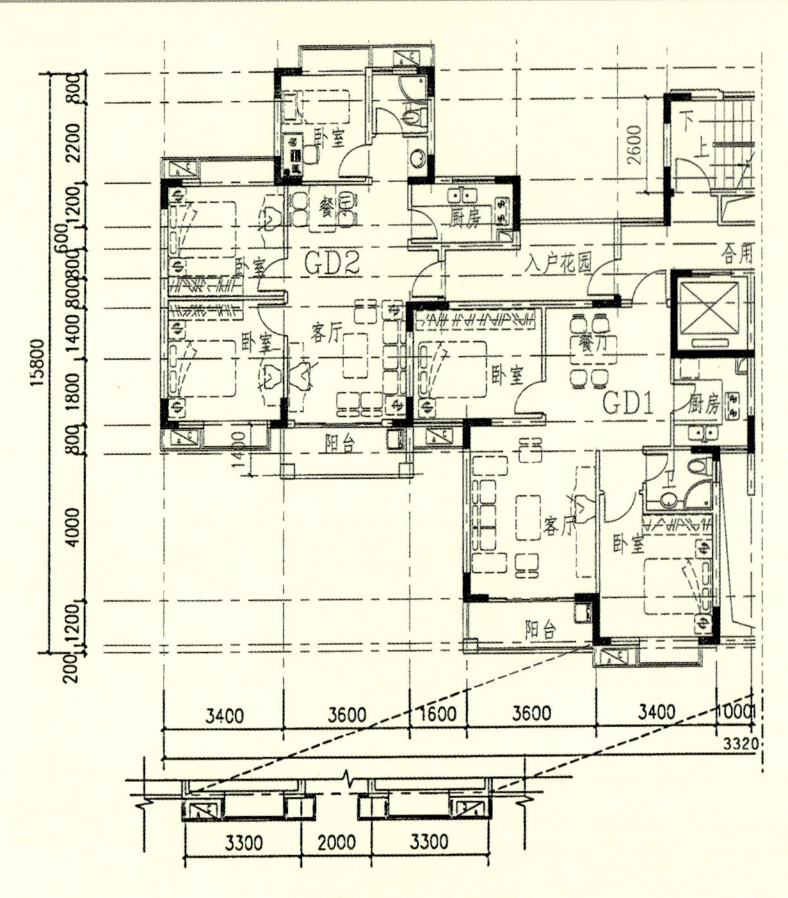

8、11号楼标准层平面图　1：150

编号	户型	套内面积（m²）	公摊面积（m²）	建筑面积（m²）（不包含阳台面积）	阳台面积（m²）	建筑面积（m²）
GD1	二室二厅一卫	68.20	10.08	78.28	2.52	80.80
GD2	三室二厅一卫	69.34	10.24	79.58	7.42	87.00

入口透视

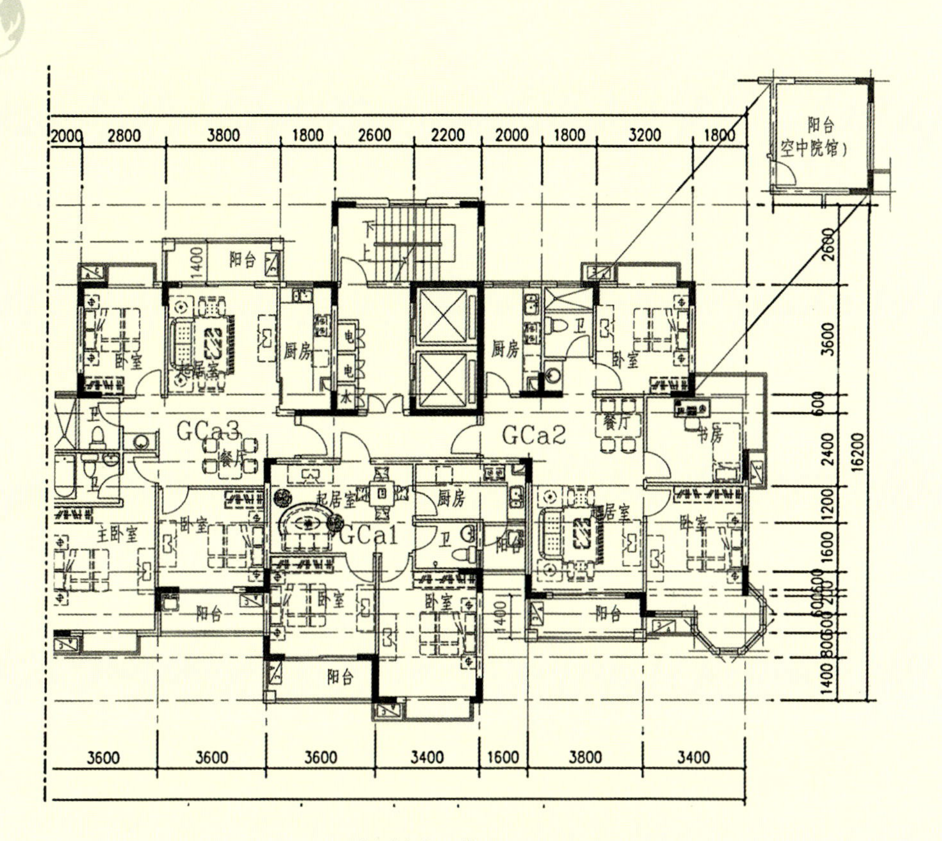

12、21号楼标准层平面图　1：150

型号	户型	套内面积（m²）	公摊面积（m²）	建筑面积（m²） （不包含阳台面积）	阳台1/2面积 （m²）	建筑面积（m²）
GCa1	二室二厅一卫	54.42	10.42	64.84	3.72	68.56
GCa2	三室二厅一卫	84.26	16.13	100.39	2.74	103.13
GCa3	三室二厅一卫	88.17	16.70	103.94	5.25	109.19

庭院透视

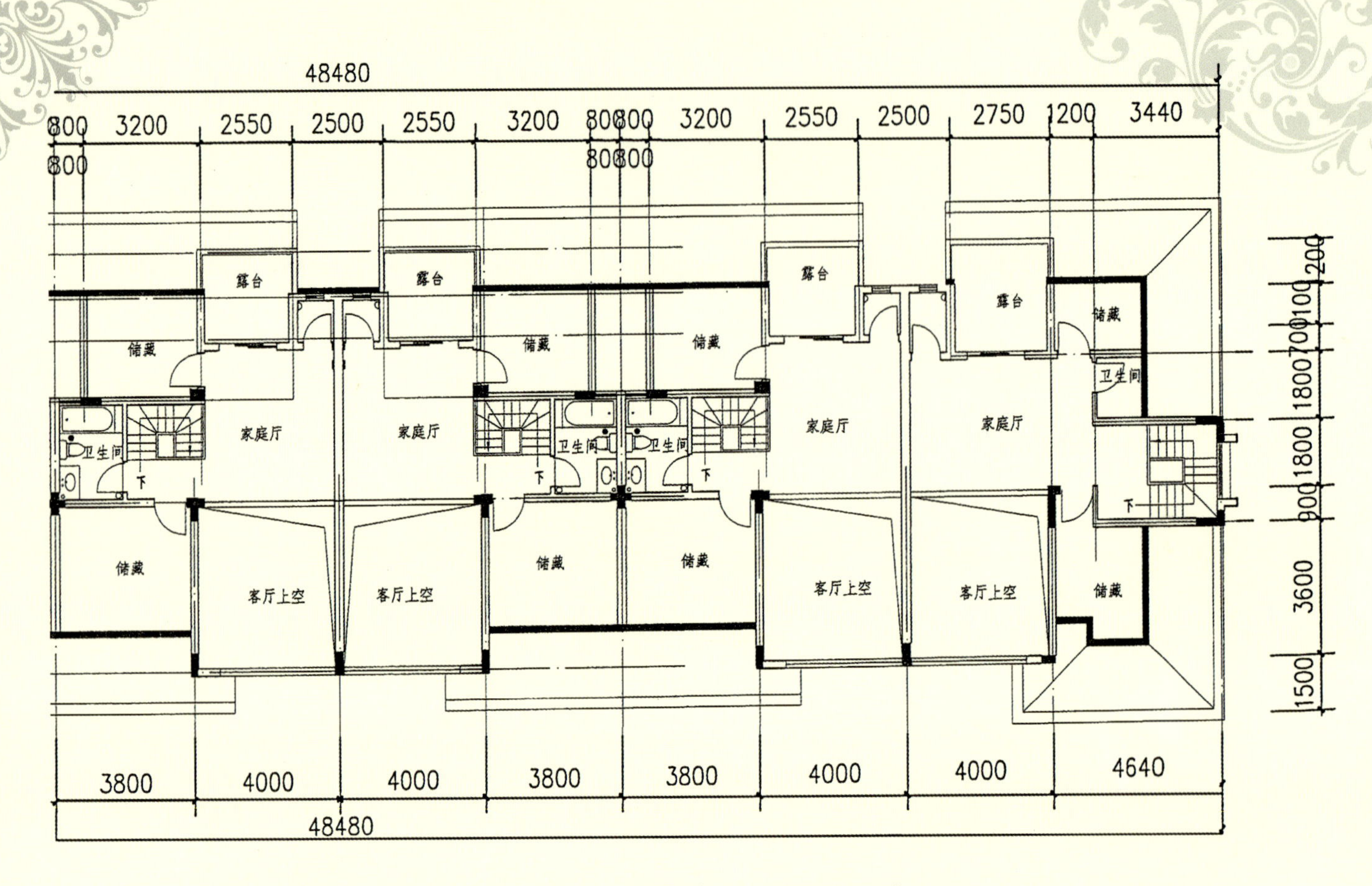

13、14、18、42、43、59号楼复式上层平面图　1：200

住宅立面效果图

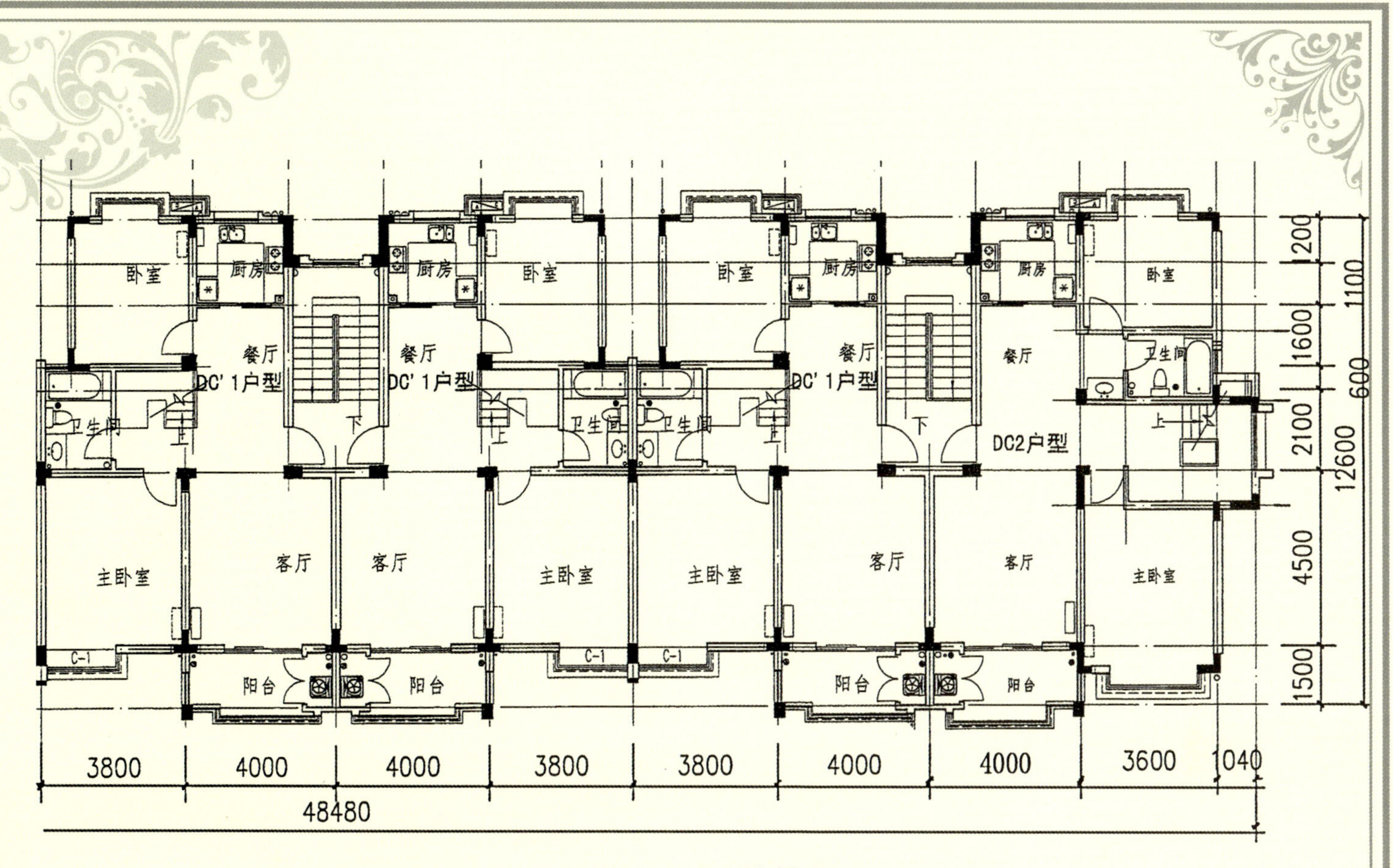

13、14、18、42、43、59号楼复式下层平面图　1：200

编号	户型	建筑面积（m²）（不包含阳台面积）	阳台面积（m²）	建筑面积（m²）
DC'1（f）	二室三厅一卫	113.97	3.8	117.77
DC2（f）	三室三厅一卫	123.65	3.71	127.36

住宅立面效果图

淮南

海创福海园

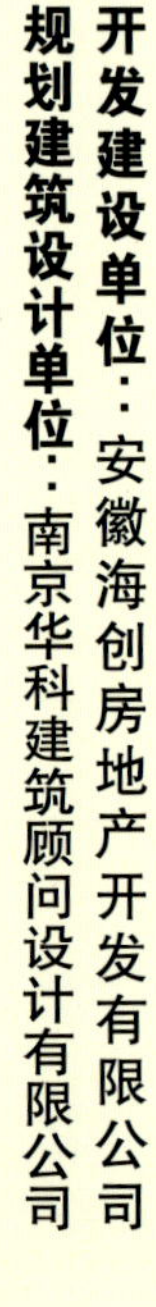

开发建设单位：安徽海创房地产开发有限公司

规划建筑设计单位：南京华科建筑顾问设计有限公司

专家评审意见

（一）规划设计评审意见

1. 选址与规划结构。福海园选址得当。小区依据城市总体规划所确定的原则和要求，充分利用周围自然景观、地形条件因地制宜，整体规划结构清晰，功能分区明确，用地配置基本合理。

2. 道路与交通。福海园规划采用一条环形小区级主干道贯穿，道路框架清楚，分级明确，动静交通组织基本合理，尽量减少人车干扰，保障居住环境质量和居民安全，同时基本满足消防、救护、避灾等要求。

3. 住宅群体。福海园规划依照以人为本、节约土地的原则。住宅群体布置以分组团建多层、小高层、高层相结合的设计手法，由此向南叠落布置，形成以北高南低、西高东低，变化有序、层次清楚、错落有致的群体空间。小区规划建筑密度适宜，空间尺度适当，住宅布置基本满足日照、采光、通风等要求。

4. 绿地与室外环境。小区规划注重绿地系统、水系规划与景观环境的统筹规划，结合小区中心绿地、组团院落、宅间绿地，以及部分住宅底层架空等，点线面相结合，构筑一带、一核、两轴的绿地系

统，提升居住环境的舒适度和均好性，为居民提供良好的邻里交往、休闲健身的户外活动空间。

5. 几点建议：

（1）小区地面停车、地下车库出入口位置等，应结合道路系统及出入口设置，并满足最基本的人车分流要求。

（2）北侧临街小高层住宅宜考虑错动布置，以争取单体的南北朝向，并强化与城市水系及绿化带的有机联系。丰富道路街景，避免“城墙式”布置。

（3）公建配置应作出肯定的说明，特别是中小学校要满足居住区规划要求。建议深化会所功能设计，并对其位置进一步斟酌。

（二）建筑设计评审意见

1. 平面功能分区明确，布置紧凑有序，各居住空间尺度合宜，面积利用充分，交通便捷。

2. 设置一定的入户过渡空间与储藏空间。

3. 主要房间的通风、采光与视野条件良好。

4. 餐厨布置紧密，有独立就餐空间。

5. 空调室外机统一布置，整齐又隐蔽。

6. 在进一步深化设计中尚需优化之处如下：

（1）一梯三户朝南户的起居厅应有良好的通风、采光、视野条件。

（2）部分套型（D型）应有独立就餐空间。

（3）部分套型（D型）卫生间视线应有更好的解决办法。

（4）部分套型（B型）建议调整平面，克服深凹口的弊病。

（5）入户花园要结合气候条件，慎重选用。

（6）飘窗不利于节能，建议不用。

（三）成套技术评审意见

淮南福海园住宅建设项目按照《国家康居示范工程建设技术要点》的要求，结合当地建筑材料、住宅产业及经济、社会发展现状，从推动淮南乃至安徽省住宅产业发展考虑，在项目实施中，拟采用粉煤灰或煤矸石砖作为墙体材料、外墙外保温及屋面保温体系、双层断桥铝合金门窗、太阳能热水及照明系统、中水处理和生化垃圾处理设施，以及智能化信息、安防管理系统等40余项符合资源节约和环境保护要求的成套技术，将显著改善该项目的居住品质，并提升当地住宅建设的科技应用及产业化水平。尤其在该项目中选择部分住宅进行全装修探索试点，也是当地新建住宅进行全装修的首次尝试，将对当地推广住宅全装修及住宅产业发展起到积极的促进作用。

建议：

1. 建议在项目实施中，加强管理协调，对拟采用的产品与技术进行进一步的调研、对比。精心组织施工，将拟采用的各项成套技术落到实处，保证质量，取得实效，切实发挥该项目的示范、引导作用。

2. 建议根据该项目景观及绿化浇灌等的用水量，合理确定中水处理规模与设备选型。

3. 建议对住宅全装修和高层太阳能热水系统的应用形式作进一步的调研。突破太阳能应用的关键技术，适当扩大应用比例。

4. 建议选用符合该项目要求的通过“康居示范工程选用部品与产品”认定或认证的产品。

区域位置

海创福海园位于淮南市凤台县的政务新区中心，南与县政府办公区隔路相望，东侧为凤台汽车客运中心，西为凤台室内体育馆，北临毓秀延绵的永幸河公园，具有得天独厚的自然景观和区位优势，交通便利，闹中取静，是建设生活住区的极佳区域。

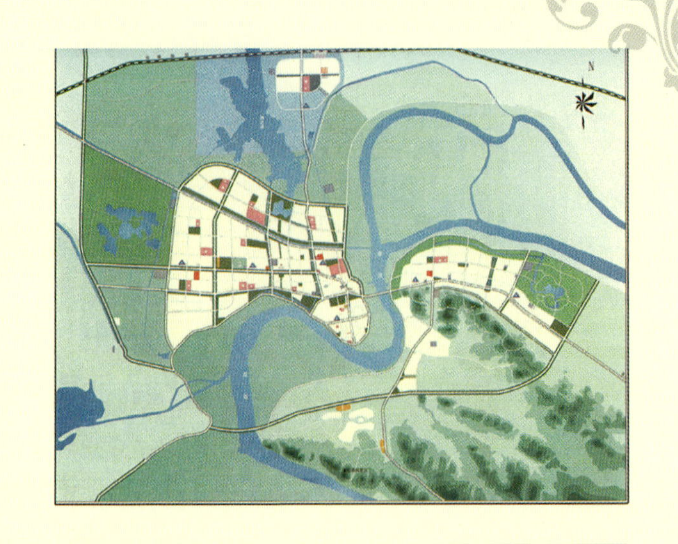

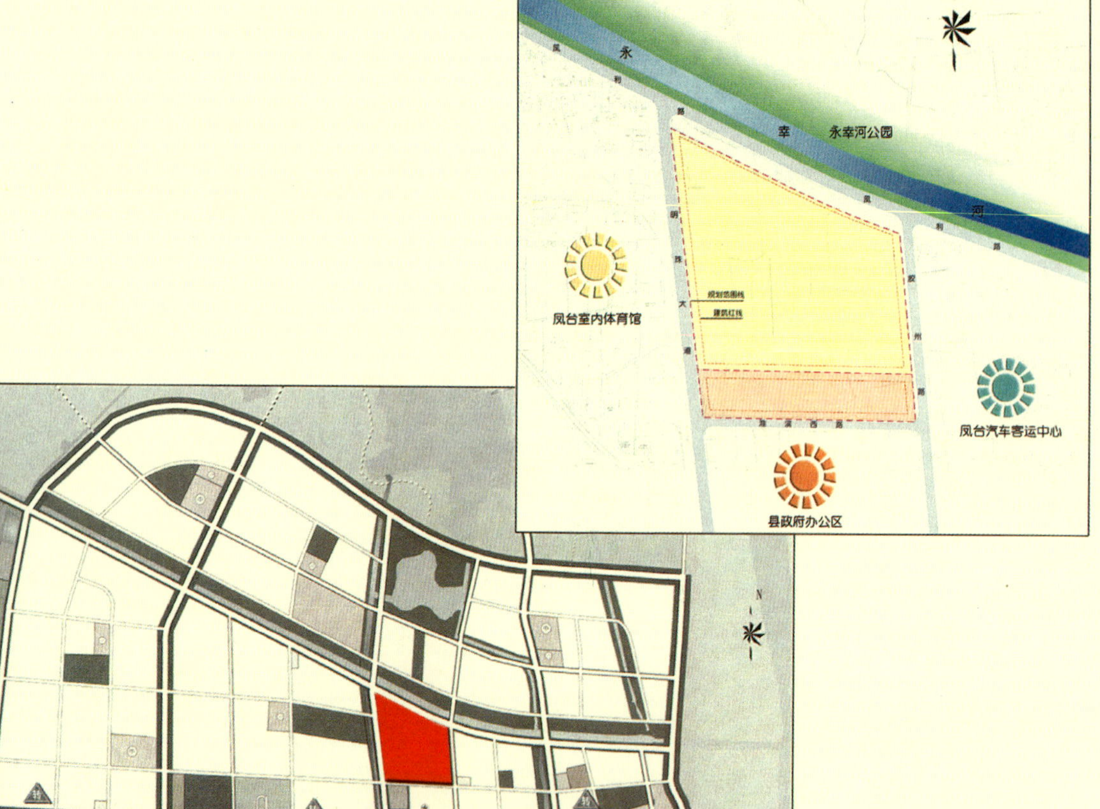

综合技术经济指标

总户数	1629户
居住人数	5212人
人口毛密度	346人/hm^2
住宅建筑密度（毛）	108.3套/hm^2
住宅建筑密度（净）	183.2套/hm^2
住宅建筑面积毛密度	12162m^2/hm^2
住宅建筑面积净密度	20583m^2/hm^2
容积率	1.46
建筑密度	21.7%
绿化率	43.5%
日照间距	1：1.30
机动车停车位	815个

规划用地面积			150450m^2	
总建筑面积			244188m^2	
住宅公建		住宅建面	182987m^2	1629户
	其中	多层住宅	88693m^2	825户
	其中	小高层住宅	48716m^2	414户
	其中	高层住宅	45578m^2	390户
		公共建筑面积	37303m^2	
	其中	会所	1500m^2	
	其中	幼儿园（4班）	1600m^2	
	其中	商业步行街	14570m^2	
	其中	风利路商业	18516m^2	
	其中	胶州路商业	1117m^2	

总平面图

鸟瞰图

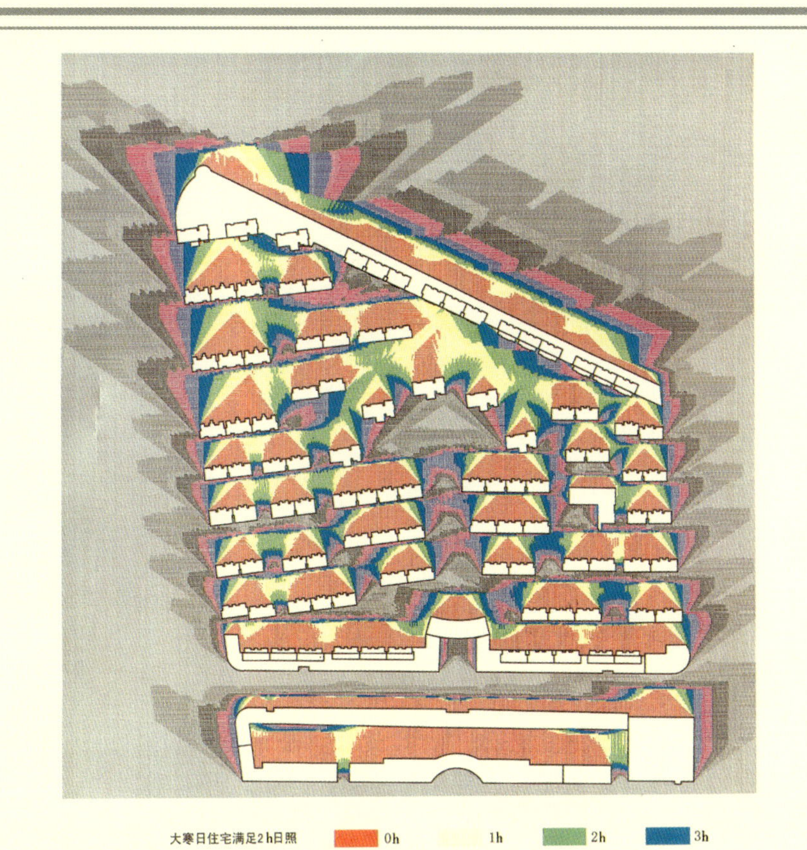

日照分析图

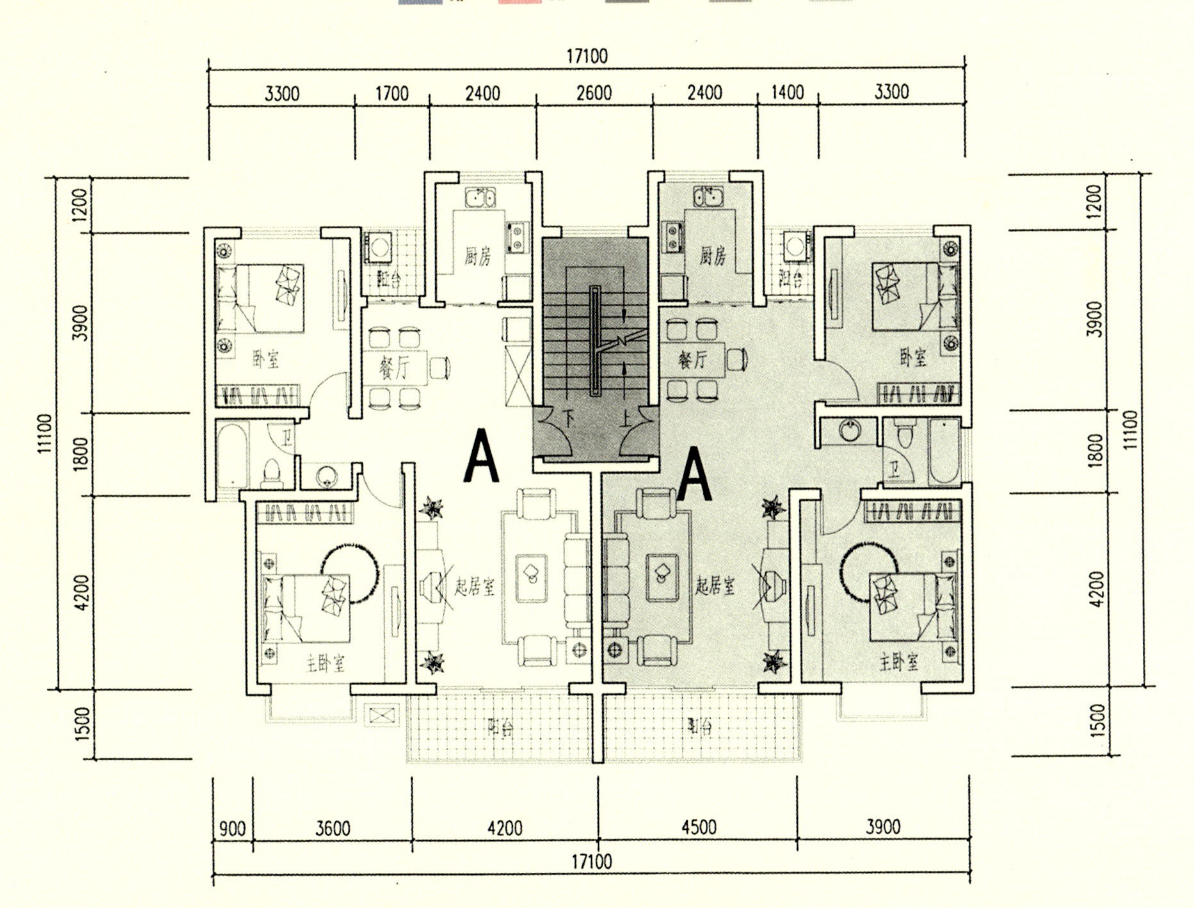

多层A、A' 户型单体平面图

单位：m^2

型号	户型	套内面积	阳台面积	公用面积	总建筑面积	使用系数
A	二室二厅一卫	79.85	8.67	6.74	90.92	87.82%
A'	二室二厅一卫	81.03	8.67	6.83	91.20	88.84%
				13.57	182.12	

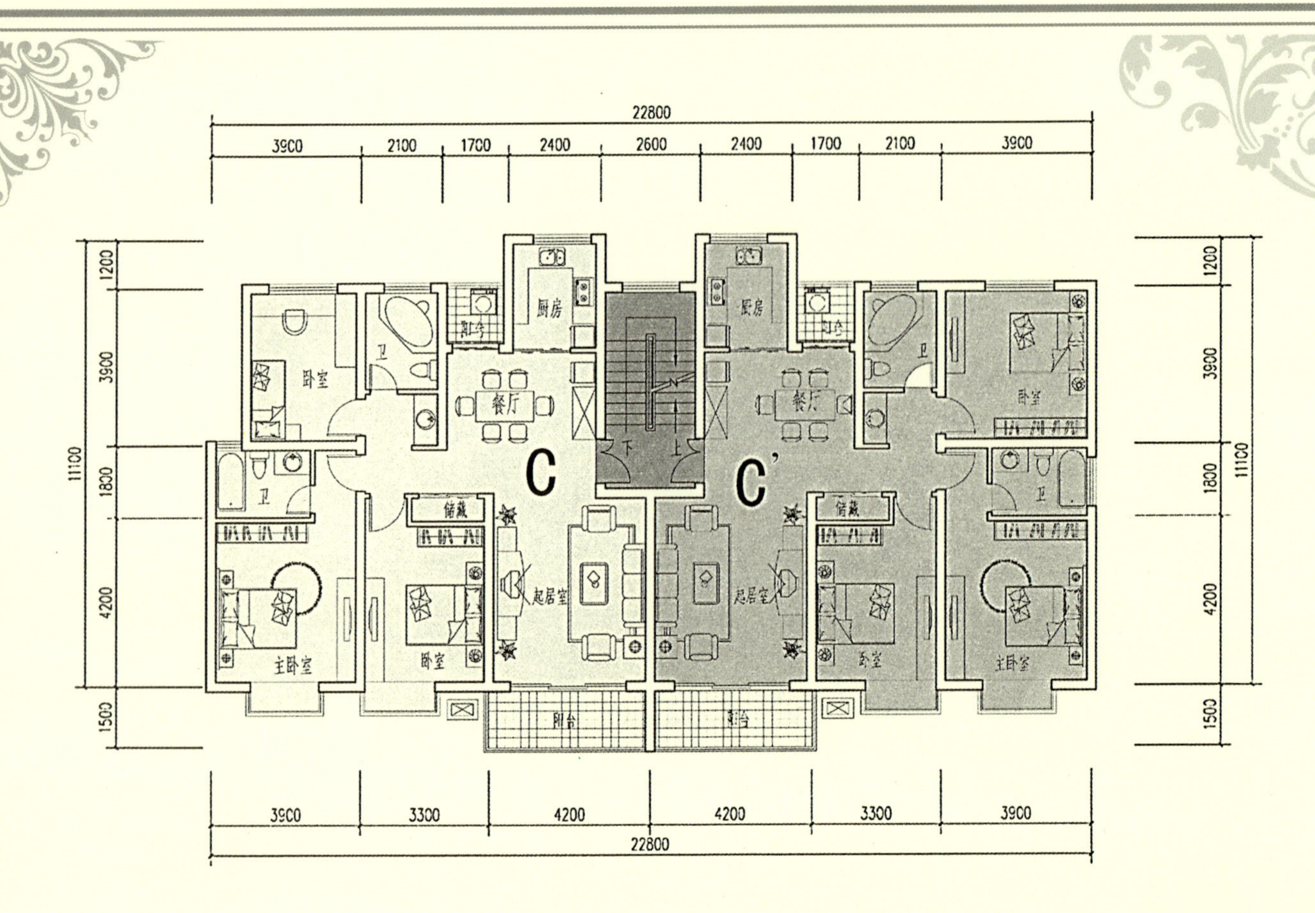

多层C、C' 户型单体平面图

单位：m^2

型号	户型	套内面积	阳台面积	公用面积	总建筑面积	使用系数
C	三室二厅二卫	107.49	8.67	6.68	118.51	90.29%
C'	三室二厅二卫	111.00	8.67	6.89	122.23	90.81%
				13.57	240.74	

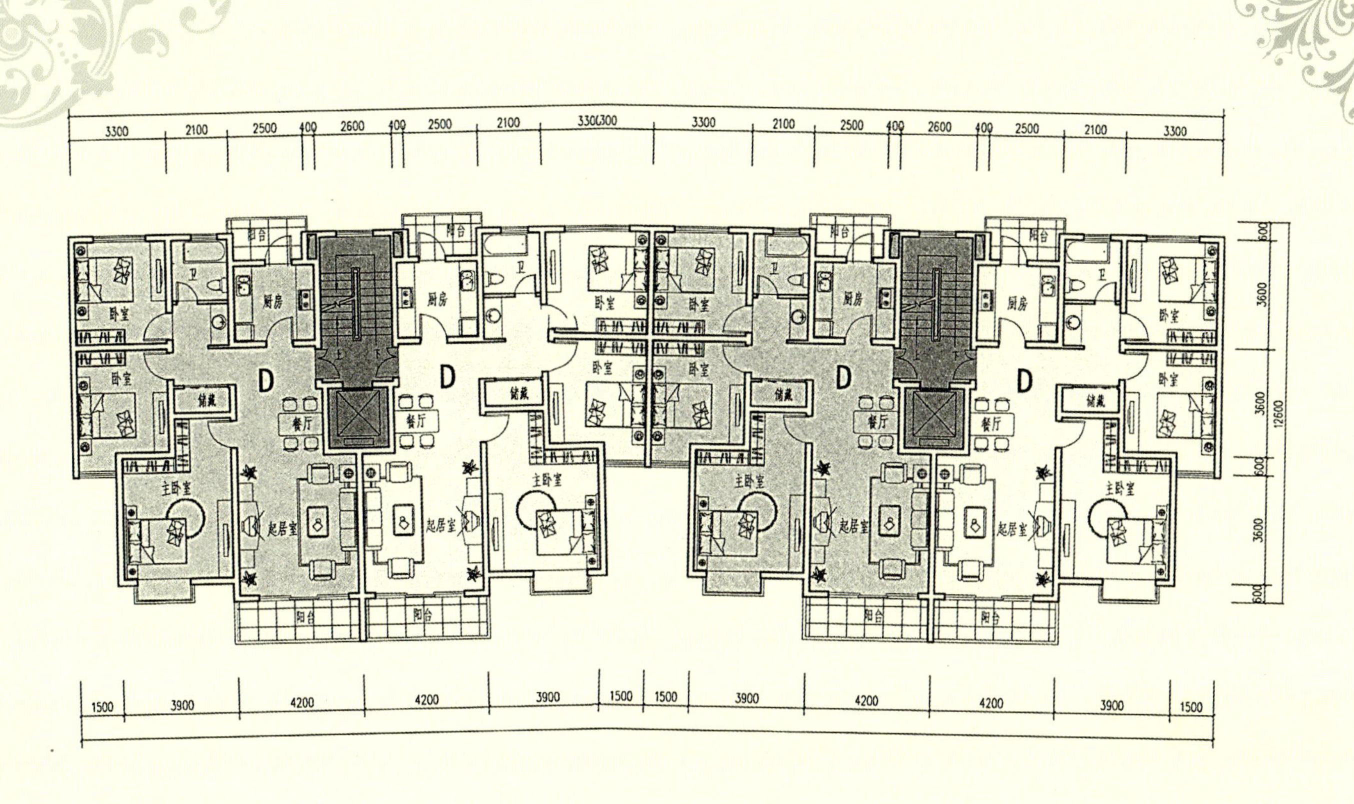

小高层D户型单元平面图

庭院效果

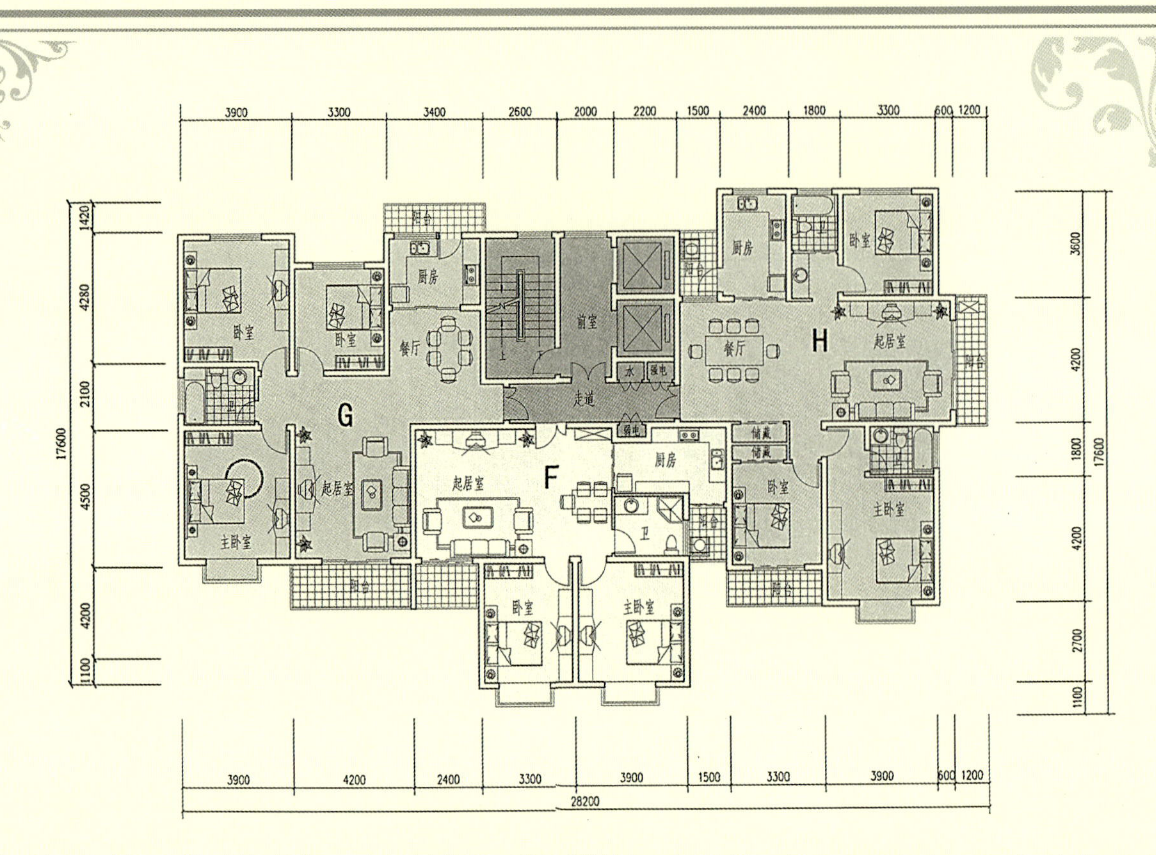

高层户型组合平面图

单位：m^2

型号 1	户型	套内面积	阳台面积	公用面积	总建筑面积	使用系数
G	三室二厅一卫	105.22	9.98	15.60	125.81	83.63%
F	二室二厅一卫	79.02	5.79	11.72	93.63	84.40%
H	三室二厅二卫	110.39	8.80	16.37	131.16	84.17%

小高层住宅

高层立面图

临海云水山庄

开发建设单位：浙江台州高速公路房地产开发有限公司

规划建筑设计单位：浙江省城乡规划设计研究院

专家评审意见

（一）规划设计评审意见

1. 小区采用了一个环路、两个景观轴、五个组团的布局结构，建筑类型采用叠屋、多层、小高层、高层相结合的办法，结构清晰，层次分明，布局合理。

2. 规划设计充分利用自然景观，借灵湖景，引大寨河水，构建了一个中心公共绿地，营造了两个景观绿轴，组团绿地均衡分布，为居民创造了一个多层次的、环境优美的、步移景异的绿色家园。

3. 小区道路线形流畅，功能齐全，分级明确，并组织了独立的步行系统，布局合理。停车设施地上地下相结合，以地下为主，较好地解决了机动车对居民安静与安全的干扰和影响，又方便使用。

4. 小区公共服务设施配套齐全。

5. 意见与建议：

（1）住宅日照间距规范规定应满足中小城市大寒3h的日照要求。建议严格按规范要求进行调整。

（2）北面G区东侧沿街高层建筑长达130m，应按高层防火规范调整。

（3）B区3号楼西面单元一层楼梯口距户外距离超过规范要求，应进行修改。

（4）中心区4幢点式高层地下车库出入口过远，很不方便，建议调整完善。

（5）地面停车位数量偏少，分布也不够均衡，应补充完善。

（二）建筑设计评审意见

1. 套型组合丰富多变，考虑细致，采光通风条件良好，特别是端单元争取室外绿化景观的探索是有意义的。

2. 套内功能分区明确，布置较紧凑，空间利用率高，尺度合宜，交通组织流畅。

3. 结构布置便于空间二次分隔。

4. 设置必要的储藏空间。

5. 建筑造型统一中有变化，较为协调统一。

6. 意见与建议：

（1）部分套型入户过渡空间设置不够，端单元大户型尤为突出。

（2）高层板楼底层商铺要严格执行防火分区的规定。

（3）一梯四户将小户型当做单身公寓与住宅组合成单元，其功能不大合理，暗厨房使用条件较差，建议改成一梯三户套型。

（4）部分套型工人房与厨房关系要调整。部分卫生间开在餐厅内而厨房距餐厅却较远，需进行优化设计。

（5）暗厕数量偏多，有条件的应争取一户至少一个明厕。

（6）部分跃层次卧室无卫生间，需作调整。

（7）叠层住宅交通线不流畅，旋转楼梯占空间过多，需调整。

（8）半圆形高塔应在统一中求变化，顶部不宜强调圆弧造型。

（三）成套技术评审意见

该项目住宅产业化技术可行性研究报告按照《国家康居示范工程建设技术要点》要求，紧密结合临海经济发展水平、建筑技术、材料、部品的应用状况以及施工技术水平，在面积达21万m^2的住宅及公建中，在结构体系等九个重要技术体系中采用了几十项新技术、新材料、新工艺，将节能、节水、节材与成套技术应用有机结合。特别是在全部住宅墙体中使用混凝土框架和框剪结构体系，大量应用粉煤灰小型空心砌块、加气混凝土砌块和混凝土多孔砖；采用外墙外保温技术、双层中空玻璃和阻断式铝合金门窗，使得围护结构达到较高的节能水平，新型墙体材料的应用起到带头示范作用。此外，太阳能热水技术的应用、部分精装修房的推出，以及宽扁梁和无粘结预应力大开间结构体系，在国内住宅产业化技术应用中都属比较先进的做法。

建议：

1. 建议项目的开发、规划设计单位按照国家夏热冬冷地区的节能规范要求对围护结构的热工性能进行计算分析，科学确定保温隔热体系。

2. 在实施中，对拟采用的异型柱框架结构体系加强施工管理，确保质量，并注意分析总结，为建筑结构体系改革积累经验。

3. 在对生化垃圾处理技术进行调研的基础上，建议采用生化垃圾处理设施。

4. 在精装修房的推广实施中，应借鉴其他地区的成功经验，关注住户的反馈意见，不断加以总结、改进，为临海地区在更大范围内逐步减少，甚至取消毛坯房作出贡献。

5. 在调查研究的基础上，合理确定污水回用处理方案。

云水山庄项目的住宅产业化技术可行性研究报告在调查研究和深入分析的基础上所提出的各项内容符合国家康居示范工程实施技术要点的要求。希望在深化设计和施工实践中认真执行，不断总结改进，为在中小城市实现中央提出的建设节能省地型住宅，创造国家优秀示范小区作出贡献。

区域位置

云水山庄位于新城市中心区东南角，临海大道北侧，绿化路以东，柏叶路以南，大寨河以西，西南侧紧临占地209hm^{2}的城市水面风光公园——南湖景区。地势平坦，交通方便，环境优美。

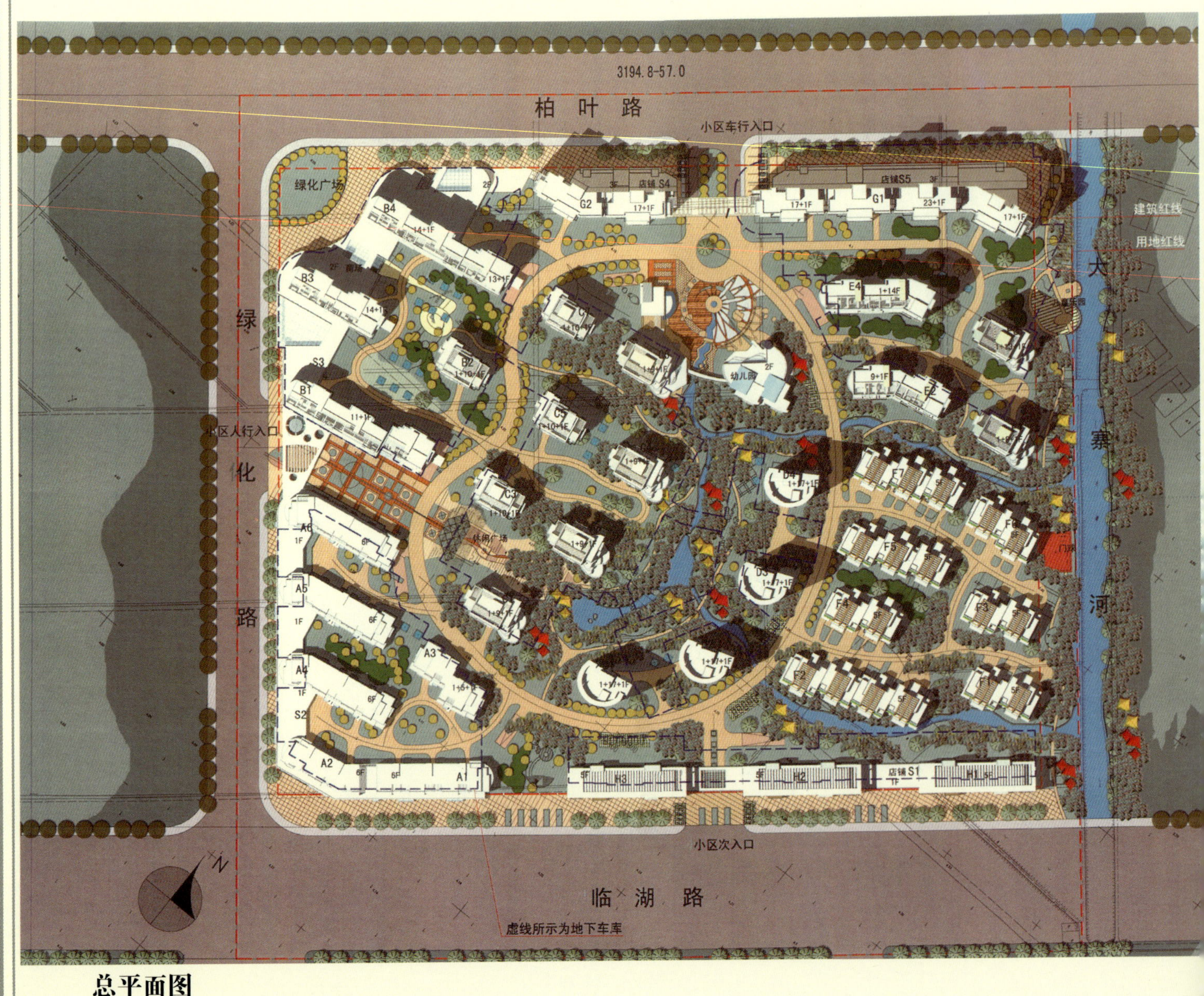

总平面图

鸟瞰图

项目			计量单位	数值	比例（%）	
小区用地面积			m^2	120116		
总建筑面积（不含地下室）			m^2	210122.6		
其中	住宅总建筑面积		m^2	173812.6	82.7	
	其中	多层住宅面积	m^2	34528.0	19.9	100
		小高层住宅面积	m^2	43236.1	24.9	
		高层住宅面积	m^2	92578.5	53.2	
		单身公寓建筑面积	m^2	3470.0	2.0	
	办公建筑面积		m^2	8400.0	4.0	
	商业建筑面积		m^2	27910.0	13.3	
容积率				1.75		
建筑密度				27.9		
绿地率				37.1		
地下建筑面积			m^2	63170		
居户数			户	1178	100	
其中	多层住宅		户	220	18.6	
	小高层住宅		户	256	21.6	
	高层住宅		户	624	53.2	
	单身公寓		户	78	6.6	
其中每户面积	$80\sim110m^2$		户	274	23.3	
	$110\sim140m^2$		户	289	24.5	
	$140\sim170m^2$		户	423	35.9	
	$170\sim200m^2$		户	57	4.8	
	$200\sim230m^2$		户	73	6.2	
	$230\sim270m^2$		户	62	5.3	
居住人数（每户以3.5计，单身公寓1.5计）			人	3894		
住宅面积毛密度			m^2/hm^2	17493.3		
人口毛密度			人/hm^2	324		
汽车泊位数			人	1180		

技术经济指标

日照分析图

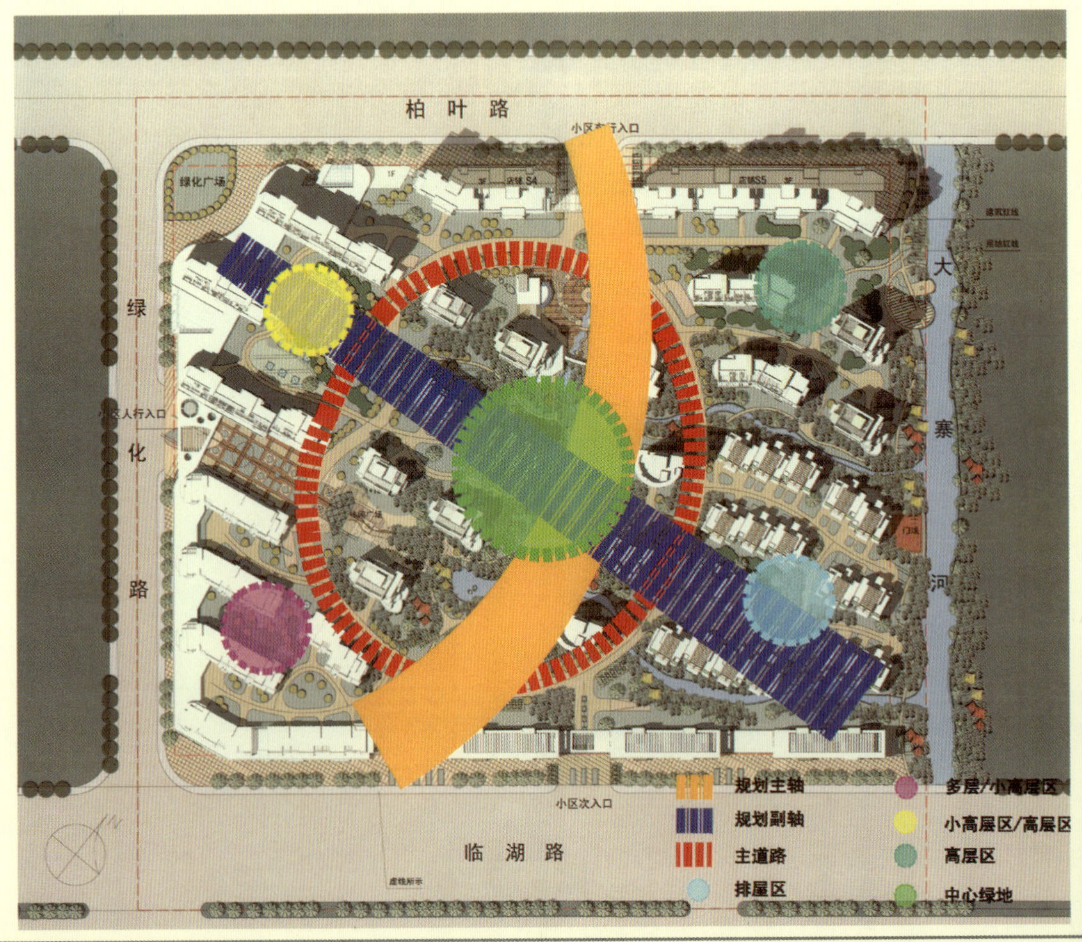
柏叶路
绿化路
大寨河
临湖路
小区次入口
规划主轴
规划副轴
主道路
排屋区
多层/小高层区
小高层区/高层区
高层区
中心绿地

结构分析图

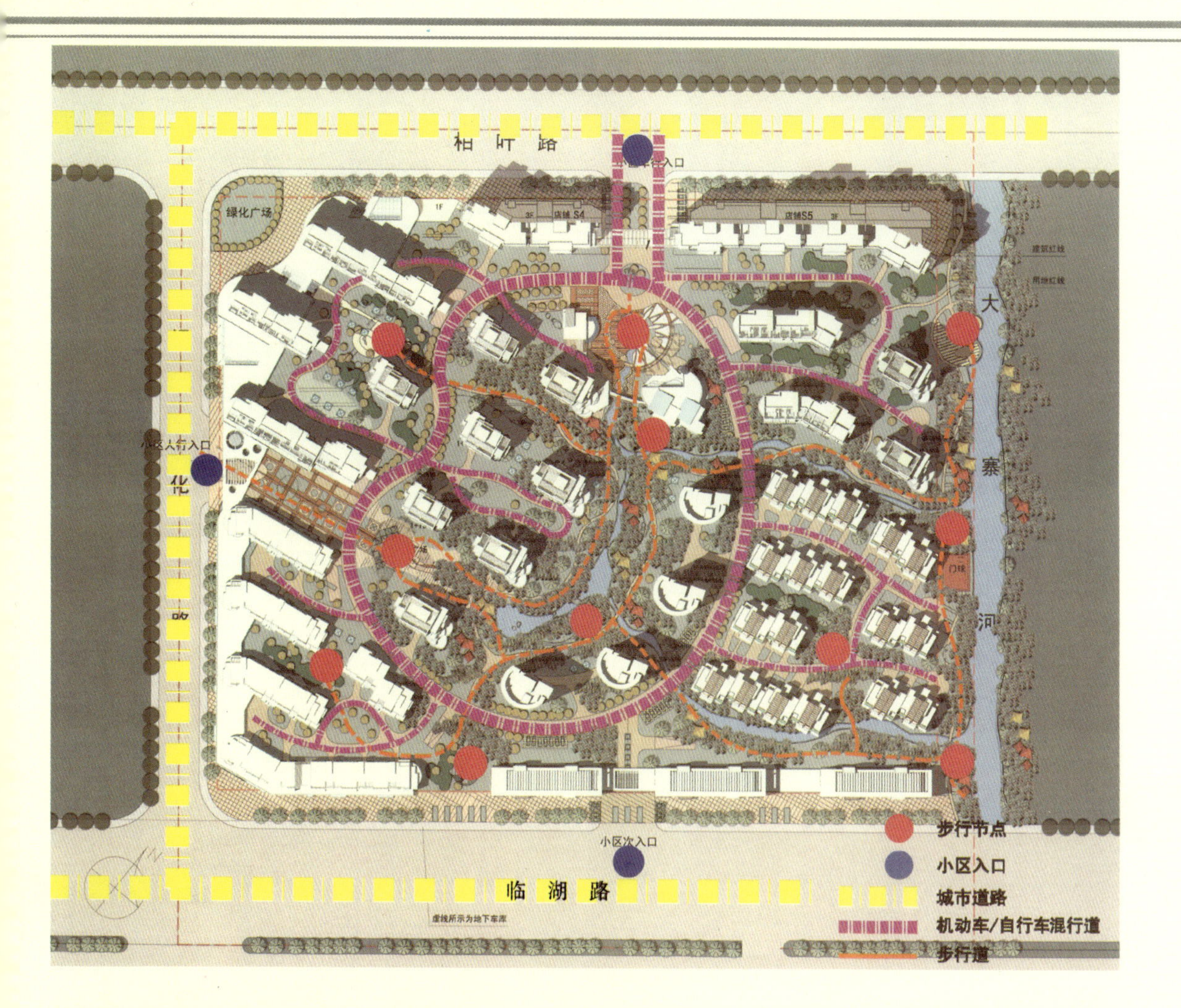

交通分析图

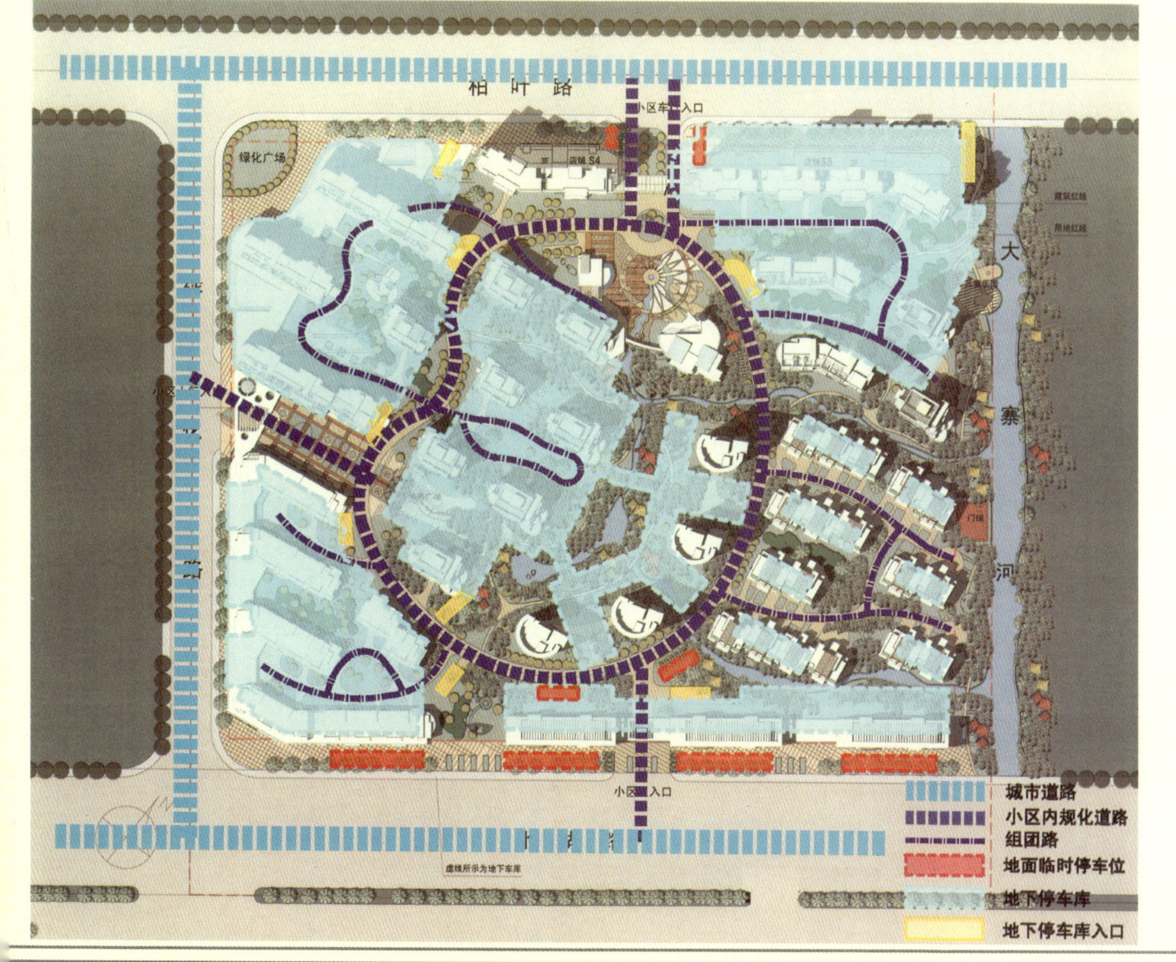

道路停车分析图

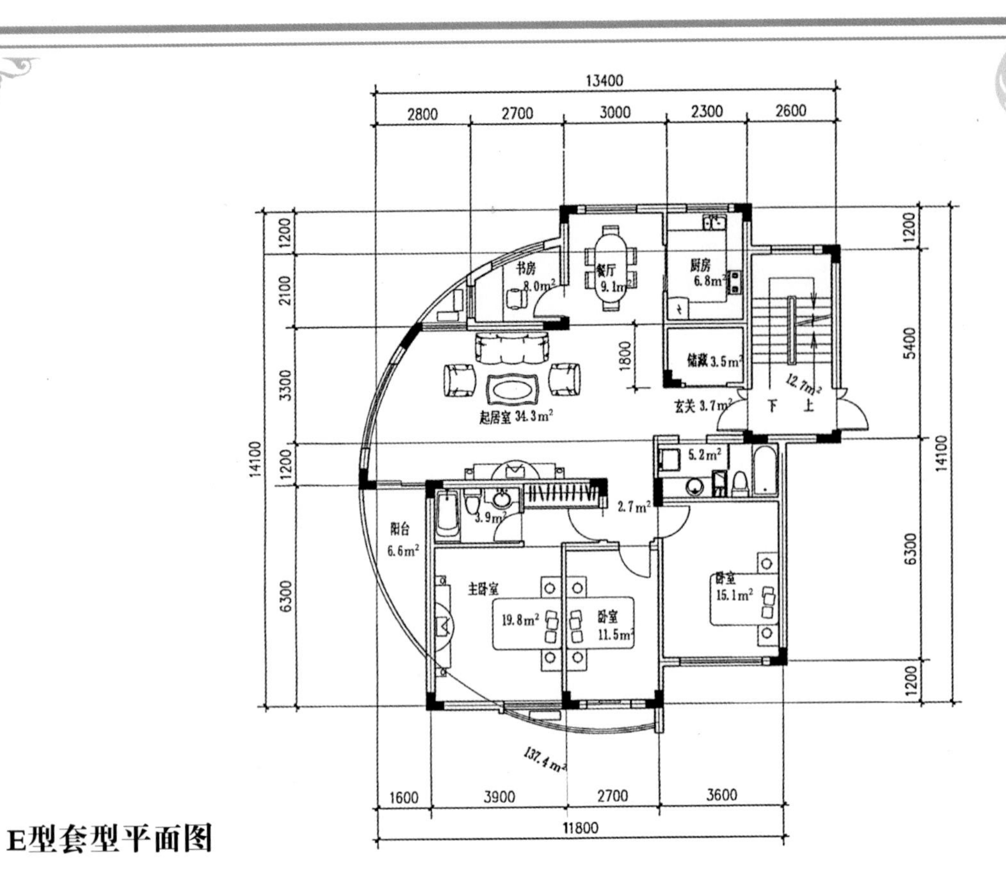

E型套型平面图

户型	套内建筑面积（m²）	套内使用面积（m²）	公摊面积（m²）	K	各套建筑面积（m²）
E型、四室二厅	140.7	123.7	6.4	79.7%	147.1

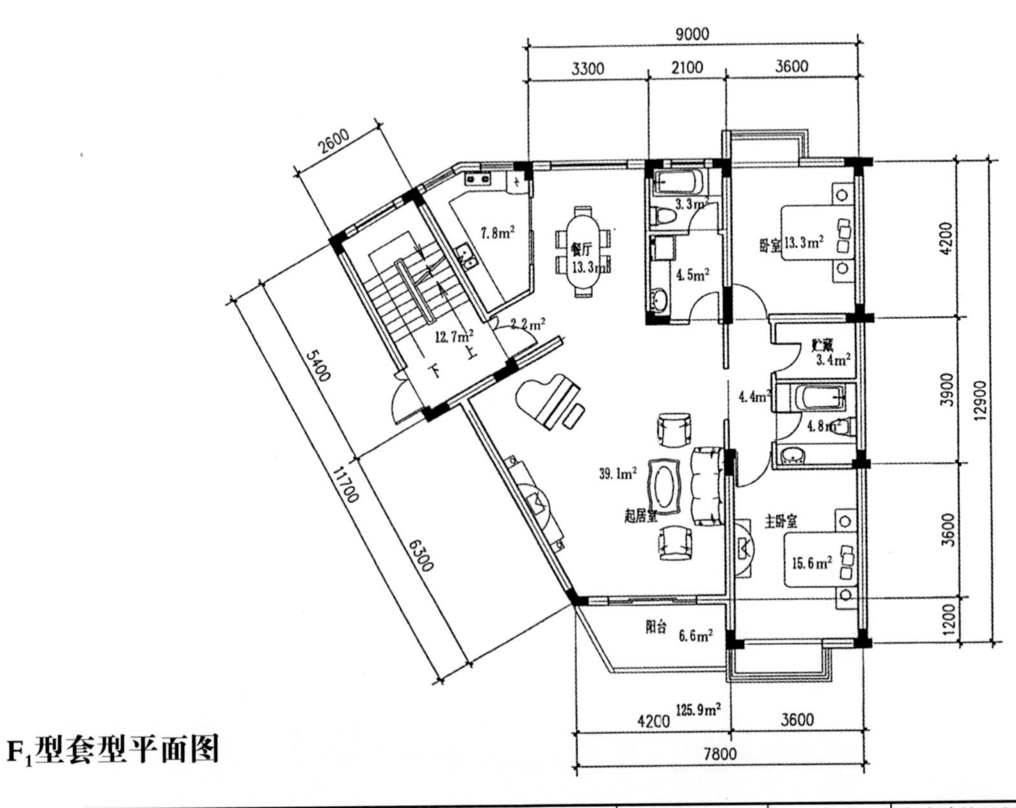

F_1型套型平面图

户型	套内建筑面积（m²）	套内使用面积（m²）	公摊面积（m²）	K	各套建筑面积（m²）
F_1型、二室二厅	129.2	111.7	6.4	82.4%	135.6

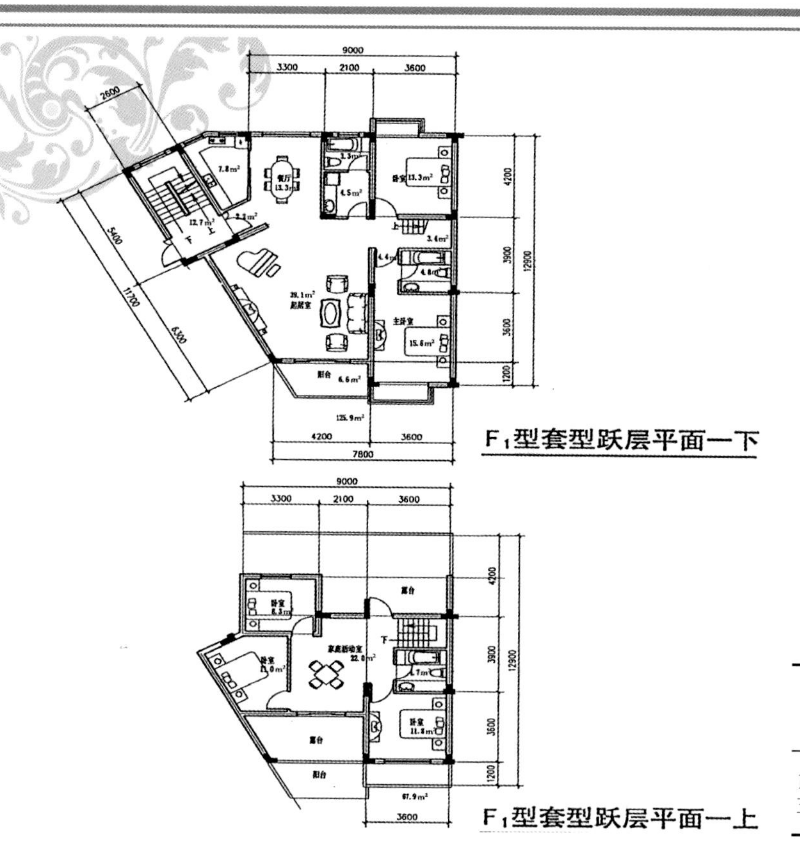

F_1型套型跃层平面一下

F_1型套型跃层平面一上

F_1型套型跃层上下平面图

户型	套内建筑面积（m²）	套内使用面积（m²）	公摊面积（m²）	*K*	各套建筑面积（m²）
F_1型跃、五室三厅	197.1	169.5	6.4	83.3%	203.5

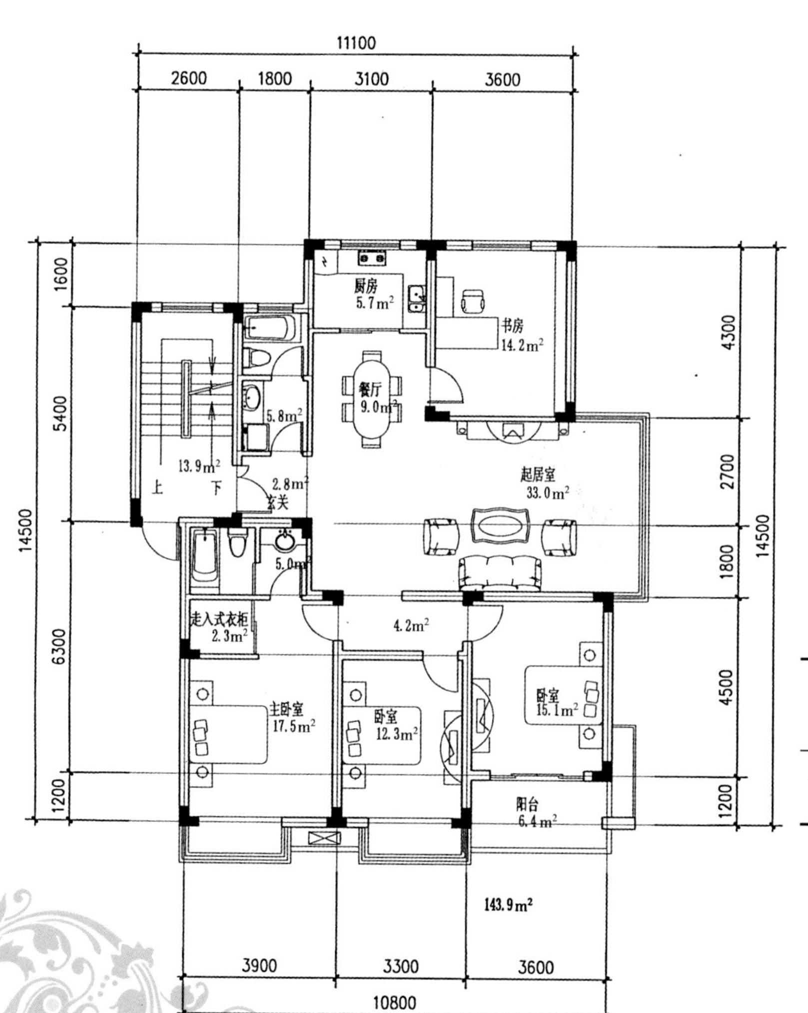

G型套型平面图

户型	套内建筑面积（m²）	套内使用面积（m²）	公摊面积（m²）	*K*	各套建筑面积（m²）
G型、四室二厅	147.1	126.9	9.9	80.8%	157.0

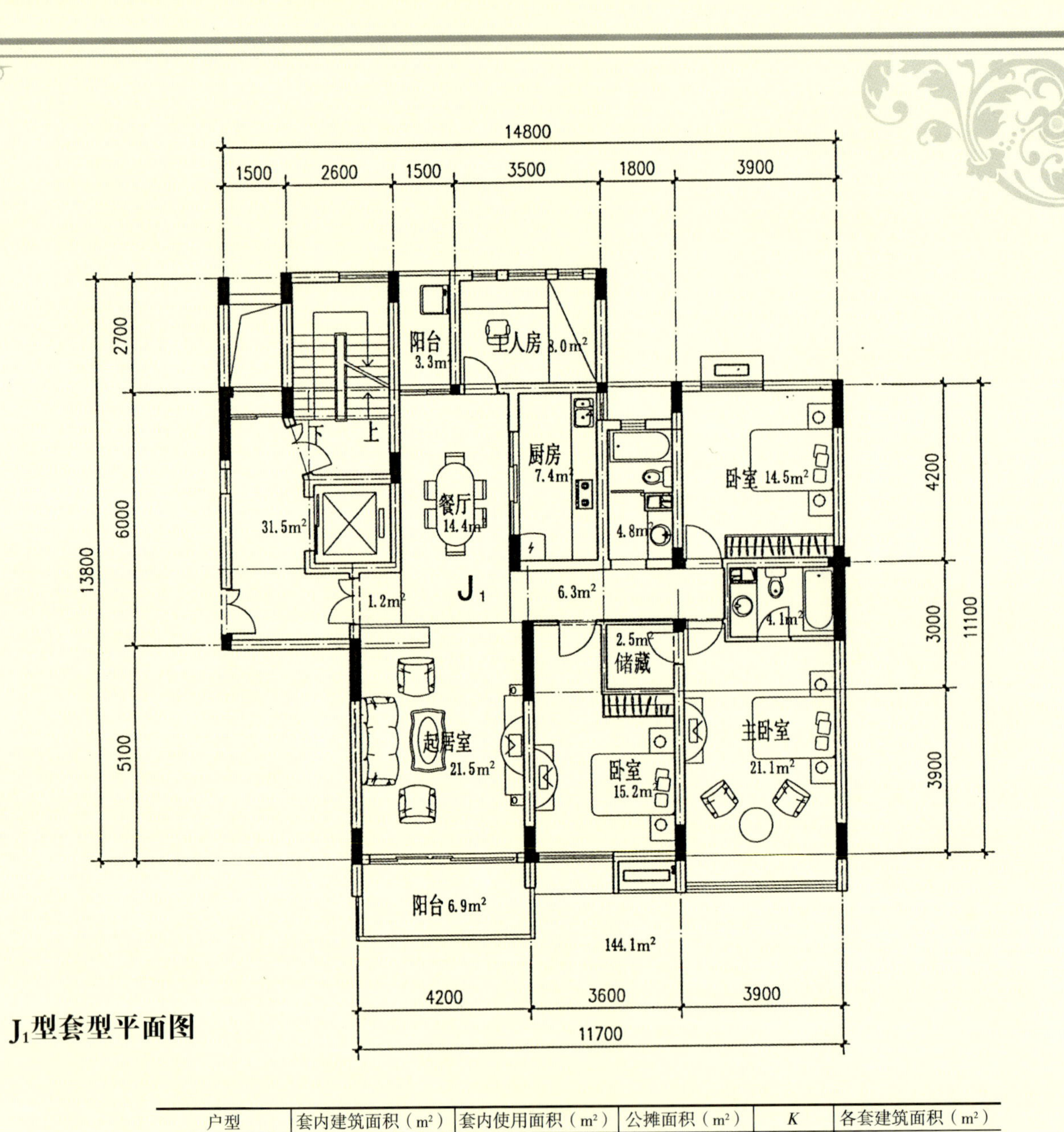

J1型套型平面图

户型	套内建筑面积（m²）	套内使用面积（m²）	公摊面积（m²）	K	各套建筑面积（m²）
J1四室二厅	147.5	127.7	15.8	78.2%	163.3

高层住宅　　　　绿化路步行入口景观

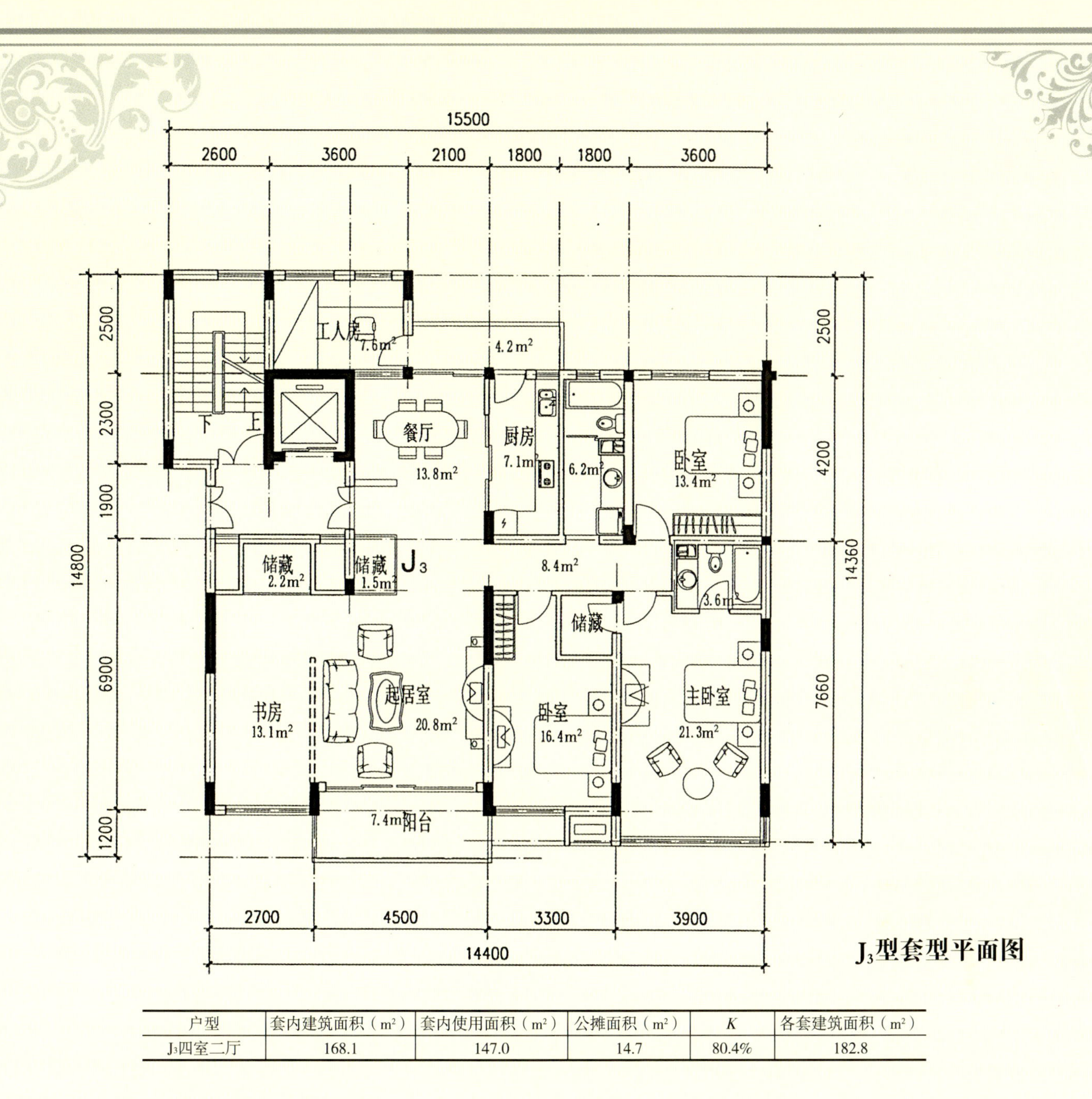

J_3型套型平面图

户型	套内建筑面积（m²）	套内使用面积（m²）	公摊面积（m²）	K	各套建筑面积（m²）
J3四室二厅	168.1	147.0	14.7	80.4%	182.8

入口广场景观

台州东方翡翠花园

开发建设单位：台州吉利嘉苑房地产开发有限公司
规划建筑设计单位：上海海珠建筑工程设计公司

专家评审意见

（一）规划设计评审意见

1. 小区选址较好，有山、有水、环境好，交通方便，是个宜人居住之地。

2. 规划采用高层、小高层、多层混合布局，布局得当，结构清晰，高低错落有序，空间较丰富，有变化。

3. 小区道路交通采用一个内环的布局形式，有机地把各个组团庭院相联系，线形流畅，交通方便。小区规划每户一个停车位，以地下、半地下停车为主，少量地面停车。平时机动车不进入宅前庭院，较好地解决了汽车对居民居住安全、安静的干扰。

4. 小区规划了一个很突出的南北景观轴，把主入口与中心公共绿地、4个较好的宅前庭院相连接，形成了一个分布均衡、享用方便的绿地系统。

5. 小区公共服务设施配套较齐全。

6. 几点建议：（1）整个小区建筑布局过于规整，特别是中间4幢多层太行列了，建议适当前后错动，有意做点庭院的围合，空间就更加亲切、丰富。（2）小区地下车库上的覆土太薄，特别是中心绿地下

的覆土厚度，建议土的厚度一定要有利于种植乔木。（3）把游泳池作为小区主要景观轴的对景不太妥当，建议在稍偏的地方相对独立的地区作布置，会更好一些。（4）小区现在规划车辆有上千辆之多，机动车主要从东面两个出入口进出不方便，建议取消一个车入口，改在西南角做一个机动车进出口，会更便于车辆的出入。（5）小区的主入口过宽、过大，景观轴过于平直和庄重，硬铺装也过多，缺少亲切、温馨、自然的感觉，建议适当做些调整。（6）小区宅前小路、中心绿地的布置应作进一步的深化。小区商业配套建议不宜布置在中心小高层底下，应向出入口附近靠城市道路布置。

（二）建筑设计评审意见

东方翡翠花园地处路桥区重要地段，环境优美。该项目以方便生活、环境舒适的规划设计，以较成熟的住宅套型设计及成套产业化技术的应用，创造一个较高水平的国家康居工程，将起到良好的示范作用。

1. 功能分区明确，有独立的功能空间。

2. 平面布置较紧凑，交通便捷，面积利用率较高。

3. 主要房间通风、采光、观景条件良好。

4. 餐厨布置较紧密，有较独立的就餐空间。

5. 空调室外机统一设置，整齐隐蔽。

6. 在进一步深化设计中，建议进一步推敲克服下述不足：（1）较大户型应有更独立安静的就餐空间（C−2）。（2）电梯干扰卧室安静的问题（C−2）。（3）邻户视线干扰问题（E−2a）。（4）部分户型储藏空间不足问题。（5）部分跃层空间利用率低的问题（C−1）。（6）一梯三户朝南户的客厅位置问题（E−1a）。（7）地下停车库单排停车效率问题及直接进楼问题。（8）建筑风格、造型比例宜作进一步推敲。（9）结构与建筑配合上应作深入比较后再作决策：①住宅与车库分别正常与满堂下沉作比较；②预应力适用问题与常规做法的比较；③多层住宅桩基的采用与复合桩基的比较；④短肢剪力墙所占比例问题的研究。上述问题应进一步考虑，以求设计优化、经济合理。

（三）成套技术评审意见

台州东方翡翠花园以科技为先导，在节能、节地、节水、节材、环保及信息智能化技术等方面拟采用多项成套技术，对改善居住环境、提高住宅品质起到重要的作用。其技术方案基本符合国家康居示范工程的技术要求。

1. 该项目拟采用外墙外保温、挤塑板倒置式屋面保温、塑钢中空玻璃窗等建筑节能技术，经计算机动态模拟计算，建筑物节能综合指标符合《夏热冬冷地区居住建筑节能设计标准》JGJ134—2010规定。

2. 该项目拟采用太阳能利用与建筑一体化的太阳能热水技术及太阳能路灯和草坪灯，有利于节能和环保。

3. 该项目采用中水回用技术和生活垃圾无害化处理技术，有利于节水和环保。

4. 该项目在承重结构体系、厨卫成套技术、居室装修技术、照明技术、施工技术等方面采用多项节地、节材技术。如新Ⅲ级钢应用、地下车库采用清水混凝土施工技术等，均是值得推广应用的技术。

5.建议：（1）外窗中空玻璃改用12mm空气层，可使外窗传热系数降至2.5以下。（2）进一步落实外墙外保温技术方案。（3）动态计算中200mm厚的双排孔混凝土砌块墙热阻取0.28，请查明依据。实测上海190mm厚的双排孔混凝土砌块墙热阻为0.18。由此，200mm厚的双排孔混凝土砌块墙体＋30mm厚的保温砂浆，传热系数不符合《夏热冬冷地区居住建筑节能设计标准》规定。

区域位置

台州东方翡翠花园项目位于台州市路桥区螺洋街道中心工业区，南靠银安街，西侧为灵山路，北侧为市政干道和农民新村，东侧为规划商业用地。规划中的台州中央公园近在咫尺，是未来台州最具有优势的生活居住地区。项目总用地面积为95078m^2，地势平坦，市政设施完备。

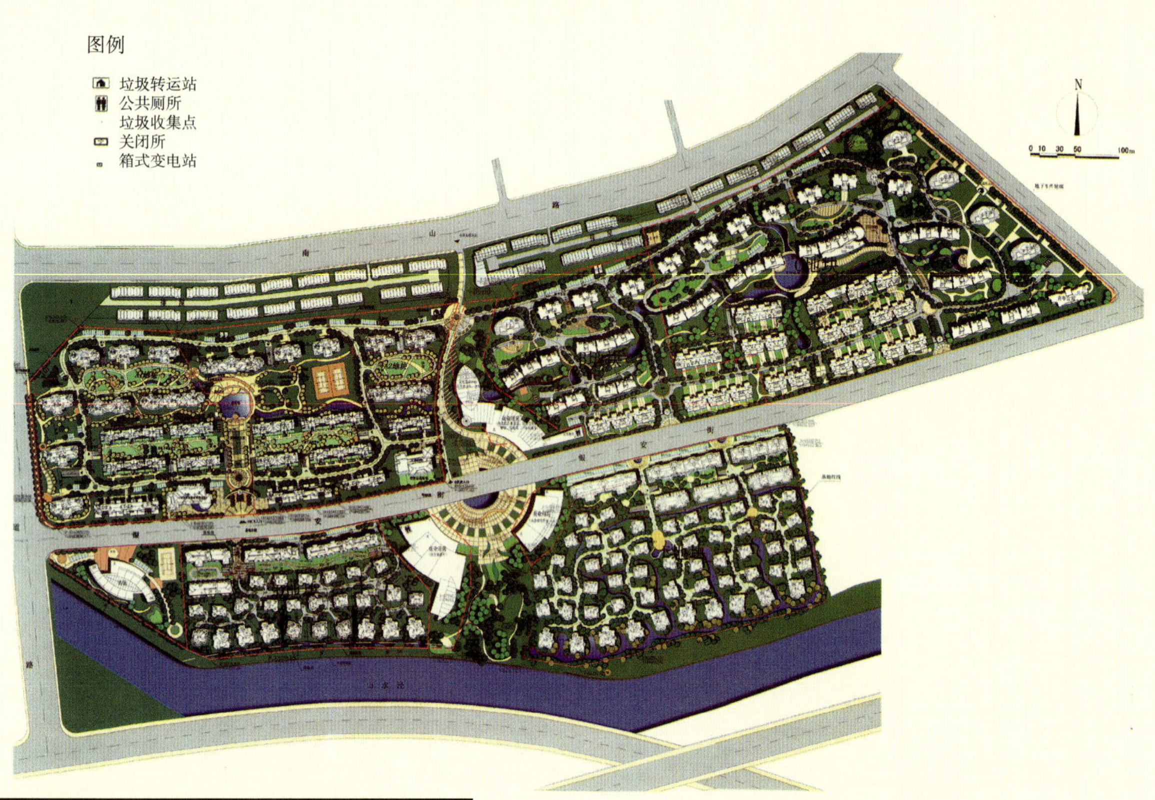

项目		数值
总用地面积		431627 m^2
总建筑面积		526379 m^2
其中	A-E地块建筑面积	475179 m^2
	大商业建筑面积	31200 m^2
	宾馆建筑面积	20000 m^2
容积率		1.22
建筑占地面积		85462 m^2
建筑密度		19.8%
绿地面积		153660 m^2
绿地率		35.6%
A-E地块总户数		3084户
A-E地块总机动车停车位		3453辆
A-E地块总非机动车停车位		3084辆
商业总停车位		187辆
宾馆总停车位		135辆

总平面图

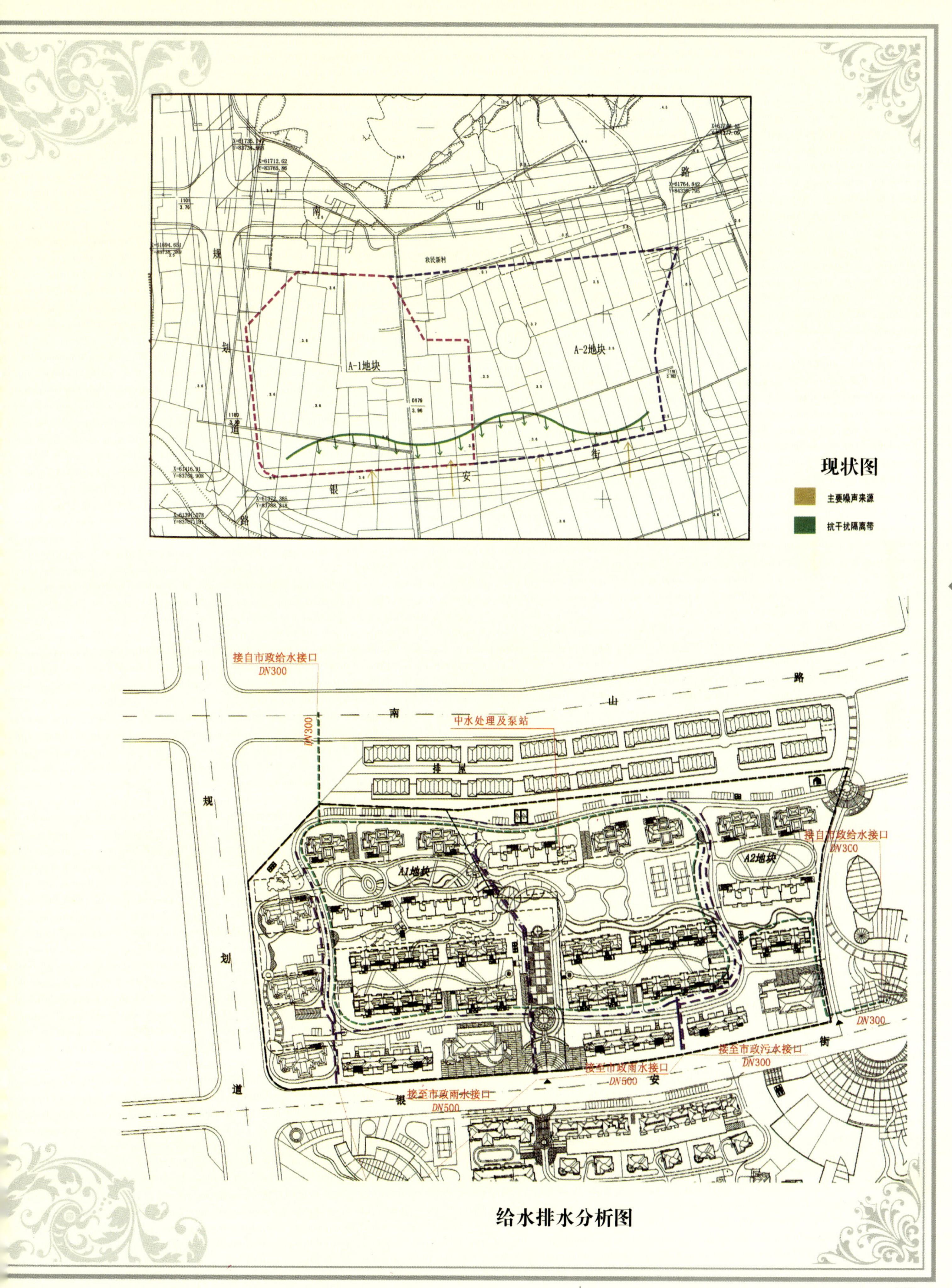
南
山
路
规
划
道
银
安
街
农民新村
A-1地块
A-2地块
现状图
主要噪声来源
抗干扰隔离带
接自市政给水接口
DN300
中水处理及泵站
排屋
A1地块
A2地块
接至市政污水接口
接至市政雨水接口
DN500
给水排水分析图

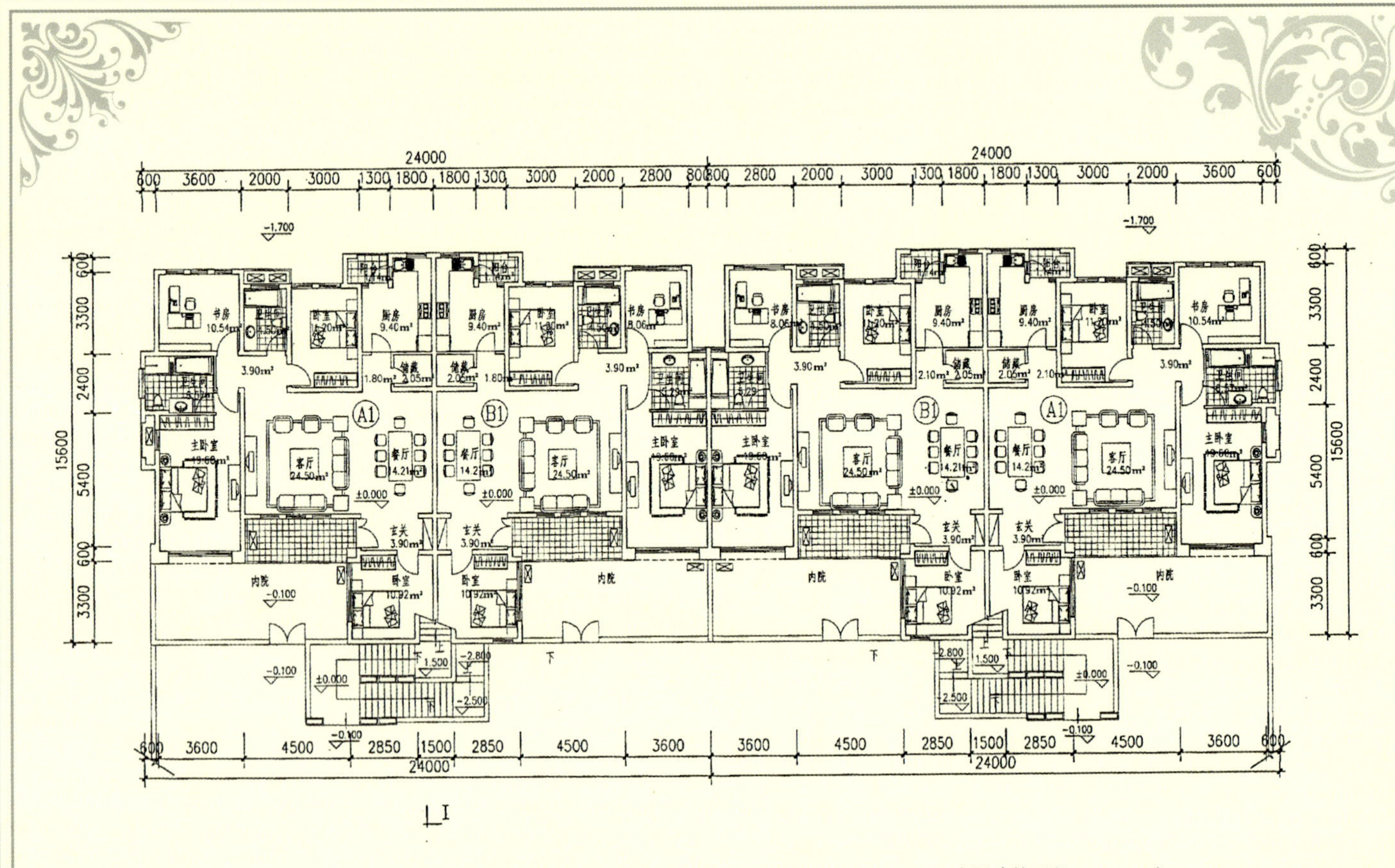

C-1型（南车库）一层平面图

本层建筑面积：559.10m²
本楼建筑面积：3041.38m²

C-1单栋透视图

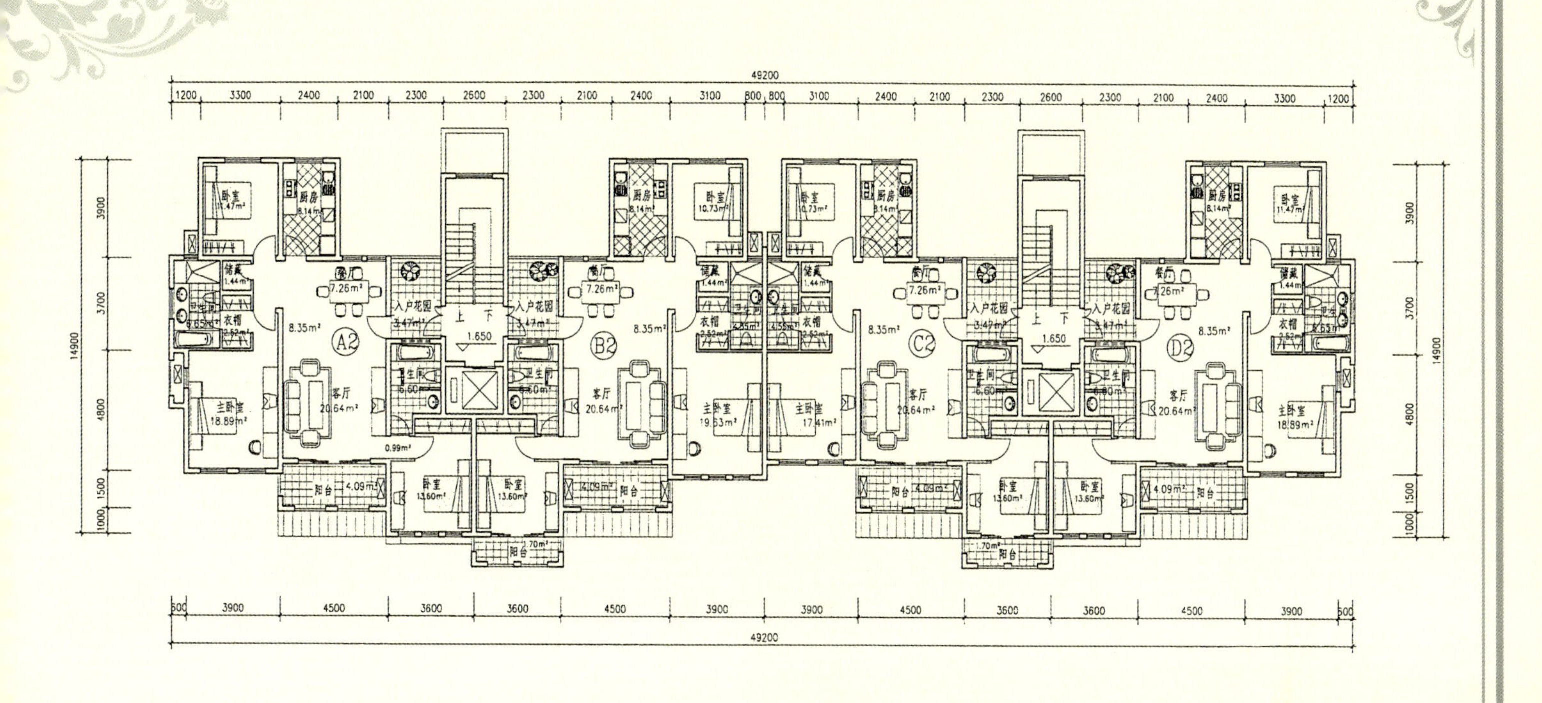

C-2型（无车库）二层平面图

本层建筑面积：570.68m²

C-2双拼透视图

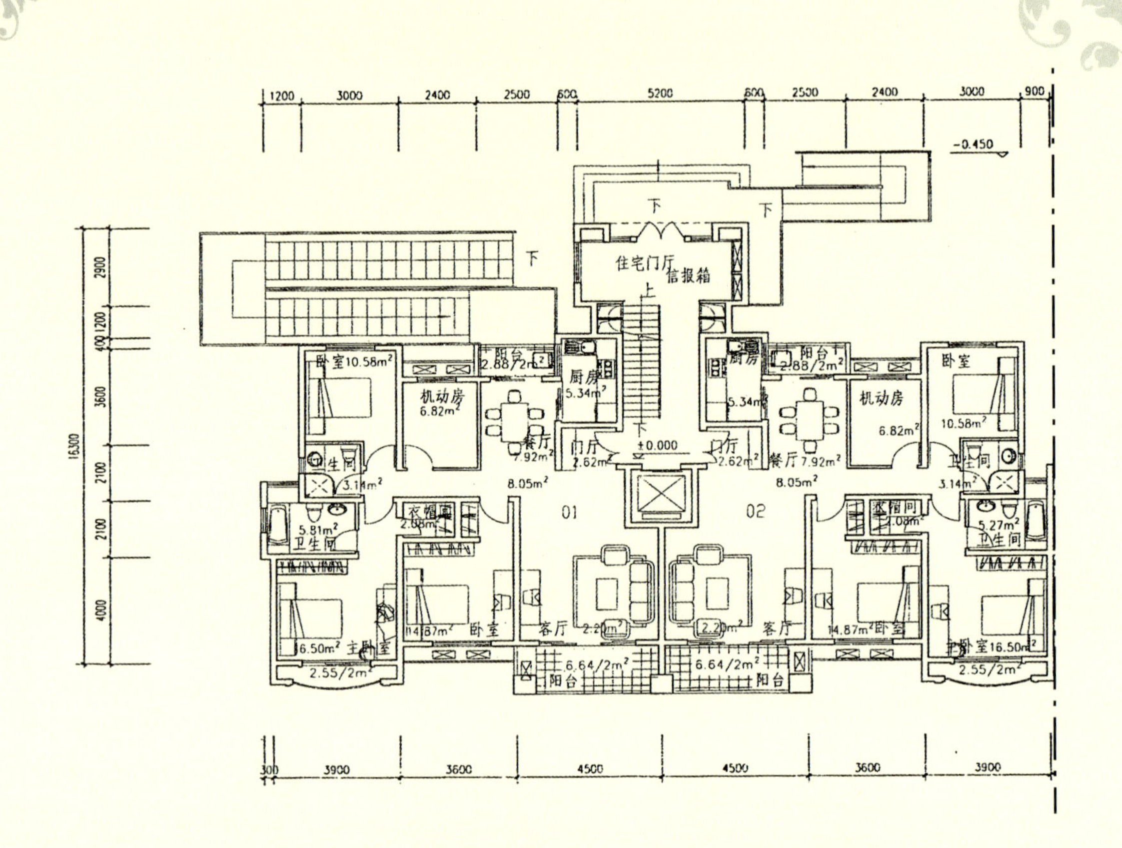

D-3型底层平面图

本层面积：594.43m²
本楼面积：6080.28m²　（不包括地下室面积）

D-3型双拼透视图

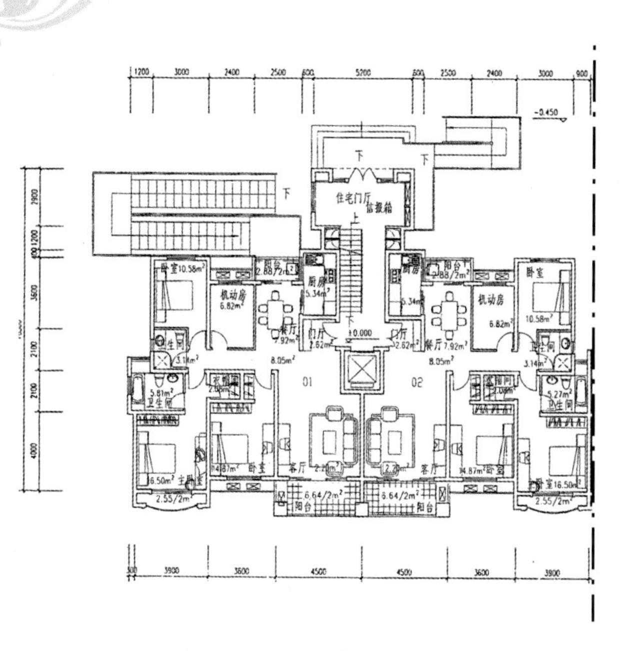

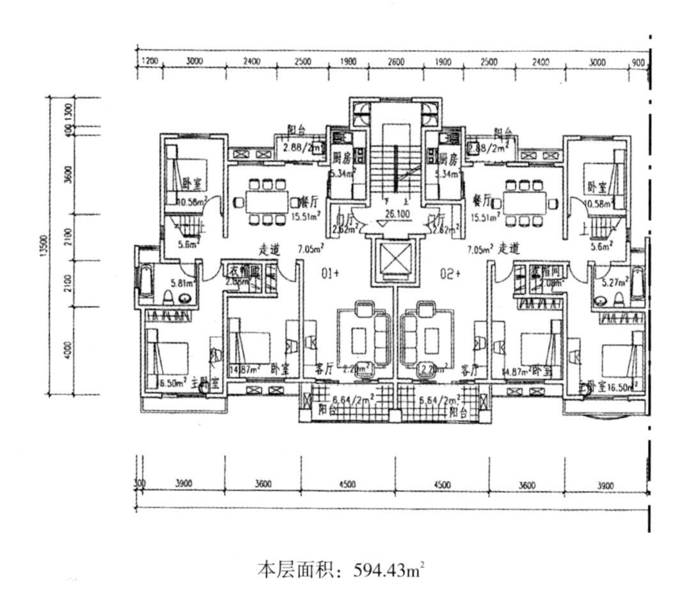

本层面积：594.43m²

本层面积：594.43m²
本楼面积：6080.28m²（不包括地下室面积）

D-3型中单元跃层上、下层平面图

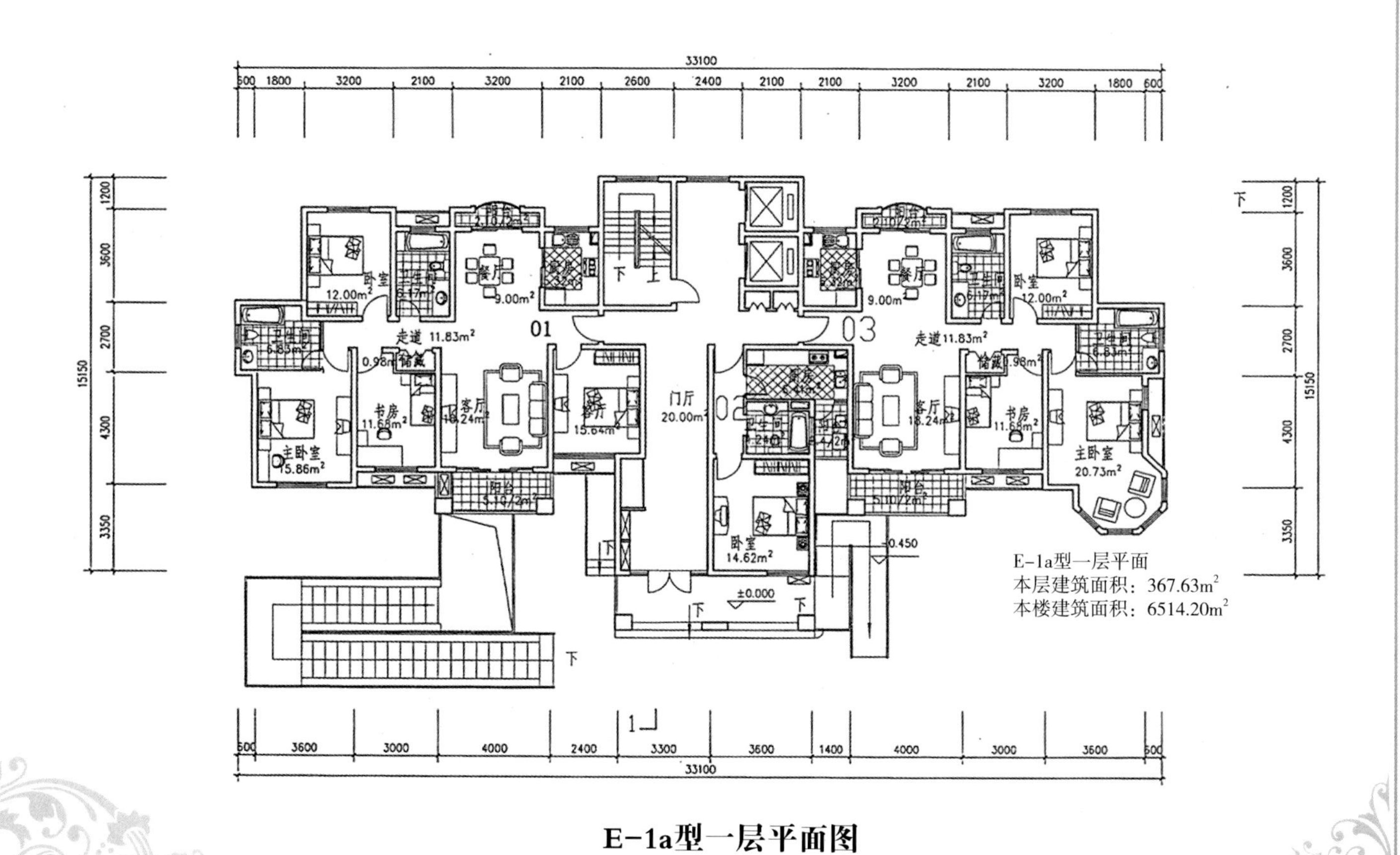

E-1a型一层平面
本层建筑面积：367.63m²
本楼建筑面积：6514.20m²

E-1a型一层平面图

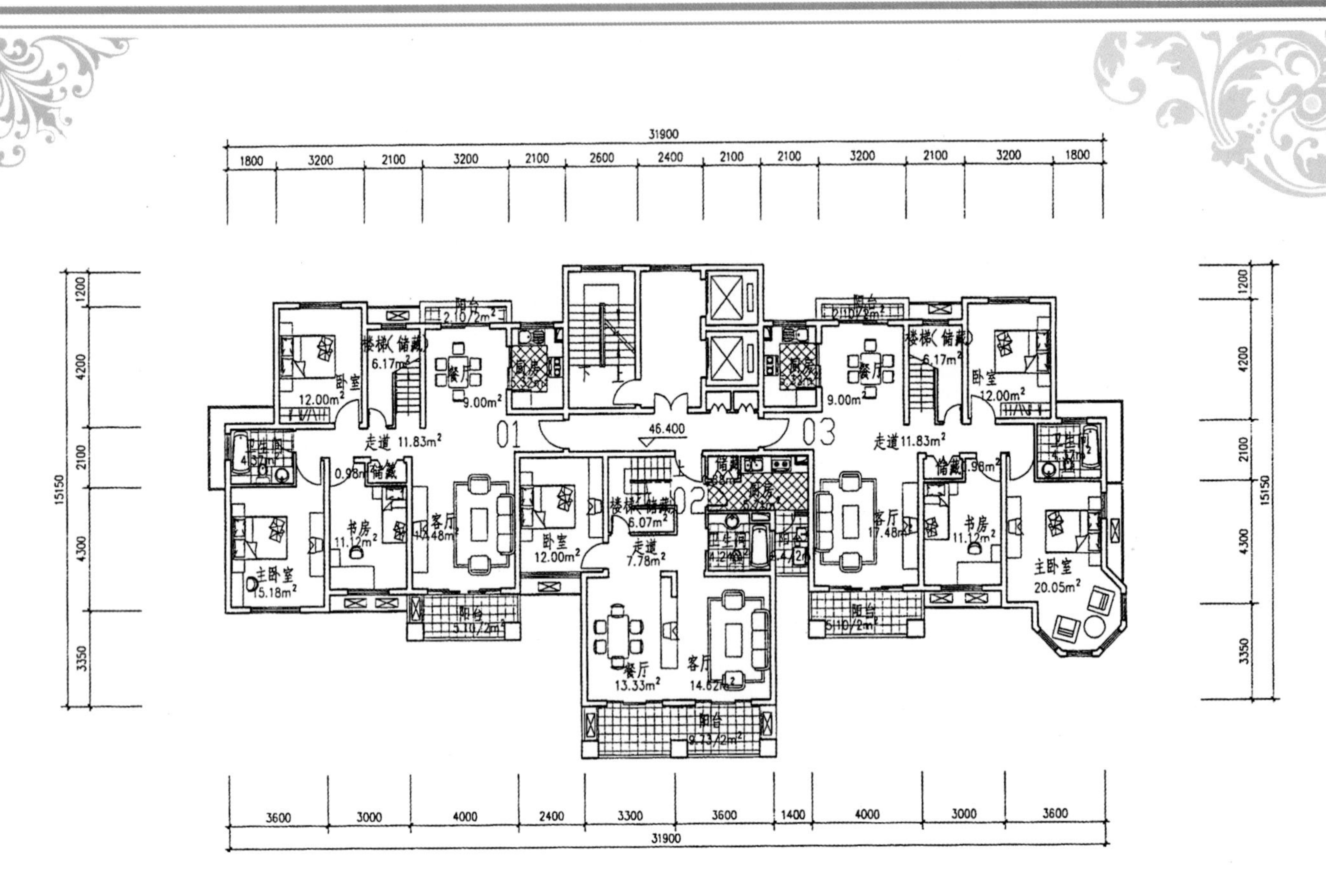

本层建筑面积：361.15m²

E-1a型十七层平面图

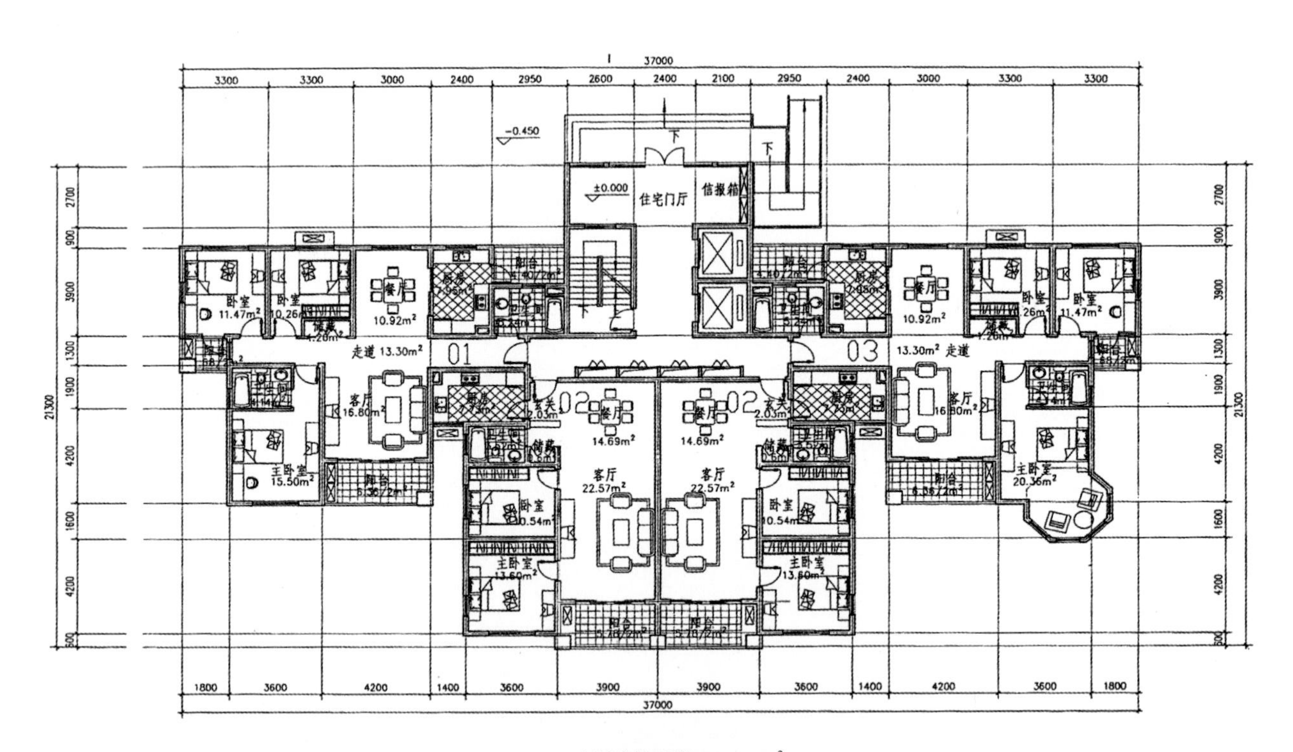

本层建筑面积：499.66m²

E-2a型底层平面图

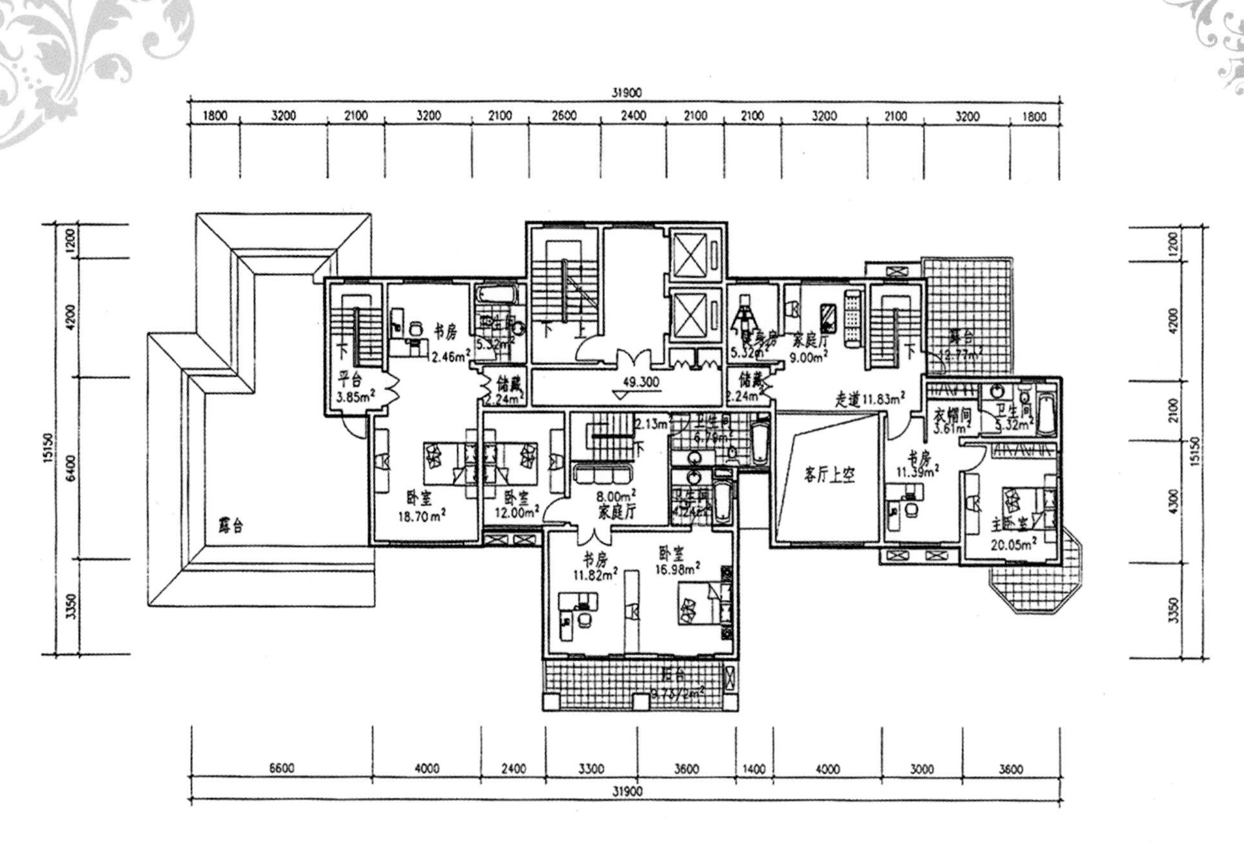

本层建筑面积：283.57m²

E-1a型十七层跃层平面

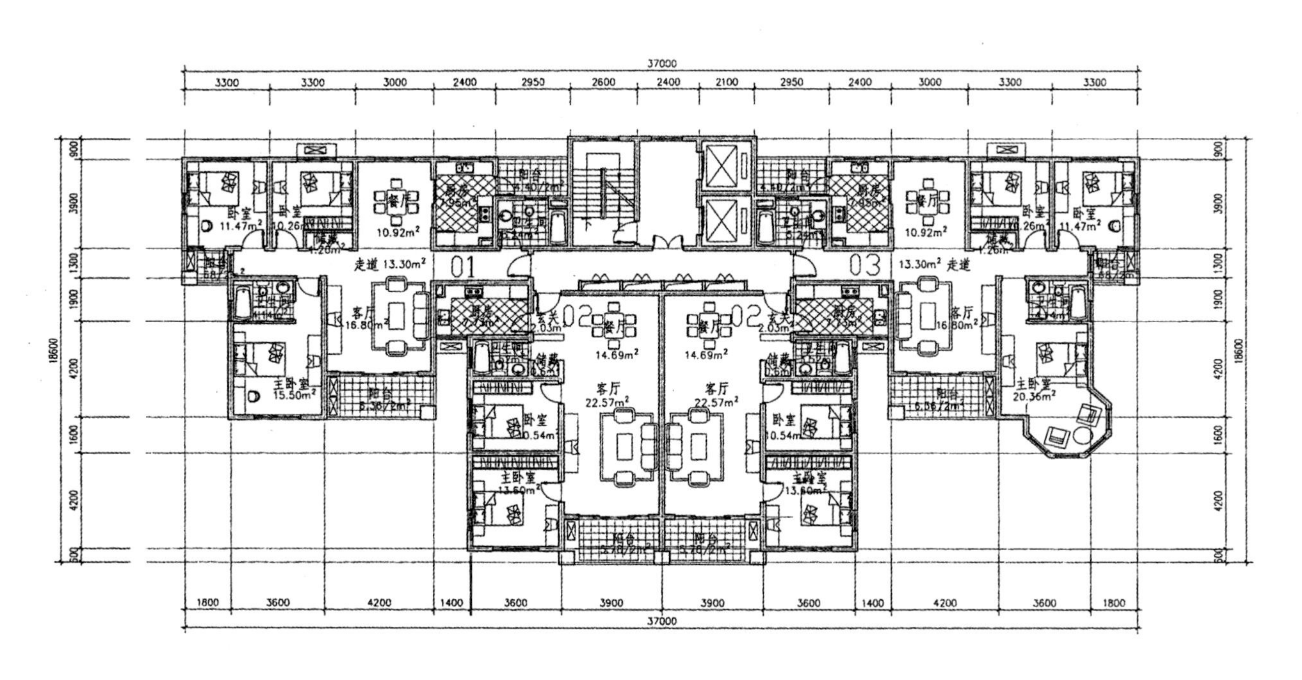

本层建筑面积：479.54m²

E-2a型标准层平面

晋江兰峰城市花园

开发建设单位：福建兰峰房地产开发有限公司

规划建筑设计单位：何显毅建筑师楼（中国）有限公司

专家评审意见

（一）规划设计评审意见

1. 小区计划分三期建设，规划采用组团庭院的布局形式。建筑以小高层为主，配有少量的多层住宅，布局合理，变化有序，高低错落，空间丰富。

2. 小区规划了南北两个大绿洲，并设置了不同大小的组团绿地和庭园绿化，绿地中适当地布置了水景，提高了景观效果，为居民创造了一个安静、优美、舒适的绿色园林式的生活环境。

3. 小区道路交通采用了一个外环的结构形式，交通组织采用人行优先、地下停车的人车分流的方式，为居民营造了一个安全、方便的社区。

4. 小区设有会所、幼儿园、休闲广场及大量的商业服务设施，配套齐全。

5. 小区规划中的技术经济指标基本符合国家有关规定。

6. 意见及建议：

（1）小区向城市主干道和平路设计了7个道路开口，会影响和平路的交通通行能力，也不利于小区管理。建议减少开口，特别是地下车库开口。

（2）住宅底层商业街沿主入口延伸到小区的中央广场附近，易使社会人流深入小区，影响小区内居民安静的生活，也不利于小区的管理。建议缩小商业街的长度，尽量减少外部人流进入小区的可能。

（3）小区道路分级不太明确，特别是二级、三级道路表述不甚准确。

（4）幼儿园位置欠佳，对小区居民使用不便。建议在小区中心区域适当位置布置。

（5）建议补做小区日照分析。尤其是住宅、托幼日照应满足国家相关规范要求。

（6）小区地下车库应与人防结合进行设计。车库布置尚有不尽经济合理之处，建议作进一步修改。

（7）小区设置了3个会所，并都具有相当规模，要从使用和投资的角度重新综合加以考虑，应作适当调整。

（8）小区预留用地的规划布局应与规划管理部门做好协调。

（二）建筑设计评审意见

1. 住宅套型设计种类较多，能满足多层次、多标准的居住需求。

2. 住宅套内设计在功能空间配置方面（多数户型设有入口过渡空间、储藏间、独立餐厅）、功能分区方面和生活流线上均做到合理、适用。

3. 结构体系有利于空间二次分隔，具有可改性。

4. 客厅、卧室、餐厅、厨房及大部分卫生间能直接采光，通风较好。

5. 立面设计简洁大方，有时代气息，与环境结合紧密。

6. 意见及建议：

（1）南入口户型首层坡道对应房间存在视线干扰问题，应加以解决。

（2）封闭楼梯间设置应满足消防要求。

（3）部分套型的建筑与结构的对应关系不明确，需进行调整。

（4）部分工人房及储藏间尺寸过小，应符合2A级性能要求。

（5）进一步推敲沿和平南路街住宅立面对城市景观的影响，尤其要处理好住宅山墙的造型和色彩。

（三）成套技术评审意见

1. 技术方案考虑了本地区的地域气候特征、社会经济发展及材料部品供应情况，基本满足国家康居示范工程的要求，有利于提高住宅质量和产业化水平，在本地区起示范作用。

2. 小高层住宅采用短肢剪力墙结构，多层住宅采用异型柱框架结构，以陶粒砌块填充和分隔，有利于抗震并具有可改造性，有助于推动墙体改革。

3. 外围护结构隔热保温措施应执行夏热冬暖地区的节能设计标准，需进行严格的计算复核，并因地制宜地采用可靠的成套技术。

4. 建议多层住宅采用太阳能热水供应，以节约能源，提高住宅品位。

5. 建议在扩初设计阶段，加强构造措施，保证住宅物理性能达到住宅性能2A级的要求。

6. 住宅中20%全装修部分，应贯彻住房和城乡建设部《商品住宅装修一次到位实施导则》，严格选用装修材料，有效控制装修污染，推进住宅装修工业化，起示范作用。其余的二次装修，也应采取组织管理措施，加强监督，以保证室内空气质量达到国家标准。

7. 采用中水回用技术和雨水回用技术，有利于节水；采用垃圾生化处理技术，有利于环保、实施垃圾处理减量化、无害化和资源化。

8. 较完整地采用了智能化系统技术，在实施过程中，应使用成熟、具有易集成、扩展，易操作、维修的产品，以保证运行正常可靠。

9. 小区建设中需采用国家康居示范工程推荐的部品，并达到50%的比例。

区域位置

兰峰城市花园位于晋江市罗山福埔开发区的晋江新城，与新的市中心仅两街之隔，南临306省道，西靠城市干道东环路的和平南路，北接市政路。地块西南与晋江高档住宅小区华泰国际新城相对，西面与SM国际广场和会展中心相呼应，紧临晋江最大的汽车交易市场，商品云集，交通便利。

鸟瞰图

经济技术指标

项目	建筑面积（m²）	户数
A型	37214.45	232
B及B1型	294578.01	2130
C型	17622.53	132
商业	22475	
会所	5355	
幼儿园	2580	（用地面积3500m²）
酒店式公寓	27980	
总建筑面积	404804.99	
建筑密度	20.9%	
绿化率	47.5%	
容积率	1.80	
合计		2494
车位比		0.68/户
户均面积		140.10

经济技术指标表

项目	建筑面积（m²）	户数
A型	37214.45	232
B及B1型	294578.01	2130
C型	17622.53	132
商业	22475	
会所	5355	
幼儿园	2580	（用地面积3600m²）
酒店式公寓	27980	
总建筑面积	404804.99	
建筑密度	20.9%	
绿化率	47.5%	
容积率	1.80	
合计		2494
车位比		0.68/户
户均面积		140.10

用地平衡表

编号	项目		面积（hm²）	所占比重
1	规划用地		22.6	100%
2	居住区用地		21.18	93.7%
3	其中	住宅用地	5.74	25.4%
		配套公建用地	2.44	10.8%
		公共绿地	8.41	37.2%
		道路广场用地	4.58	20.3%
4	其他用地		1.42	8.3%

地库总建筑面积：62200m²

图例：

本期建筑　　垃圾收集点
车行道　　公共厕所
消防通道　　居委会
人行漫步道　　卫生所
地下车库　　18.000 道路变坡点及室外场地标高
地库出入口　　15.850(±0.000) 室内正负零标高

分期经济技术指标表

项目	占地面积（m²）	住宅面积（m²）	公建面积（m²）	计容积率总建筑面积（m²）	容积率	地下停车数
一期	71982	73572.13	22660	96232.13	1.30	385
二期	64825	128280.21	970	129250.21	1.99	587
三期	74511	147562.65	5020	152582.65	2.05	669
四期	14682	0	29740	29740	2.03	50
合计	226000	349414.99	58390	407804.99	1.80	1691

彩色总平面图

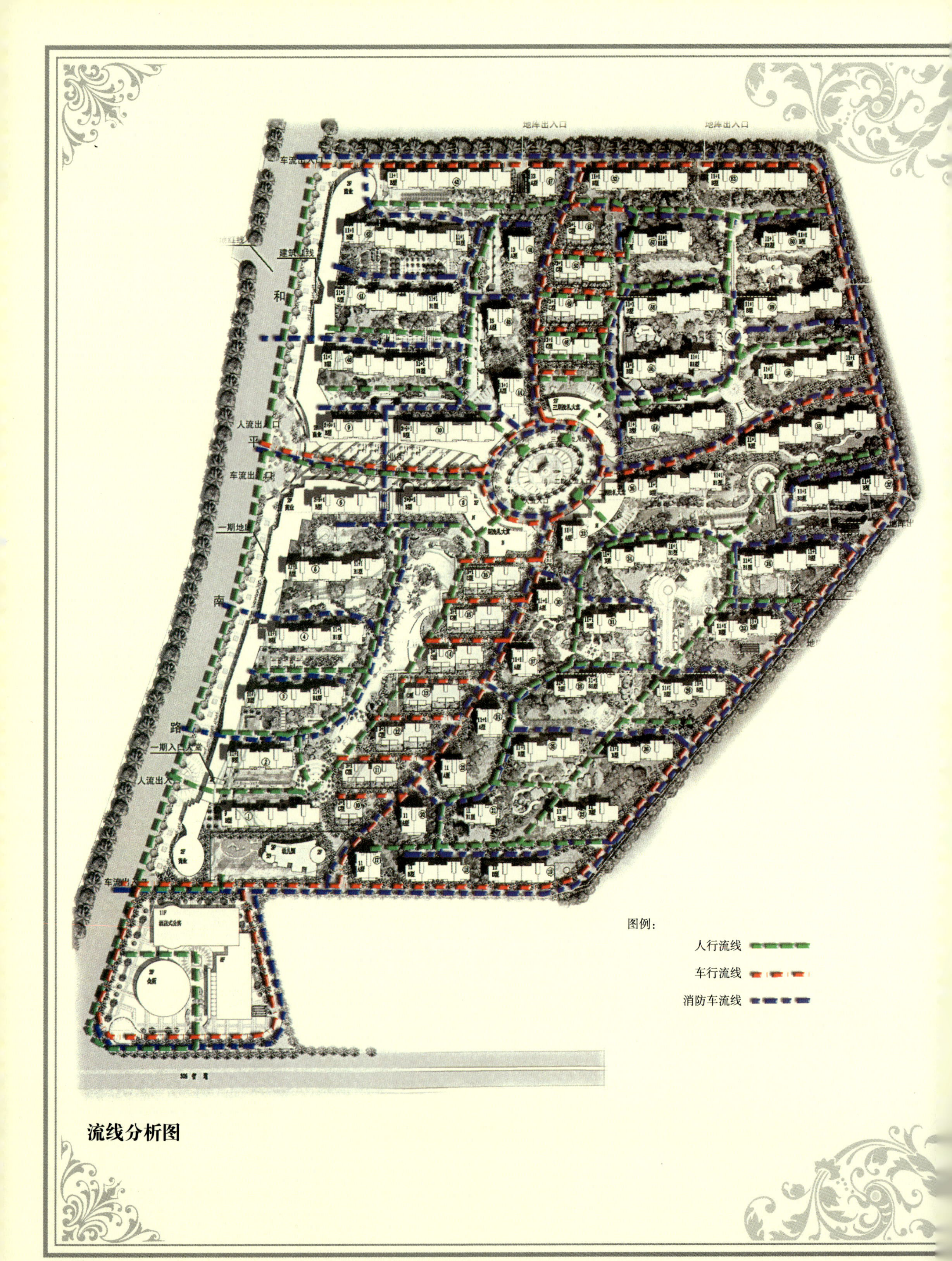
地库出入口
地库出入口
车流出入口
建筑红线
和
人流出入口
平
车流出入口
一期地库
南
路
一期入口大堂
人流出入口
车流出入口
三期洗礼大堂
图例：
人行流线
车行流线
消防车流线

流线分析图

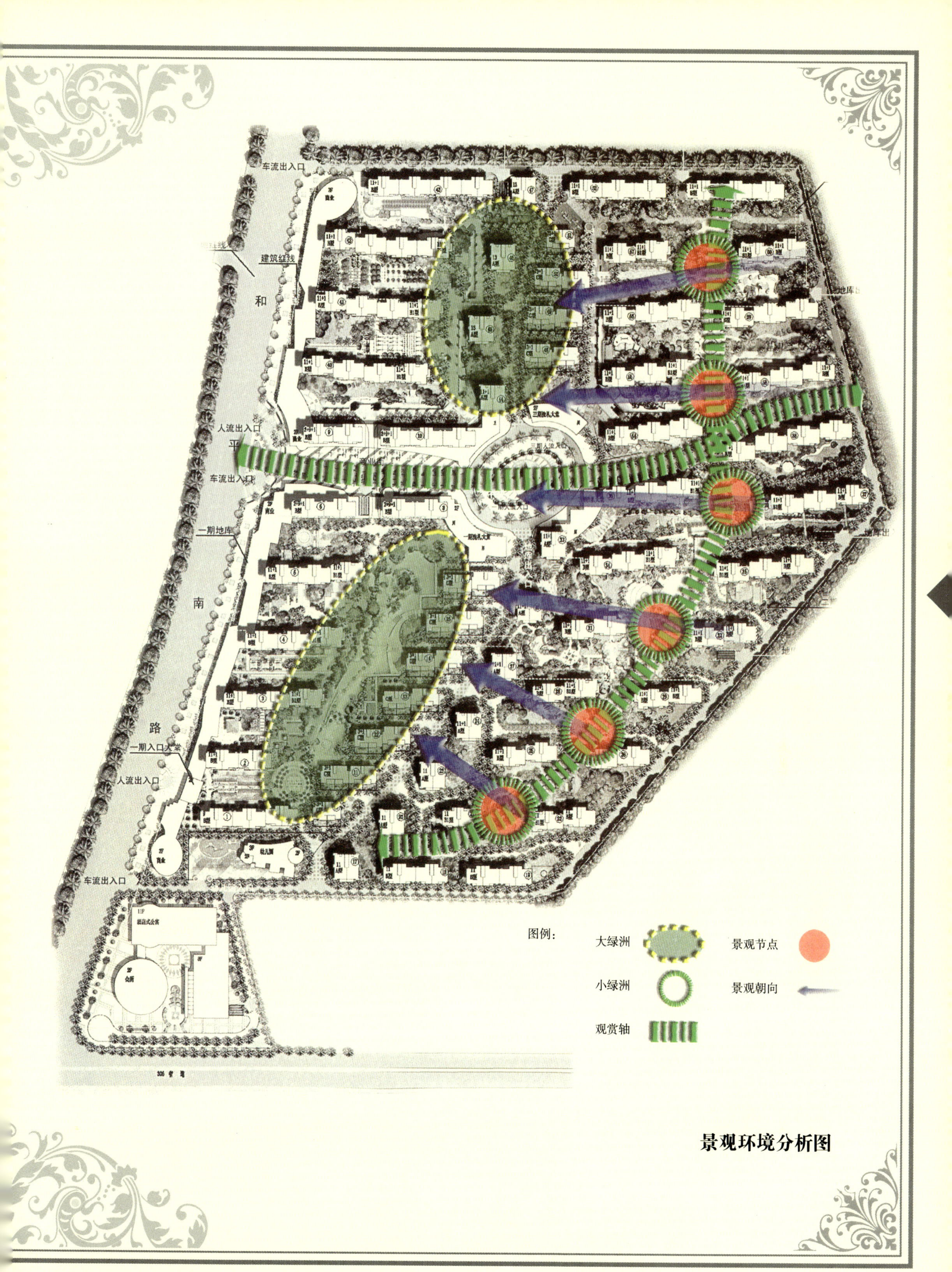
车流出入口
建筑红线
和
平
南
路
人流出入口
车流出入口
一期地库
一期入口大堂
人流出入口
车流出入口
三期入口大堂
图例：
大绿洲
小绿洲
观赏轴
景观节点
景观朝向

景观环境分析图

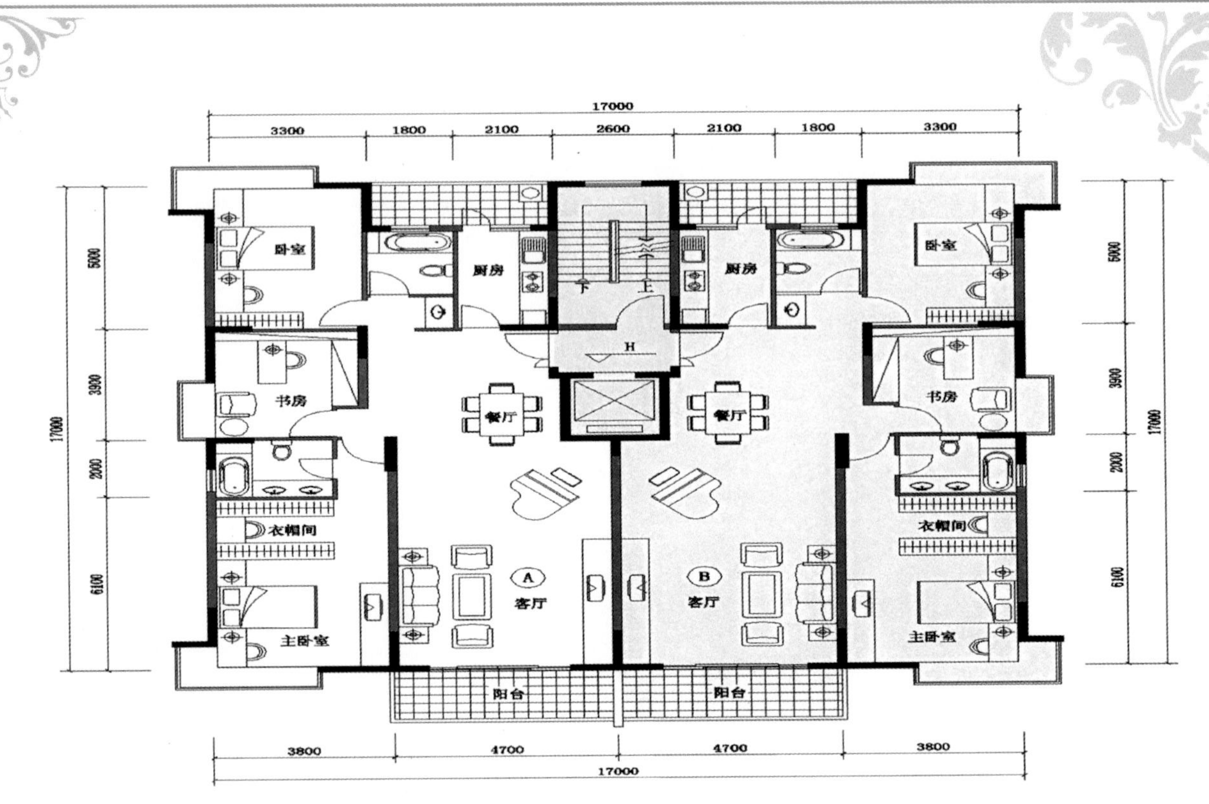

A型标准层平面图　1：150

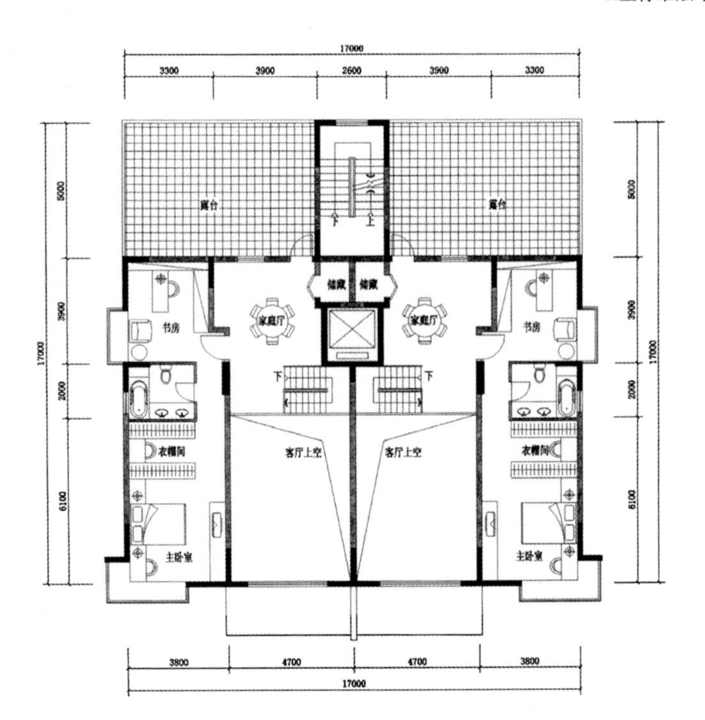

A型复式上层平面图　1：150

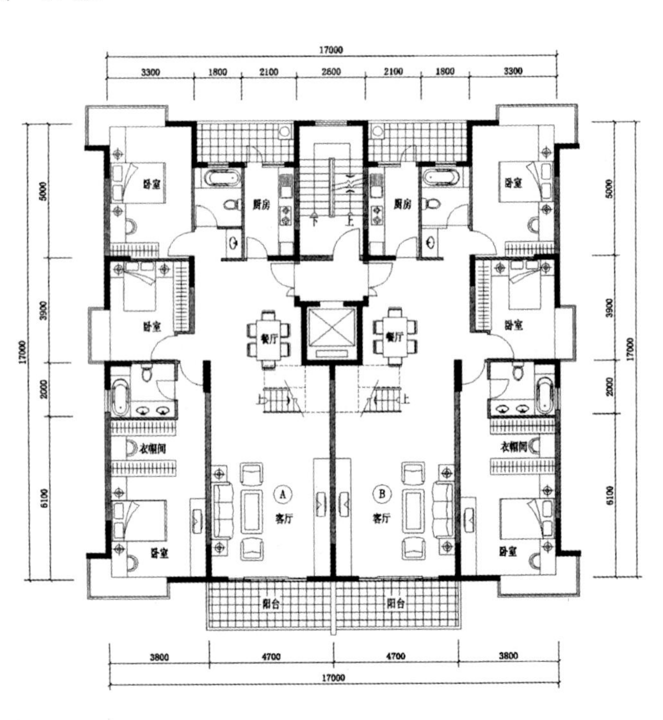

A型复式下层平面图　1：150

A型复式上下层平面图

户型编号	户型	户内实用面积	建筑面积	实用率
Ⓐ	五室三厅三卫	213.966m²	231.235m²	92.532%
Ⓑ	五室三厅三卫	213.966m²	231.235m²	
本层公用面积		35.715m²		
本层建筑面积		463.647m²		

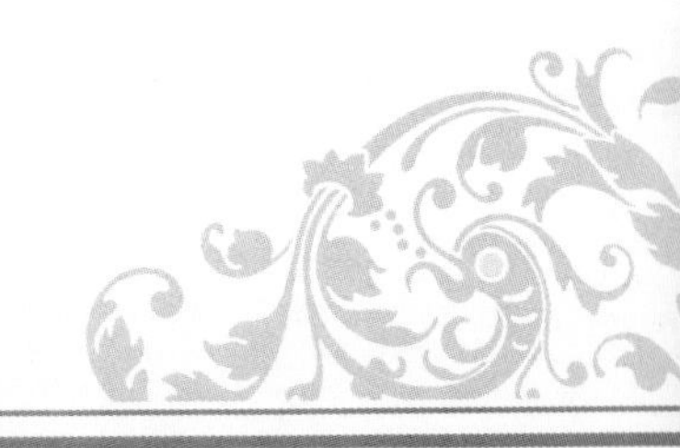

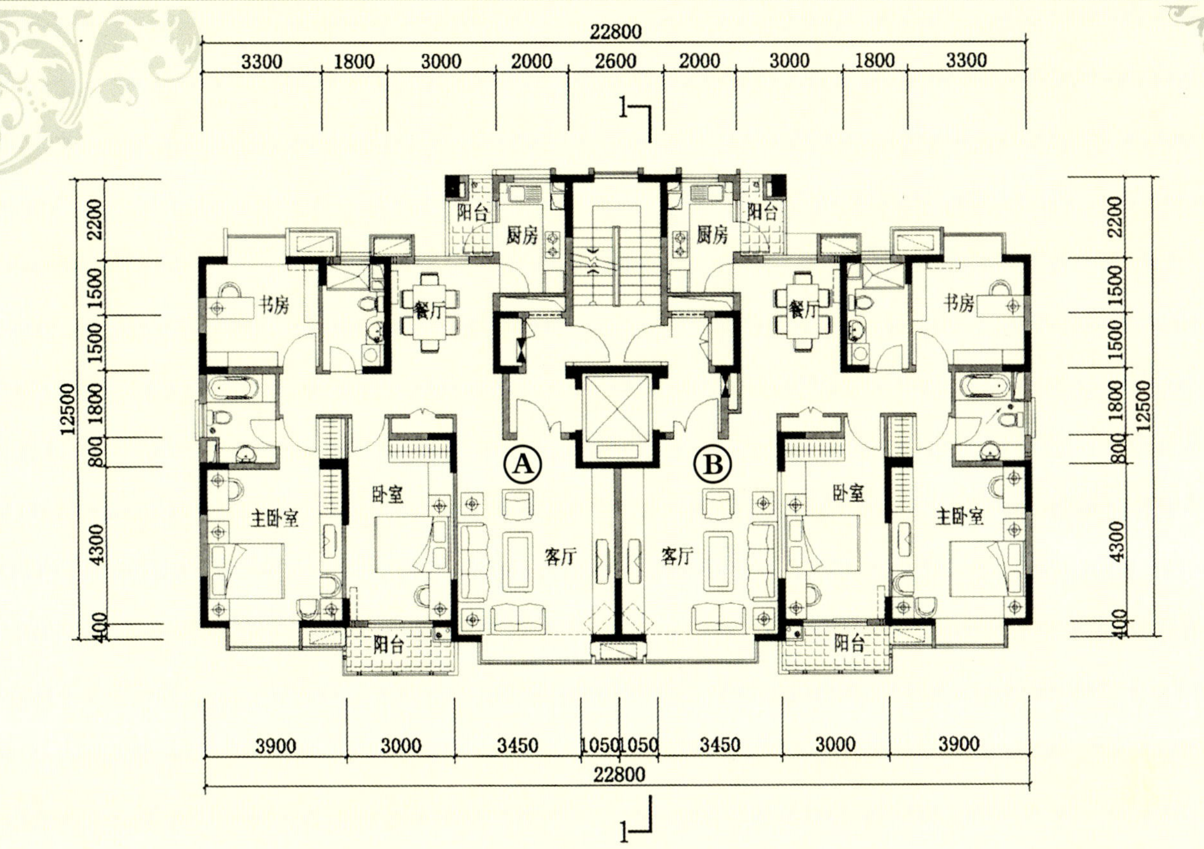

B型标准层平面图

户型编号	户型	实用面积（m²）	建筑面积（m²）	实用率
Ⓐ	三室二厅	116.255	128.875	90.208%
Ⓑ	三室二厅	116.255	128.875	
本层公用面积（m²）		25.24		
本层建筑面积（m²）		257.750		

注：露台计入面积，阳台面积算一半。

效果图

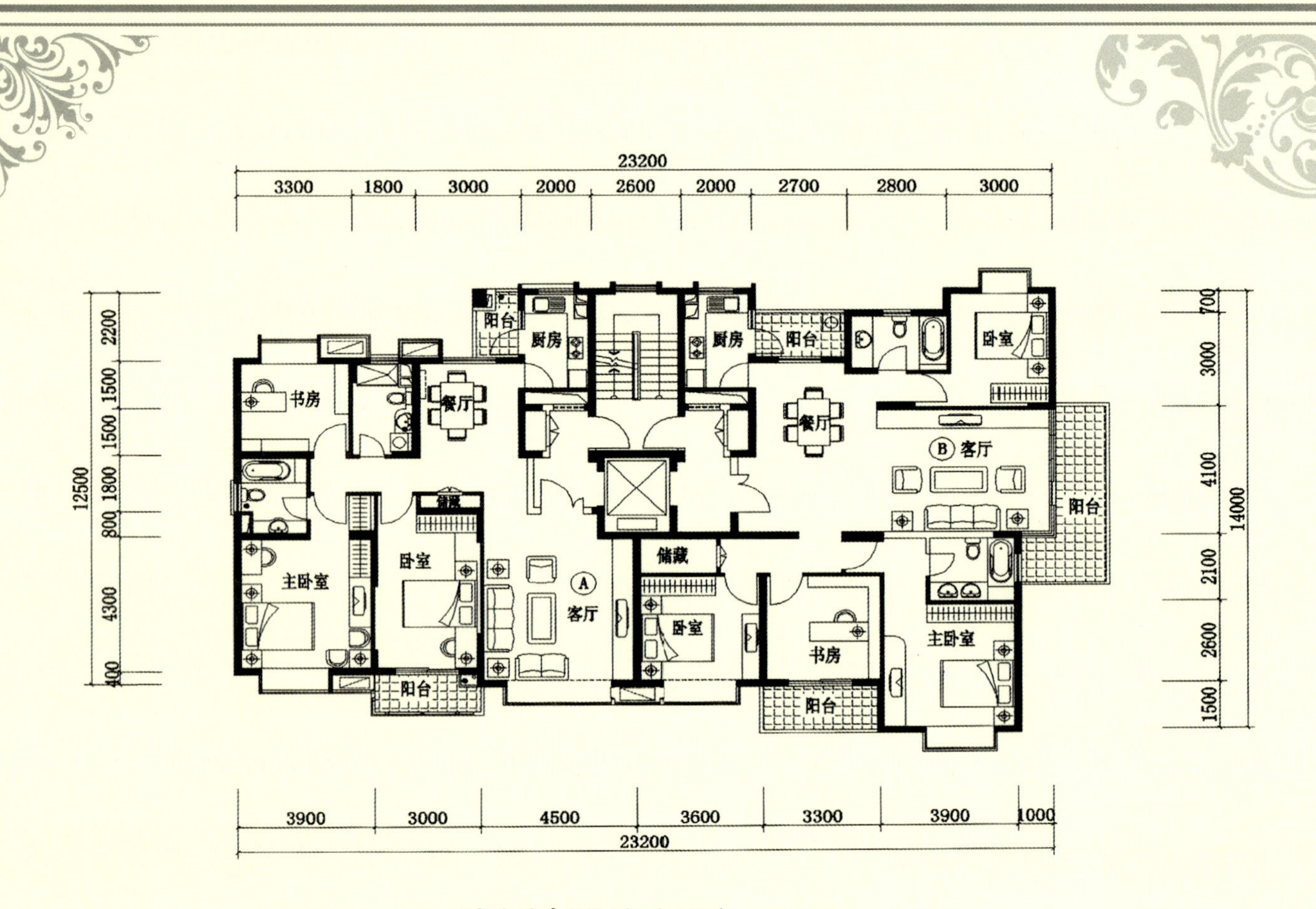

B型端头标准层平面图 1：150

效果图

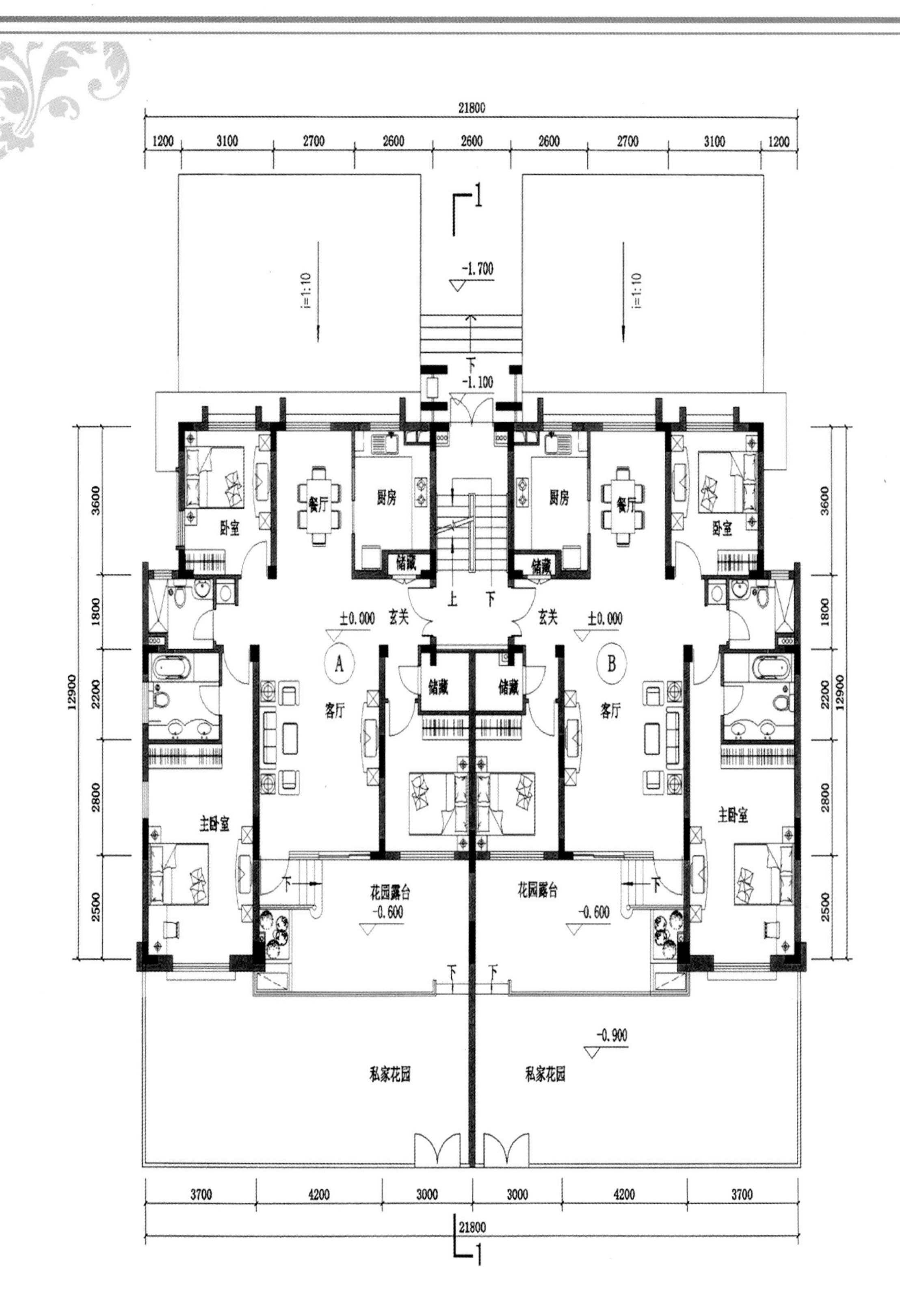

C型（3+1）首层平面图　　1:100

户型编号	户型	实用面积	建筑面积	实用率
Ⓐ	三室二厅二卫	124.360m²	131.510m²	94.563%
Ⓑ	三室二厅二卫	124.360m²	131.510m²	
本层公用面积		14.300m²		
本层建筑面积		263.020m²		

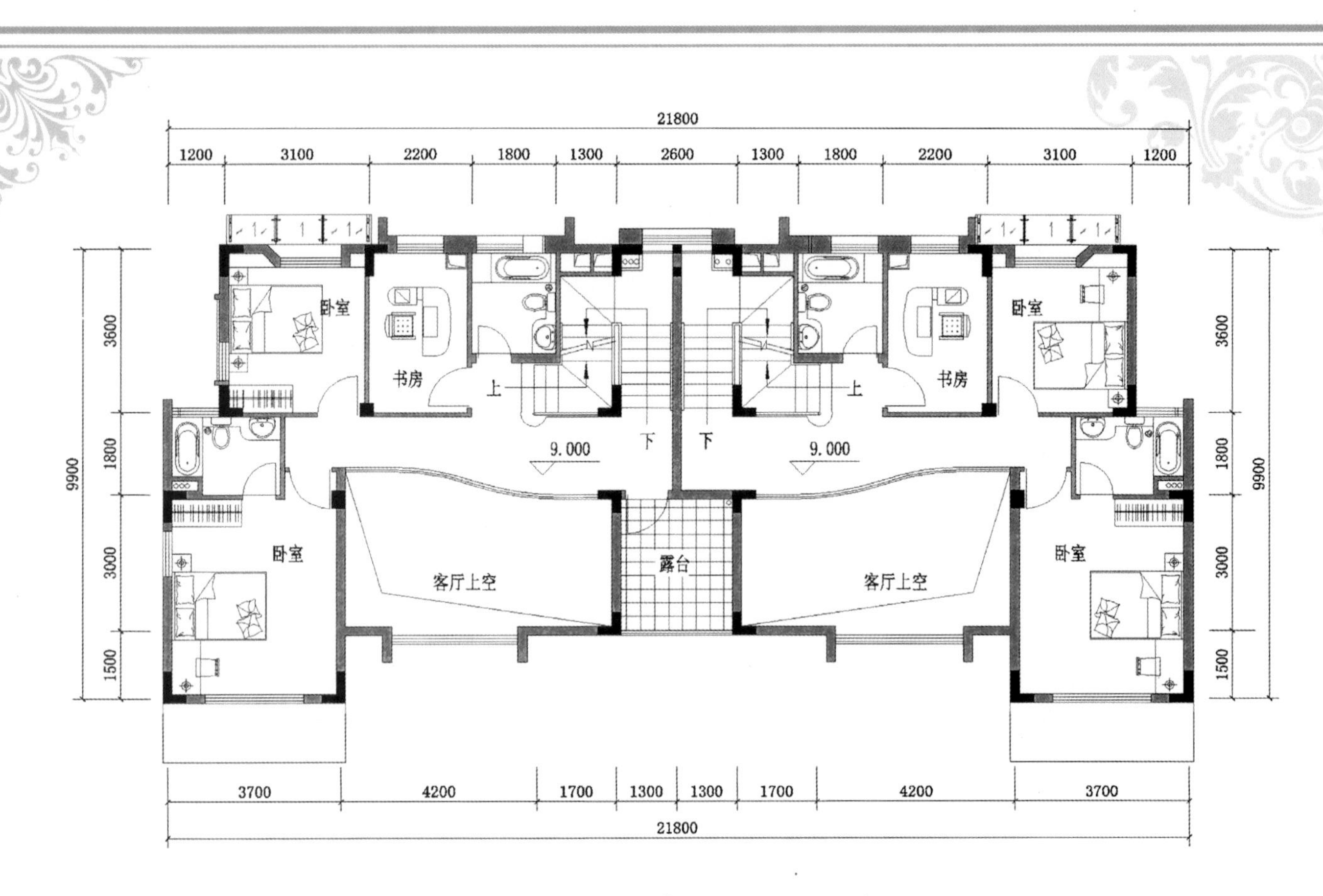

C型（3+1）复式上层平面图1:100

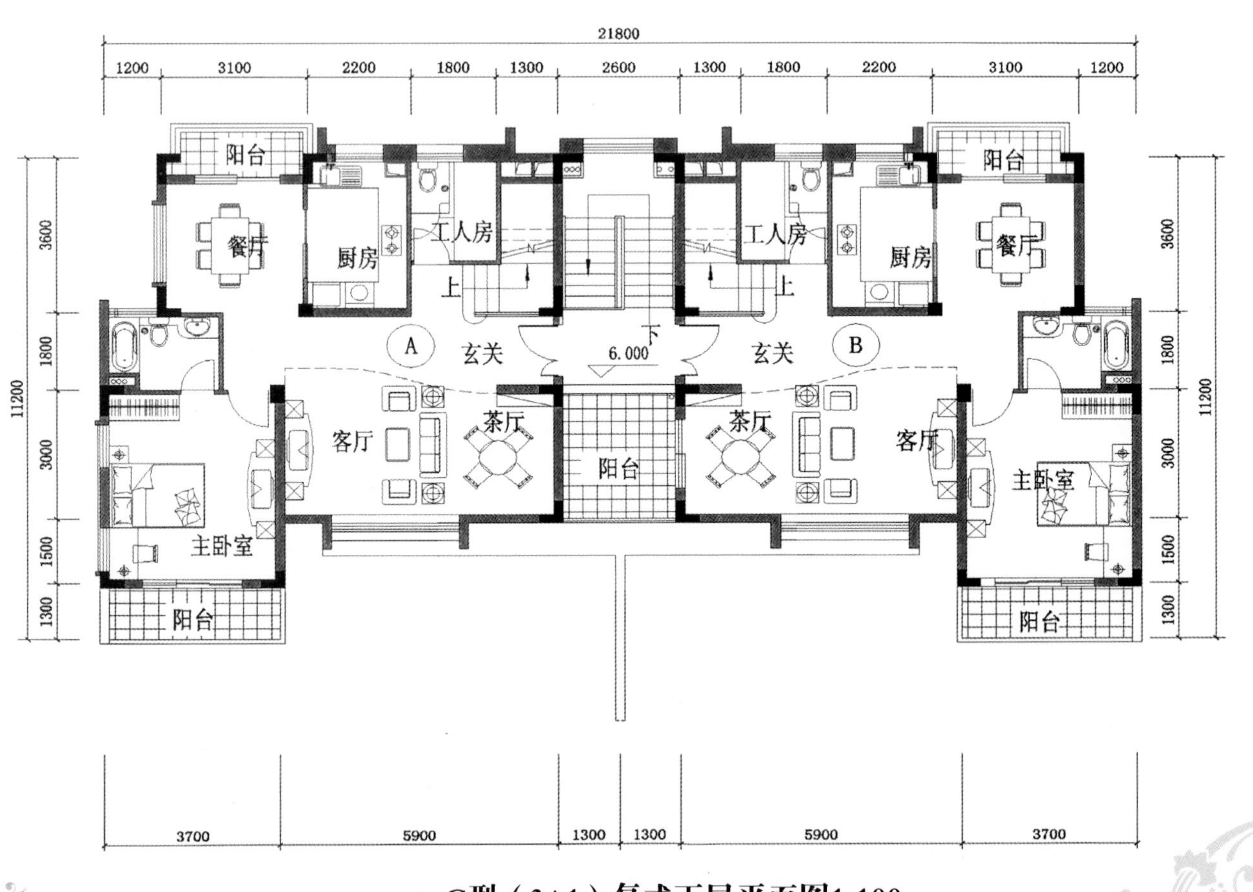

C型（3+1）复式下层平面图1:100

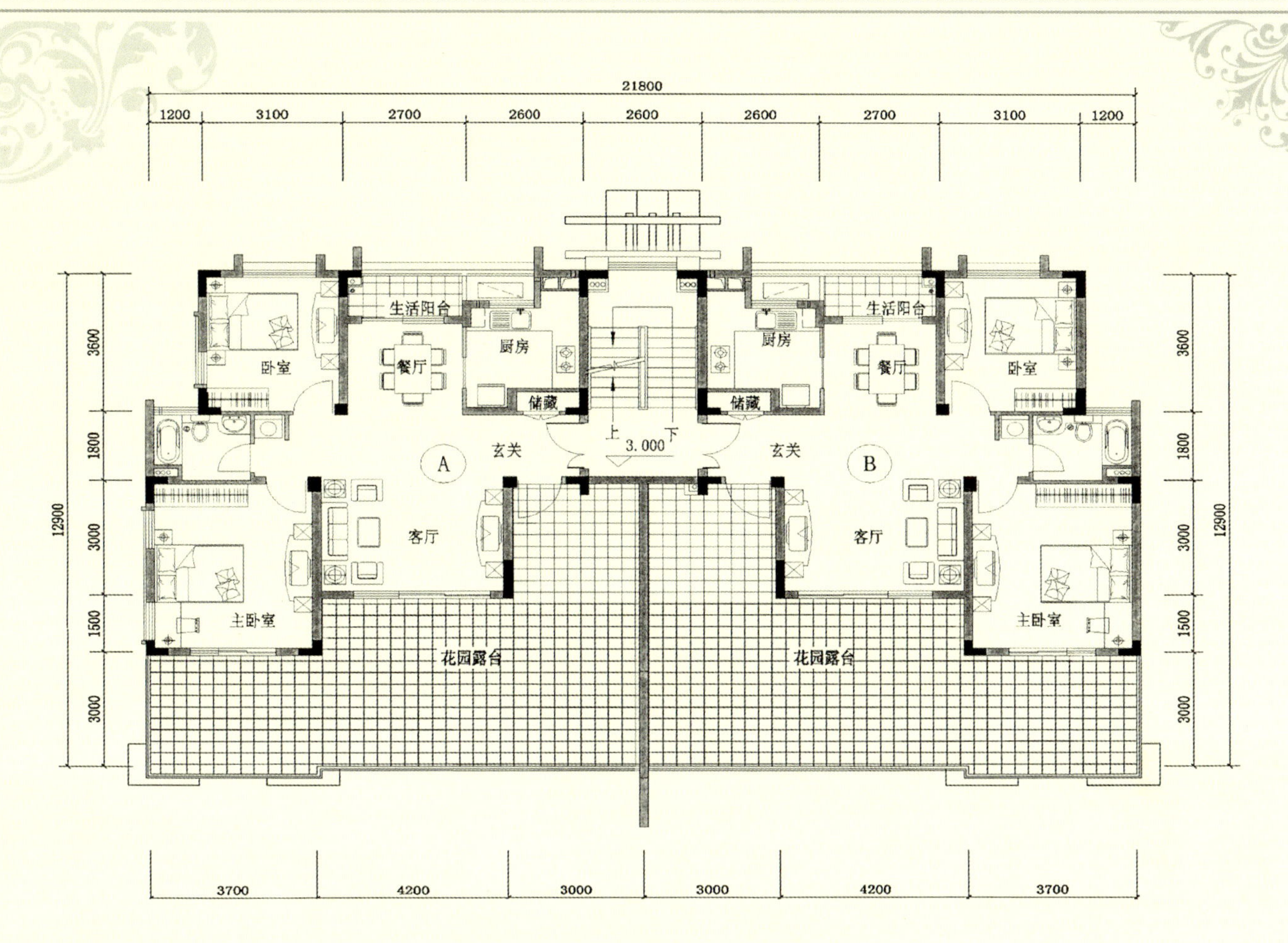

C型（3+1）首层、二层平面图1:100

C型（3+1）南立面图

襄樊 左岸春天

开发建设单位：襄樊普鑫置业有限公司
规划建筑设计单位：武汉理工大学设计研究院

专家评审意见

（一）规划设计评审意见

1. 小区规划着重营造了居住环境空间，采用适当围合的办法，形成一个安静、安全的居住庭院空间，较好地满足了邻里间茶余饭后沟通交流，老人小孩户外休闲。规划布局空间丰富、环境优美、布局合理。

2. 小区道路交通采用一个内环的交通系统，三级道路分级明确，机动车停车以地下为主、地上为辅，地上地下结合，平时宅前小庭院不进车，较好地解决了机动车对居民居住安全、安静的干扰问题。

3. 小区北有生态公园，东临青河绿洲，大环境好。小区中心设有公共绿地及4个组团绿地，形成中心突出又分布均衡的一个有机的、优美的绿地系统。

4. 小区公共服务设施配套齐全。

5. 小区技术经济指标符合国家有关规定。

6. 几点建议：（1）小区北面5幢高层住宅应充分考虑到路北用地的合理使用。（2）小区东面沿河绿洲属城市公共绿地，规划时应满足对公众开放的要求，并建议沿河防洪通道要贯通，篮球场不应占用城市绿洲，并处理好东南角建筑、桥、绿洲通道等关系

的协调。（3）小区机动车停车率偏低，建议适当加大，最好达60%左右。（4）建议小区住宅日照分析再用清华日照分析软件复核一下，凡是不能满足大寒2h满窗日照的，均应进行调整，以满足要求。（5）小区主干路车道建议加宽到8m，晚上可以平行停一排车，以补充停车位不足的问题。东北角组团地下车库出入口不宜设在庭院内，建议外移到庭院进口处，以满足庭院的安全、安静要求。联排别墅有2组户门都直接开向小区主干道，既不安全，又影响小区干道的交通，建议进行调整。

（二）建筑设计评审意见

左岸春天位于樊城重要位置，方便生活的规划与住宅设计，适宜的产业化技术装备，将创造一个优良项目，会起到很好的康居示范作用。

1. 平面功能分区明确、布置紧凑，各居住空间尺度适当。

2. 空间利用充分，交通组织流畅。

3. 主要房间有良好的通风、采光与景观条件。

4. 餐厨关系紧密，多数套型有独立就餐空间。

5. 建筑与结构布置结合紧密，有二次分隔的可能。

6. 空间室外机与建筑立面设计统一考虑。

7. 建筑造型简洁明快，统一中有变化。

8. 在进一步深化设计中尚应有如下优化之处：（1）部分套型（如V型）为了入户花园而使客厅变成交通厅，并使辅助房间占有好朝向，这是不可取的，尽管已打桩，还是能将客厅与餐厨位置对调，改成中间入户，并可克服单元拼接中的结构浪费问题。（2）储藏面积普遍不够。（3）小户型（如A型、B型）不必配置双卫，建议调整并克服卫生间深凹之弊。（4）部分户型（如G型、K型）交通筒移位可改善朝南户的通风问题。部分户型（如H型）进深偏大，餐厅却无直接采光，建议调整。（5）部分户型（如J型）建议加大进深，减少面宽。（6）E、F户型入户花园平台在凹口深处，无景观可言，建议进一步推敲改进。

（三）成套技术评审意见

左岸春天建设项目技术可行性研究报告按照《国家康居示范工程节能省地型住宅技术要点》要求，结合当地社会、经济及住宅产业的发展现状，比较系统、全面地考虑了现有产业技术在本项目中的实际应用，拟采用外墙外保温及屋面、门窗保温技术；太阳能、建筑一体化供热水及公共照明技术；新型墙体及轻质隔墙板材料应用技术；有机垃圾生化处理技术及其他技术共计14类数10项成熟运用的成套技术，符合建设资源节约型和环境友好型住区发展要求，将显著提高该项目的科技含量，改善居住性能。

几点建议：

1. 建议进一步深化建筑节能设计，保证建筑本身达到节能规范要求。对于外墙保温体系的确定要注意施工方便、耐久性能良好、安全可靠、达到规定的节能效果。

2. 建议进一步研究太阳能热光转化技术，要求太阳能热水器技术可靠、效果优良，同时使用方便，管理方便。

3. 建议结合小区景观用水、绿化浇灌用水等，从技术、经济多方面研究、认证污水处理回用及雨水收集回用等节水方案。

4. 注意做好住宅精装修工程在材料选用、技术集成、质量保证等方面的工作，不断总结，为今后的全面推广积累经验。

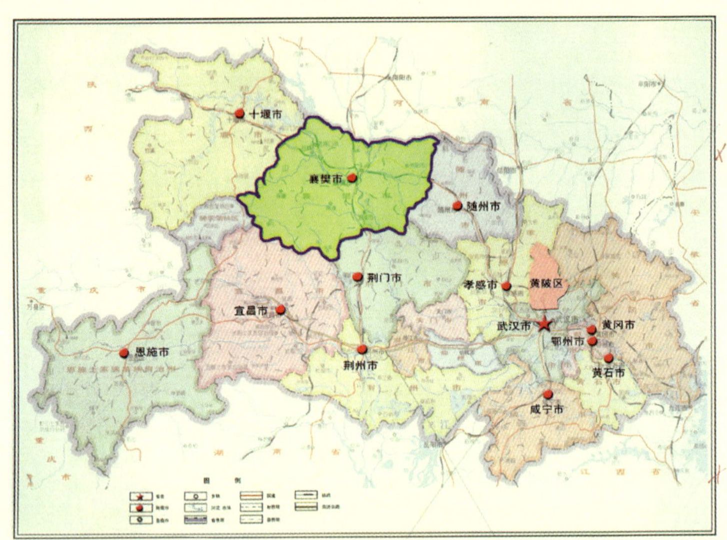

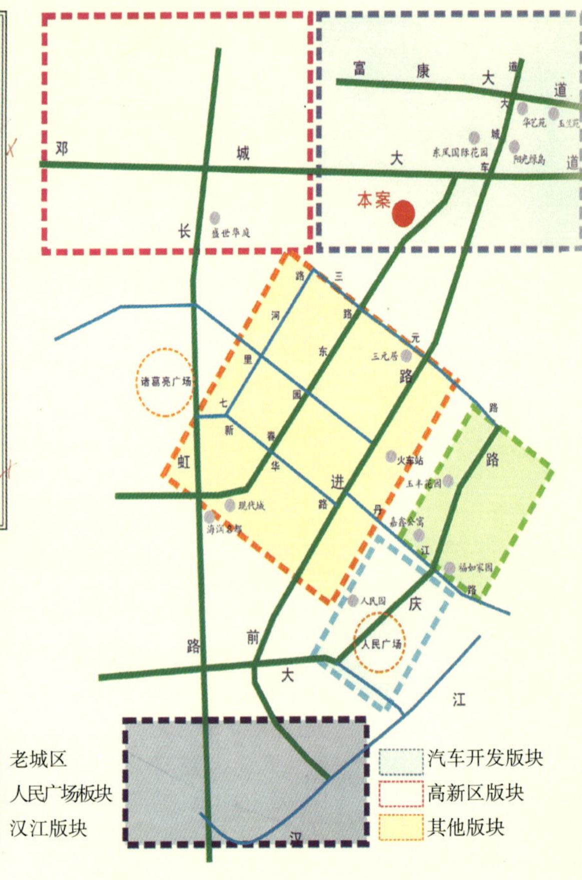

区域位置

左岸春天地块位于襄樊城区春园东路1号，是樊城区、高新区、襄阳区三区交界的金三角地段。居住区规划总用地为120亩，规划用地地势较平坦，地块东部有小青河自西向东而过。

鸟瞰图

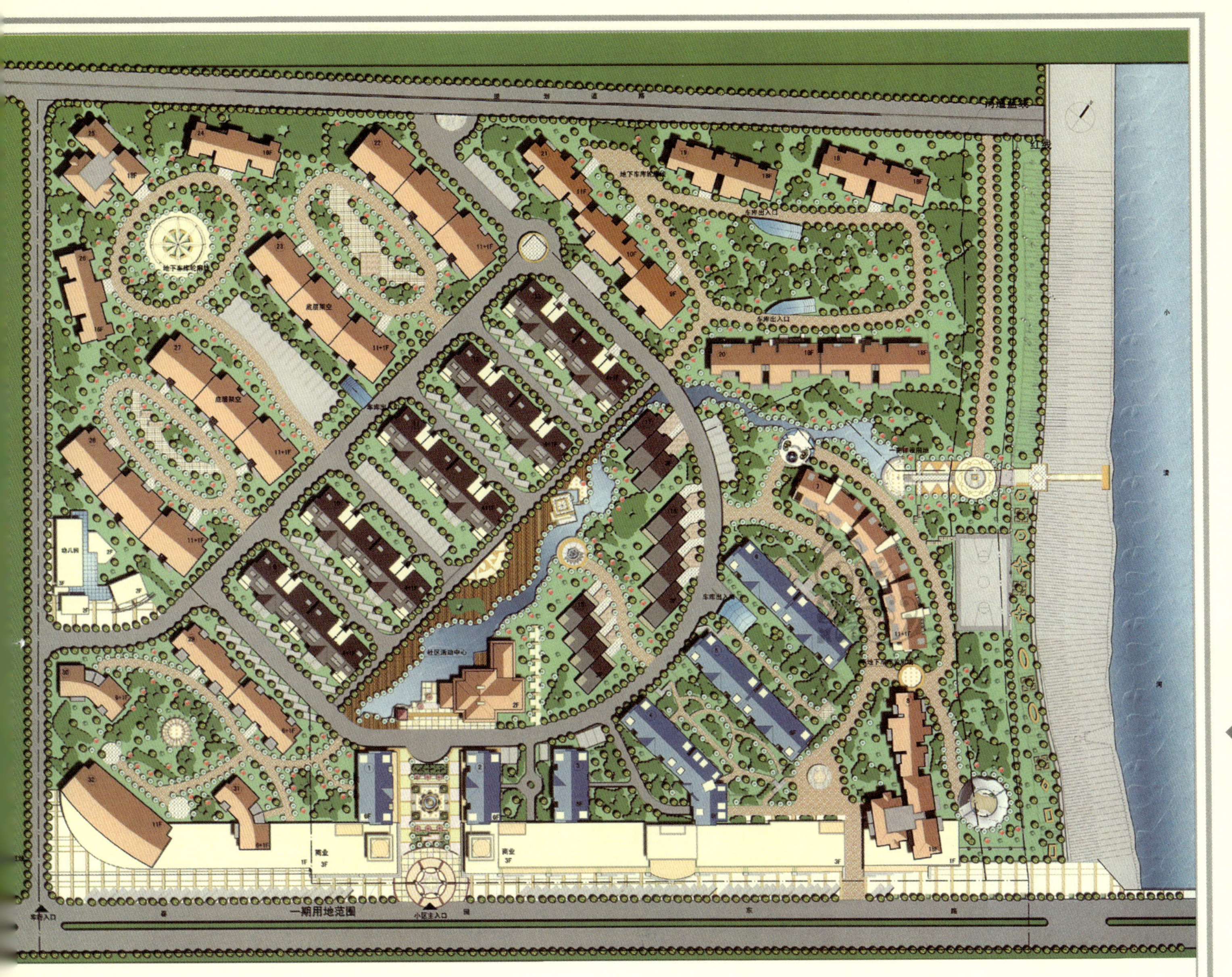

总平面图

综合经济技术指标

项目	计量单位	数值
居住户数	户	1172
居住人数	人	3913
户均人口	人/户	3.2
总建筑面积	万m^2	15.85
1.居住区用地内建筑面积	万m^2	14.28
（1）住宅建筑面积	万m^2	13.99
（2）配套公建面积	万m^2	0.29
2.商业建筑面积	万m^2	1.57
住宅平均层数	层	9.58
人口毛密度	人/hm^2	531.02
人口净密度	人/hm^2	856.37
住宅建筑套密度（毛）	套/hm^2	165.94
住宅建筑套密度（净）	套/hm^2	267.61
住宅建筑面积毛密度	万m^2/hm^2	1.9
住宅建筑面积净密度	万m^2/hm^2	3.06
建筑面积毛密度（容积率）		2.15
停车率	%	34.1
停车位	辆	417
地面停车率	%	48
地面停车位	辆	200
住宅建筑净密度	%	39.55
总建筑密度	%	24.53
绿地率	%	31.26

规划用地平衡表

项目	面积（hm^2）	所占比重（%）	人均面积（m^2/人）
总用地	8.46	100	21.16
1.居住区用地	7.37	87.12	18.43
（1）住宅用地	4.42	52.25	11.68
（2）公建用地	0.94	11.11	2.40
（3）道路用地	1.12	13.24	2.48
（4）公共绿地	0.89	10.52	2.27
2.城市道路用地	0.52	6.15	1.33
3.城市绿化用地	0.57	6.74	1.46
（1）道路绿化用地	0.19	2.25	0.49
（2）河流绿化用地	0.38	4.49	0.97
4.河流用地	–	–	–
5.商业用地	–	–	–

日照间距分析图

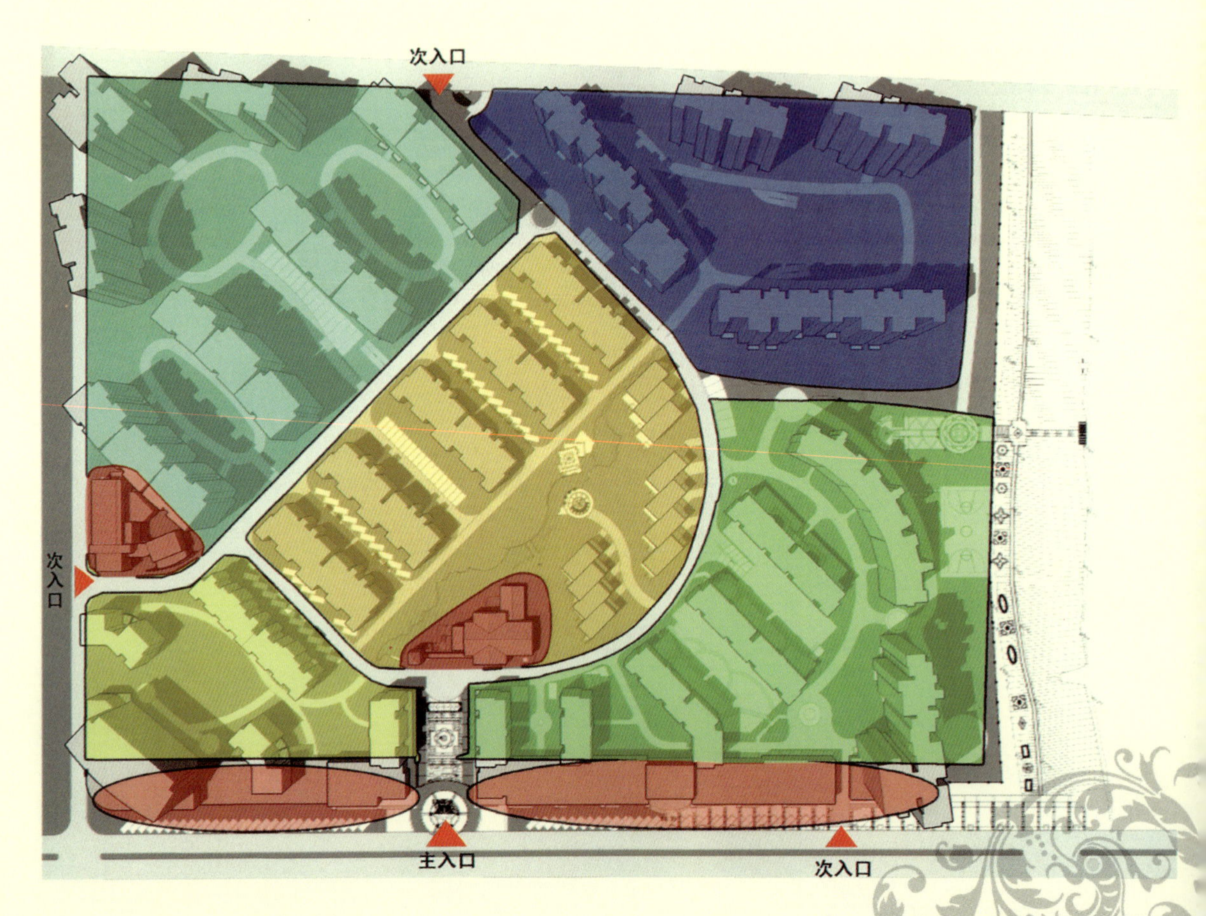

规划结构图

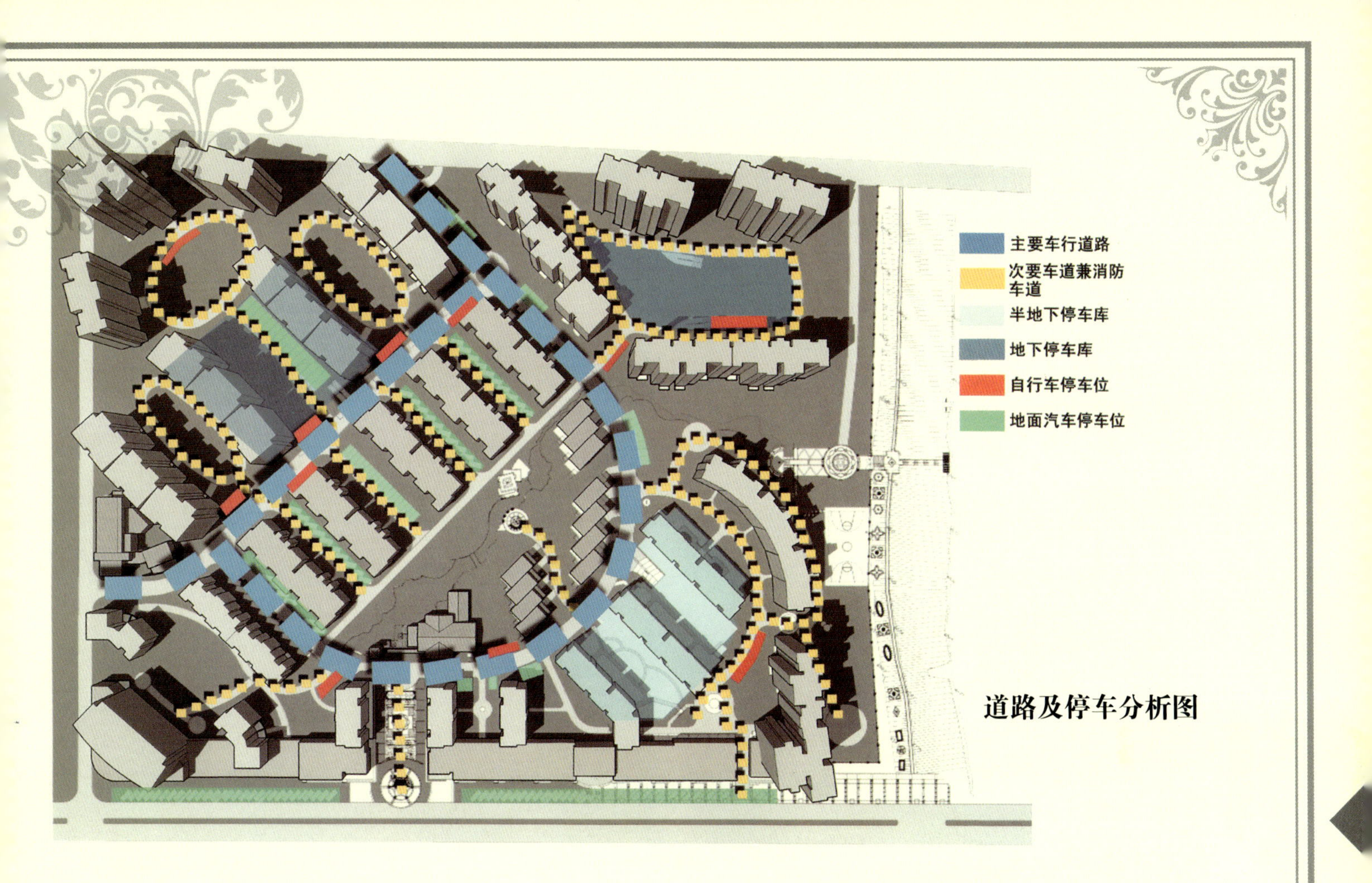

道路及停车分析图

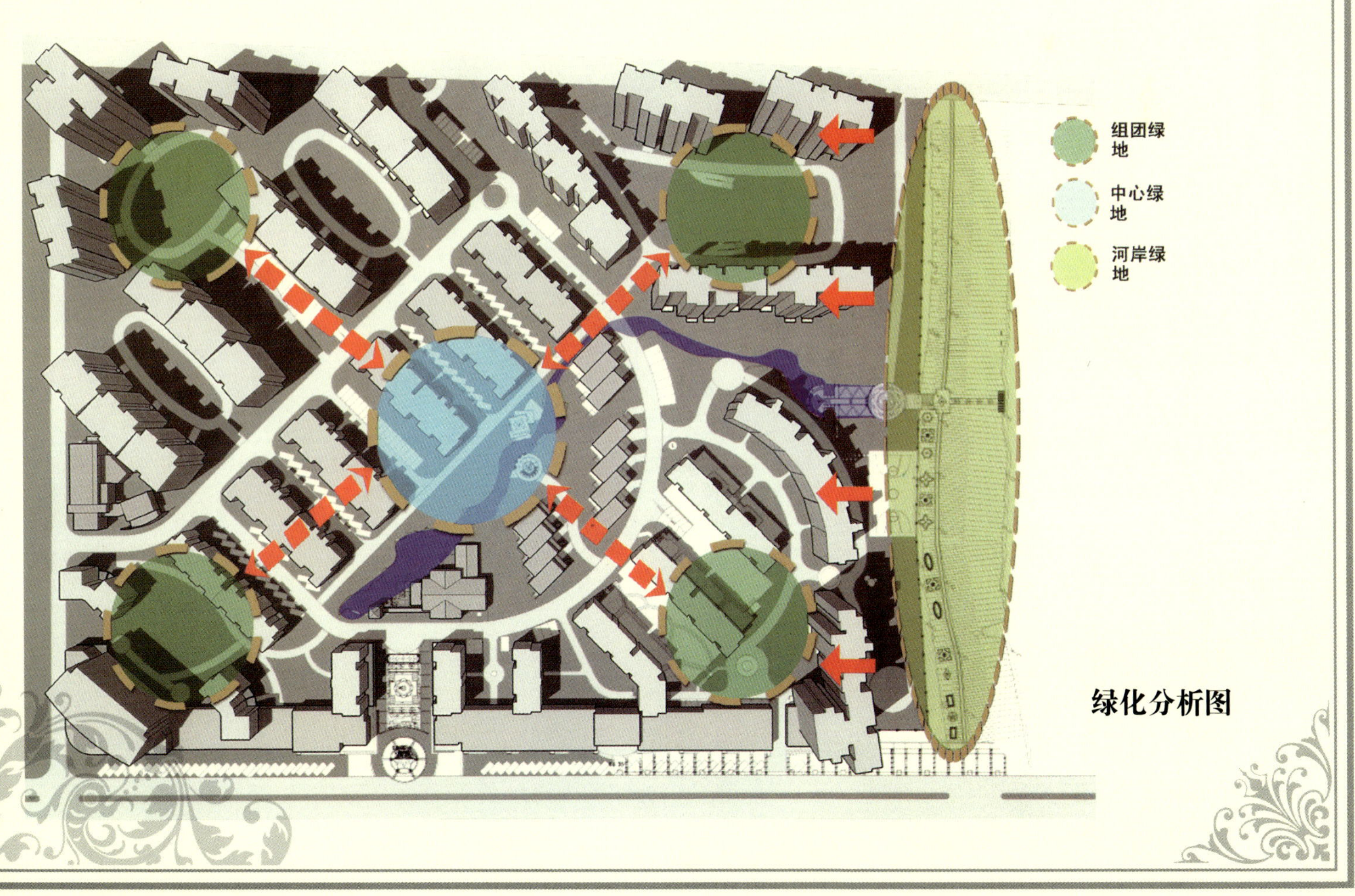

绿化分析图

新余暨阳世纪城东区

开发建设单位：新余市暨阳房地产开发有限公司
规划建筑设计单位：浙江同仁建筑设计有限公司

专家评审意见

（一）规划设计评审意见

1. 项目位于新余市城北孔目江大桥附近，新老城区的交界地段，本地块属未来新余市中心区域，南临城市主干道，东临孔目江和滨江休闲区，地势平坦，环境优美，交通便利，公共设施配套比较成熟，具有良好的区位优势，适居性强，选址得当。

2. 规划结构。本项目规划较好地利用区位优势，整合周边资源，采用东部建高层形成东北高、西南低顺应地势的格局，营造更大的景观面和院落空间，规划结构清晰，功能分区明确，用地配置基本合理，东区块与西区块统一规划，分期开发，较好地构筑商业、居住的整体环境，融入中心城区，它将有效地提升现代城市生活品位和形象。

3. 道路与交通。小区道路框架清楚，分级明确，规划以环路为主干加支路的模式，尽量减少人行与车行的干扰，基本满足消防救护避灾要求。规划利用地下、半地下空间设置停车场地，方便居民使用，节约土地资源。

4. 绿地与景观环境。规划采用多层次、多角度的手法，通过城市道路、花园广场以及小区中心绿地景观轴线相连、相融，相互渗透，构筑城市景观与小区景观的有机整体。小区内绿地规划以中心花园、组团、庭院绿地，点、线、面结合的手法，富有变化、和谐自然，为居民创造良好的户外活动交往空间。

5. 建议：

（1）进一步落实优化地下、半地下停车场库的布置、设计。

（2）深化细化景观环境设计，注意无障碍设施的通达性。

（3）进一步完善道路的竖向设计。

（二）建筑设计评审意见

1. 暨阳世纪城东区住宅方案设计中结合了当地市场发展的需要，从地方居住生活习惯出发，做到了建筑功能构成较完整，设备、设施配套较齐全，住宅套型种类多样化，不仅能够较好地满足城市居民现代生活的需要，同时对推动当地城市住宅建设与发展具有积极的作用。

2. 方案的内部设计从现代城市生活的需要出发，做到了交通流线组织合理，起居生活"动"、"静"分区明确，各种使用房间配置合理，面积大小也较为适宜，同时基本符合国家现行住宅性能标准的要求。

3. 方案设计中采取了多项措施，充分利用了自然通风的作用，有效扩大了自然采光，一定程度上降低了户外对户内、户与户之间噪声影响的程度。同时所采用的日照标准也符合地方的相关规定。

4. 建议在以下几方面进一步加强设计与推敲：

（1）应进一步加强对住宅本身无障碍设计的推敲工作，应保证残疾人无障碍保障系统的健全和畅达。

（2）应进一步加强对住宅卫生间设计的推敲工作，应做到各种洁具有机布置，空间利用充分，使用分区合理，并应在可能的条件下做到标准统一，方便施工。

（3）应进一步加强对住宅入户空间的设计推敲工作，应做到空间转换流畅、简洁v，可识别性强，并应加强储藏空间的设置，方便居民生活。

（4）应进一步加强对住宅外立面的设计与推敲工作，在色彩与风格方面尽可能体现地方文化特色和小区自身的特点，同时还应解决好防护安全问题。避免出现从阳台与空调板上"串户"的可能性，解决好太阳能热水器的隐蔽工作。

（5）地下车库柱网设计应结合停车库的要求，进一步推敲，提高利用率。

（三）成套技术评审意见

该项目作为江西省第一个康居示范工程，结合当地实际，采用了多项成熟、适用的住宅成套技术，基本满足国家康居示范工程的实施要求。相关意见如下：

1. 该项目运用建筑节能成套技术，采用外墙内保温、屋面聚苯板保温、塑钢中空窗和保温防盗门，形成较为完整的节能、保温、隔热体系。

2. 该项目在结构体系中，多层采用粉煤灰实心砖，高层采用短肢剪力墙和框架体系，体系合理。

3. 该项目在节能与可再生能源方面，采用节能灯、太阳能室外灯，特别是大面积采用太阳能热水器，起到了有效的节能作用。

4. 该项目在智能化体系中，采用宽带入户、智能管理和安防体系，提高了物业管理水平，方便了居民生活。

5. 该项目采用垃圾分类与生化处理技术，提高了环保水平。

6. 该项目容积率1.5，利用地下安排储藏空间和地下停车，符合国家节地要求。

7. 该项目30%面积采用精装修，有利于住宅产业化政策的实施推广。

8. 建议：

（1）小区宜采用中水系统，有效处理小区污水，用于景观绿地灌溉和车辆冲洗。

（2）广泛采用住房和城乡建设部住宅产业推荐与认证的产品。

（3）认真组织实施，确保施工质量，顺利实现验收与交付。

本项目采用了多项住宅产业化新技术、新产品、新设备，有较好的技术显示度，特别是地处中部小城市，低价位，普通住宅，具有很好的示范作用。

特别是企业利用当地电厂废渣，采用可靠技术生产新型建材，符合国家循环经济和保护环境的政策，省市主管部门应给予高度关注，并建议给予推广和奖励。

区域位置

项目位于新余市城北，东到沿河北路与孔目江相接，西至中山路，南临规划中的安置房用地，北至北湖路。项目地处新老城区的交界地段，周围建有医院、银行、邮局、电信大楼、中小型超市等公共服务设施，城市基础设施及生活服务设施配套齐全，交通便捷。

总平面图

主要技术经济指标

总用地面积		57685m²
总建筑面积（地上）		99827m²
其中	多层住宅建筑面积	47424m²
	小高层住宅建筑面积	3798m²
	高层住宅建筑面积	39287m²
	物管及社区用房面积	835m²
	商业建筑面积	8432m²
	垃圾中转站面积	51m²
地下室建筑面积		9781m²
半地下室建筑面积		3733m²
容积率		1.73
建筑占地面积		13843m²
建筑密度		24.0%
绿化面积		24810m²
绿化率		43.0%
总户数		681户
停车位		295辆
其中	地面停车	26辆
	地下室半地下室停车	269辆

鸟瞰图

道路交通分析图

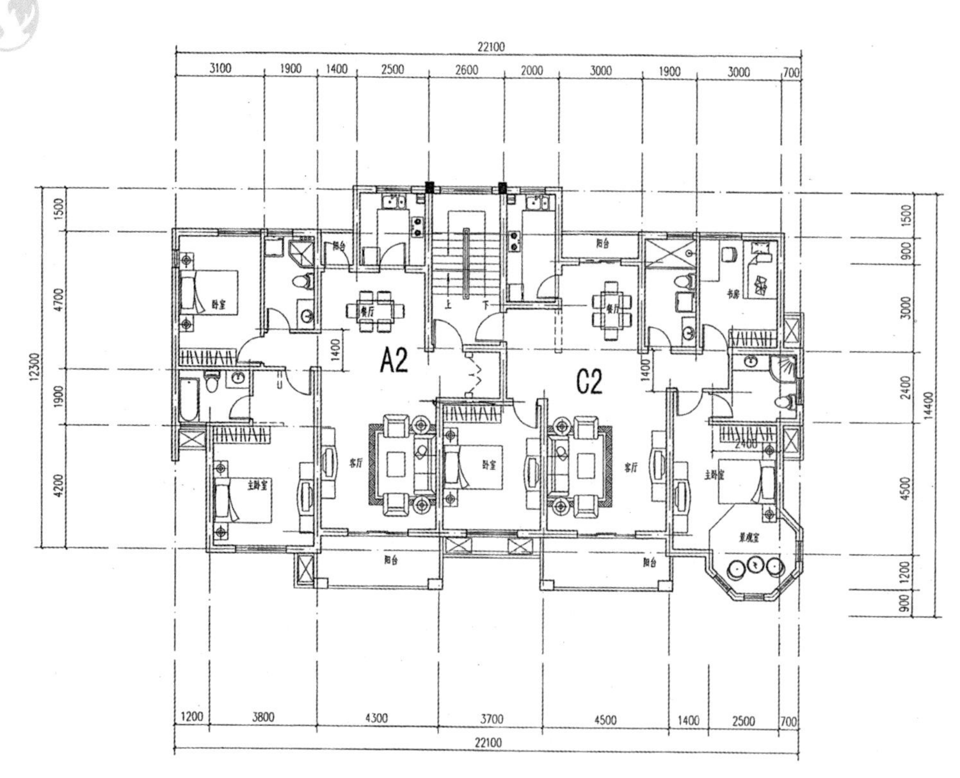

A2、C2户型平面图

套型	户型	建筑面积（含阳台）	套内面积（不含阳台）	阳台面积/2	公摊面积
A2	二室二厅二卫	109.7m²	98.8m²	5.3m²	5.7m²
C2	三室二厅二卫	142.5m²	130.0m²	5.5m²	7.0m²

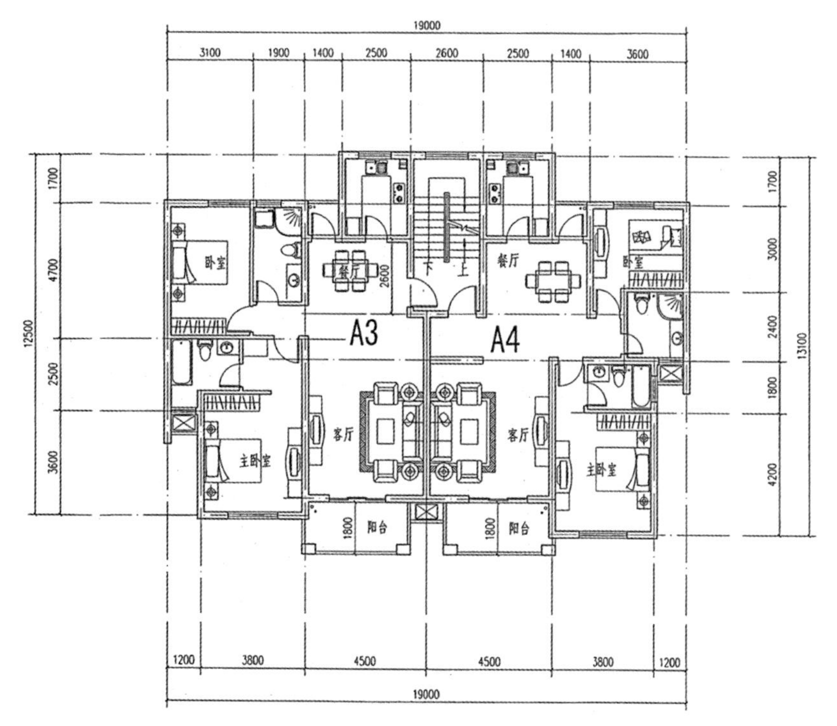

A3、A4户型平面图

套型	户型	建筑面积（含阳台）	套内面积（不含阳台）	阳台面积/2	公摊面积
A3	二室二厅二卫	110.7m²	94.7m²	4.5m²	8.5m²
A4	二室二厅二卫	105.3m²	99.3m²	4.6m²	8.5m²

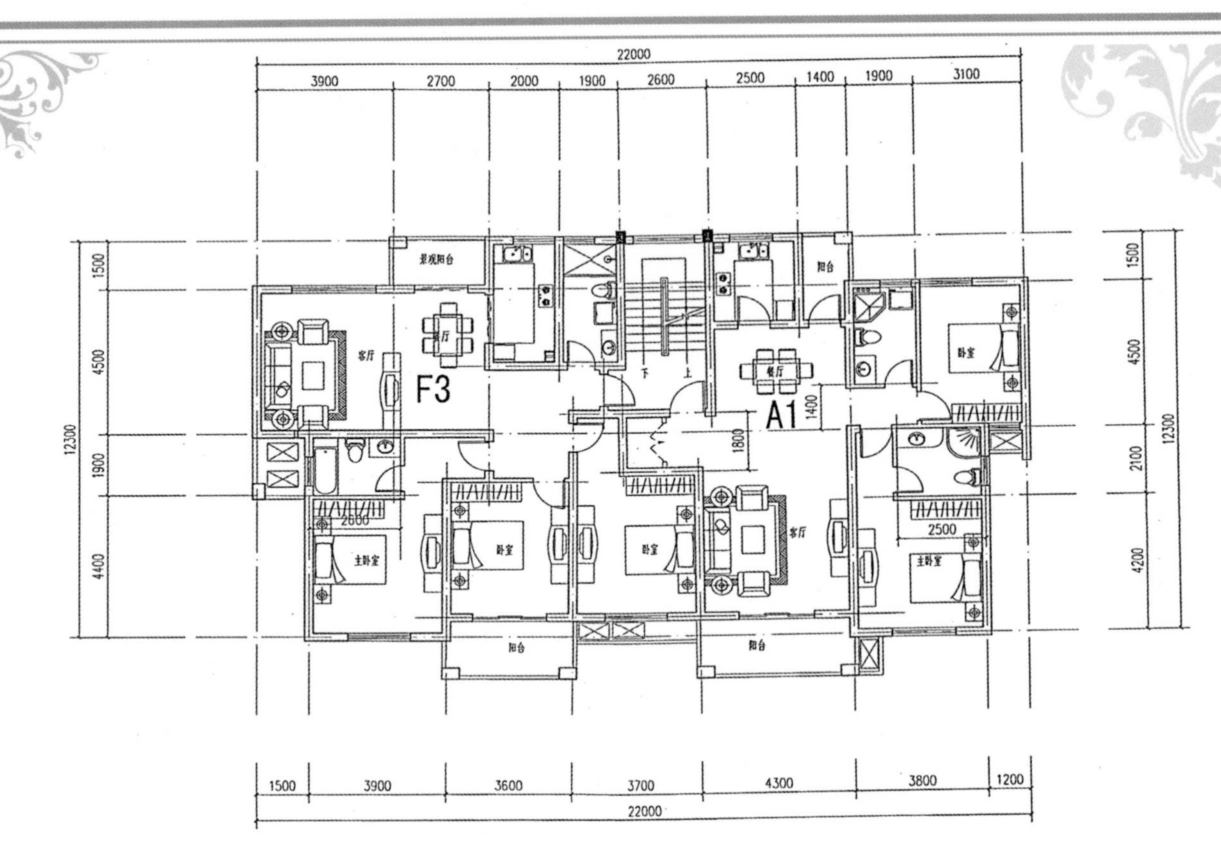

F3、A1户型平面图

套型	户型	建筑面积（含阳台）	套内面积（不含阳台）	阳台面积/2	公摊面积
F3	三室二厅二卫	136.6m²	123.7m²	5.4m²	7.5m²
A1	二室二厅二卫	108.1m²	96.2m²	5.9m²	6.0m²

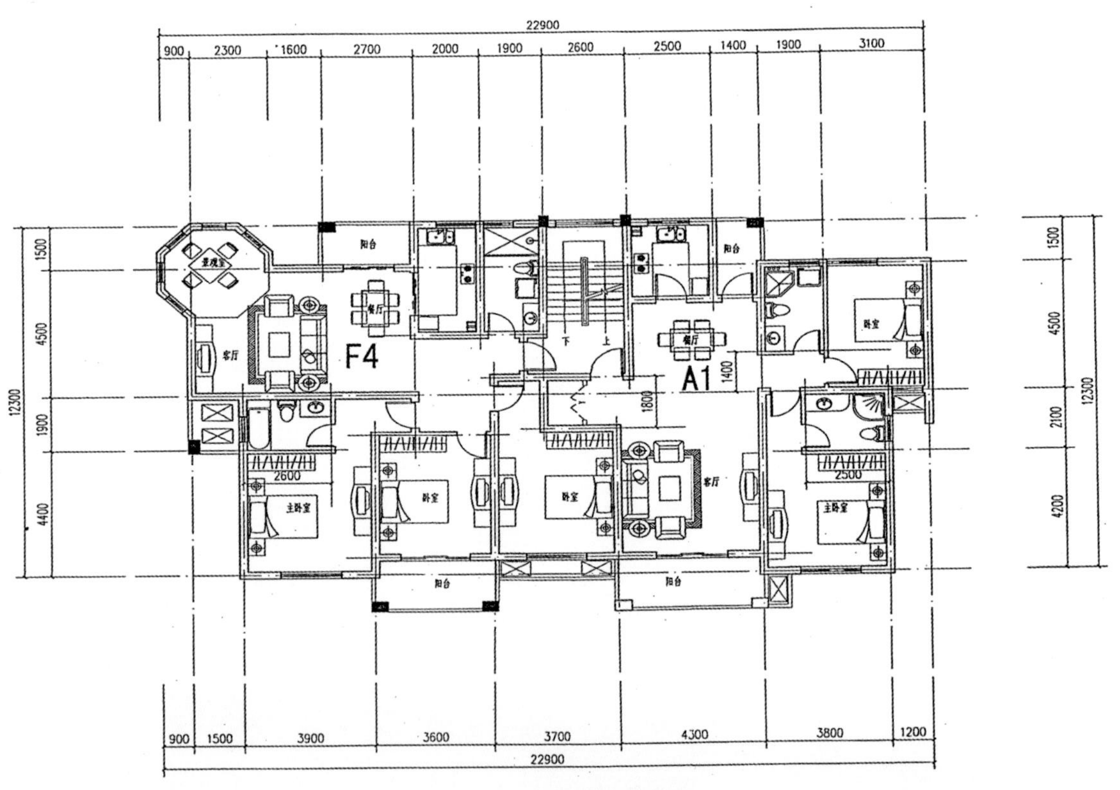

F4、A1户型平面图

套型	户型	建筑面积（含阳台）	套内面积（不含阳台）	阳台面积/2	公摊面积
F4	三室二厅二卫	139.6m²	126.7m²	5.4m²	7.5m²
A1	二室二厅二卫	108.1m²	96.2m²	5.9m²	6.0m²

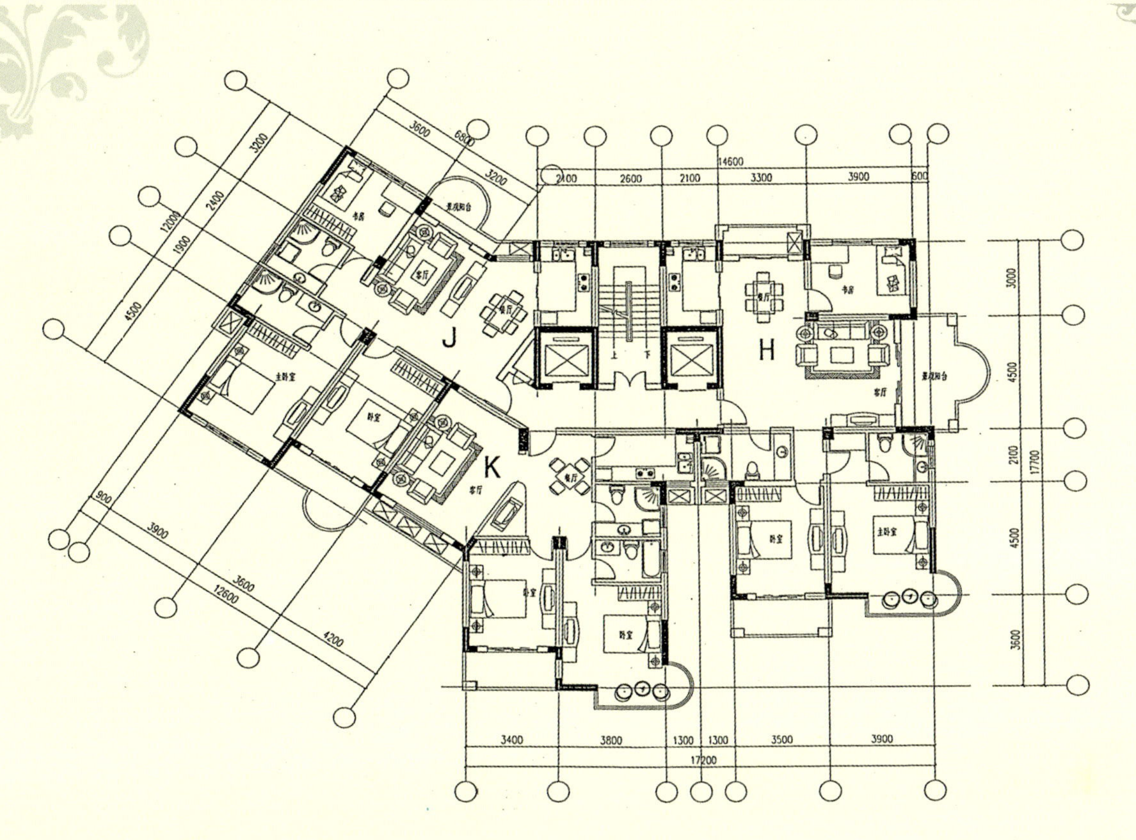

J、K、H户型平面图

套型	户型	建筑面积（含阳台）	套内面积（不含阳台）	阳台面积/2	公摊面积
H	三室二厅二卫	142.2m²	115.9m²	10.9m²	15.4m²
J	三室二厅二卫	127.6m²	107.2m²	6.1m²	14.3m²
K	二室二厅二卫	106.9m²	92.0m²	2.6m²	12.3m²

庭院透视

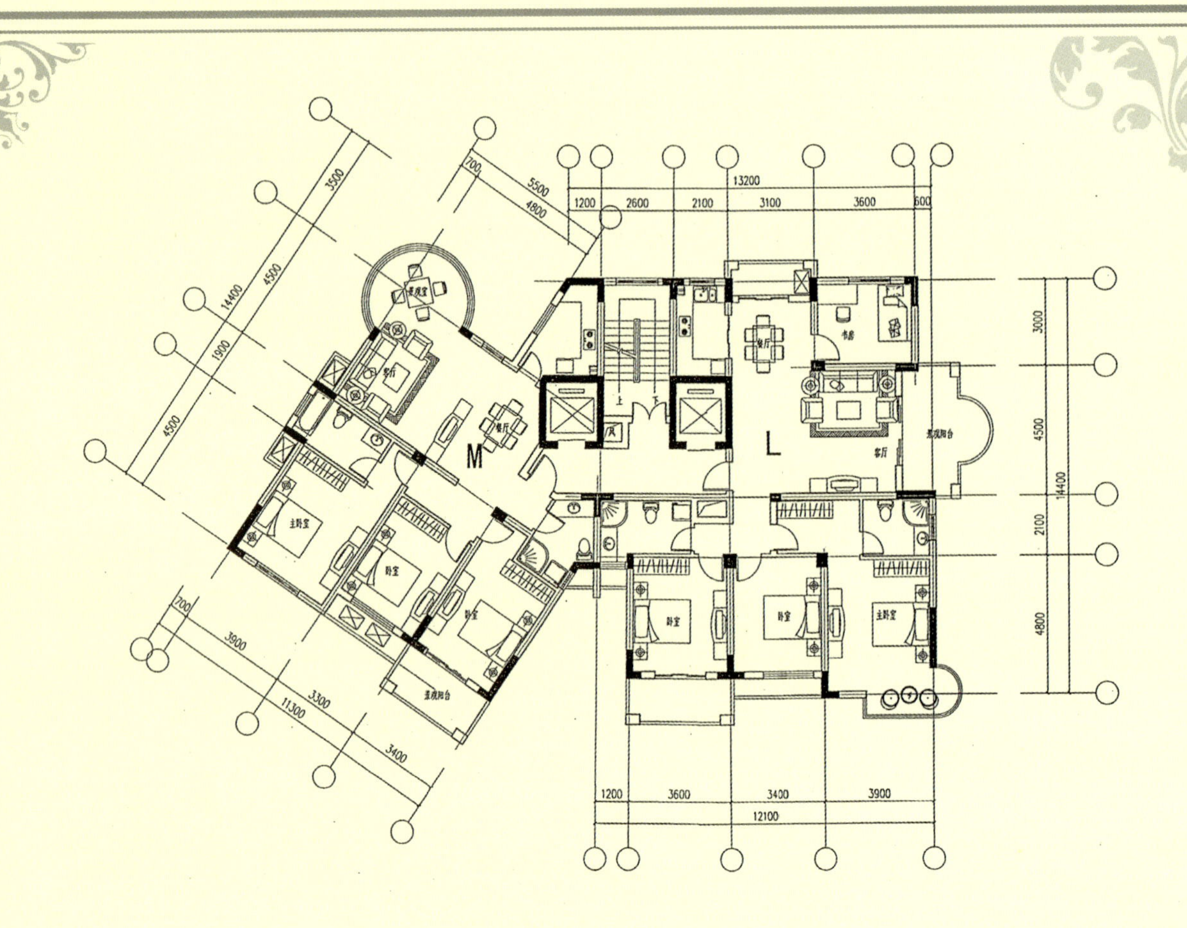

L、M户型平面图

套型	户型	建筑面积（含阳台）	套内面积（不含阳台）	阳台面积/2	公摊面积
L	四室二厅二卫	165.8m²	134.5m²	10.9m²	20.4m²
M	四室二厅二卫	140.7m²	119.2m²	3.3m²	18.2m²

效果图

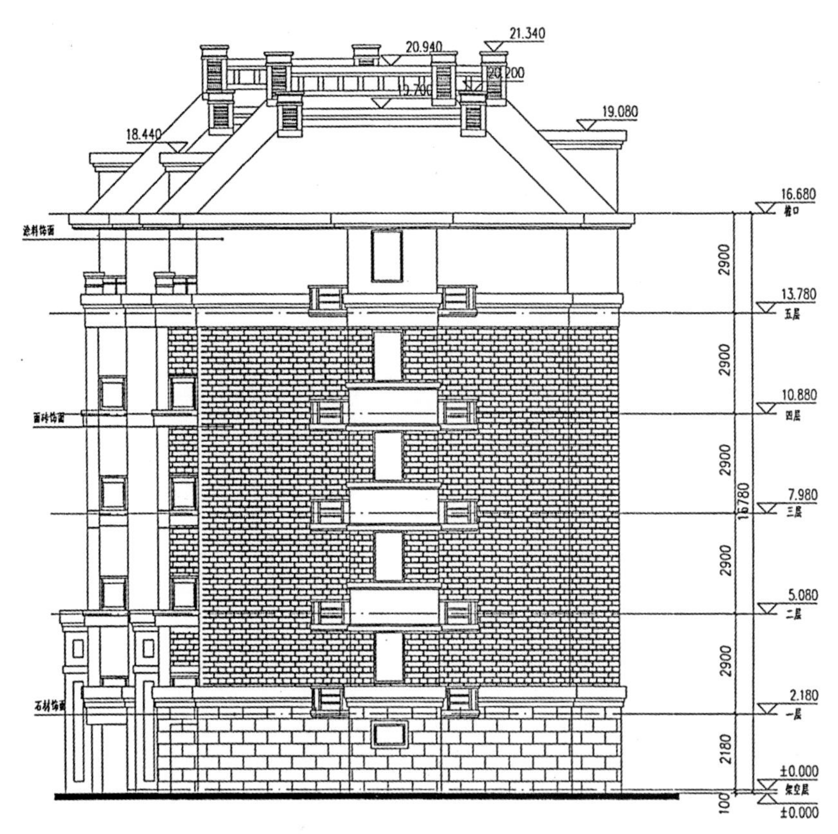
24、30、38、44号楼东立面图

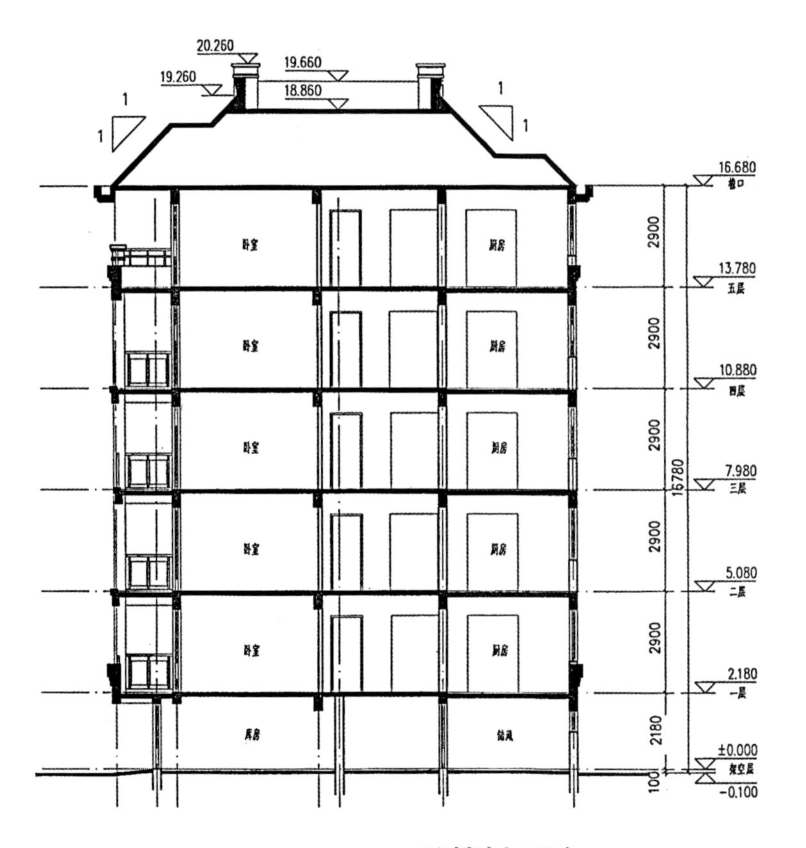
24、30、38、44号楼剖面图

重庆 锦上华庭

开发建设单位：重庆市鸿英房地产开发有限公司
规划建筑设计单位：重庆大学建筑设计研究院

专家评审意见

（一）规划设计评审意见

1. 规划充分考虑区域特点，结合基地地形，依形就势，规划布局合理，结构清晰，整体性强。

2. 建筑空间层次清楚，住宅沿用地周边布置，围合了中心较大的公共活动空间，为小区居民创造了良好的生活环境。

3. 小区道路系统较简明，分级明确，路网顺畅，出入口位置得当，与城市关系处理较好。

4. 小区景观环境设计综合利用庭、园、带等不同处理手法，自然、丰富、有序。

5. 不足之处及建议：（1）规划将小区分成南北两个组团，组团独立性强，但相互联系不够，南北视线不够通透，景观不够连续。建议采用相应技术措施，提高小区空间整体性。（2）小区北部主干道直穿中心绿地，对环境景观影响较大。建议作适当调整。（3）小区幼儿园建筑建议独立设置，改善环境。（4）为进一步丰富小区空间层次，美化小区环境，建议对建筑的层数、立面等作进一步推敲，提高美学水平。（5）在不影响小区环境的前提下，按照

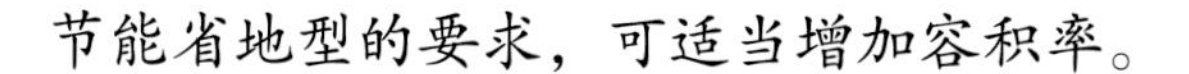

节能省地型的要求，可适当增加容积率。

（二）建筑设计评审意见

1. 功能分区明确，有独立的互不干扰的功能空间。
2. 平面布置紧凑，交通便捷，面积利用率较高。
3. 主要房间有良好的通风、采光及景观条件。
4. 建筑与结构布置结合紧密，有再次分隔的灵活性。
5. 有一定的户内储藏空间。
6. 餐厨关系紧密，有独立就餐空间。
7. 空调室外机统一设置，隐蔽划一。
8. 建议优化设计之处如下：（1）个别户型朝向可调整（如1号楼）。（2）个别单元电梯位置可调整（18、19、20、21号）。（3）部分套型入户过渡空间尚需优化（边单元）。（4）部分套型储藏空间应增加。

（三）成套技术评审意见

重庆锦上华庭住宅小区在规划设计阶段依据《国家康居示范工程建设技术要点》的要求，编制了技术可行性研究报告，在技术方案的确定中能够结合本地实际，积极采用了先进、成熟、适用的住宅成套技术与产品，其采用的技术方案与措施基本上满足了国家康居示范工程的建设要求，具体评审意见如下：

1. 采用了系统的建筑节能技术措施，如外墙采用了胶粉聚苯颗粒外保温系统及外墙涂料饰面技术，屋面采用了XPS倒置式屋面保温隔热系统，外门窗采用了中空玻璃，西向窗采用了活动外遮阳板等技术系统。
2. 采用了较完善的小区智能化管理成套技术。
3. 采用了高效钢筋及粗钢筋滚轧肋直螺纹机械连接技术。
4. 采用了住宅厨卫精装修一次到位和部分住宅菜单式精装修一次到位技术。
5. 采用了雨水回收再利用技术。
6. 建议：

（1）在现有节能设计的基础上，采取进一步措施，争取达到节能65%的目标，并注意公共建筑部分的节能设计。（2）应进一步深化雨水收集系统设计方案，提出具体措施。（3）建议采用中水回用处理技术，以作为景观用水。（4）建议采用分户式新风系统，以改善室内空气质量。（5）建议采用垃圾生化处理设施。（6）对保温层外贴面砖时，应使用符合相关标准的产品。

区域位置

项目位于重庆市北部新区高新技术产业园区，西接锦绣山庄，邻210国道，东邻邮政枢纽中心建设中的五人路，北邻319国道，通往龙头市火车站，南接区域次干道，地理位置显赫，交通十分便利。

总平面图

项目	主要经济指标	初步设计经营技术指标
建筑用地（m^2，不含代征用地）	77204	77204
总建筑面积(m^2)	165853.02（含地下建筑）	167226（含地下面积）
地上建筑面积	144524.88	144226
住宅（m^2）	133733.96	132853
公建（m^2）	10790.92	11373
商铺，配套商业网点（m^2）	1730.92	2313
会　管（m^2）	4510	4510
物管用房（m^2）	482	482
经营用房（m^2）	600	600
社区配套用房（m^2）	420	420
幼儿园（m^2）	801	801
设备管理用房（m^2）	570	570
公厕（m^2）	60	60
文化活动站（m^2）	930	930
公共大厅、交通及其他（m^2）	647	647
垃圾收集站（m^2）	40	40
地下建筑面积		
其中 地下车库面积（包括设备用房，人防面积）	21328.14	23000
总户数（户）	909	888
建筑占地面积（m^2）	17.81	17081
建筑密度	22.12%	22.12%
容积率1（不含地下建筑面积）	1.87	1.868
容积率2（含地下建筑面积）	2.15	2.166
绿地率（经覆土层厚度折算）	31.34%	31.34%
道路，铺地，车位占地面积（m^2）	18990	18990
道路，铺地，车位占地率	24.62%	24.60%
停车泊位	637	631
其中 地下	578	566
其中 地上	59	65

鸟瞰图

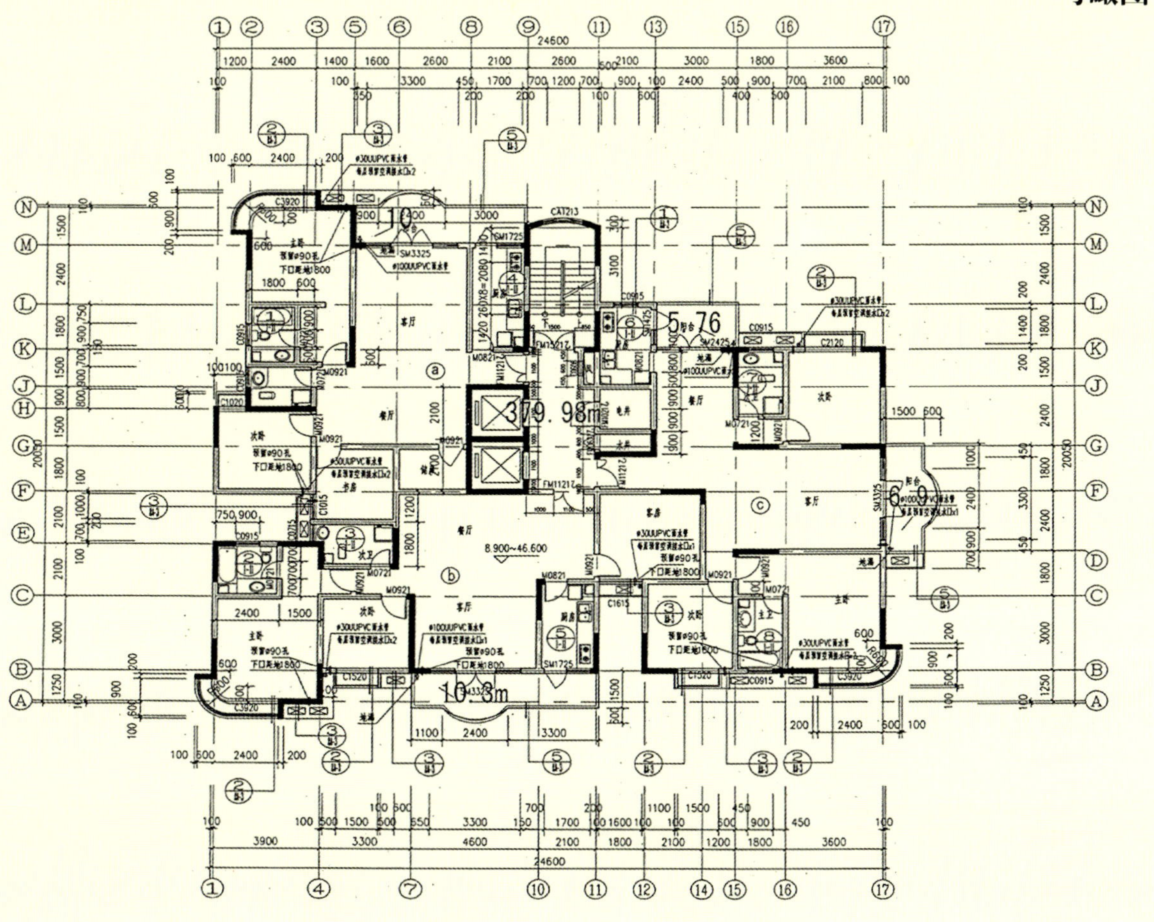

1号楼3～16层平面图

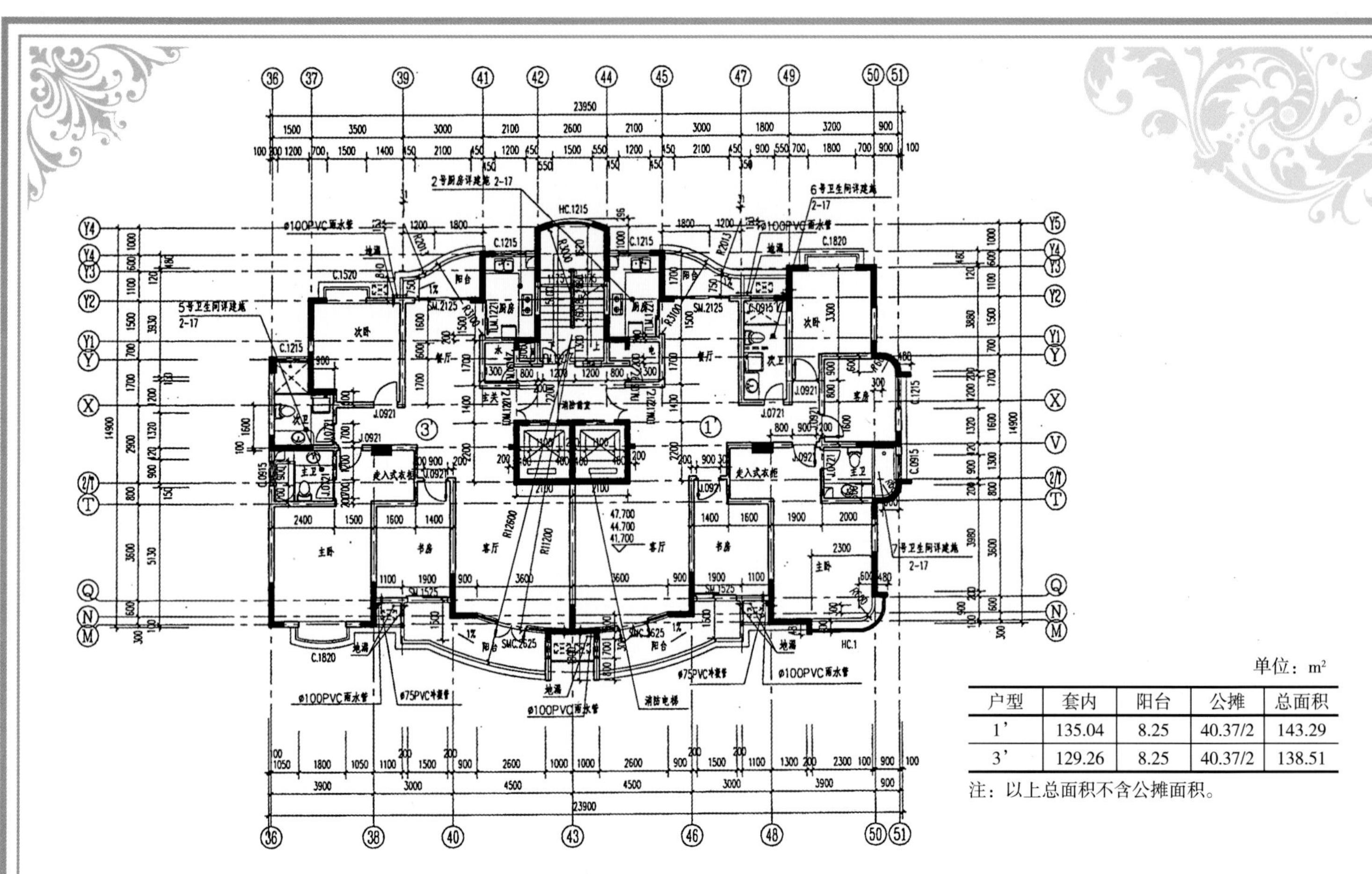

单位：m²

户型	套内	阳台	公摊	总面积
1’	135.04	8.25	40.37/2	143.29
3’	129.26	8.25	40.37/2	138.51

注：以上总面积不含公摊面积。

2号楼14～16层平面图

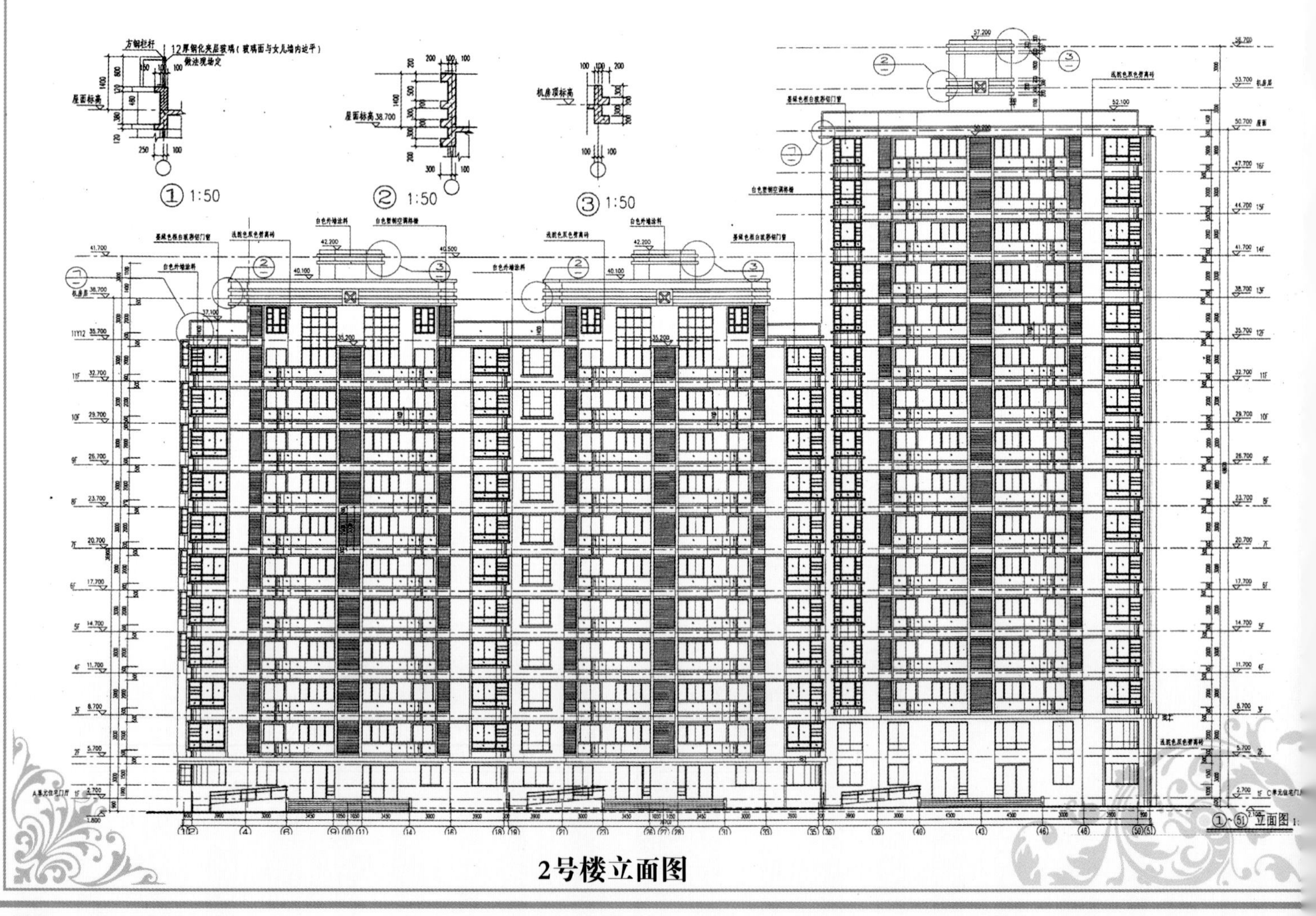

2号楼立面图

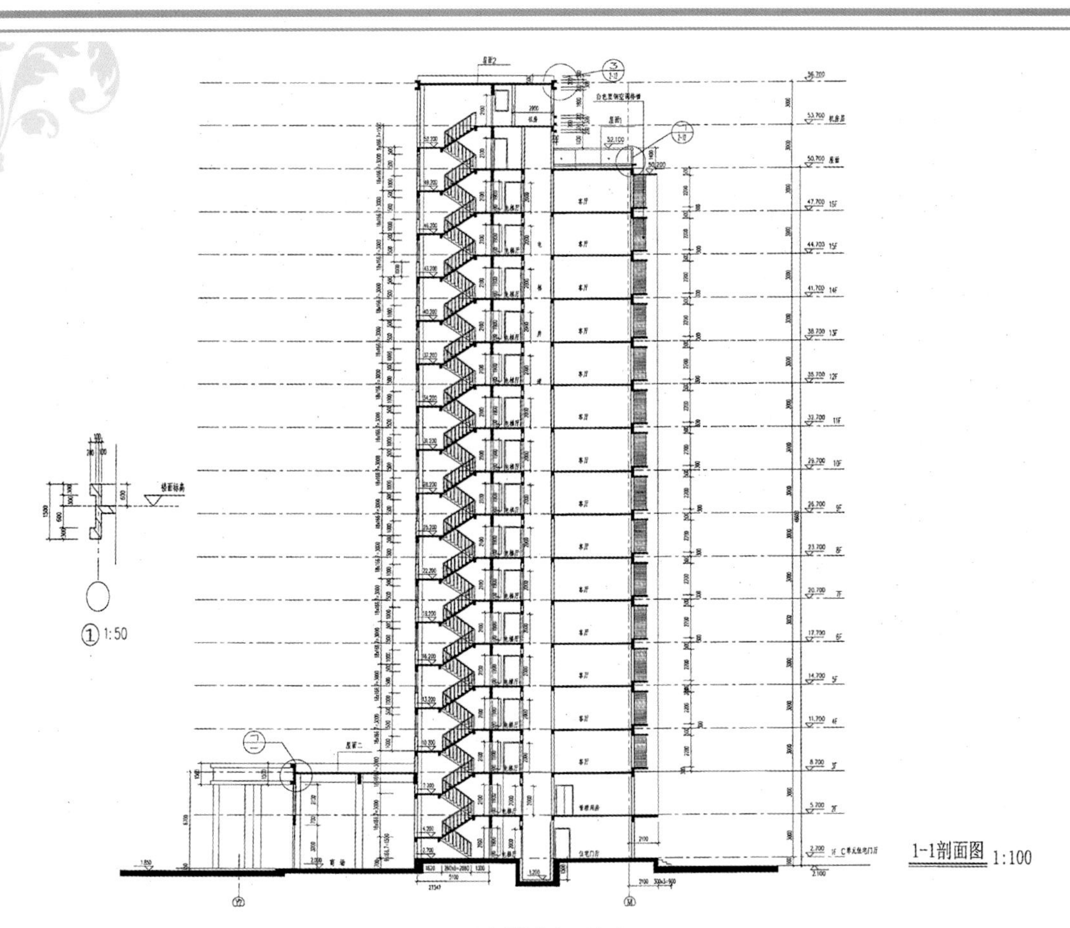

2号楼剖面图

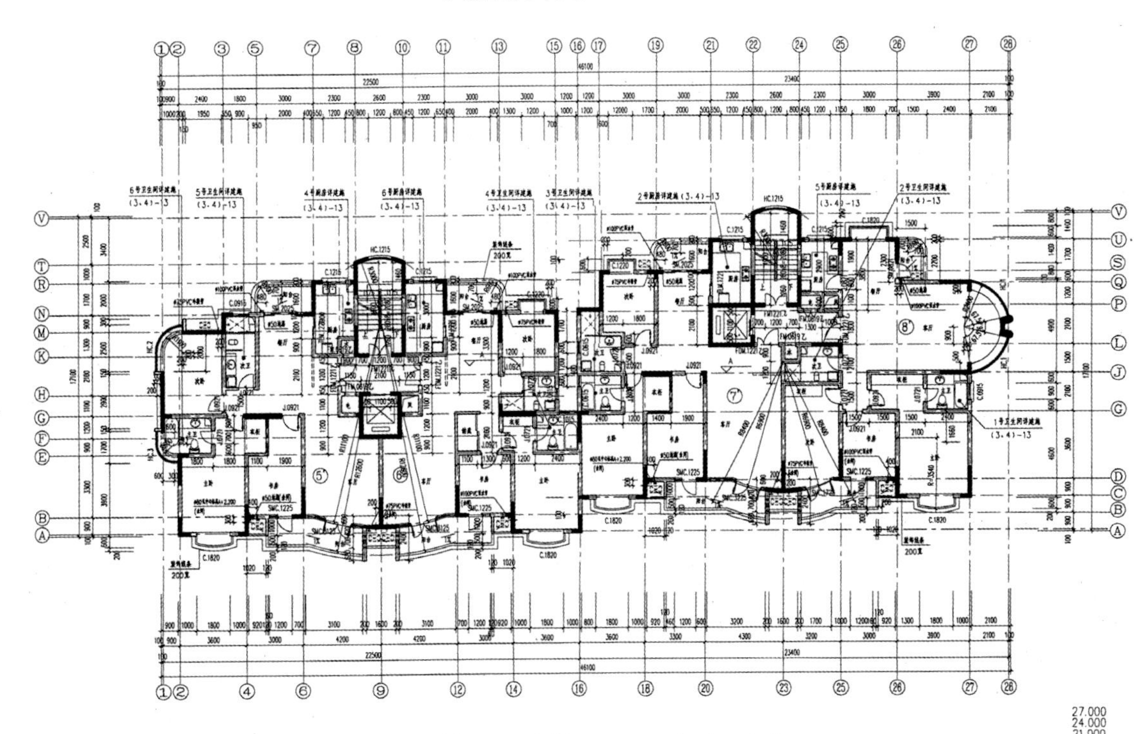

3号楼、4号楼2～10层平面图

单位：m²

户型	套内	阳台	公摊	总面积	户型	套内	阳台	公摊	总面积
5’	125.24	12.42/2	28.33/2	131.45	7’	123.20	13.06/2	24.50/2	129.73
6’	115.35	12.42/2	28.33/2	121.56	8’	131.04	9.43/2	24.50	135.76

注：以上总面积不含公摊面积

注：D 1. 预埋=80 UPVC空调套管，卧室中的套管中心距楼板底600(以注明的除外)
客厅的套管中心距楼面250，平面位置详见平面所注。
2. 次卫板面下降低450.主卫板面降300。
3. 阳台板面下降100mm；厨房板面与楼面平。
4. 楼梯间、电梯厅楼面低40。
5. 厨房、卫生间排气道采用国标02J916-1图集
厨房烟道预留孔洞420×350。
6. 外凸窗做法参见建施图：总施-3中②大样;
1500高外窗做法参见建施图：总施-3中①大样;
阳台栏板做法参见建施图：总施-3中⑤大样
7. 电梯门洞1100×2000